PROTOPLASMATOLOGIA

HANDBUCH DER PROTOPLASMAFORSCHUNG

BEGRÜNDET VON

L. V. HEILBRUNN · F. WEBER
PHILADELPHIA GRAZ

HERAUSGEGEBEN VON

M. ALFERT · H. BAUER · C. V. HARDING · W. SANDRITTER · P. SITTE
BERKELEY TÜBINGEN ROCHESTER GIESSEN FREIBURG I. BR.

MITHERAUSGEBER

J. BRACHET-BRUXELLES · H. G. CALLAN-ST. ANDREWS · R. COLLANDER-HELSINKI
K. DAN-TOKYO · E. FAURÉ-FREMIET-PARIS · A. FREY-WYSSLING-ZÜRICH
L. GEITLER-WIEN · K. HÖFLER-WIEN · M. H. JACOBS-PHILADELPHIA
N. KAMIYA-OSAKA · W. MENKE-KÖLN · A. MONROY-PALERMO
A. PISCHINGER-WIEN · J. RUNNSTRÖM-STOCKHOLM

BAND VI

KERN- UND ZELLTEILUNG

F

DIE CHROMOSOMEN IN DER MEIOSE

3

FORTPFLANZUNGSMODUS UND MEIOSE APOMIKTISCHER BLÜTENPFLANZEN

1967

SPRINGER-VERLAG
WIEN · NEW YORK

FORTPFLANZUNGSMODUS UND MEIOSE APOMIKTISCHER BLÜTENPFLANZEN

VON

A. RUTISHAUSER
ZÜRICH

MIT 86 TEXTABBILDUNGEN

1967
SPRINGER-VERLAG
WIEN · NEW YORK

ISBN-13: 978-3-211-80831-3 e-ISBN-13: 978-3-7091-5484-7
DOI: 10.1007/978-3-7091-5484-7

LIBRARY OF CONGRESS CATALOG CARD NUMBER: 67-18162

TITEL-NR. 8744

Meinem verehrten Lehrer
Herrn Professor Dr. Dr. h. c. Alfred Ernst
gewidmet

Berichtigungen

S. 7, Zeile 18 von unten lies: Typologie statt: Topologie.

S. 40, Zeile 16 von unten: Abb. 19 a, b bezieht sich auf *Antennaria* und nicht auf *Hieracium*.

S. 63, Zeile 16 von unten lies: Apomeiosetypus statt: Aposporietypus.

S. 65, Zeilen 11 und 12 von oben lies: (1—3) Trivalente, ... und 16—14 Univalente statt: (1—4) Trivalente, ... und 16—13 Univalente.

S. 150, Zeile 10 von unten lies: *Xanthophyllum bungei* statt: *Xanthophyllum bungii*.

S. 183, letzte Zeile lies: *Argentatum*-Hybriden statt: *Argentea*-Hybriden.

S. 193, Abb. 77: Legende zu Abb. 77 muß wie folgt ergänzt werden: m = maternelle Nachkommen 7^1, 16^1 usw. = embryologisch untersuchte Pflanzen

S. 223, Zeilen 21 und 22 von oben lies: der Sektion bzw. Subsektion statt: des Tribus bzw. Subtribus.

S. 228, Zeile 12 von unten lies: — W. M. Hiesey, P. Grun, and M. Nobs, 1952 statt: — — and M. Nobs, 1952.
Zeile 10 von unten lies: — — and M. Nobs, 1961/62 statt: — — — 1961/62.

S. 229, Zeile 9 von oben lies: *fragrans* statt: *fragans*.

S. 243, linke Spalte, Zeile 10 von unten lies: (aposporia goniale) statt: (aposporia geniale).

Protoplasmatologia VI/F/3: Rutishauser

Protoplasmatologia
VI. Kern- und Zellteilung
F. Die Chromosomen in der Meiose
3. Fortpflanzungsmodus und Meiose apomiktischer Blütenpflanzen

Fortpflanzungsmodus und Meiose apomiktischer Blütenpflanzen

Von

A. Rutishauser

Institut für allgemeine Botanik der Universität Zürich
Cytologisch-embryologisches Laboratorium

Mit 86 Textabbildungen

Inhaltsübersicht

Seite

Einleitung

Ursprünglich war beabsichtigt, nur die Meiose der pflanzlichen Apomikten in dieser Arbeit zu behandeln, wie dies MARGUERITE NARBEL-HOFSTETTER mit so großer Sorgfalt für die parthenogenetischen Tiere getan hat (Protoplasmatologia, Bd. VI, F. 2, 1964). Schon bei der Zusammenstellung der Spezialarbeiten zeigte sich dann aber, daß es in manchen Fällen nicht möglich ist, die beobachteten Teilungstypen zu interpretieren, ohne gleichzeitig den antithetischen Generationswechsel zu berücksichtigen. Wir haben uns daher dazu entschließen müssen, auch embryologische Arbeiten, insbesondere die Entwicklungstypen des unreduzierten Embryosacks der Blütenpflanzen, in diese Arbeit einzubeziehen. Schließlich stellte sich heraus, daß auch Beziehungen zwischen dem Meiosetypus und dem Fortpflanzungsmodus der pflanzlichen Apomikten bestehen, deren Kenntnis zum Verständnis der vielen verschiedenen Stufen der Degeneration der Meiose und ihrer Verbreitung innerhalb des Organismus und zwischen den verschiedenen Arten unerläßlich ist. Da wir ferner auch den äußeren und inneren Ursachen der Meioseveränderungen der Apomikten nachgehen wollten, entwickelte sich dieser Bericht schließlich zu einer allgemeinen Übersicht über das Phänomen der Apomixis, wobei aber entsprechend der Intention des Herausgebers des Handbuches das Hauptgewicht doch auf die Veränderungen der Meiose, ihre Ursachen und ihre Konsequenzen gelegt wird.

Es ist vielleicht etwas gewagt, auf einem so beschränkten Raum eine Übersicht über die pflanzlichen Apomikten zu geben. Es existieren schon mehrere derartige Zusammenfassungen; zum Teil, und hier ist ganz besonders das bedeutende Werk von ÅKE GUSTAFSSON „Apomixis in higher plants“ (1946, 1947) zu erwähnen, von beträchtlichem Umfang. Eine Zusammenfassung des Kapitels über die Evolution der Apomikten, die sich ganz an GUSTAFSSONS Buch anlehnt, hat L. STEBBINS in seinem Buch „Variation and evolution in plants" (1950) gegeben. Schließlich sei auf eine Zusammenstellung der neueren Literatur durch A. NYGREN (1954) und eine zusammenfassende Darstellung der Embryologie der Apomikten durch E. BATTAGLIA (1963) verwiesen.

Die Publikation eines weiteren Buches über die Fortpflanzung und die Meiose pflanzlicher Apomikten mag ihre Berechtigung darin finden, daß seit dem Erscheinen von GUSTAFSSONS Werk eine Reihe von Arbeiten veröffentlicht worden sind, die geeignet scheinen, manches Problem der Apomixisforschung klarer zu beleuchten als dies vor 20 Jahren möglich war. Wir beschränken uns dabei bewußt auf die Blütenpflanzen, einmal weil uns nur die Angiospermen aus eigener experimenteller Forschung bekannt sind, dann aber auch weil wir auf dem zur Verfügung stehenden Raum eine möglichst umfassende Einsicht in das Sachgebiet geben wollten.

Im Literaturverzeichnis sind vor allem die neueren Arbeiten aufgenommen worden. Leider berücksichtigen viele Autoren, die auf dem Gebiete der Apomixis gearbeitet haben, nur eine Seite des Problems. Die meisten, besonders die älteren Spezialarbeiten stellen lediglich Beschreibungen von Embryosackentwicklungen dar und sind, auch wo experimentelle Untersuchungen durchgeführt wurden, selten von cytologischen Analysen begleitet. Solche fragmentarische Untersuchungen gestatten keine gültigen Aussagen über den Fortpflanzungsmodus einer Art, so daß es häufig nicht möglich war, die publizierten Befunde in das Gesamtbild der Apomixis einzuordnen. Wir sind daher meist so vorgegangen, daß wir der Beschreibung solcher Apomikten breiten Raum gegeben haben, die in möglichst vielen Aspekten bekannt sind, und die unvollkommen untersuchten Apomikten so gut es ging dort einordneten, wo sie unserer Ansicht nach am ehesten hingehören.

Was die Beziehungen zwischen Apomixis und sexueller Vermehrung anbetrifft, gehen unsere Ansichten und jene mancher früherer Bearbeiter des Problems wesentlich auseinander. Viele Biologen, besonders der älteren Schule, betrachten die Apomixis als eine Degenerationserscheinung, ja geradezu als eine krankhafte Veränderung des sexuellen Fortpflanzungsmodus. Zumindest denken sie in diesem Zusammenhang an einen Geschlechtsverlust der betreffenden Pflanzen. Der ungeheure Individuen- und Formenreichtum der Apomikten, wie auch ihre weite Verbreitung im Pflanzenreich sprechen gegen eine solche Ansicht. In dieser zusammenfassenden Darstellung des Apomixisproblems bemühen wir uns daher, die Apomixis eher als Ausdruck einer übermäßigen Betonung der Tendenz zu vegetativer Vermehrung der Pflanzen darzustellen und neben den trennenden vor allem auch die gemeinsamen Züge des Fortpflanzungsmodus der apomiktischen und sexuellen Vermehrung aufzuzeigen.

Unserer Ansicht nach beruht der Unterschied zwischen Apomixis und sexueller Vermehrung auf oft nur geringen Abweichungen in den beiden wichtigsten Teilprozessen der generativen Vermehrung, die Gametenbildung und die Entwicklungserregung durch Befruchtung.

Dagegen sind die Konsequenzen dieser Abweichungen für die Evolution und damit auch für die Systematik der Apomikten beträchtlich. Sie führen wegen der damit verbundenen Stabilisierung von F_1-, F_2- und Rückkreuzungsbastarden meist zu einer vollständigen Auflösung, zumindest aber zu einer Verwischung der Grenzen zwischen den Taxa — zwischen den Arten und in manchen Fällen sogar zwischen den Gattungen — und setzen daher, wie schon TURESSON (1929) und neuerdings wieder HESLOP-HARRISON (1957) betont haben, eine neues Ordnungsprinzip voraus. Die Kenntnis des Fortpflanzungsmodus einer Pflanzengruppe ist daher auch für den Systematiker und nicht zuletzt auch für den Pflanzenzüchter unerläßlich.

Der Verfasser dieser Arbeit schuldet seinen Mitarbeitern herzlichen Dank, allen voran Herrn Dr. H. R. HUNZIKER für manchen nützlichen Hinweis, Frl. J. BOTTA und Herrn G. A. NOGLER für die Korrektur der Druckfahnen sowie die Zusammenstellung des Sachverzeichnisses. Ein Teil der Abbildungen und einige schematische Darstellungen sind von Frl. K. BALZER entworfen und gezeichnet worden, die Photographien wurden von Frau K. BÜHRER-RUTISHAUSER aufgenommen. Ihnen allen sei auch an dieser Stelle für ihren großen Einsatz herzlich gedankt.

Dank schulde ich auch dem Springer-Verlag Wien für den sorgfältigen Druck und die gediegene Ausstattung des vorliegenden Buches. Schließlich sei dankbar hervorgehoben, daß die im Text erwähnten eigenen Arbeiten über das Apomixisproblem z. T. mit Unterstützung des Schweizerischen Nationalfonds ausgeführt worden sind.

I. Terminologie

Die Terminologie der Apomixis ist außerordentlich reichhaltig und verworren, entsprechend den zahlreichen Modifikationen apomiktischer Vermehrung, die nach und nach bekanntgeworden sind. Fast jeder Bearbeiter dieses Teilgebietes der Fortpflanzungsbiologie hat sich bemüßigt gefühlt, neue technische Ausdrücke oder Veränderungen der Definition schon bekannter vorzuschlagen. Wir haben nicht die Absicht, diese Arbeit durch neue Begriffe zu belasten, und beschränken uns deshalb darauf, in einem nach Sachgebieten geordneten Kapitel die Definition der Termini anzugeben, die benützt werden sollen. Wir lassen uns dabei von pragmatischen Erwägungen leiten und ziehen es vor, mit möglichst wenigen Fachausdrücken auszukommen. In der Hauptsache wird die Terminologie von GUSTAFSSON (1944) verwendet.

Was zunächst den Terminus

Apomixis betrifft, so wird er von WINKLER (1908, S. 300) definiert als der „Ersatz der geschlechtlichen Fortpflanzung durch einen anderen, ungeschlechtlichen, nicht mit Kern- und Zellverschmelzung verbundenen Vermehrungsprozeß". Im Begriff Apomixis ist damit auch die vegetative Vermehrung durch Ausläufer und Bulbillen eingeschlossen. In dieser Arbeit ziehen wir es vor, teilweise in Übereinstimmung mit DARLINGTON (1937) und BATTAGLIA (1947g), eine etwas eingeengte Definition zu verwenden, indem unter Apomixis lediglich die asexuelle Samenbildung verstanden wird, die nicht mit Kernphasenwechsel, Kern- oder Zellverschmelzungen derjenigen Zelle verbunden ist, die sich zu einem neuen Sporophyten entwickelt (die Befruchtung braucht nicht völlig auszufallen, sie kann unter Umständen sogar obligatorisch sein, was die Polkerne anbetrifft). Gelegentlich wird der Ausdruck induzierte Apomixis verwendet, wenn zur Samenbildung apomiktischer Pflanzen Bestäubung notwendig ist; unter autonomer Apomixis wird Samenbildung ohne Bestäubung verstanden. Ausläufer- und Bulbillenbildung werden nicht zur Apomixis gerechnet. Ob die Viviparie als Übergangsstadium zu apomiktischer Fortpflanzung betrachtet werden kann, scheint mir ebenfalls fraglich zu sein. Unsere Definition des Begriffes Apomixis deckt sich mehr oder weniger mit dem von TÄCKHOLM (1922) eingeführten Begriff Agamospermie (s. unter Apomixis).

Die so definierten Apomikten unterscheiden sich von den sexuellen Pflanzen in zwei verschiedenen Phänomenen, nämlich in bezug auf die Entwicklung des Gametophyten und die Vermehrung der Sporophyten. Die Termini werden daher in zwei Gruppen aufgeteilt, nämlich

1. in die Fachausdrücke, die sich auf die Entstehung des Gametophyten und
2. in die Fachausdrücke, die sich auf die Entwicklung des Sporophyten beziehen.

1. Die Terminologie der Gametophytenentwicklung der Apomikten

Apomeiose: Entwicklung eines weiblichen Gametophyten ohne Reduktion der Chromosomenzahl (RENNER 1916). Apomeiose schließt nach RENNER auch die Aposporie in sich ein (Sporenverlust). Der

Apomeiosegrad gibt den Prozentsatz unreduzierter weiblicher Gametophyten an, die eine apomiktische Pflanze ausbildet.

Aposporie: Entstehung eines unreduzierten Embryosackes aus einer vegetativen Zelle der Samenanlage (synonyme Ausdrücke sind: Aposporia somatica [CHIARUGI 1926], somatische Aposporie [RUTISHAUSER 1943—1948, HUNZIKER 1954 u. a.]).

Diplosporie: Entstehung eines unreduzierten Embryosackes aus einer generativen Zelle (Archesporzelle) der Samenanlage. Dieser Begriff deckt sich mit dem Begriff „generative Aposporie", wie er von HUNZIKER (1954) und RUTISHAUSER (1943—1948) verwendet wurde, ferner mit der „Aposporia goniale" CHIARUGIS (1926). Unsere Definition weicht aber von der von FAGERLIND (1940b) verwendeten Erklärung der Begriffe „generative Aposporie" und „Diplosporie" ab.

2. Die Terminologie der Sporophytenentwicklung

Parthenogenese: Autonome Entwicklung eines Embryos aus einer unbefruchteten Eizelle. Die Parthenogenese ist haploid, wenn die Eizelle die reduzierte, diploid, wenn sie die unreduzierte, zygoide Chromosomenzahl führt.

Pseudogamie wird nach FOCKE (1881) als parthenogenetische Entwicklung der Eizelle unter dem entwicklungserregenden Einfluß des Pollens definiert. Diese Definition soll auch in dieser Arbeit beibehalten werden, d. h. im Gegensatz zu vielen Autoren verwenden wir den Begriff nicht für alle Fälle induzierter Samenbildung apomiktischer Pflanzen. Dafür gebrauchen wir die Bezeichnung „induzierte Apomixis" (s. oben).

Adventiv- oder Nuzellarembryonie: Entwicklung eines Embryos aus einer oder mehreren somatischen Zellen der Samenanlage unter Umgehung des Generationswechsels. Nuzellarembryonie ist induziert, wenn die Samenbildung durch Bestäubung ausgelöst werden muß, sie ist autonom, wenn dies nicht der Fall ist.

Apogametie: Entwicklung des Embryos aus einer vegetativen Zelle (z. B. Synergide) des Embryosackes. Diesem Vorgang kommt nur eine geringe Bedeutung zu. Er hat früher, aus Gründen der phylogenetischen Spekulation, eine gewisse Rolle gespielt.

II. Meiose, Sporogenese und Entwicklung des weiblichen Gametophyten

Der Kernphasenwechsel ist bei den Pflanzen bekanntlich eng verbunden mit dem Generationswechsel, dem Übergang vom Sporophyten zum Gametophyten. Die Gametophytenentwicklung wird durch die Meiose der generativen Zelle oder Zellen der Samenanlage eingeleitet. Die weibliche Meiose und ihre Bedeutung für die apomiktische Fortpflanzung kann daher nur im Zusammenhang mit der Embryologie verstanden werden. Nichtbeachtung dieses Zusammenhangs hat schon zu manchen Mißverständnissen geführt.

Der Entwicklung des weiblichen Gametophyten sexueller Blütenpflanzen geht die Ausdifferenzierung einer oder mehrerer generativer Zellen (weibliche Archesporzellen) des Nuzellus voraus. Darauf erfolgen drei Entwicklungsschritte, die von Chiarugi (1927) als Sporogenese, Somatogenese und Gametogenese bezeichnet werden. Die Sporogenese umfaßt die beiden Teilungsschritte der Meiose. Als Endprodukt dieses Vorgangs werden vier Makrosporen oder, sofern zwischen den Teilungsschritten eine Cytokinese unterbleibt, vier Makrosporenkerne in einer gemeinsamen Plasmamasse ausgegliedert. Im letzteren Falle spricht man von einer Coenomakrospore. Die nun folgenden Wachstumserscheinungen der Makrosporenzelle oder der Coenomakrospore und die damit verbundenen drei mitotischen Kernteilungsschritte der haploiden Makrosporenkerne machen zusammen die Somatogenese aus. Sporogenese und Somatogenese können ineinander übergehen oder sich überschneiden, indem z. B. der erste Teilungsschritt der Somatogenese mit der RT_{II} zusammenfällt. Das ist z. B. beim sog. *Scilla*-Typus der Embryosackentwicklung der Fall. Die Gametogenese beginnt mit der Ausdifferenzierung der Zellen, insbesondere der Ei- und Zentralzelle des Embryosackes.

Die Zahl der am Embryosack beteiligten Makrosporen, die Auslese der funktionellen Makrospore, die Zahl der Teilungsschritte, die zum fertigen Embryosack führen, und die Zahl der Kerngruppen können variieren und werden dazu benützt, eine Topologie des Embryosackes aufzustellen. In den Abb. 1 und 2 ist ein solches, der Arbeit Battaglias (1951a) entnommenes System von Embryosacktypen dargestellt. Leider ist darin der *Peperomia*-Typus nicht enthalten.

Die embryologischen Mechanismen der sexuellen Blütenpflanzen lassen sich bei den Apomikten ebenfalls beobachten. Im allgemeinen werden die embryologischen Mechanismen der Sexuellen von den Apomikten beibehalten und nur insoweit abgeändert, als es sich wegen des Ausfalls oder der Degeneration der Meiose der EMZ (Embryosackmutterzelle) notwendigerweise ergibt. Erst neuerdings sind vor allem von amerikanischen Forschern (Brown und Emery 1958, Emery 1957a, Snyder et al. 1955, Warmke 1954 u. a.) an Gramineen der Unterfamilie *Panicoideae* Entwicklungstypen aposporer Embryosäcke gefunden worden, die sich wesentlich von jenen verwandter sexueller Arten unterscheiden.

Beträchtliche Unterschiede ergeben sich dagegen hinsichtlich der Topographie der Initialzellen, welche zum Embryosack auswachsen. In bezug auf dieses Merkmal lassen sich mehr oder weniger deutlich zwei Kategorien unterscheiden:

A. Apospore Arten, bei denen vegetative Zellen des Nuzellus zum Embryosack auswachsen, während die eigentlich dafür bestimmten EMZ entweder schon vor oder erst nach der Sporogenese degenerieren.

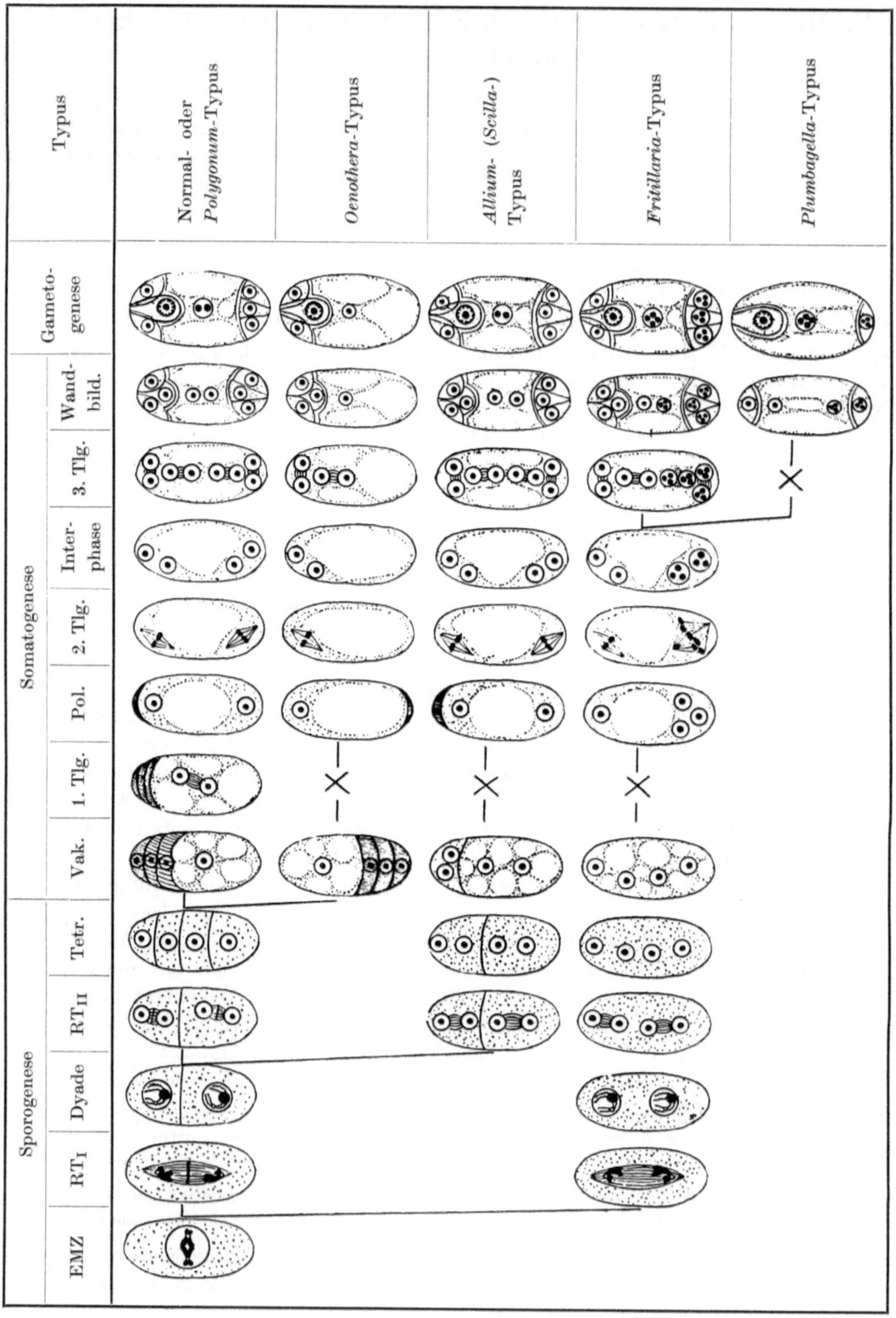

Typus	Normal- oder *Polygonum*-Typus	*Oenothera*-Typus	*Allium*- (*Scilla*-) Typus	*Fritillaria*-Typus	*Plumbagella*-Typus

Sporogenese: EMZ, RT_I, Dyade, RT_{II}, Tetr.

Somatogenese: Vak., 1. Tlg., Pol., 2. Tlg., Inter-phase, 3. Tlg., Wand-bild.

Gameto-genese

Abb. 1. Typologie der Embryosackentwicklung sexueller Pflanzen: Normal- (*Polygonum*-), *Oenothera*-, *Scilla*- (*Allium*-), *Fritillaria*- und *Plumbagella*-Typus (nach BATTAGLIA 1951a).

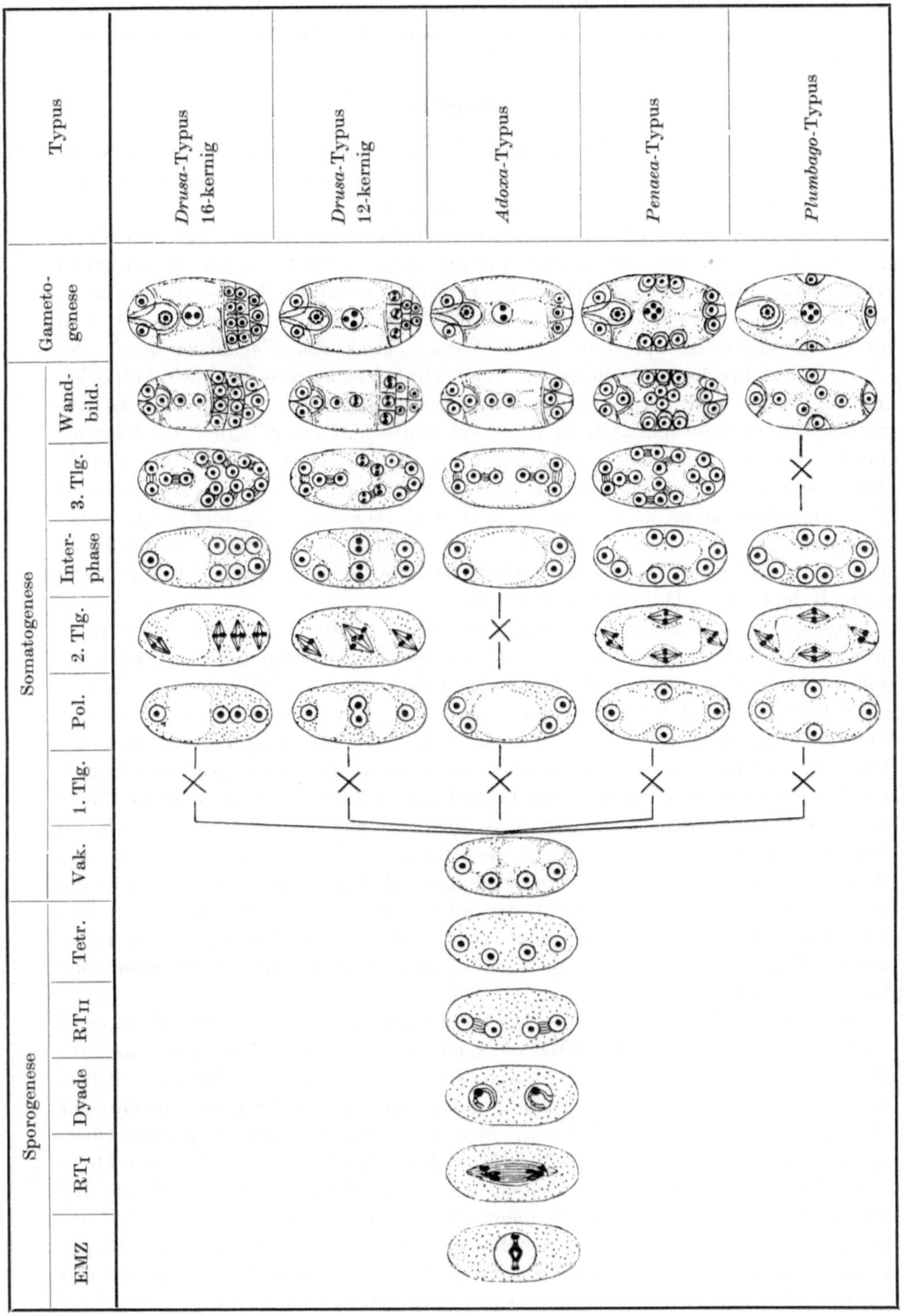

Typus	*Drusa*-Typus 16-kernig	*Drusa*-Typus 12-kernig	*Adoxa*-Typus	*Penaea*-Typus	*Plumbago*-Typus
Gametogenese					
Somatogenese: Wandbild.					
3. Tlg.					
Interphase					
2. Tlg.					
Pol.					
1. Tlg.					
Vak.					
Sporogenese: Tetr.					
RT_{II}					
Dyade					
RT_{I}					
EMZ					

Abb. 2. Typologie der Embryosackentwicklung sexueller Pflanzen: *Drusa-*, *Adoxa-*, *Penaea-* und *Plumbago*-Typus (nach BATTAGLIA 1951a).

B. Diplospore Arten, bei denen die EMZ zum Embryosack auswächst wie bei Sexuellen, aber meist mit dem Unterschied, daß die Meiose entweder ausfällt oder degeneriert.

A. Aposporie

Aposporie bedeutet im folgenden die Entwicklung eines weiblichen Gametophyten aus einer somatischen Zelle des Nuzellus oder der Chalaza oder der somatischen Gewebe der Samenanlage überhaupt.

Die Entscheidung, ob Aposporie oder Diplosporie vorliegt, läßt sich dann leicht fällen, wenn sich somatische und generative Zellen des Nuzellus deutlich voneinander unterscheiden. Das ist bei Arten mit tenuinuzellaten Samenanlagen, die nur eine Archesporzelle bzw. eine EMZ einschließen, fast immer der Fall (z. B. bei vielen Kompositen, wie *Erigeron*, *Taraxacum*, *Chondrilla* usw.). Bei Arten mit mehrzelligen Archesporen, vor allem bei vielen *Rosaceen*, wie *Potentilla*, *Rubus*, *Sorbus* und *Alchemilla*, treten Schwierigkeiten auf, indem die Grenze zwischen dem archesporialen Gewebe und den somatischen Zellen des Nuzellus infolge von Somatisierungsvorgängen unscharf ist. Diese Apomikten (sowohl apo- wie diplospore) werden daher am besten in einem besonderen Abschnitt im Zusammenhang besprochen (vgl. Kap. II, C). Dagegen ist es nicht notwendig, die pseudogamen getrennt von den diploid parthenogenetischen Apomikten zu behandeln, da zwischen diesen beiden Gruppen in bezug auf die Embryologie keine bedeutsamen Differenzen vorliegen.

Aposporie ist erstmals von ROSENBERG (1907, 1930) für Hieracien der Untergattung *Pilosella* beschrieben worden: Sie besteht bei allen untersuchten Apomikten (z. B. *H. excellens* und *H. flagellare*) darin, daß die EMZ die Sporogenese durchführt, dann aber während oder auch erst nach Abschluß dieses Vorgangs von einer auswachsenden somatischen Zelle der Nuzellusepidermis oder der Chalaza verdrängt wird (Abb. 3*g*, *h*). Das Heranwachsen der aposporen Initialzelle zum Embryosack erfolgt unter beträchtlicher Vakuolisierung, und die Bilder erwecken den Eindruck, daß zwischen dem „legitimen" und dem aposporen Embryosack ein Konkurrenzkampf ausgefochten wird, der in der Regel, aber doch nicht ausschließlich, von der aposporen Initiale gewonnen wird. Ob die sexuelle Entwicklungstendenz der Apomikten bei allen Arten und unter allen Umständen nur deshalb unterdrückt wird, weil die apospore Initiale ein agressiveres Wachstum aufweist als die legitime sporogene Initiale, scheint aber doch fraglich zu sein.

In manchen Fällen, wie bei vielen Potentillen (z. B. *P. canescens*, *P. argentea* und *P. praecox*), führen die EMZ nie oder nur selten eine RT durch, sondern degenerieren z. T. schon vor dem Auswachsen der aposporen Initialen. Überhaupt lassen sich in bezug auf die Wachstums- und Differenzierungsfähigkeit der legitimen generativen Zellen apomiktischer Pflanzen alle möglichen Übergänge zwischen völligem Fehlen einer Entwicklung bis zu fast normaler Ausbildung eines haploiden Embryosackes beobachten. Die Fähigkeit der EMZ, die RT durchzuführen, scheint jedenfalls nicht allen Apomikten eigen zu sein. Es gibt in dieser Hinsicht selbst zwischen Arten derselben Gattung beträchtliche Unterschiede. Als Beispiel sei wieder die Gattung *Potentilla* genannt, wo Meiosestadien in der EMZ der Arten *P. canescens*, *argentea* und *praecox* äußerst selten, bei

P. reptans aber die Regel sind (SCHWENDENER, unveröffentlicht), wozu aber zu bemerken ist, daß im letzteren Falle eventuell Hybriden zwischen sexuellen und apomiktischen Biotypen untersucht worden sind. STEBBINS und JENKINS (1939) unterscheiden für die apomiktischen (diploid parthenogenetischen) Arten der Gattung *Crepis* drei Aposporietypen (Tab. 1).

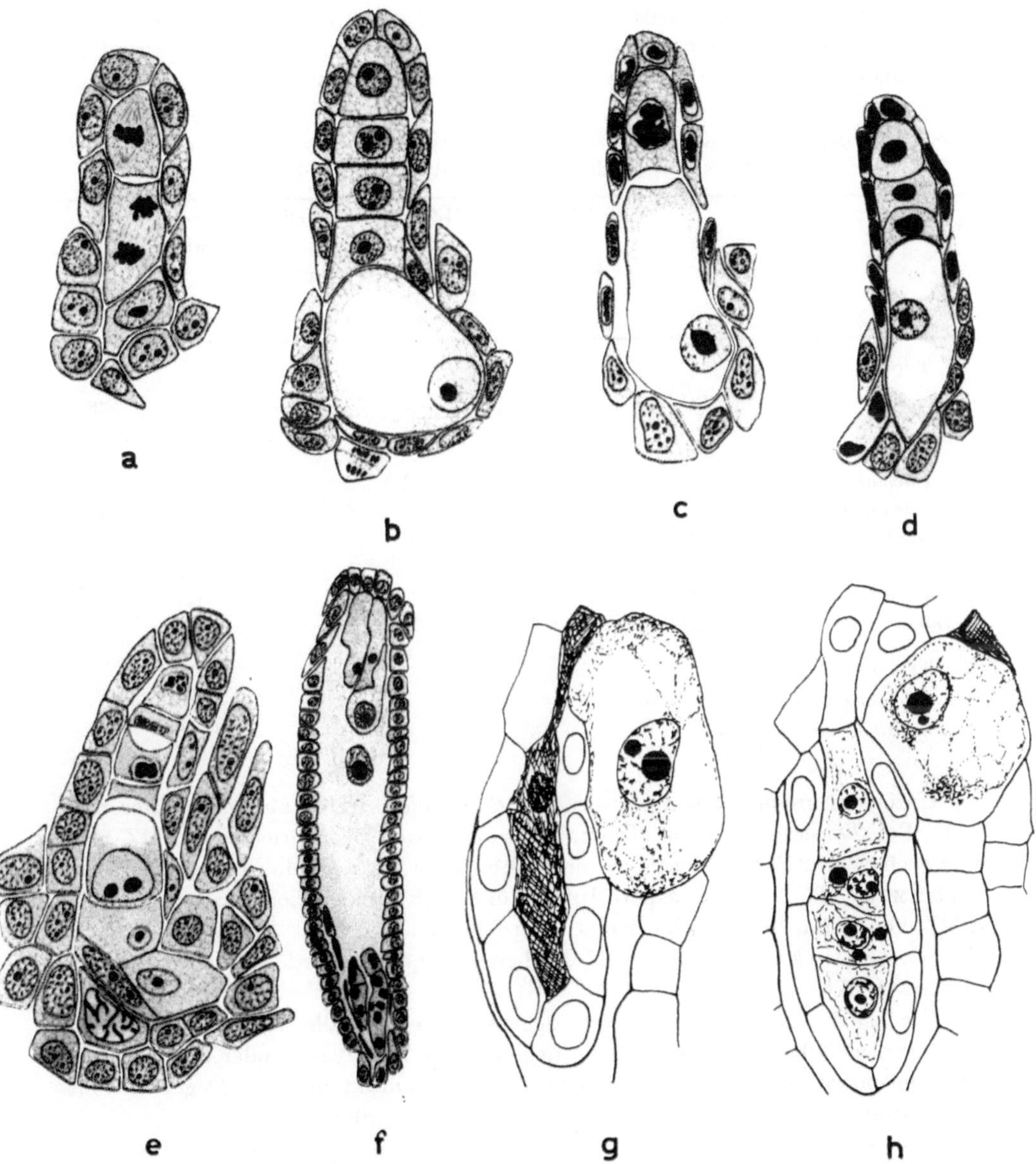

Abb. 3. Aposporie: Entwicklung sexueller und aposporer Embryosäcke in den Gattungen *Crepis* (*a*—*f*) und *Hieracium* (*g*, *h*); *a*—*f Crepis occidentalis*; *a* Dyade in Teilung; *b* Tetrade, darunter apospore Initiale; *c*—*e C. occidentalis*, diploid und sexuell; *c*, *d* normale Tetraden, Auswachsen der chalazalen Makrosporen; *e C. occidentalis*, tetraploid und apospor, 4 deg. Makrosporen, darunter auswachsende apospore Initialen; *f* reifer Embryosack; *g*, *h Hieracium flagellare*, Untergattung *Pilosellae*, apospore Initialen (*a*—*f* nach STEBBINS und JENKINS 1939, *g*, *h* nach OSTENFELD und ROSENBERG 1907).

Der erste Typus, repräsentiert durch *Crepis occidentalis typica*, ist dadurch ausgezeichnet, daß die apospore Initiale erst im Tetradenzustand der EMZ auftritt, meist einzeln und nur in 28% aller Samenanlagen.

Beim zweiten Typus ist Aposporie der gewöhnliche Vorgang (meist > 80%); die aposporen Initialen erscheinen vor dem Tetradenstadium in Ein- oder Mehrzahl. Die meisten aposporen Crepisarten gehören zu diesem Typus.

Die einzige Sippe des dritten Typus, *C. occidentalis ssp. pumila hamiltonensis* (2n = 77), bildet immer apospore Initialen aus, sie erscheinen im Prophasestadium der EMZ. Die EMZ entwickeln sich zudem nie weiter als bis zur Prophase.

Tab. 1. *Häufigkeiten normaler und aposporer Embryosäcke bei den drei Typen der Crepis-Apomikten* (nach STEBBINS und JENKINS 1939).

Arten		EMZ in später Prophase		EMZ in Metaph. I oder II		Tetraden + spätere Stadien		Total		Aposporie %
		sex.	ap.	sex.	ap.	sex.	ap.	sex.	ap.	
Typ 1										
C. occidentalis typica	(2169)	2	4	2	2	27	6	31	12	28
Typ 2										
C. occidentalis	(2117)	5	23	1	2	2	3	8	28	78
C. occidentalis conjuncta	(1589)	1	18	—	—	2	1	3	19	87
C. modocensis subacaulis	(2159)	—	67	1	—	13	6	14	73	84
C. acuminata	(2163)	1	21	1	—	4	7	6	28	82
C. intermedia	(2173)	—	25	—	—	4	2	4	27	87
C. intermedia	(2499)	3	34	—	4	7	7	10	45	82
Typ 3										
C. occidentalis pumila hamiltonensis		—	57	—	—	—	—	—	57	100

Unter den pseudogamen Gräsern der *Panicoideae* treten ähnliche Differenzen auf. Bei *Themeda triandra* (Tribus *Andropogoneae*) degeneriert die EMZ früh, nur sechs von 375 Samenanlagen enthielten zwei bis drei Makrosporen (BROWN und EMERY 1957). Die apospore Initiale entsteht direkt neben der degenerierten EMZ oder deren Sporen, eine Konkurrenz findet nicht statt. Das gleiche gilt für *Bothriochloa ischaemum*, die in 27 Proben untersucht worden ist (BROWN und EMERY 1957).

Die EMZ von *Paspalum secans* degenerieren ebenfalls, z. T. schon vor der Sporogenese (79 von 600) oder dann degenerieren die Dyaden oder die Tetraden. Die aposporen Initialen (1—4) stehen stets in Kontakt mit den Degenerationsprodukten der EMZ oder ihrer Abkömmlinge (SNYDER 1957).

Panicum maximum (WARMKE 1954) und *Pennisetum ciliare* (SNYDER et al. 1955), ferner auch *Poa pratensis* (KIELLANDER 1941, ÅKERBERG 1942) führen in der EMZ die Meiose durch (etwa gleichzeitig wie in der PMZ), im Anschluß daran entstehen Dyaden und Tetraden oder, wenn die RT_{II} in der mikropylaren Dyade ausfällt, Triaden. Erst dann wachsen die aposporen Initialen aus, bei *Pennisetum ciliare* selten vor, häufig aber nach der Degeneration der Makrosporen. Nach KNOX und HESLOP-HARRISON (1963) kann *Dichanthium aristatum* (POIR.) nicht nur Makrosporen, sondern auch normale Embryosäcke ausbilden (Abb. 78*a*, *b*). Die Entwicklungstendenzen sind hier abhängig vom Lichtregime (vgl. Kap. V, B). Aus den Untersuchungen von KNOX und HESLOP-HARRISON geht hervor, daß die Entwicklungstendenzen der Apomikten vermutlich sehr oft phänotypisch kontrolliert werden, so daß die oben referierten Angaben über Ausmaß und Zeitpunkt der Entstehung der „legitimen" und asosporen Embryosäcke nur Ausschnitte aus den morphogenetischen Möglichkeiten darstellen, welche den Apomikten zur Verfügung stehen. Wie weiter unten gezeigt wird, können auch genotypische Faktoren das Bild verändern.

Dennoch sind solche embryologischen Untersuchungen nicht ohne Bedeutung. Sie zeigen einmal, daß die Apomikten keinen Sexualitätsverlust erlitten haben, wie früher vielfach angenommen wurde, sondern daß ihre generativen Zellen, die EMZ, doch noch in der Lage sind, die Meiose, einen der Teilprozesse der sexuellen Fortpflanzung, durchzuführen. Die Tendenz zu sexueller Vermehrung ist, wenigstens in diesem Bereich, nicht einfach ausgelöscht, sondern nur überdeckt von einer zweiten Entwicklungstendenz, die sich in der Entwicklung aposporer Embryosäcke äußert.

Des weiteren stellen die Ergebnisse embryologischer Untersuchungen den Zustand dar, in welchem sich die analysierten Apomikten zur Zeit der Fixierung befunden haben. Sofern die Fixierung in der freien Natur erfolgte, wird damit die Reaktion der betreffenden Individuen auf die klimatischen und edaphischen Faktoren ihrer Umgebung beschrieben.

Daß die sexuellen Entwicklungspotenzen in der Tat bei den EMZ aposporer Apomikten noch erhalten sind, zeigen auch die Vergleiche zwischen den Meiosen der PMZ und EMZ. Für eine ganze Anzahl aposporer Apomikten, z. B. *Pennisetum ciliare* (SNYDER et al. 1955), *Panicum maximum* (WARMKE 1954) u. a., wird angegeben, daß die Syndeseverhältnisse in den EMZ sich nicht wesentlich von jenen der PMZ unterscheiden. Auffällig sind ferner die Parallelen, die zwischen der Meiose der PMZ und EMZ bei den verschiedenen Kleinarten von *Setaria macrostachya* gefunden worden sind (EMERY 1957a). Die RT_I der Kleinarten *S. schulei* (2n = 54), *S. villosissima* (SCRIB. et MEER) K. SCHUM. (2n = 54) und *S. leucophila* (SCRIB. et MEER) K. SCHUM. (2n = 68 und 72) ist auf beiden Seiten normal, die Paarung gut (meist Bivalente) und die Pollenfertilität hoch (88—98%). *S. macrostachya* s. str. H. B. K. (2n = 54) und *S. leucophila* (SCRIB. et MEER) K. SCHUM. (2n = 54) zeigen hingegen sowohl in den PMZ wie in den EMZ vollkommene Asyndese. Die Verteilung der Univalente ist unregelmäßig, ferner traten auch noch andere Störungen auf. Die Samenfertilität ist niedrig, ebenso die Pollenfertilität (5—15%). Zur Beurteilung dieser Parallelen ist vielleicht die Angabe EMERYs von Bedeutung, daß die Meiose in den PMZ und EMZ etwa zur gleichen Zeit abläuft. Die aposporen Initialen erscheinen erst, wenn die sexuellen Embryosäcke vierkernig sind. Beispiele für weibliche Meiosen, die sich von jenen der PMZ nicht unterscheiden, werden auch von LILJEFORS (1953) für apospore *Sorbus*-Arten angegeben, so z. B. *S. aucuparia* × *S. intermedia* mit $1_{III} + 14_{II} + 20_{I}$ in der PMZ und $2_{III} + 13_{II} + 19_{I}$ in einer EMZ.

In bezug auf Entwicklung und Bau des aposporen Embryosackes lassen sich zwei Typen, der *Hieracium*- und der *Panicum*-Typus, unterscheiden (BATTAGLIA 1963).

1. *Hieracium*-Typus

Die Entwicklung der aposporen Initialen zu Embryosäcken verläuft wie die Entwicklung der Embryosackzellen (funktionierende Makrospore) in zwei Schritten, der Somatogenese und der Gametogenese. Die Somatogenese beginnt mit dem Auswachsen der Initialen unter Vakuolenbildung. Die apospore Initiale sticht schon früh durch ihre starke Färbbarkeit (auch des Plasmas) und den großen, mit großem Nucleolus versehenen Kern hervor. Ihre Vergrößerung erfolgt unter Ausbildung von Vakuolen, die über und unter dem diploiden Zellkern liegen (vgl. HUNZIKER 1954, Abb. 4*a*—*f*, NOGLER, unveröffentlicht). Während dieser Wachstumsperiode verdrängen sie EMZ, Makrosporen oder Entwicklungsstadien des legitimen Embryosackes, die zusammengedrückt werden und später meist degenerieren. Erst nach beträchtlichem Wachstum erfolgt die erste Teilung des unreduzierten Zellkerns. Diese Kernteilung ist relativ selten beschrieben worden, vermutlich deshalb, weil sie sehr schnell abläuft und daher nur selten zur Beobachtung kommt. So gibt ÅKERBERG für *Poa pratensis* an, daß nur Endstadien der Teilung der aposporen Initialen beobachtet werden konnten; sie scheinen zu zeigen, daß die Teilung „somatisch" ist. Eine größere Anzahl von ersten Teilungen der aposporen Initialen oder besser des einkernigen aposporen Embryosackes ist von RUTISHAUSER (1943a) und vor allem von HUNZIKER (1954, Abb. 4*a*—*d*) für *Potentilla*-Arten beschrieben worden. Meist lag der Kern oder die Teilungsspindel im mikropylaren Pol des mit einer großen chalazalen Vakuole versehenen, einkernigen Embryosackes. Die Prophasechromosomen waren stets lang, fadenförmig und univalent. Mit der Auflösung der Kernwand trat häufig ein Phänomen ein, das nur bei aposporen Initialen gefunden wurde: der Nucleolus verschwand nicht völlig, sondern wurde in einzelne kleinere, kugelige Körperchen aufgeteilt und in der mikropylaren Plasmaansammlung verteilt (Abb. 4*b*—*d*). Die Chromosomen dieser ersten Teilung sind z. T. lang, stäbchenförmig (z. B. bei *P. verna* 18), bei anderen Arten (*P. argentea*), wie in asyndetischer Meiose, kurz und rundlich. Ihre Anzahl konnte nie genau bestimmt werden, liegt aber nach HUNZIKER (1954) bedeutend über der haploiden Chromosomenzahl. Es ist somit sehr wahrscheinlich, und die genetischen Untersuchungen bestätigen diesen Eindruck, daß eine sog. mitotische Teilung vorliegt, die eventuell nicht ganz identisch ist mit der Mitose einer Wurzelspitzenzelle, sondern gelegentlich gewisse Anklänge an eine Meiose (kurze, kugelige Chromosomen) aufweist und auch Merkmale enthalten kann, die diesen Teilungen allein eigentümlich sind (Aufsplitterung des Nucleolus).

Nach dem ersten Teilungsschritt der aposporen Initiale wird der Embryosack polarisiert (Abb. 5*a*—*c*). Die zahlreichen Untersuchungen von amerikanischen Forschern an aposporen Gräsern der *Panicoideae* haben gezeigt, daß, ähnlich wie bei sexuellen Pflanzen, mehrere Polarisierungsmechanismen existieren. Der auffallend häufigste und bis vor kurzem einzige bekannte Mechanismus besteht darin, daß die beiden Kerne des zweikernigen aposporen Embryosackes zu den beiden gegenüberliegenden Polen wandern, so daß sie durch eine einzige zentrale Vakuole voneinander getrennt sind (Abb. 5*a*, *c*). Die Embryosäcke des *Hieracium*-Typus sind bipolar wie beim *Polygonum*- oder *Allium*-Typus der Embryosackentwicklung der sexuellen Pflanzen. Bipolarität des zweikernigen Embryosackes ist in der Regel gefolgt von der Bildung von zwei Vierkerngruppen an jedem Pol des Embryosackes, d. h. bis zur Ausbildung des fertigen Embryosackes sind an jedem Pol noch zwei Teilungsschritte notwendig. Gelegentlich gelingt es, in Metaphaseplatten der zweiten oder dritten Kernteilung des aposporen Embroysackes die Chromosomenzahl angenähert zu bestimmen. Sie entspricht der somatischen, unreduzierten Chromosomenzahl.

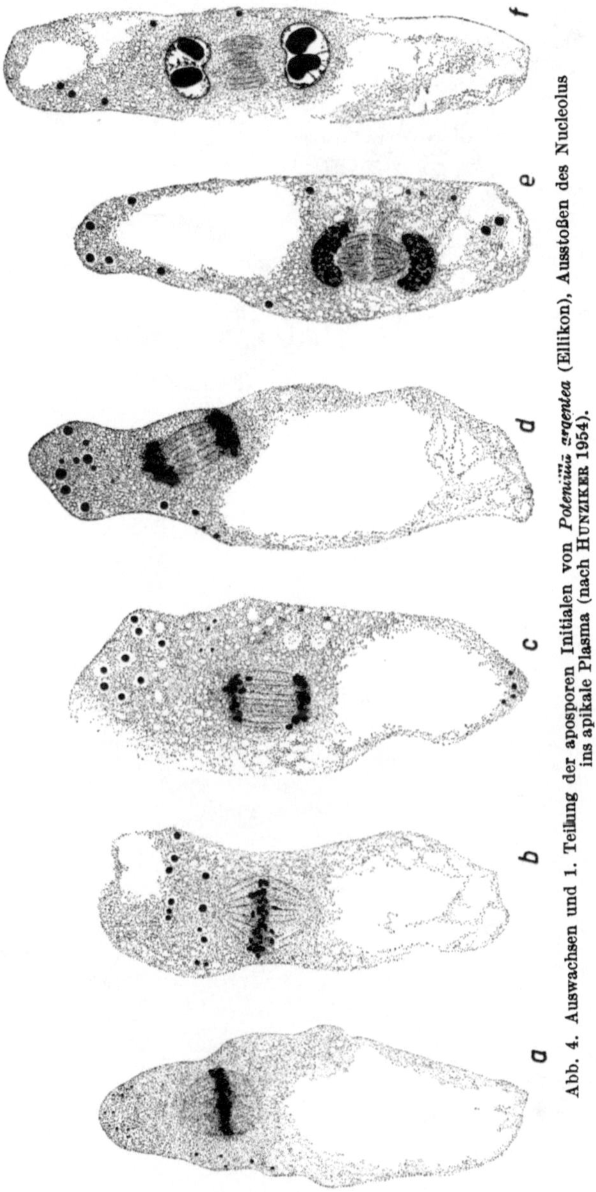

Abb. 4. Auswachsen und 1. Teilung der aposporen Initialen von *Potentilla argentea* (Ellikon), Ausstoßen des Nucleolus ins apikale Plasma (nach HUNZIKER 1954).

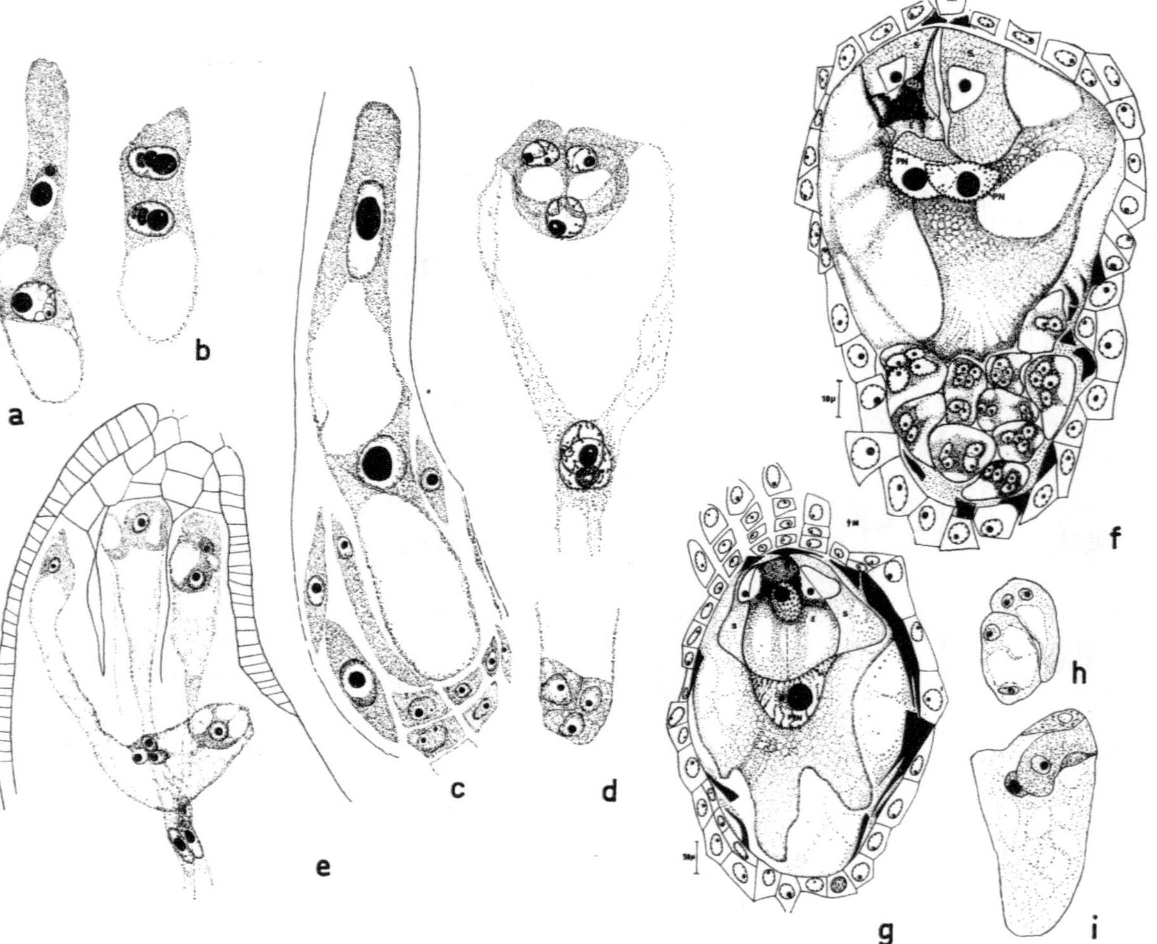

Abb. 5. *Hieracium*- und *Panicum*-Typus der aposporen Embryosackentwicklung und Bau aposporer Embryosäcke; *a—c Potentilla canescens*, zweikernige, bipolare Embryosäcke; *d P. verna*, reifer Embryosack; *e P. argentea*, Samenanlage mit zwei normalen und einem inversen Embryosack; *f, g Dichanthium aristatum*; *f* haploider Embryosack, Normaltypus; *g* aposporer Embryosack, *Panicum*-Typus; *h, i Bothriochloa ischaemum*; *h* links: bipolarer, vermutlich haploider, zweikerniger Embryosack; rechts: monopolarer, vermutlich unreduzierter Embryosack; *i* aposporer, vierkerniger Embryosack (*a—e* nach Rutishauser 1943a, *f, g* nach Knox und Heslop-Harrison 1963, *h, i* nach Brown und Emery 1957).

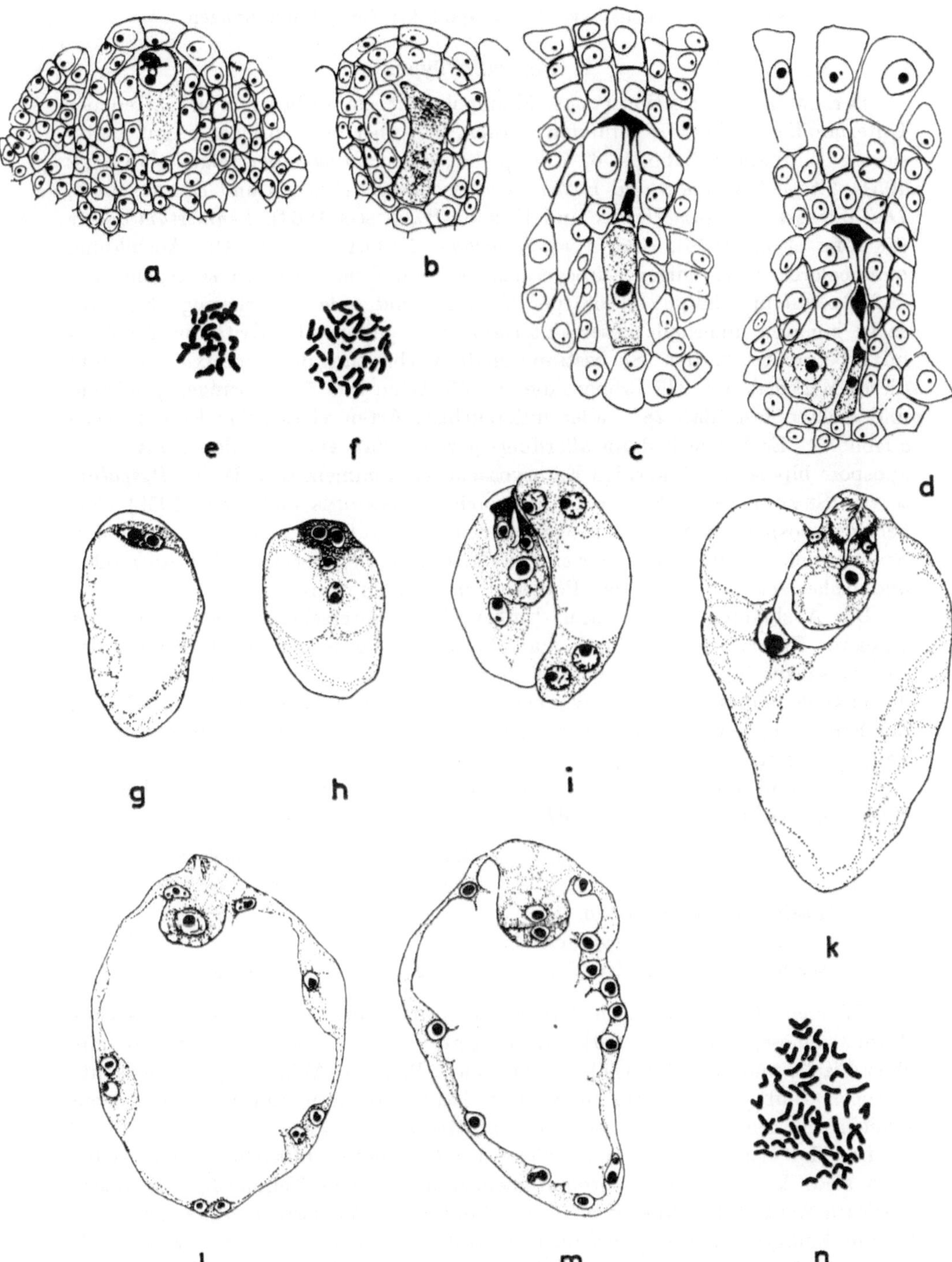

Abb. 6. Aposporie, *Panicum*-Typus der Embryosackentwicklung bei *Pennisetum ciliare*; *a* Samenanlage mit EMZ in Prophase; *b* Dyaden in RT_{II}; *c* Tetrade, chalazale Makrospore wächst aus, Schwesterzellen degeneriert; *d* degenerierte Tetrade, links daneben auswachsende, apospore Initiale; *e* sexueller Embryosack, Mitose mit reduzierter Chromosomenzahl n = 18; *f* aposporer Embryosack, Mitose mit unreduzierter Chromosomenzahl 2n = 36; *g* aposporer, monopolarer, zweikerniger Embryosack; *h* vierkerniger Embryosack; *i* links: aposporer, vierkerniger Embryosack; rechts: bipolarer, vierkerniger Embryosack, vermutlich haploid; *k* aposporer, vierkerniger Embryosack; *l* Eizelle und mehrkerniges Endosperm; *m* zweizelliger Embryo und mehrkerniges Endosperm; *n* triploide Metaphaseplatte aus dem Endosperm (2n = 54 = 3x) (nach SNYDER et al. 1955).

2. *Panicum*-Typus

Der zweite Polarisationstypus, Monopolarität, ist bisher nur bei Arten der Unterfamilie *Panicoideae* gefunden worden, hier aber bei den meisten gut analysierten Individuen (Abb. 5, 6). Beispiele sind: *Panicum maximum* (Warmke 1954), *Themeda triandra* und *Bothriochloa ischaemum* (Brown und Emery 1957), *Dichanthium aristatum* (Knox und Heslop-Harrison 1963), *Pennisetum ciliare* (Snyder et al. 1955), *Setaria macrostachya* (Emery 1957a). Die Ausbildung monopolarer, vierkerniger Embryosäcke bei den *Panicoideae* ist so regelmäßig, daß Brown und Emery (1958) der Meinung sind, solche vierkernige Embryosäcke könnten innerhalb dieser Unterfamilie als genügendes Kriterium für Apomixis betrachtet werden. Sie bestimmten die Verbreitung der Apomixis auf Grund dieses Merkmals für 275 Proben, die zu 153 Arten und 54 Gattungen gehörten, und stellten fest, daß 28% aller untersuchten Arten vierkernige Embryosäcke ausbilden. Es hat sich dann allerdings gezeigt, daß auch bei den *Panicoideae* apospore bipolare, achtkernige Embryosäcke vorkommen, so z. B. bei *Paspalum secans* (Snyder 1957). Ferner können nach Gildenhuys und Brix (1959) vierkernige apospore Embryosäcke von *Pennisetum dubium* nicht von haploiden Embryosäcken unterschieden werden, die durch Degeneration der Antipoden und frühe Verschmelzung der Polkerne entstanden waren.

Die Ausbildung monopolarer Embryosäcke unterscheidet sich von jener bipolarer Embryosäcke dadurch, daß die Tochterkerne der ersten Teilung des Embryosackes in der mikropylaren Plasmaansammlung liegen bleiben, so daß die Vakuole in diesem Falle an den chalazalen Pol verschoben wird (Abb. 5*h*, 6*g*). Zur Erreichung der Vierkerngruppe benötigt die Pflanze nur noch einen weiteren Teilungsschritt.

Mono- und bipolare Embryosäcke unterscheiden sich daher in folgenden Merkmalen (Abb. 5*f*, *g*, *i*, Abb. 6*k* bzw. 5*d*):

	Monopolare Embryosäcke	Bipolare Embryosäcke
Anzahl Vierkerngruppen	1	2
Anzahl Kerne / Embryosack ...	4	8
Anzahl Teilungsschritte	2	3

Unterschiede ergeben sich ferner im Aufbau des fertigen Embryosackes (Gametogenese). Bei den vierkernigen Embryosäcken werden Eiapparate mit einer Eizelle und zwei Synergiden sowie einem Polkern (Abb. 5*g*, *i*), bei den achtkernigen Embryosäcken ein dreizelliger Eiapparat, drei Antipoden und eine zweikernige Zentralzelle ausgebildet (Abb. 5*d*, *f*).

Daß die vierkernigen Embryosäcke der *Panicoideae* tatsächlich nicht reduziert sind, konnte durch Chromosomenzählungen von Teilungsfiguren nachgewiesen werden. Snyder et al. (1955) fanden bei *Pennisetum ciliare* ($2n = 36$) in fünf Embryosäcken die unreduzierte Zahl 36 (Abb. 6*f*), in einem, vermutlich legitimen, Embryosack die reduzierte Zahl 18 (Abb. 6*e*). Andere, mehr indirekte Beweise für die apospore Natur der vierkernigen Embryosäcke ergeben sich aus cytologischen Untersuchungen des Endosperms. Diese sind, da pseudogame Vermehrung vorliegt, triploid, im Gegensatz zu Pflanzen mit achtkernigen Embryosäcken, wo pentaploide Endosperme ausgebildet werden.

Die Existenz vierkerniger monopolarer Embryosäcke bei Gräsern ist deshalb von einigem Interesse, weil sie zeigt, daß im Gegensatz zu den meisten Apomikten gelegentlich neue Mechanismen ausgebildet werden können, wenn eine Pflanze von der sexuellen zur apomiktischen Vermehrungsweise übergeht. Dies ist bei den *Panicoideae* der Fall, da bei allen apomiktischen Arten dieser Unterfamilie, manchmal sogar innerhalb des gleichen Individuums, legitime achtkernige Embryosäcke vom bipolaren Typus und monopolare vierkernige, apospore Embryosäcke nebeneinander vorkommen können (Abb. 6*i*). Dabei ist die Polarität eines Embryosackes ein sehr konservatives Merkmal, das oft ganze Artgruppen charakterisiert. So sind z. B. alle Arten der *Oenotheraceen* durch monopolare vierkernige Embryosäcke ausgezeichnet. Es ist daher sehr wohl denkbar, daß dieses Merkmal genetisch bedingt ist. BROWN und EMERY (1958) denken wohl an eine solche genetische Grundlage des neuen Embryosacktyps, wenn sie darauf hinweisen, daß die weite Verbreitung der Aposporie vom monopolaren Typus eher für eine Übertragung von Apomixisgenen innerhalb der *Panicoideae* als für unabhängige Entstehung spricht (im Gegensatz zu den *Festucoideae*, wo verschiedene Apomeiosetypen auftreten).

Bei den meisten übrigen aposporen Apomikten, so allen Rosaceen (*Potentilla*, *Rubus*, *Sorbus*, *Alchemilla* usw.), den apomiktischen Arten der Gattung *Poa*, den *Auricomi* der Gattung *Ranunculus* (NOGLER, unveröffentlicht) u. a. m. verläuft die Somato- und Gametogenese der aposporen Embryosäcke gleich wie bei den sexuellen Embryosäcken der gleichen oder verwandter sexueller Arten, d. h. es werden meist achtkernige apospore Embryosäcke ausgebildet. Den-

Tab. 2. *Embryologie bestäubungsreifer Blüten von Ranunculus auricomus* (nach RUTISHAUSER 1954a).

Versuchspflanze	Anzahl der Samenanlagen	Samenanlagen deg.	EMZ deg.	ES in Entwicklung		ES fertig ausgebildet						
						ES abnorm				ES normal		
				normal	abnorm	monopol.	invers.	3 Polk.	andere Abw.	2 Polk. frei	sek. ES-Kern	Endosperm
Pub unbestäubt	44	—	9	3[1]	2	3	—	1	2	14	10	—
Pub bestäubt 24h	230	40	35	10[1]	5	5	1	2	12		105	15
Arg unbestäubt	113	2	30	22[2]	1	4	1	—	6		47	—
Cfol unbestäubt	97	—	4	2	—	—	—	—	—		91	—

[1] Davon zwei achtkernige ES

[2] Davon acht achtkernige ES

Pub = *R. puberulus*
Arg = *R. argoviensis*
Cfol = *R. cassubicifolius*

noch können auch bei ihnen Differenzen gegenüber normal sexuellen Arten gefunden werden. Sie betreffen nicht den Entwicklungstypus als solchen, sondern bestehen darin, daß bedeutend mehr Anomalien auftreten, als dies bei sexuellen Arten beobachtet werden kann. Eine große Anzahl solcher teratologischer Embryosäcke sind von CHIARUGI (1926) für *Artemisia nitida* und von CHIARUGI und FRANCINI (1930) für *Ochna serrulata* beschrieben worden, betreffen dort allerdings z. T. diplospore Embryosäcke. Häufig sind teratologische Embryosäcke auch bei den aposporen *Potentillen* (RUTISHAUSER 1943a, Abb. 5*e*). Eine statistische Auswertung regulärer und abnormer aposporer Embryosäcke ist für Kleinarten von *R. auricomus* durchgeführt worden (RUTISHAUSER 1954a). Wie aus Tabelle 2 ersichtlich ist, erscheinen neben normalen (bipolaren) apomiktischen Embryosäcken auch monopolare, inverse (Eiapparat an Stelle der Antipoden), neben anderen, nicht genauer umschriebenen Abweichungen. Sie machen zusammen mehr als 50% aller analysierten Embryosäcke aus. Die Ursachen für die häufigen Entwicklungsstörungen sind noch unbekannt. Sie könnten in der Diploidie der aposporen Initialen liegen oder aber, was wahrscheinlicher ist, darauf beruhen, daß die somatischen Zellen des Nuzellus ein Substrat darstellen, das für die hormonalen Faktoren, welche den Entwicklungsablauf steuern, wenig geeignet ist. Eine unmittelbare Konsequenz dieser Störungen dürfte in einer oft beträchtlichen Herabsetzung der Samenfertilität der aposporen Apomikten bestehen. Sie ist für *R. auricomus* besonders auffällig, da hier der Fruchtansatz nur selten mehr als 50% beträgt und der Samenansatz auch unter günstigsten Bedingungen noch geringer sein dürfte.

Was die Verbreitung der Aposporie anbetrifft, so erhält man den Eindruck, daß diese Form der Apomeiose bei den Pseudogamen häufiger ist als bei den diploid parthenogenetischen Arten. Fast alle Gattungen mit verbreitet vorkommenden Pseudogamen sind vornehmlich apospor. Dies gilt für die Rosaceengattungen *Potentilla, Rubus, Sorbus, Alchemilla* (allerdings lauter Gattungen mit mehrzelligem Archespor und dementsprechend eher unsicherer Bestimmung des Apomeiosetypus), dann bei den Gramineen der Unterfamilie *Panicoideae*, für viele *Festucoideae*, wie z. T. *Poa*, ferner *Ranunculus* und *Hypericum*. Ausnahmen sind die Gattungen *Rudbeckia* und *Parthenium*, wo Pseudogamie vorwiegend oder ausschließlich mit Diplosporie verbunden ist. Da Aposporie auch zusammen mit diploider Parthenogenese vorkommen kann, wie z. B. bei der Gattung *Crepis* (STEBBINS und JENKINS 1939), bedeutet dies nicht, daß Aposporie stets Pseudogamie nach sich zieht. Es ist eher daran zu denken, daß die Pollenentwicklung bei Aposporen weniger gestört ist und sich aus diesem Grunde für pseudogame Arten besser eignet, die auf eine Entwicklungserregung der Samenentwicklung durch Bestäubung angewiesen sind. Die häufige Verbindung von Aposporie mit Pseudogamie könnte daher auf einem Ausleseeffekt beruhen.

Es ist in diesem Zusammenhang angebracht, darauf hinzuweisen, daß Aposporie auch von normaler Sporophytenentwicklung gefolgt sein kann, also weder Pseudogamie noch diploide Parthenogenese zur Folge haben muß. Eine solche Pflanze (als 1931-123 bezeichnet) ist von BERGMAN (1935a) bei *Leontodon hispidus* L. gefunden worden. Die RT der einen EMZ (und auch der PMZ) ist völlig regulär (sieben Bivalente in der Metaphase I). Die EMZ einer normalen Pflanze entwickelt einen Embryosack nach dem *Polygonum*-Typus, der nach Befruchtung auch Embryonen ausbilden kann. Schon im Tetradenstadium der Sporogenese beginnen sich zusätzlich embryosackartige Gebilde aus Chalazazellen zu entwickeln. Sie sind meist teratologisch (invers), und die Eizelle ist nur äußerst selten in der Lage, einen Embryo auszubilden. Da die chalazalen Zellen bei F_2-Nachkommen von 1931-123 gelegentlich Meiosestadien zeigen, ist der Schluß, daß es sich bei den zusätzlichen Embryosäcken von *Leontodon hispidus* um apospore Embryosäcke handelt, nicht gesichert. Bergman (1935a, S. 219) glaubt, daß die F_2-Pflanze in embryologischer Hinsicht auf der Grenze zwischen somatischer und generativer „Aposporie" steht. 1931-123 war wegen des Vorkommens normaler haploider Embryosäcke fertil und entwickelte eine normal sexuelle

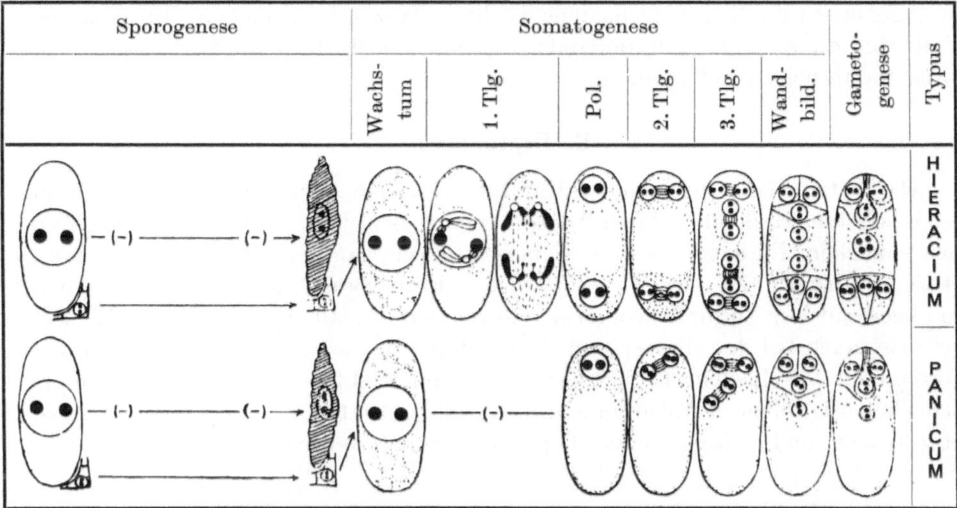

Abb. 7. Schema der aposporen Embryosackentwicklung (nach Battaglia 1963).

F_1-Pflanze (nach offener Bestäubung), aus der dann durch Selbstung einige F_2-Individuen hervorgingen, die, wie oben beschrieben, wieder apomeiotische Embryosäcke entwickelten. Maternelle Nachkommen aus derartigen abweichenden Pflanzen traten nicht auf, so daß man annehmen muß, daß die unreduzierten Embryosäcke der Chalazaregion steril sind.

Völlige Sterilität wird von Chiarugi (1926) auch für *Artemisia nitida* ($2n = 27$) angegeben, obwohl diese geradezu abenteuerliche Art sowohl apospore (Aposporia somatica), wie auch diplospore (Aposporia goniale) Embryosäcke ausbilden kann, letztere sogar nach verschiedenen Typen (*Taraxacum-* und *Antennaria*-Typus). Da aber auch Entwicklungstypen gefunden wurden (*Alchemilla*-Typus), die sich inzwischen bei anderen Arten als Fehlinterpretationen erwiesen haben, so wäre wohl eine Nachuntersuchung des Falles wünschenswert.

Noch vielgestaltiger sollen die Entwicklungsvorgänge bei *Ochna serrulata* sein (Chiarugi und Francini 1930), wo neben „Aposporia somatica" und „goniale" auch noch normale Embryosackentwicklung und extrasaccale Bildung von Embryonen (aus den Integumenten) vorkommen, also Nuzellarembryonie, Aposporie und Diplosporie nebeneinander existieren sollen. Aus der Beschreibung der beiden Autoren scheint zu folgen, daß der keimfähige Embryo adventiven Ursprungs ist.

Die oben besprochenen Entwicklungstypen aposporer Embryosäcke sind in Abb. 7 schematisch dargestellt.

Aposporie führt häufig zu Polyembryonie, einerseits deshalb, weil in derselben Samenanlage funktionsfähige, legitime haploide wie auch apospore unreduzierte Embryosäcke entstehen können (wenn also der Konkurrenzkampf unentschieden ausgegangen ist), andererseits — und dieser Fall scheint vorzuherrschen — weil oft mehrere apospore Initialen auswachsen (Abb. 5*e*), die sich zwar gegenseitig selbst wieder konkurrenzieren, wobei aber häufig nicht alle überzähligen Initialen ausgemerzt werden. Im ersten Falle können sexuell und apomiktisch entstandene Embryonen nebeneinander vorkommen. Sie bilden Zwillingssamen, aus denen zwei genetisch deutlich verschiedene Tochterpflanzen hervorgehen. Im letzteren Falle sind die Zwillinge untereinander und mit der Mutterpflanze genetisch identisch (maternelle Nachkommen).

B. Diplosporie

Die Entwicklung displosporer Embryosäcke apomiktischer Pflanzen zeigt in noch höherem Maße als bei den Aposporen eine Beziehung zum Entwicklungstyp des sexuellen Embryosackes derselben oder verwandter Arten. *Polygonum-*, *Allium-*, *Drusa-* und *Fritillaria*-Typus der Embryosackentwicklung erscheinen in abgewandelter Form, hervorgerufen durch den Ausfall einer der beiden Meioseschritte, auch bei den diplosporen Apomikten. Wir können daher auch bei den Apomikten verschiedene Embryosacktypen und Modifikationen derselben unterscheiden. Sie sollen in Anlehnung an Battaglia (1951 b) als *Taraxacum-*, *Ixeris-*, *Antennaria-* und *Allium nutans*-Typus bezeichnet werden.

1. *Taraxacum*-Typus und pseudohomöotype Teilung

Dieser Typus der diplosporen Embryosackentwicklung wurde erstmals von Juel (1900) beschrieben, aber erst von Rosenberg (1907, 1917, 1927, 1930) auf Grund seiner cytologischen Untersuchungen an den Meiosen der Hieracien richtig interpretiert, von Gustafsson (1933) zuerst in Frage gestellt, dann (Gustafsson 1934 a) bestätigt, obwohl manche Bilder anders gedeutet worden sind (als Stadien eines neuen Meiosetypus, der pseudohomöotypen Teilung).

Der *Taraxacum*-Typus ist mehrmals für die EMZ verschiedener apomiktischer *Taraxacum*-Arten (vgl. auch Gustafsson 1935) beschrieben worden (außer von den schon genannten Autoren von Battaglia [1948] und Fagerlind [1947 a]). Er beginnt mit meiosisähnlichen Stadien, die aber oft verdoppelte Prophasechromosomen aufweisen (Abb. 8*b*, *c*) und in eine Diakinese ausmünden, in der totale Asyndese herrscht (Abb. 8*a*, *d*). Der einzige Hinweis auf eine gewisse Homologie der Chromosomen besteht darin, daß die Chromosomen in der Metaphase paarweise genähert sind, eine Erscheinung, die als „secondary association" beschrieben wird („secondary pairing" nach Darlington 1928, Gustafsson 1934 b). Nach der Darstellung von Gustafsson (1934 b) treten aber in der Metaphase plötzlich Gemini und/oder Übergänge zu „secondary association" auf. Sogar Trivalente sollen vorkommen (Abb. 8*a*). Alle Chromosomen, gleichgültig ob

Uni- oder Bivalente, sammeln sich in der Äquatorialebene oder werden zufallsgemäß auf die beiden Pole verteilt. Dieser Verteilungsvorgang wird aber unterbrochen und ein Restitutionskern gebildet, d. h. alle Chromosomen werden von einer gemeinsamen Kernmembran umschlossen (Abb. 9*a*—*e*). Der Restitutionskern macht dann eine lange dauernde Interkinese durch, in deren Verlauf die Chromosomen als Doppelstrukturen deutlich sichtbar werden (Abb. 9*g*). Die RT_{II} verläuft normal, d. h. die Tochterchromosomen werden regelmäßig auf die beiden Pole verteilt. Die zweite RT ist von einer Cytokinese gefolgt; durch eine

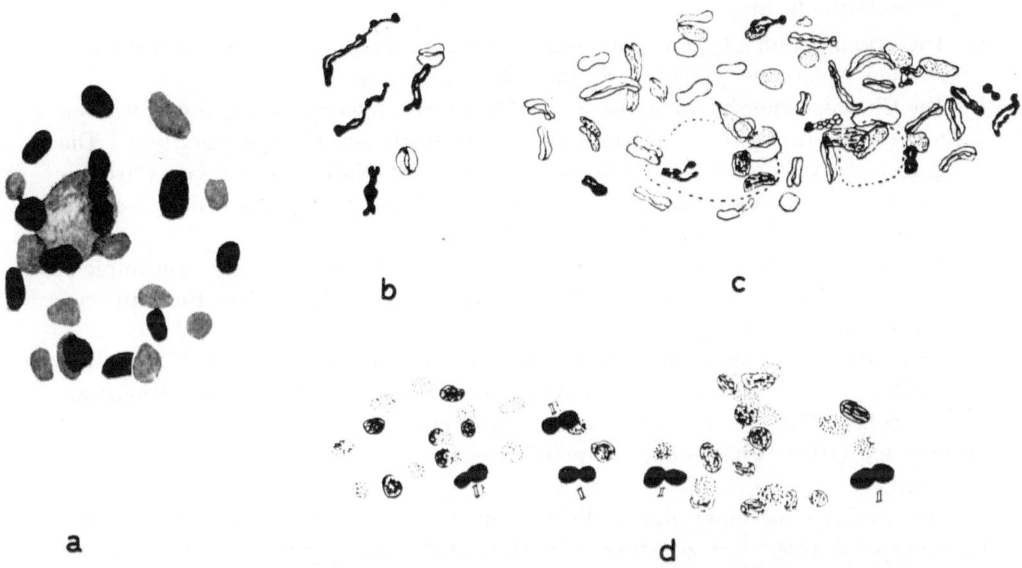

Abb. 8. Diplosporie: *Taraxacum*-Typus der Embryosackentwicklung; *a*, *d* Diakinesestadien von EMZ; *a*, *b* von *Taraxacum vulgare* 1930-287; *c* von *T. dissimile*; *d* von *T. kalbfussii*; *b*, *c* Prophasen von EMZ; *b* ungepaarte und in Chromatiden aufgespaltene Prophasechromosomen von *T. vulgare* 1930-653; *c* Prädiakinesestadium einer hexaploiden EMZ von *T. dissimile* (nach Gustafsson 1934b).

Querwand wird die EMZ in eine mikropylare, kleinere, und eine chalazale, größere Zelle aufgeteilt (Abb. 9*l*, *m*). Die letztere wächst zum Embryosack aus. Somato- und Gametogenese laufen ab wie beim *Polygonum*-Typus (Normaltypus) der Embryosackentwicklung (Abb. 9*n*—*q*). Es entsteht ein achtkerniger Embryosack mit einem dreizelligen Eiapparat, drei Antipoden und der zweikernigen Zentralzelle (Abb. 9*r*).

Im Gegensatz zu den apomiktischen *Taraxaca* entwickeln die sexuellen *Taraxacum*-Arten Embryosäcke nach dem *Polygonum*-Typus, der dadurch charakterisiert ist, daß vier haploide Tetraden gebildet werden, wovon die chalazale mit drei Kernteilungsschritten zum achtkernigen Embryosack auswächst (Poddubnaja-Arnoldi und Dianowa 1934, Malecka 1961). *Taraxacum*- und *Polygonum*-Typus sind offenbar nahe verwandt. Sie unterscheiden sich nur dadurch, daß die RT_I bei *Taraxacum* frühzeitig abgebrochen und die Sporogenese infolgedessen mit einer Dyade anstatt mit einer Tetrade abgeschlossen wird.

Während Rosenberg, Fagerlind (1947a) und Battaglia (1948) Restitutionskernbildung als einzigen aberranten Meiosetypus für die *Taraxaca* gelten lassen, glaubt GUSTAFSSON (1933, 1934b, 1935) daneben noch einen neuen Meiosetypus, die pseudohomöotype Teilung, gesehen zu haben. Diese Teilung ist dadurch charakterisiert (Abb. 56, S. 111), daß die Chromosomen — Uni- und Bivalente —, die sich während der RT_I alle in die Äquatorialebene einordnen, in ihre Chromatiden aufgeteilt und diese regelmäßig auf beide Pole verteilt werden. Darauf erfolgt ebenfalls Dyadenbildung. Die RT_{II} fällt völlig aus. Die Konsequenzen der pseudohomöotypen Teilung sind dieselben wie jene der Restitutionskernbildung: Es entstehen unreduzierte Embryosäcke. Als Beweis für die Existenz der pseudohomöotypen Teilung gibt GUSTAFSSON (1934b) folgende Befunde an:

a) Die pseudohomöotypen Teilungen liegen immer vor den Interkinesestadien gegen die jüngeren Stadien der EMZ hin.
b) Die Chromosomen bleiben wie in der Diakinese ungeordnet liegen und werden nicht über den ganzen Kernraum in verschiedenen Ebenen verstreut. Die langgestreckte Form der Restitutionskerne zeigt, daß sie nicht von Chromosomenknäueln ausgehen können, sondern erst nach Bewegung der Chromosomen in der Kernspindel zustande kommen.
c) Die Chromosomen sind in der pseudohomöotypen Teilung zusammengezogen und nicht wie bei der homöotypen Teilung der Restitutionskerne mitotisch langgestreckt.

Ähnliche Bilder sind mit gleicher Interpretation von BERGMAN (1944) für *Chondrilla juncea* beschrieben worden. GUSTAFSSON (1944) und BERGMAN (1944) geben ferner an, daß pseudohomöotype Teilung auch bei der von HOLMGREN (1919) untersuchten apomiktischen Art *Erigeron annuus* vorkommen soll.

Die Aufstellung einer neuen Form der degenerierten Meiose, die pseudohomöotype Teilung, hat zu einer lebhaften Diskussion geführt, an der sich vor allem FAGERLIND (1947a), BERGMAN (1950) und BATTAGLIA (1948) beteiligt haben. Alle drei Autoren verneinen, wenigstens in ihren späteren Arbeiten, die Existenz einer pseudohomöotypen Teilung für die von ihnen untersuchten Arten. BATTAGLIA (1948) hat sich besonders bemüht, an einem außerordentlich umfangreichen Material von *Taraxacum vulgare* (SCHR.), *T. megalorrhizon* HAND.-MAZZ. und *T. mongolicum* HAND.-MAZZ., alle triploid ($2n = 24$), den Ablauf der Meiose in den EMZ genau zu erfassen (Abb. 9). Seine Beschreibungen decken sich mit wenigen Abweichungen mit jenen GUSTAFSSONS über die Ausbildung eines Restitutionskerns und nachfolgender homöotyper Teilung. Bemerkenswert ist seine Angabe, daß die RT_{II} auch mit kurzen kontrahierten Chromosomen durchgeführt werden kann. Damit ist einer der drei von GUSTAFSSON (1934b) angeführten Beweise für das Vorkommen der pseudohomöotypen Teilung in Frage gestellt; nach BATTAGLIAS Ansicht ist der meiotische Charakter der Chromosomen nicht unbedingt spezifisch für die RT_I. BATTAGLIA verneint denn auch die Existenz der pseudohomöotypen Teilung für die von ihm untersuchten Arten der Gattung *Taraxacum*. Seiner Meinung nach sind die Differenzen zwischen heterotypen und homöotypen Metaphasen oft sehr gering, weshalb ein Irrtum in der Interpretation leicht möglich ist. Zum gleichen Schluß gelangt der Autor auch in bezug auf den Ablauf der weiblichen Meiose bei *Chondrilla juncea* (BATTAGLIA 1949, Abb. 10), *Rudbeckia laciniata* (BATTAGLIA 1946c)

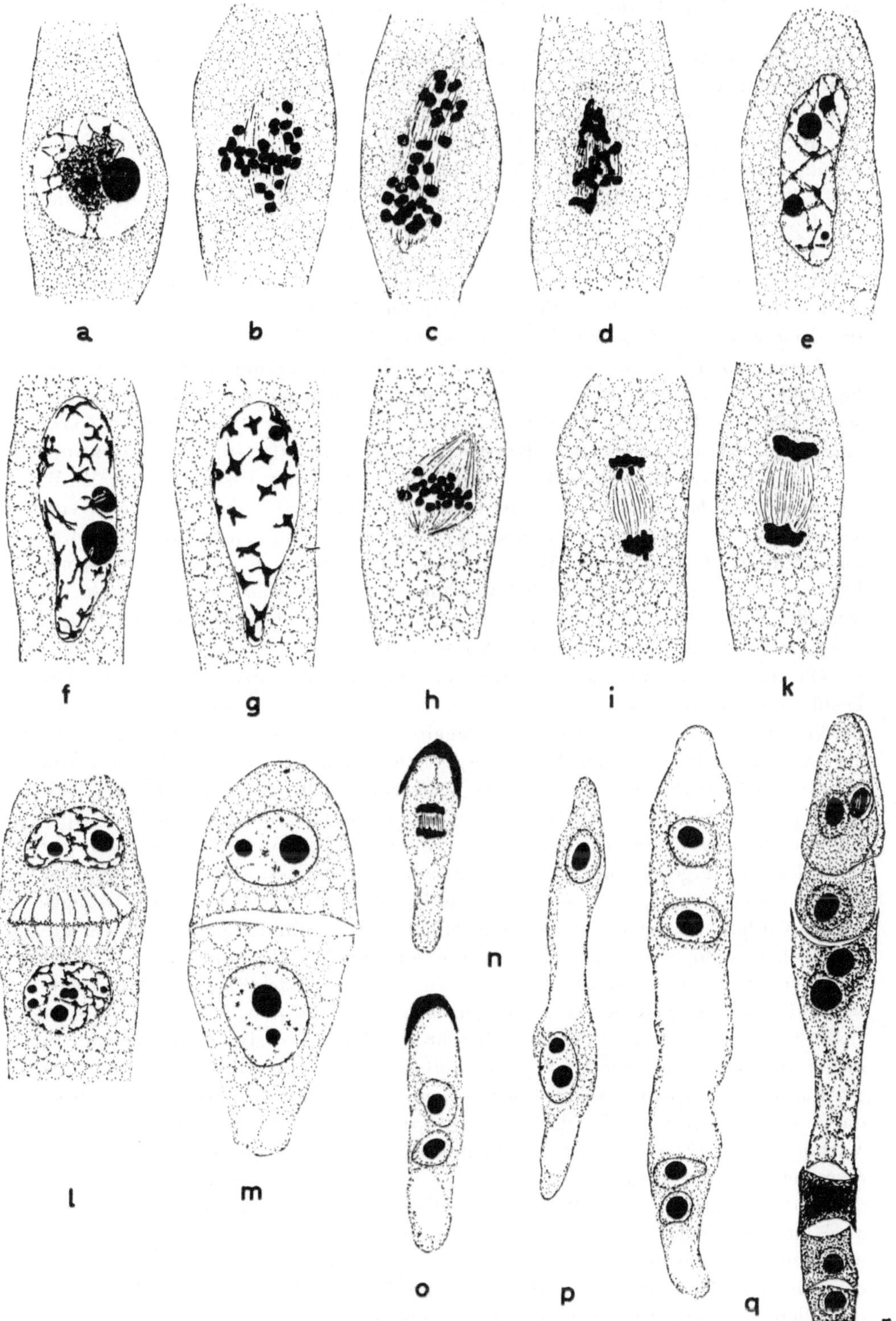

Abb. 9. Diplosporie: *Taraxacum*-Typus der Embryosackentwicklung, *Taraxacum megalorrhizon* HAND.-MAZZ.; *a—e* Restitutionskernbildung; *f—l T. vulgare* SCHR., homöotype Teilung und Dyadenbildung; *m* Dyade; *n—q* ein- bis vierkernige Embryosäcke; *r* reifer Embryosack (nach BATTAGLIA 1948).

und *Erigeron karwinskianus* D. C. var. *mucronatus* D. C. (Battaglia 1950), obwohl bei allen untersuchten Arten auch Abweichungen gefunden werden konnten, wie z. B. die Ausbildung von Mikrokernen.

Auch die übrigen Beweise, die Gustafsson (1934b) für die Existenz des pseudohomöotypen Typus angeführt hat, sind widerlegt worden, allerdings nicht im Zusammenhang mit der Sporogenese der EMZ, sondern auf Grund cytologischer Untersuchungen der Meiose der PMZ, die es eher gestatten, die Entwicklungsabfolge der Meiose festzulegen und die Bilder richtig einzuordnen. Gültige Beweise für die Existenz der pseudohomöotypen Teilung sind daher noch nicht erbracht worden. Wir werden im Zusammenhang mit der Besprechung der Meiose der PMZ nochmals auf diese Frage zurückkommen.

Taraxacum-Typus der Embryosackentwicklung, verbunden mit Restitutionskernbildung, ist für eine Reihe von Apomikten angegeben worden. Erwähnt seien folgende Beispiele: *Chondrilla juncea* (Rosenberg 1912, Poddubnaja-Arnoldi 1933, Bergman 1944, Battaglia 1949, Abb. 10*a*—*p*), wobei Poddubnaja-Arnoldi auch noch sechs andere *Chondrilla*-Arten beschreibt, wie z. B. *Ch. pauciflora*, *brevirostris* u. a. (alle triploid, mit 2n = 15), bei welchen in verschiedenen Prozentsätzen auch noch Triaden und Pentaden vorkommen, was darauf hinweist, daß neben Restitutionskernbildung auch noch andere semiheterotype Teilungen durchgeführt werden. Auch bei *Chondrilla* entwickeln die sexuellen (diploiden) Arten *Ch. graminea* und *ornata* die Embryosäcke nach dem *Polygonum*-Typus (Poddubnaja-Arnoldi 1933).

Ob auch die apomiktischen Arten der Gattung *Balanophora* unsere Ansicht bestätigen, wonach die Apomikten die Entwicklungsmechanismen ihrer mutmaßlichen sexuellen Aszendenten beibehalten und sie nur soweit abändern, als sich aus der abweichenden Meiose ergibt, ist nach den Untersuchungen von Ernst (1913, 1918), Kuwada (1928), Zweifel (1939) und Fagerlind (1945) nicht erwiesen: Der *Taraxacum*-Typus unreduzierter Embryosäcke bei Apomikten steht nicht immer reduzierten Embryosäcken vom *Polygonum*-Typus sexueller Arten gegenüber. Der letztgenannte Entwicklungstypus reduzierter Embryosäcke ist zwar für *B. dioica* von Ekambaram und Panje (1935) angegeben worden. Dagegen hat Zweifel (1939) Tetradenbildung und damit *Polygonum*-Typus nur ausnahmsweise für die sexuelle Art *B. indica* (Abb. 11*a*, *b*) und überhaupt nicht für *B. abbreviata* festgestellt. Beide sexuellen Arten entwickeln ihre Embryosäcke in der Regel nach dem „*Adoxa*"- oder *Lilium*-Typus (Abb. 11*c*, *d*). Zweifel (1939, S. 275) schreibt dazu, daß sich *B. abbreviata* „in bezug auf den Typus der Embryosackbildung weniger ursprünglich verhält als die abgeleiteten apomiktischen Spezies der Gattung *Balanophora*". Wenn man daher nicht annehmen will, daß sich die apomiktischen *Balanophora*-Arten von Vorfahren mit *Polygonum*-Typus ableiten, dann müßten sie als Ausnahme der oben formulierten Regel gelten.

Arabis holboellii, von Böcher (1951) als pseudogam bezeichnet, soll doch auch hier behandelt werden, obwohl diploide Parthenogenese nicht ausgeschlossen erscheint oder eine Form der Pseudogamie vorliegt, die sich wesentlich von jener der *Auricomi*, Potentillen und *Poae* unterscheidet (Abb. 12*a*—*l*). Während die diploiden, sexuellen Rassen von *Arabis holboellii* Embryosackentwicklung nach dem *Polygonum*-Typus aufweisen (Abb. 12*a*, *b*), wird für andere diploide und für

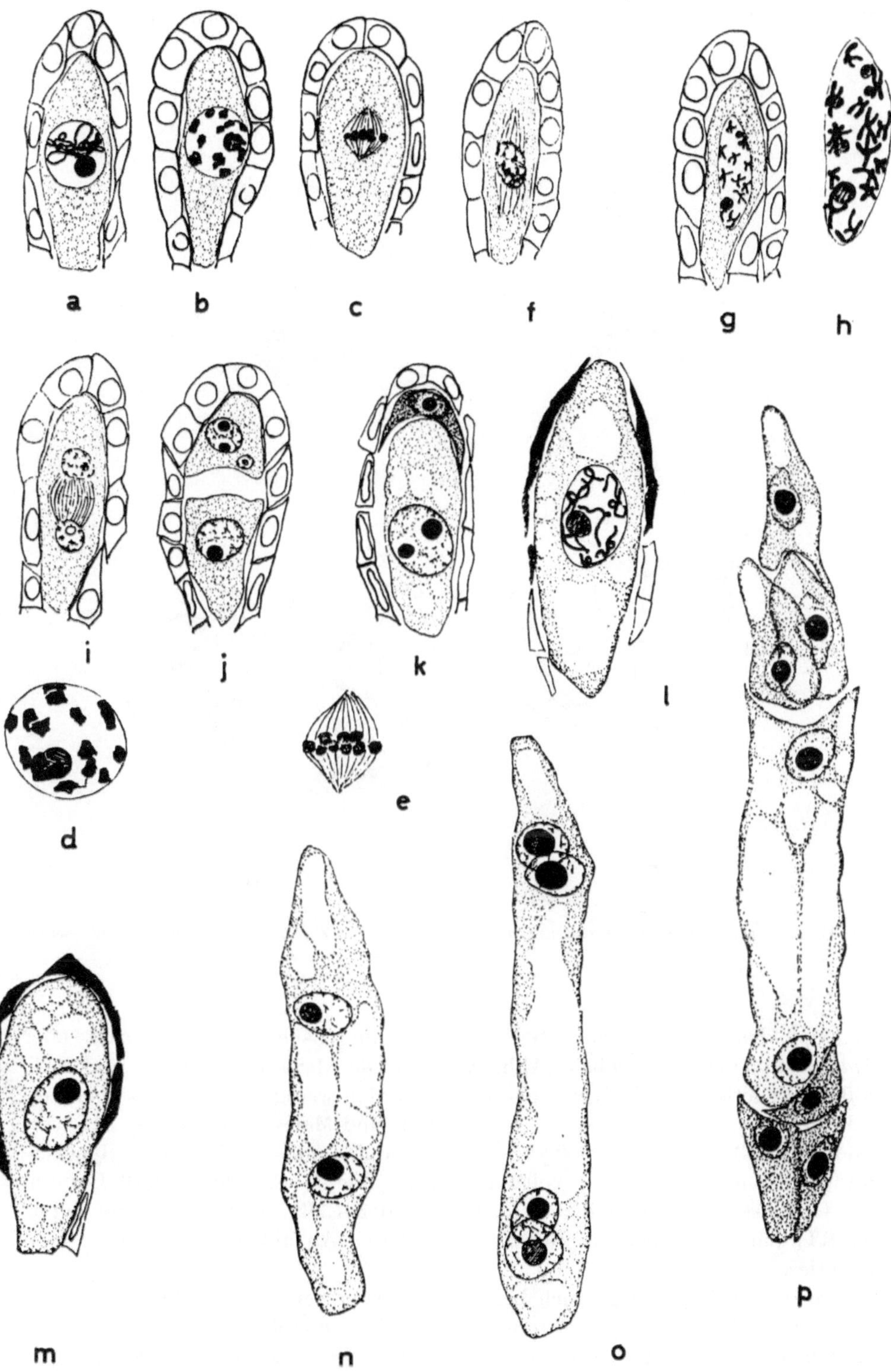

Abb. 10. Diplosporie: *Taraxacum*-Typus der Embryosackentwicklung von *Chondrilla juncea*; *a—f* Restitutionskernbildung; *g—i* homöotype Teilung; *j*, *k* Dyaden; *l*, *m* auswachsende chalazale Dyaden; *n*, *o* zwei- bzw. vierkerniger Embryosack; *p* reifer, siebenzelliger Embryosack (nach BATTAGLIA 1949).

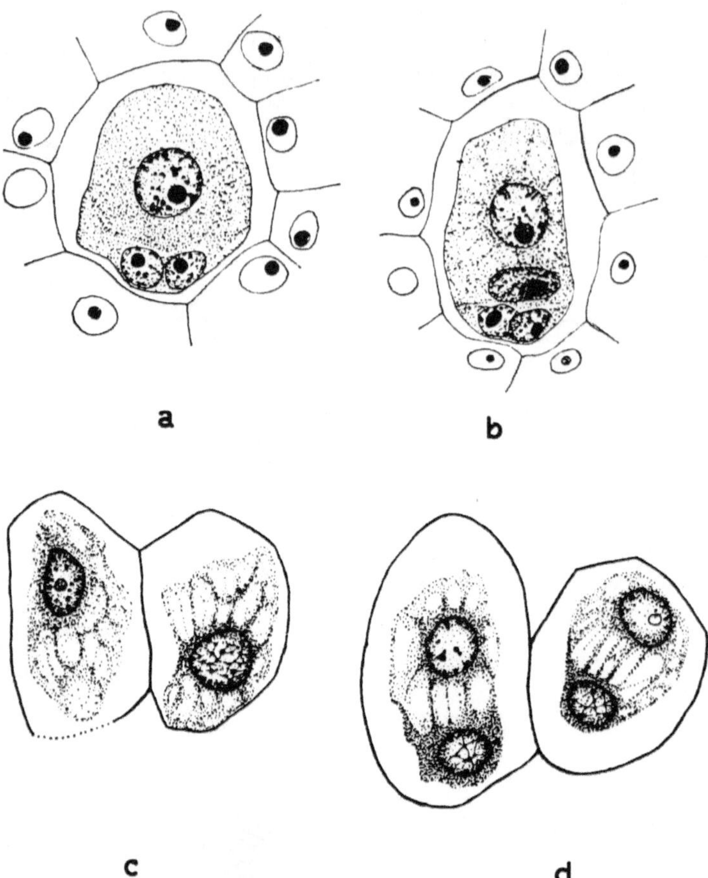

Abb. 11. *Balanophora indica*; *a*, *b* Tetradenbildung; *b* Tetrade; *c* 2 EMZ; *d* 2 Embryosäcke mit Dyadenkernen (nach ZWEIFEL 1939).

die triploiden Rassen apomeiotische Entwicklung nach dem *Taraxacum*- oder *Antennaria*-Typus angegeben (Abb. 12*c*—*l*). Die Meiosen der EMZ sind z. T. völlig asyndetisch (21 Univalente), oder es werden wenige Bivalente beobachtet, z. B. $6_{II} + 9_{I}$, $3_{II} + 15_{I}$ und $1_{II} + 19_{I}$, selten sind Meiosen von hohem Syndesegrad ($9_{II} + 3_{I}$). *Taraxacum*-Typus ist verbunden mit variierendem Syndesegrad, *Antennaria*-Typus mit vollständiger Asyndese. Es scheint, daß BÖCHER mit GUSTAFSSON (1939a) die erste Teilung der EMZ beim *Antennaria*-Typus als RT_{I} auffaßt. Über die Berechtigung dieser Annahme wird weiter unten diskutiert.

Taraxacum-Typus liegt auch bei einigen Arten der Gattung *Elatostema* vor. Einen ersten Hinweis für *E. acuminatum* gibt TREUB (1906). Später wurden von FAGERLIND (1944a) noch die Arten *E. eurhynchium*, *E. machaerophyllum* und *E. peltifolium* hinzugefügt. *Taraxacum*-Typus wird von FAGERLIND (1940) ferner auch für *Wikstroemia indica* angegeben.

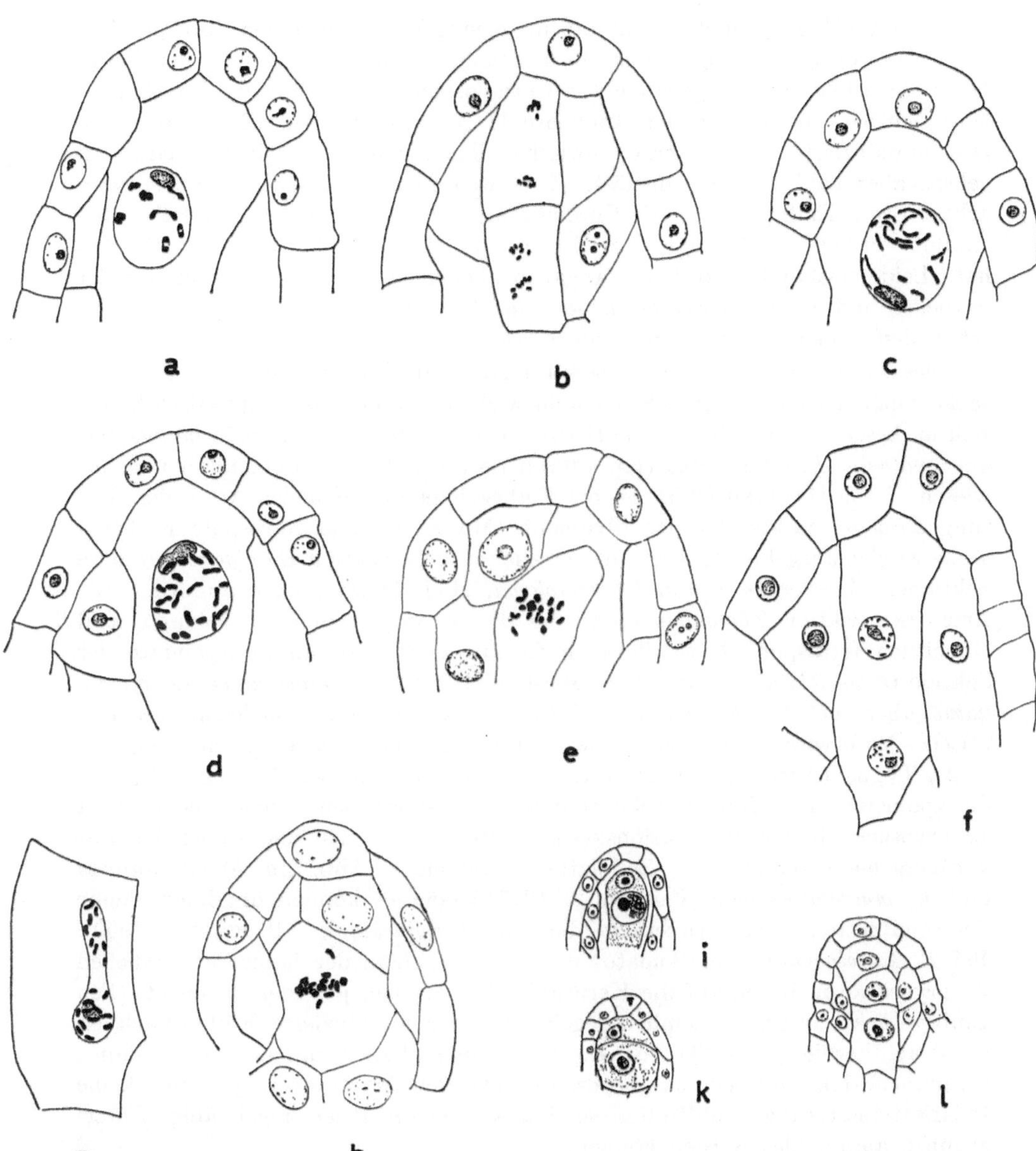

Abb. 12. Diplosporie, *Taraxacum*-Typus der Embryosackentwicklung, *Arabis holboellii*; *a, b* Tetradenbildung bei einer diploiden, sexuellen Pflanze von Alaska; *c—l* Entwicklung unreduzierter Embryosäcke bei triploiden Pflanzen von Disko (*c, f*) und von S. Str. 3 (*d, e, g—l*); *c, d* Diakinesen; *e, h* Metaphasen; *f* Dyadenkerne; *g* Restitutionskern; *i* EMZ und Schichtzelle ohne trennende Zellwand; *k* EMZ und Schichtzelle mit Zellwand; *l* Dyade unter Schichtzelle (nach BÖCHER 1951).

2. *Ixeris*-Typus

Dieser Typus apomeiotischer Embryosackentwicklung wurde erstmals von OKABE (1932) für *Ixeris dentata* NAKAI (2n = 21) beschrieben, aber als *Antennaria*-Typus bezeichnet, da die EMZ direkt zum achtkernigen Embryosack auswächst. Im Gegensatz zum *Antennaria*-Typus wird aber eine degenerierte

Meiose mit völlig asyndetischen, stäbchenförmigen Chromosomen durchgeführt, deren heterotype Teilung durch Restitutionskernbildung unterbrochen wird. Die RT_{II} erfolgt mit langgestreckten Chromosomen, die schon im Interkinesekern sichtbar sind und in der Anaphase II getrennt werden. Es entstehen so zwei unreduzierte Dyadenkerne. Zwischen ihnen wird eine Zellwandplatte angelegt, aber bald wieder aufgelöst. Zwei weitere Teilungsschritte führen zum achtkernigen Embryosack. Die Chromosomenzahl konnte in einigen Fällen bestimmt werden. Sie beträgt 21 und zeigt, daß keine Reduktion stattgefunden hat. Leider macht OKABE keine Angaben über die Embryosackentwicklung der sexuellen und diploiden Art *Ixeris alpicola* (2n = 14), so daß ein Vergleich zwischen den beiden Arten nicht möglich ist.

Dies ist aber der Fall bei den Apomikten der Gattung *Erigeron*, deren Embryosäcke auch nach dem *Ixeris*-Schema entwickelt werden. Als apomiktisch haben sich in dieser Gattung *E. annuus* (FAGERLIND 1947b) und *E. karwinskianus* var. *mucronatus* = *E. mucronatus* (FAGERLIND 1947b und BATTAGLIA 1950) u. a. erwiesen. Nach HARLING (1951) ist die Embryologie der sexuellen Arten der Gattung *Erigeron* außerordentlich divergent. Mono-, bi- und tetraspore Embryosäcke werden ausgebildet. Dies gilt vor allem für die Sektion *Euerigeron*. Andere Sektionen, *Trimorphaea* und *Thalacroloma*, sind dagegen eher uniform. Die Arten der Sektion *Thalacroloma*, zu der die meisten Apomikten gehören, sind einheitlich tetraspor. Dies gilt auch für die einzige bekannte Apomikte der Sektion *Oligotrichium*, *E. divergens*. Meist, z. B. bei *E. karwinskianus* var. *mucronatus*, aber auch bei *E. annuus* und *E. strigosus*, werden sexuelle und apomeiotische Embryosäcke nebeneinander entwickelt, die ersteren nach dem sog. *Drusa*-Typus (Abb. 2), die letzteren nach semiheterotyper Teilung. Die RT der apomeiotischen Embryosäcke ist stets total asyndetisch. Die apomeiotischen Embryosäcke bilden Restitutionskerne (Abb. 13*a*—*f*) aus, und es werden nur vorübergehend Wände oder Zellplatten ausgebildet (Abb. 13*g*, *h*) (*E. annuus* und *E. mucronatus* nach FAGERLIND 1947b) oder es können überhaupt keine Zellwandplatten nachgewiesen werden (*E. karwinskianus*, BATTAGLIA 1950). Bei *E. karwinskianus* ist Somato- und Gametogenese der haploiden sexuellen Embryosäcke in bezug auf die Kernzahl sehr variabel, jene der apomeiotischen Embryosäcke hingegen ziemlich regelmäßig, der unreduzierte Embryosack ist meist achtkernig (Abb. 13*n* für *E. mucronatus*). Dies hängt vermutlich damit zusammen, daß die Coenomakrospore der letzteren Art zweikernig ist und keine Polarisationsstörungen auftreten, so daß an beiden Polen regelmäßig Vierergruppen ausgebildet werden können.

Aus einem Vergleich der mehr oder weniger haploiden und apomeiotischen Entwicklungstypen der Embryosäcke (Abb. 23) geht somit hervor, daß auch die apomiktischen *Erigeron*-Arten die embryologischen Mechanismen weitgehend beibehalten, durch welche die verwandten sexuellen Arten oder die mehr oder weniger haploiden Embryosäcke der gleichen Art ausgezeichnet sind. Die einzige Modifikation wird durch den Ausfall der RT oder besser die Degeneration der RT hervorgerufen: anstelle einer vierkernigen Coenomakrospore tritt eine Coenomakrospore mit unreduzierten Dyadenkernen (Abb. 23). Das gleiche trifft auch auf *Statice oleaefolia* SCOP. var. *confusa* GODR. zu (D'AMATO 1940, 1949b).

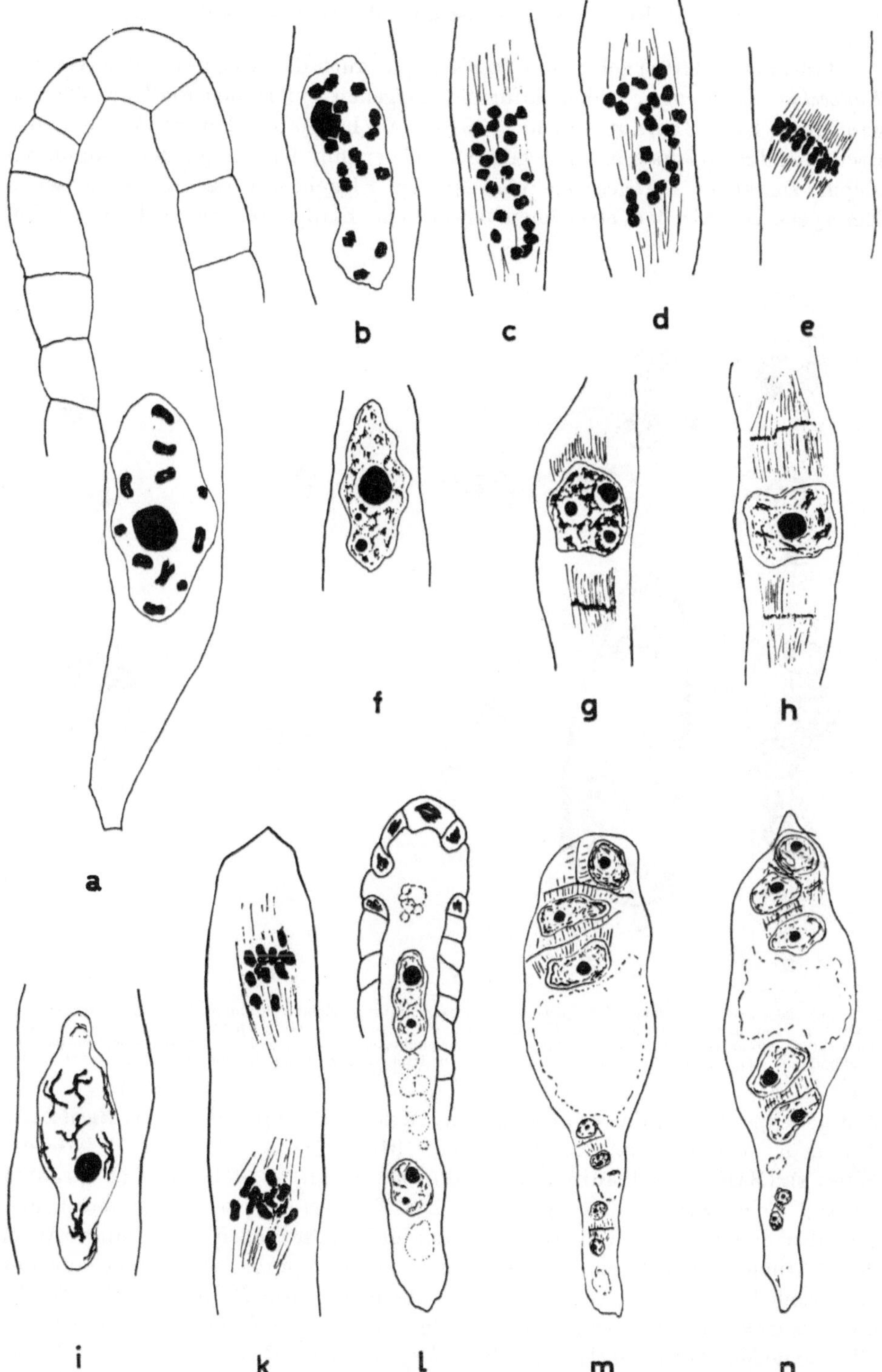

Abb. 13. Diplosporie, *Ixeris*-Typus der Embryosackentwicklung von *Erigeron mucronatus*; *a*—*f* Restitutionskernbildung; *a*, *b* Diakinese; *c*, *d* Prometaphasen; *e* pseudohomöotype oder homöotye Metaphase; *f*—*h* Restitutionskerne; *g*, *h* mit ephemeren Zellwänden; *i* Interkinesekern mit geteilten Chromosomen; *k* homöotype Prometaphasen; *l* auswachsende Dyade mit 2 unreduzierten Dyadenkernen; *m*, *n* reife, unreduzierte Embryosäcke (nach FAGERLIND 1947 b).

BATTAGLIA (1951a) zählt zum *Ixeris*-Typus auch die Apomikten der Gattung *Rudbeckia*, nachdem er früher dafür einen eigenen Typus, den *Rudbeckia*-Typus, geschaffen hat (BATTAGLIA 1945a, 1946b, c), hält aber den *Rudbeckia*-Typus noch vom *Ixeris*-Typus insofern getrennt, als er ihm den Rang eines sekundären Typus zuerkennt. Abgesehen von einigen Eigenheiten der ausgewachsenen Embryosäcke (Eizellen erschienen sowohl im Eiapparat wie auch unter den

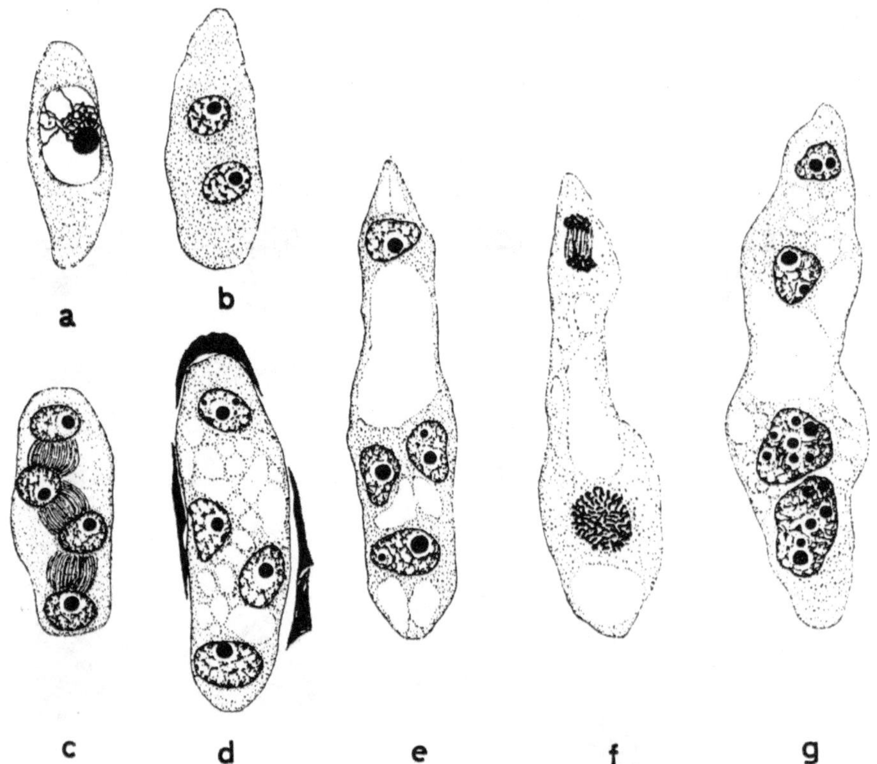

Abb. 14. *Rudbeckia laciniata* var. *flore pleno* HORT. (sex.), Embryosackentwicklung nach dem *Fritillaria*-Typus; *a* EMZ in Prophase; *b* Dyadenkerne; *c* Coenomakrospore; *d* auswachsende Coenomakrospore; *e* 1+3-Stellung der 4 Makrosporenkerne; *f* CARANO-BAMBACIONI-Effekt: chalazale Mitose triploid, mikropylare Mitose haploid; *g* sekundärer, vierkerniger Embryosack, chalazale Kerne triploid, mikropylare haploid (nach BATTAGLIA 1946c).

Antipoden), verläuft die Embryosackentwicklung der apomiktischen *Rubdeckia*-Arten, *R. laciniata* (BATTAGLIA 1945a, 1946c, 1947a, Abb. 15), *R. speciosa* WENDER (BATTAGLIA 1946b) und *R. sullivantii* BOYNTON et BEADLE (BATTAGLIA 1955b), gleich wie bei den Apomikten der *Erigeron*-Gruppe. Sie unterscheidet sich aber dadurch von den *Erigeron*-Arten, daß die sexuellen, verwandten Arten der Gattung *Rudbeckia* einen wesentlich anderen embryologischen Mechanismus entwickelt haben als jene. Mit alleiniger Ausnahme von *R. purpurea* L., für die der *Polygonum*-Typus nachgewiesen worden ist, geht die Embryosackentwicklung aller sexuellen *Rudbeckia*-Arten, z. B. *R. bicolor* NUTT., *R. hirta* L., *R.* var. Meine Freude HORT. und *R. amplexicaulis* VAHL., nach dem *Fritillaria*-Schema (BATTAGLIA 1946c, Abb. 14). Die Embryosackentwicklung nach dem *Fritillaria*-Typus ist dadurch charakterisiert, daß im Anschluß an die RT eine vierkernige

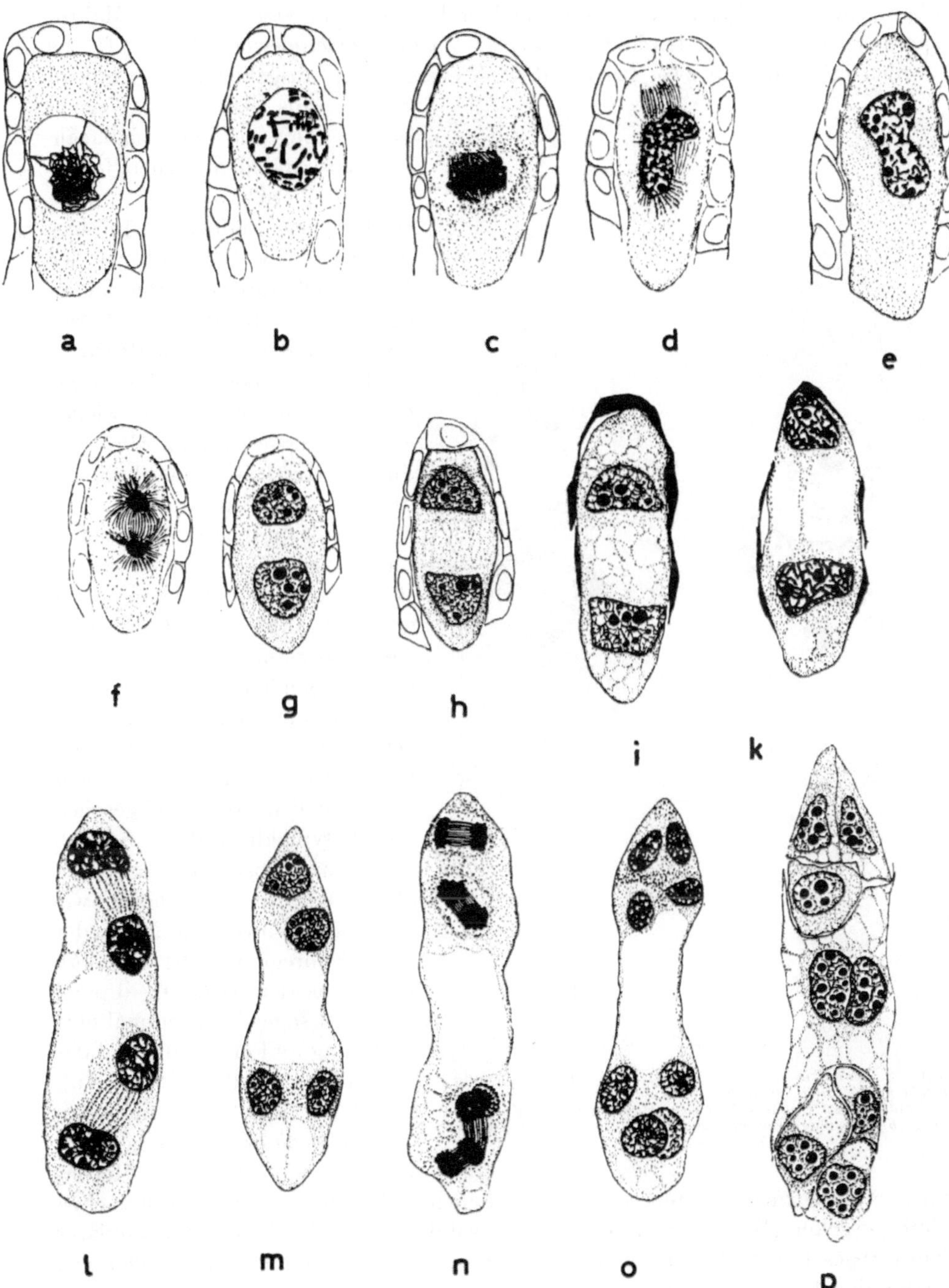

Abb. 15. Diplosporie, *Ixeris*-Typus, *Rudbeckia laciniata*; *a*—*e* Restitutionskernbildung; *f* homöotype Teilung; *g*—*i* diplospore Initialen mit unreduzierten Dyadenkernen; *k* Vakuolisierung; *l*, *m* vierkerniger Embryosack polarisiert; *n*, *o* achtkerniger Embryosack; *p* Zellbildung (nach BATTAGLIA 1946c).

Coenomakrospore ausgebildet wird (Abb. 14*c*, *d*). Dann aber ergibt sich gegenüber dem *Drusa*-Typus ein Unterschied, indem drei der vier haploiden Makrosporenkerne zu einem triploiden chalazalen Kern verschmelzen (Abb. 14*f*). Es werden infolgedessen zwei verschiedene Vierergruppen ausgebildet, eine mikropylare, aus haploiden Kernen bestehende, und eine chalazale aus vier triploiden Kernen, ferner ist ein Polkern haploid, der andere triploid, das Endosperm infolgedessen (nach Befruchtung der Zentralzelle durch einen haploiden Spermakern) pentaploid (Rutishauser und Hunziker 1950).

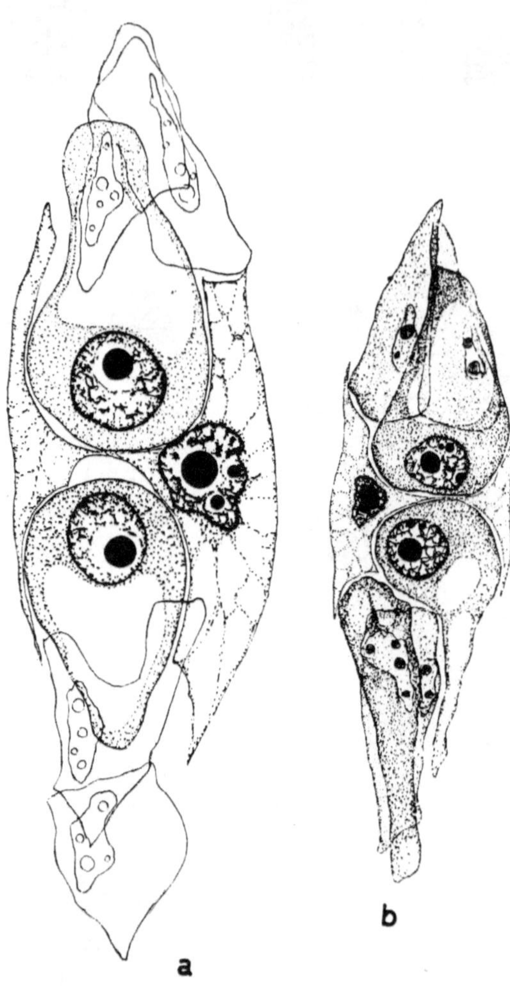

Abb. 16. *Rudbeckia sullivantii* Boynton et Beadle (*a*) und *Rudbeckia laciniata* (*b*); *a*, *b* reife Embryosäcke mit regulärer und antipodialer Eizelle; *a flore pleno* Hort., sexueller Embryosack; *b* diplosporer Embryosack (*a* nach Battaglia 1955b, *b* nach Battaglia 1946c).

Bei den apomiktischen *Rudbeckia*-Arten fällt die RT_I wieder aus oder besser wird unterbrochen durch Restitutionskernbildung, die Coenomakrospore bleibt daher zweikernig (mit zwei unreduzierten Kernen), der sog. Carano-Bambacioni-Effekt kann nicht eintreten (Abb. 15*a*—*k*). Es entsteht aber im Anschluß an die drei folgenden Teilungen der Somato- und Gametogenese ein achtkerniger Embryosack, der fast gleich gebaut ist wie jener der sexuellen Arten (abgesehen vom Polyploidiegrad der Kerne), ja er ahmt sogar den sexuellen (Abb. 16*a*) in Einzelheiten, wie dem Auftreten von Eizellen in der Antipodenregion, nach (Abb. 16*b*). Da die beiden Polkerne diploid sind, tritt sogar nicht einmal eine Änderung im Polyploidiegrad der Zentralzelle ein ($2n + 2n = 4n$). Damit ist auch für die apomeiotischen *Rudbeckia*-Arten gezeigt, daß die embryologischen Mechanismen der sexuellen Arten soweit wie möglich beibehalten werden. In manchen Embryosäcken (Battaglia 1951b) wird zusätzlich ein ± haploider, mikropylarer Kern abgeschnürt, der eine haploide Vierkerngruppe ausbildet, aus welcher sich später der Eiapparat organisiert.

Dem sog. *Rudbeckia*-Typus I hat Battaglia (1951) noch einige weitere „sekundäre“ Typen, nämlich die *Rudbeckia*-Typen II, III und IV, hinzugefügt. Unseres Erachtens handelt es sich dabei lediglich um Störungen der Embryosackentwicklung, wie sie bei Apomikten oft beschrieben und auch früher in dieser Arbeit (S. 19, 20) für apospore Embryosäcke behandelt worden sind. Bei den *Rudbeckia*-Typen II und IV handelt es sich hauptsächlich um Aberrationen, welche die Polarisierung betreffen, indem mono- statt bipolare Embryosäcke entstehen, deren Kerne am chalazalen Pol liegen, so daß nur eine Antipodialgruppe gebildet wird, die aber eine bis mehrere Eizellen enthalten kann (*Rudbeckia*-Typus II). Beim *Rudbeckia*-Typus III kommt noch ein Teilungsstreik der chalazalen Kerne (eine auch bei sexuellen Embryosäcken häufige Erscheinung) hinzu und daher entstehen Embryosäcke mit einer geringeren Anzahl von Antipodenzellen (inkl. antipodialer Eizelle).

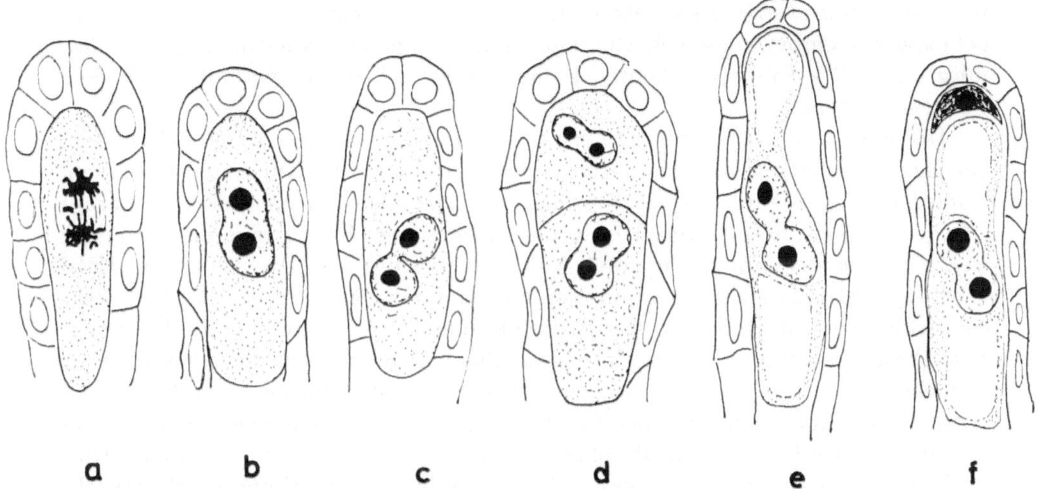

Abb. 17. Diplosporie: „Birestitution", *Antennaria carpatica*; *a—c* Restitutionskernbildung der RT_I; *d—f* Restitutionskernbildung der RT_{II}: nach Battaglia *Taraxacum*-Typus (Dyadenbildung in 17*f*), nach Bergman *Antennaria*-Typus (nach Bergman 1951).

Die Störungen im Verlaufe der Entwicklung des *Rudbeckia*-Typus IV sind schwerwiegender: Es treten sowohl nach der RT_I wie auch nach der RT_{II} Restitutionskerne auf, so daß die Chromosomenzahl der Embryosackzelle verdoppelt wird (oktoploid bei den tetraploiden *Rudbeckia*-Arten). Battaglia bezeichnet diesen Vorgang als Birestitution. Ob sich aus solchen Zellen Embryosäcke entwickeln, ist mindestens für *R. laciniata* fraglich. Jedenfalls stehen Beweise dafür aus. Das gleiche gilt auch für *Antennaria carpatica*, wo Bergman (1951) ebenfalls glaubte, Birestitution gefunden zu haben (Abb. 17). Battaglia (1956) ist der Ansicht, daß es sich hier um eine irrtümliche Interpretation handelt, indem Bergman Dyadenbildung nach der RT_I übersehen hat (Abb. 17*f*). Der Fall könnte daher als *Taraxacum*-Typus interpretiert werden.

Hingegen glaubt Battaglia (1956), daß solche birestitutionelle Embryosäcke bei *Leontodon hispidus* auftreten. *L. hispidus* wurde von Bergman (1935a, 1941) embryologisch untersucht. In einer Pflanze, 1931-284, die sich nicht apomiktisch vermehrt, fand der Autor neben Embryosackentwicklung nach dem *Polygonum*-Typus auch eine Embryosackentwicklung, bei der nach der ersten heterotypen Teilung der EMZ durch Auflösung der Dyadenquerwand und Verschmelzung der Dyadenkerne tetraploide Embryosackzellen entstehen, die einen tetraploiden, achtkernigen Embryosack aufbauen. Da die tetraploiden Embryosäcke keine Embryonen ausbilden, im Gegensatz zu den normalen, kann die Richtigkeit dieser Ansicht BERGMANS nicht verifiziert werden. BATTAGLIA (1951a) interpretiert die Bilder BERGMANS abweichend. Seiner Ansicht nach handelt es sich bei *L. hispidus* um einen Fall von Birestitution. Die Schlußfolgerung BERGMANS, daß tetraploide Embryosäcke ausgebildet werden, wird dadurch nicht berührt.

3. *Antennaria*-Typus

Dieser Typus der Embryosackentwicklung wurde erstmals von JUEL (1900) für *Antennaria alpina* beschrieben. In der gleichen Arbeit werden auch die Ergebnisse von embryologischen Untersuchungen an einer sexuellen Art, *A. dioica*, mitgeteilt. Die Embryosackentwicklung der sexuellen Art verläuft nach dem *Polygonum*-Typus.

Die EMZ von *A. alpina* tritt etwas verspätet in die ersten Teilungsstadien ein. Diese sind atypisch. Das Chromatin ballt sich um den Nucleolus zusammen, worauf es sich wieder normal anordnet wie in einem Interphasekern. Darauf erfolgt eine gewaltige Vergrößerung des Kernes, gleichzeitig mit einer starken Vergrößerung der EMZ, die unter Vakuolenbildung vor sich geht. Die EMZ verdrängt jetzt den Nuzellus, ein Vorgang, der bei der sexuellen Embryosackentwicklung erst nach dem Tetradenstadium beim Auswachsen der Embryosackzelle (Vakuolisierung) eintritt. In diesem Zustand werden die Chromosomen als einfache, lange, dünne Fäden wieder sichtbar. Nach Auflösung der Kernwand zerfallen die Nucleolen, wie dies für die aposporen Embryosäcke von *Potentilla* beschrieben worden ist. Die Prophase der apomeiotischen EMZ hat große Ähnlichkeit mit der Prophase des ersten Teilungsschrittes der Embryosackentwicklung sexueller Arten. Auch die Spindel hat einen mehr mitotischen Charakter. Die Zahl der relativ kurzen Chromosomen ist höher (ca. 80), als der haploiden Zahl (ca. 50) entspricht, ein Zeichen, daß keine RT stattgefunden hat. Zwei weitere Teilungsschritte führen zu einem achtkernigen Embryosack von normalem Aussehen. Als einzige Abweichung wird angegeben, daß die beiden Polkerne nicht verschmelzen, sondern sich höchstens aneinanderlegen.

A. alpina ist später noch mehrfach, z. B. von BERGMAN (1935c, 1937) und STEBBINS (1932a), untersucht worden. Dabei zeigte sich, daß die Sporogenese der männlichen und weiblichen Pflanzen verschieden abläuft. Jene der letzteren erfolgt so, wie sie JUEL (1900) beschrieben hat, obwohl große Differenzen bestehen in bezug auf das erste Sporenstadium, das nicht immer gesehen wurde oder nur sehr wenig ausgeprägt war (Abb. 18*m*—*q*). Die erste Teilung der EMZ, die nach ihrem Auswachsen und der Vakuolisierung erfolgt, zeigt manchmal langgestreckte, mitoseähnliche Chromosomen (Abb. 18*o*), manchmal mehr meioseähnliche (Abb. 18*p*). Ihre Anzahl wird von BERGMAN (1935c) mit 84 angegeben

Abb. 18. Diplosporie, *Antennaria*-Typus der Embryosackentwicklung; *a*—*l* ± normale Embryosackentwicklung männlicher Individuen von *Antennaria plantaginifolia* (*c*, *e*, *i*), *A. neglecta* (*d*, *f*), *A. neglecta* × *plantaginifolia* (*a*, *b*, *g*, *h*, *k*, *l*); *a* Diakinese; *b*—*d*, *g* heterotype Anaphasen; *e*, *h* Interkinese (Dyaden); *f* homöotype Metaphasen; *i*, *k* Tetraden (*k* mit Kleinkernen); *l* reifer Embryosack; *m*—*q* Entwicklung unreduzierter Embryosäcke bei weiblichen Individuen von *A. fallax* (*m*), *A. petaloidea* (*n*, *q*), *A. canadensis* (*o*, *p*); *n* Prophase der 1. Embryosackmitose; *o* Metaphase der 1. Teilung mit langen, *p* mit kurzen Chromosomen; *q* reifer Embryosack (nach STEBBINS 1932 a, b).

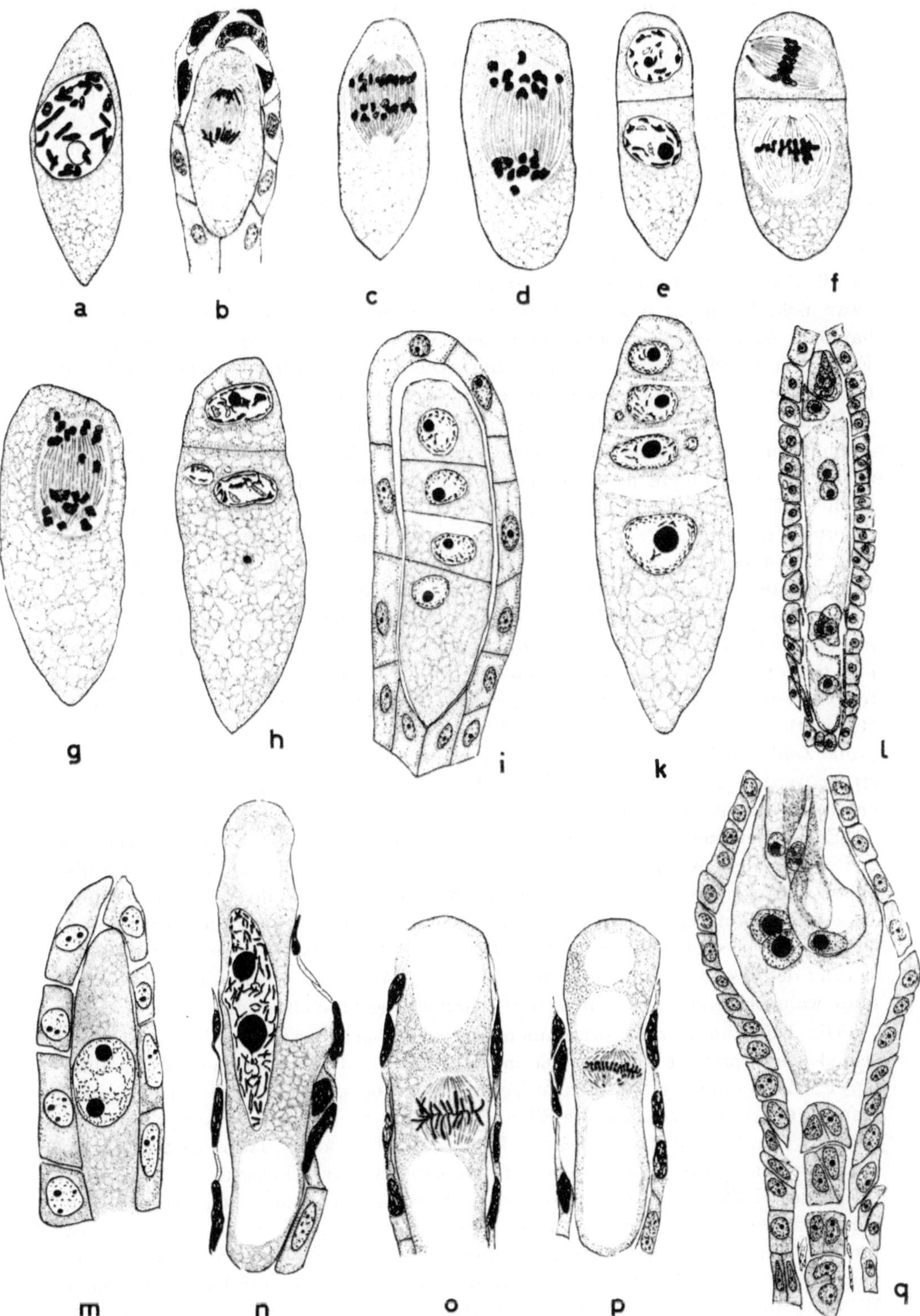

Abb. 18 *a—q*.

(allerdings nicht für weibliche, sondern für männliche Pflanzen). Eine Verwandte von *A. alpina*, *A. porsildii* (2n = 63), ist mit gleichem Ergebnis von Nygren (1950b) untersucht worden.

Ähnliche Beschreibungen existieren auch für andere Apomikten der Gattung *Antennaria*, z. B. *A. intermedia* (eine grönländische Art), für die Bergman (1935c) mitotische Teilung der EMZ (mit 2n = ca. 80) angibt. Das gleiche trifft nach Stebbins auch für die weiblichen Pflanzen von *A. fallax* Greene (2n = 84), *A. parlinii* (2n = 84), *A. canadensis* Greene (2n = 83—86) u. a. zu (Abb. 18*m*—*q*). In all diesen Fällen konnte die Chromosomenzahl der ersten Teilung der EMZ zwar nicht bestimmt, aber doch festgestellt werden, daß sie höher liegt als die haploide Zahl. Der Eiapparat ist normal gebaut, die Polkerne bleiben bis zur Endospermentwicklung unverschmolzen. Die Zahl der Antipoden beträgt 8—10 und ist geringer als bei sexuellen Arten (Abb. 18*q*).

Neben diesem mitotischen Typus der Sporogenese existiert innerhalb der Apomikten der Gattung *Antennaria*, und zwar bei den „männlichen" bzw. zwittrigen Individuen, noch ein zweiter, mehr meiotischer (Abb. 18*a*—*l*). Wie in den PMZ wird die Meiose durchgeführt. Sie ist aber stark gestört und erinnert an den *Laevigatum*- oder auch *Boreale*-Typus Rosenbergs (1926/27). So fand Stebbins (1932a) bei *A. fallax* z. B. Meiosen mit der Konfiguration $40_{II} + 2_{I}$. Die Univalente bilden Kleinkerne; 60% der „Tetraden" sind daher polyspor. Bei *A. neglecta* × *plantaginifolia* entstehen häufig vier bis sechs Sporen, davon im letzteren Falle zwei kleine (Abb. 18*h*, *k*). Bei *A. parlinii* (Stebbins 1932a) mit 2n = 84 Chromosomen konnten Uni-, Bi-, Tri- und Quadrivalente beobachtet werden. In seltenen Fällen kommt es zur Ausbildung von Dyaden und Restitutionskernen. *A. canadensis* (2n = 83—86) ist charakterisiert durch eine große Zahl von Univalenten, die in Anaphase I geteilt und über die Spindel zerstreut werden. Zum Teil werden die Chromosomen auf zwei Pole verteilt, z. T. entstehen Restitutionskerne.

Es ist bemerkenswert, daß bei allen oben genannten Arten große Unterschiede zwischen männlichen und weiblichen Pflanzen existieren, obwohl auch bei weiblichen Pflanzen gelegentlich irreguläre Meiosen durchgeführt werden. Schon Bergman schloß daraus auf geschlechtsgebundenes Vorkommen des *Antennaria*-Typus. Er schreibt dazu (Bergman 1935c, S. 224): „Diese Eigenschaft (Mitotisierung der ersten Teilung), die für die reinen Weibchen so charakteristisch ist, muß wahrscheinlich genbedingt und geschlechtsgekoppelt sein."

Die bei *Antennaria* vorkommende Embryosackentwicklung ist sehr verschieden interpretiert worden. Die meisten Autoren betrachten die erste Teilung der EMZ als eine sog. mitotische Teilung oder besser eine mitotisierte Meiose. Nach Stebbins (1932a) liegt die RT in den EMZ der weiblichen Pflanzen zwischen dem *H. boreale*- und *H. laevigatum*-Typus. Gustafsson (1939b, 1942a) macht darauf aufmerksam, daß zwischen Teilungstypus und Wachstum bzw. Hydratation der EMZ eine Beziehung besteht. Seiner Ansicht nach kehrt die Teilung bei *Antennaria* nicht zur normalen Mitose zurück, „sondern Zelle und Kern wachsen enorm nach Hydratations- und Vakuolisierungsprozessen, die ähnlich denen nach Auxinbehandlung sind. Wenn daher ein Hormon mit hydratisierender Wirkung auf der weiblichen Seite einwirkt, so wird die meiotische Tendenz aufgehoben" (Gustafsson 1942a, S. 375). Offenbar meint also Gustafsson, daß

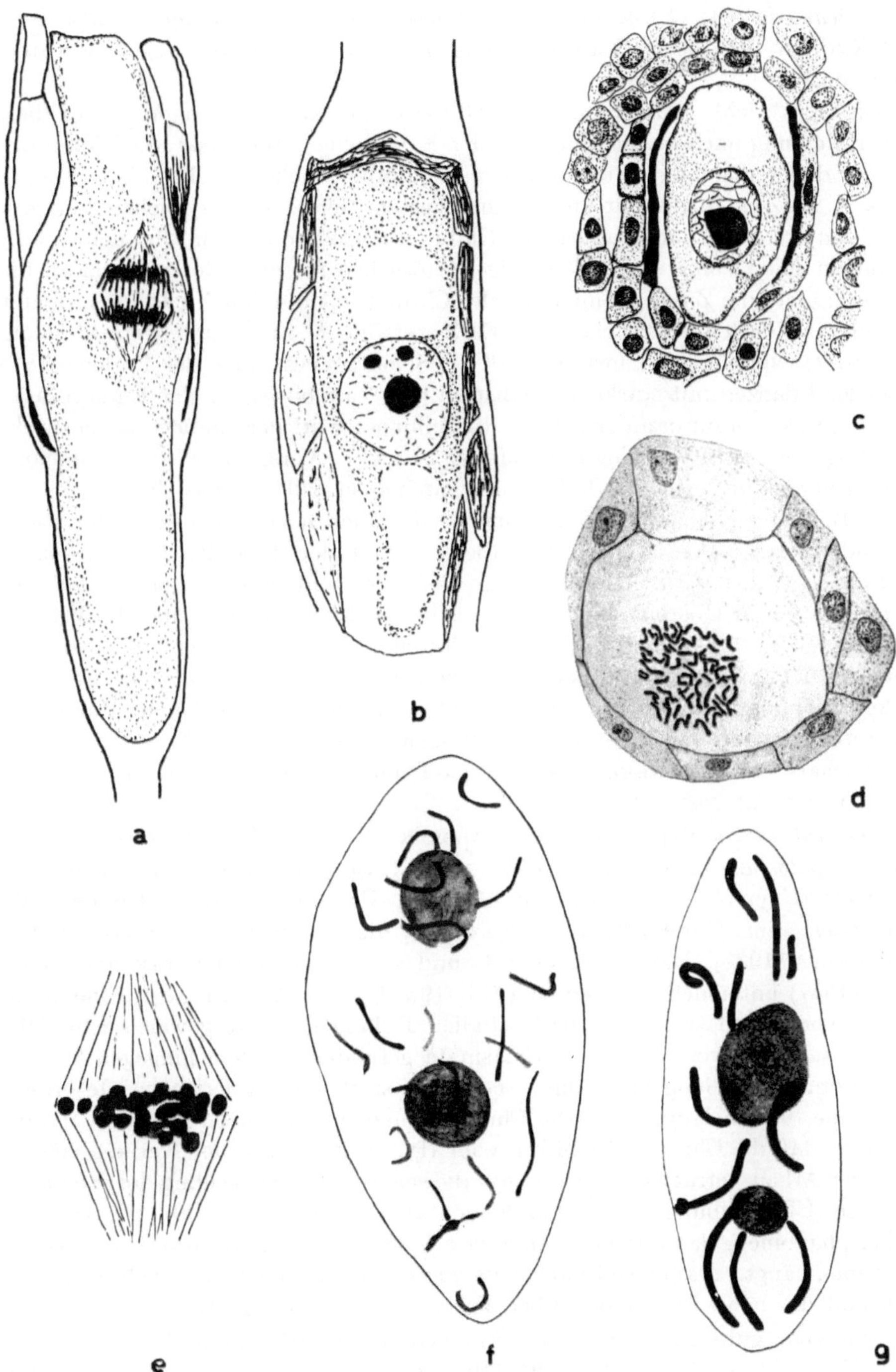

Abb. 19. Diplosporie, *Antennaria*-Typus der Embryosackentwicklung; *a Antennaria intermedia*, 1. Teilung des Embryosacks; *b Antennaria intermedia*, EMZ; *c, d Poa nervosa*; *c* EMZ; *d* Metaphase der 1. Teilung mit 62 Chromosomen; *e—g Hieracium*, Subgenus *Archieracium*; *e H. subampliatum*, pseudohomöotype Metaphase; *f H. longimanus*, Prophasekern mit langen, mitotischen Chromosomen; *g H. triangulare* ALMG., Kern mit heterotypen, aber langen und dünnen Chromosomen (*a, b* nach BERGMAN 1935b, *c, d* nach GRUN 1951, *e—g* nach GUSTAFSSON 1935).

bei *Antennaria* eine Mitotisierung der Meiose stattfindet. (Später [Gustafsson und Nygren 1946, siehe Kap. V] korrigiert er aber seine oben gegebene Interpretation.)

Dieser Ansicht setzt Battaglia (1951a) eine gänzlich andere gegenüber. Seiner Meinung nach ist die Meiose in der EMZ völlig unterdrückt, die EMZ funktioniert daher nicht als solche, sondern als Embryosackzelle. Die erste Teilung der sog. EMZ ist nicht mit einer somatisierten Meiose zu vergleichen, sondern stellt den ersten Teilungsschritt der Embryosackzelle dar, d. h. die Meiose fällt in diesem Falle völlig aus. Als einziges Anzeichen für eine Reminiszenz an die Meiose könnte die Zusammenballung des Chromatins um den Nucleolus gedeutet werden, die vor dem Auswachsen der EMZ stattfindet. Zugunsten der Auffassung Battaglias spricht der Umstand, daß die Somatogenese auch der Embryosäcke sexueller Pflanzen mit starkem Wachstum und Vakuolisierung der Embryosackzelle beginnt, worauf dann erst der erste Teilungsschritt der Embryosackentwicklung folgt, der natürlich eine reine Mitose ist. Die ,,Verspätung" der apomeiotischen Entwicklung würde sich dann sehr einfach so erklären, daß die sog. mitotisierte Teilung nicht einer Meiose, sondern der auch normalerweise später stattfindenden ersten Mitose entspricht, die aber mit der diploiden Chromosomenzahl durchgeführt wird. Obwohl einige Befunde nicht ohne weiteres mit dieser Interpretation in Übereinstimmung gebracht werden können — manche Mitosen laufen z. B. mit meiotisch verkürzten Chromosomen ab —, schließen wir uns hier doch Battaglia an und betrachten den *Antennaria*-Typus als eine Embryosackentwicklung, bei der die Meiose völlig ausfällt oder höchstens durch das Auftreten von Chromatinzusammenballungen angedeutet ist. Eine gewisse Verwandtschaft mit Rosenbergs *Laevigatum*-Typus, wie Stebbins annahm, dürfte daher in der Tat bestehen.

Der *Antennaria*-Typus ist bei den Apomikten weit verbreitet. Dazu gehören z. B. *Eupatorium glandulosum* (Holmgren 1919) mit 51 Chromosomen vom mitotischen Typus ohne Synapsis und Gemini. Er ist weit verbreitet in der Gattung *Hieracium*, Untergattung *Archieracium*, die von Bergman (1935b, 1941), Gentcheff (1937), Battaglia (1947f) und vor allem von Gustafsson (1935, 1946—1947) untersucht worden ist (Abb. 19*a*, *b*, *e*—*g*, Abb. 21*c*, *d*). Eine große Anzahl von Prophasen zeigte, daß bei allen Teilungen der ausgewachsenen EMZ oder besser Embryosackzelle nie Chiasmata gefunden wurden, hingegen können die Chromosomen lang und dünn, aber auch stark kontrahiert sein. Je größer die Kerne, um so länger sind die Chromosomen, was nach Gustafsson darauf hinweist, daß die Chromosomenform vom Hydratationsgrad der Kerne abhängt. In seiner Arbeit betrachtet Gustafsson die sog. somatische Teilung der *Hieracien* als eine Übertreibung der pseudohomöotypen Teilung und als ein Degenerationsphänomen, das mit dem Alter der Zelle und ihrem Hydratationszustand zusammenhängt. Damit soll nach Gustafsson (1935) auch die niedrige Keimrate und die hohe Frequenz tauber Früchte in Beziehung stehen.

Eine sehr gute Darstellung der Embryosackentwicklung nach dem *Antennaria*-Typus ist von Esau (1944, 1946) für *Parthenium argentatum* gegeben worden (Abb. 20*a*—*f*), zusammen mit einer Beschreibung der Embryosackentwicklung sexueller Rassen der Art, die wie bei den übrigen Arten mit *Antennaria*-Typus nach dem *Polygonum*-Typus erfolgt. Über die Beziehungen zwischen Größe der

Samenanlagen und Entwicklungsstadium der Embryosäcke bei sexuellen bzw. apomeiotischen Individuen von *Parthenium* geben die Tabellen 3 und 4 Auskunft. Sie zeigen, daß die apomeiotischen Initialen verspätet sind. Der Entwicklungsablauf des apomeiotischen Embryosackes wird bei *Parthenium* etwas kompliziert

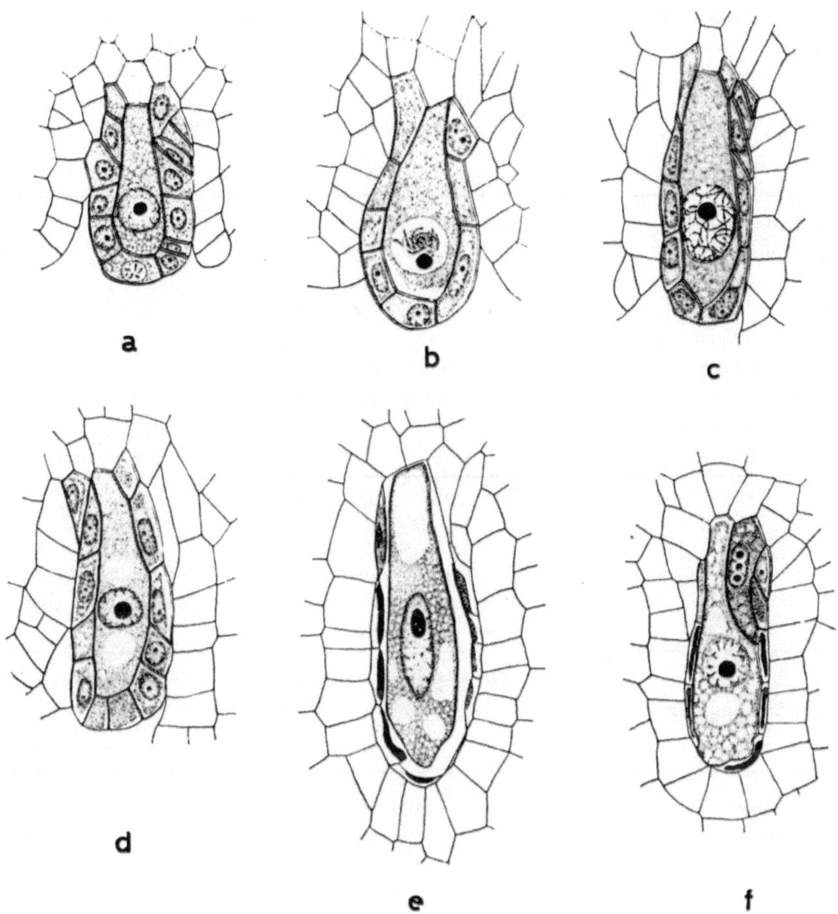

Abb. 20. Diplosporie, *Antennaria*-Typus der Embryosackentwicklung bei *Parthenium argentatum*; *a* EMZ; *b, c* ephemere, synapsisartige Anordnung des Chromatins; *d, e* Vakuolisierung und Auswachsen der EMZ; *f* EMZ mit aposporer Initiale (nach Esau 1946).

durch das Auswachsen von aposporen Embryosackinitialen, die zu verschiedenen Zeitpunkten der Ausbildung des diplosporen Embryosackes auftreten können.

Typische Entwicklung von apomeiotischen Embryosäcken nach dem *Antennaria*-Schema ist von Nygren (1946) für diplospore Arten der Gattung *Calamagrostis*, von Kiellander (1935, 1937, 1941) für *Poa palustris* beschrieben worden. *Poa alpina* sowie die Hybride *Poa pratensis* × *Poa alpina* wurden untersucht von Müntzing (1940), Åkerberg (1943), Åkerberg und Bingefors (1953) und Håkansson (1943, 1944), *Elatostema eurhynchum* und *E. seminatum* von Fagerlind (1944a). *Potentilla verna* (Rutishauser 1943) in den Rassen 3, 4 und 10, ebenfalls mit *Antennaria*-Typus, wird weiter unten besprochen, ebenso die diplosporen Arten der Gattung *Rubus*.

Antennaria-Typus kommt nach GRUN (1955b) auch bei der einzigen diploid parthenogenetischen Art der Gattung *Poa*, *P. nervosa* (2n = 62), vor (Abb. 19*c*, *d*).

Tab. 3. *Beziehungen zwischen Größe der Samenanlage und Stadium der Embryosackentwicklung bei diploiden, sexuellen Pflanzen von Parthenium argentatum* GRAY *(Guayule)* (nach ESAU 1946).

Inhalt der Samenanlage	Prozentsatz der verschiedenen Inhalte der Samenanlagen der sieben Größenklassen							Total %
	1	2	3	4	5	6	7	
EMZ in Interphase	2,6	—	—	—	—	—	—	2,6
EMZ in Teilung	10,1	17,1	2,3	—	—	—	—	29,5
Dyaden	—	1,4	0,9	0,6	—	—	—	2,9
Tetraden	—	2,6	8,4	4,9	—	—	—	15,9
Einkernige Embryosäcke mit Schwesterzellen	—	0,9	0,9	7,5	1,7	—	—	11,0
Zweikernige Embryosäcke	—	0,3	1,4	6,1	5,9	1,3	—	15,0
Vierkernige Embryosäcke	—	—	—	2,6	3,3	1,9	0,8	8,6
Siebenzellige Embryosäcke	—	—	—	1,8	3,4	3,8	5,5	14,5
Total	12,7	22,3	13,9	23,5	14,3	7,0	6,3	

Tab. 4. *Beziehungen zwischen Größe der Samenanlagen und Stadien der Embryosackentwicklung bei tetraploiden, apomiktischen Pflanzen von Parthenium argentatum* GRAY *(Guayule)* (nach ESAU 1946).

Inhalt der Samenanlage	Prozentsatz der verschiedenen Inhalte der Samenanlagen der acht Größenklassen								Total %
	1	2	3	4	5	6	7	8	
EMZ in Interphase	4,2	10,8	16,6	14,7	9,4	4,6	2,5	0,1	62,9
EMZ in Teilung	—	0,4	2,3	3,5	1,2	0,3	0,2	0,1	8,0
Dyaden	—	—	0,1	0,6	0,2	0,2	—	—	1,1
Tetraden	—	—	0,1	1,6	2,5	2,2	0,8	0,3	7,5
Einkernige Embryosäcke mit Schwesterzellen	—	—	—	0,2	1,0	0,3	0,2	—	1,7
Zweikernige Embryosäcke	—	—	0,2	2,1	2,6	2,6	3,1	1,5	12,1
Vierkernige Embryosäcke	—	—	0,3	0,1	1,2	0,7	1,6	0,4	4,3
Siebenzellige Embryosäcke	—	—	—	—	—	—	0,7	0,1	0,8
Inhalt degeneriert	—	—	0,1	0,6	0,2	0,1	0,5	0,1	1,6
Total	4,2	11,2	19,7	23,4	18,3	11,0	9,6	2,6	

Die Pflanze zeigt neben Embryosäcken vom *Antennaria*-Typus auch meiotische Teilung mit Tetradenbildung, deren Makrosporen allerdings degenerieren und nicht zu reduzierten Embryosäcken auswachsen. Nach RYCHLEWSKI (1961) wird *Antennaria*-Typus auch bei *Nardus stricta* L. gefunden (Abb. 21*a*, *b*). Nur in zwei Fällen konnte Dyadenbildung nachgewiesen werden, da aber die Dyaden in Degeneration begriffen waren, ist *Taraxacum*-Typus nicht wahrscheinlich. Weitere Beispiele für *Antennaria*-Typus sind: *Leontopodium alpinum* CASS. (SOKOLOWSKA-KULCZYCKA 1959), *Cooperia pedunculata* (COE 1953) und *Zephyranthes texana* (PACE 1913, BROWN 1951).

Zusammenfassend kann festgestellt werden, daß der *Antennaria*-Typus in der Regel bei Apomikten gefunden wurde, deren sexuelle Verwandte Embryosäcke nach dem *Polygonum*-Typus ausbilden. Die völlige Unterdrückung der Meiose führt zu einem Ausfall der Tetradenbildung, so daß die EMZ sich direkt zur Embryosackzelle umwandelt und sich mit drei Teilungsschritten zu einem achtkernigen Embryosack entwickelt.

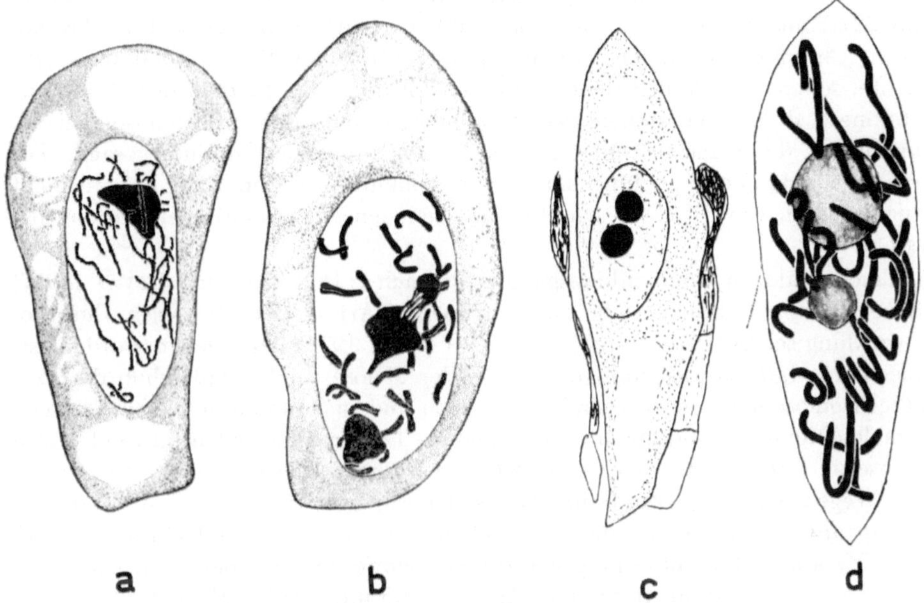

Abb. 21. Diplosporie, *Antennaria*-Typus der Embryosackentwicklung bei *Nardus stricta*; *a, b* EMZ in früher Prophase mit 26 ungepaarten Chromosomen; *c, d Hieracium umbellatum*, asexuelle Form; *a, b, d* EMZ in Prophase; (*a, b* nach RYCHLEWSKI 1961, *c, d* nach BERGMAN 1935 b).

Anomalien, teratologische Embryosäcke, treten auch bei diesem Typus auf. Sie sind für *P. verna* häufig gefunden und auch für Arten anderer Gattungen, z. B. für *Antennaria* (BERGMAN 1935c), beschrieben worden. Eine besonders bemerkenswerte Anomalie, die aber bei der betreffenden Art offenbar fast die Regel ist und einen neuen Typus darstellen könnte, haben BERGMAN (1951) und BATTAGLIA (1956) besprochen. Bei *Antennaria carpatica* aus Nordschweden mit $2n = 40$—42 kann auf der weiblichen Seite die Meiose irregulär durchgeführt werden und mit der Bildung von Tetraden mit Kleinkernen enden, oder aber die RT_I wird durch Restitutionskernbildung unterbrochen und aus der EMZ entwickelt sich, ohne daß nach der homöotypen Teilung zwischen den Dyadenkernen eine Querwand gebildet wird, direkt ein Embryosack. Wie BATTAGLIA (1956) richtig bemerkt, müßte ein solcher Embryosack gegenüber der EMZ die doppelte Chromosomenzahl führen, also dodekaploid statt hexaploid sein. BATTAGLIA interpretiert aber den Fall anders und nimmt an, daß die Restitutionskerne in der RT_{II} entstehen.

4. *Allium nutans*-Typus

HÅKANSSON (1951) und HÅKANSSON und LEVAN (1957) haben einen Entwicklungstypus unreduzierter Embryosäcke beschrieben, der im Gegensatz zu den oben besprochenen Entwicklungsvorgängen nicht als alleinige Folge von Störungen im Ablauf der weiblichen Meiose betrachtet werden kann. Eine von HÅKANSSON (1951) untersuchte apomiktische, ± pentaploide Rasse von *Allium nutans* ($2n = 40$), die von ihm aber als diploid bezeichnet wird, beginnt die Meiose in den EMZ meist mit Chromosomenzahlen, die gegenüber den Zahlen in den Wurzelmeristemen verdoppelt sind (Abb. 22*n*). Es erscheinen aber gelegentlich auch EMZ mit niedrigeren („diploiden" nach HÅKANSSON, besser pentaploiden, Abb. 22*m*) und höheren (± „hexaploiden", vermutlich mit $2n = 120$ Chromosomen) Chromosomenzahlen. In Metaphaseplatten der RT_I werden meist Bivalente, selten auch Multivalente gefunden. Auf die RT folgt in der Regel eine Cytokinese, d. h. es entstehen zwei Dyaden mit somatischer Chromosomenzahl. Eine davon, die chalazale, entwickelt sich zum unreduzierten Embryosack. Die Ursache für die Verdoppelung der Chromosomenzahl in den EMZ konnte nicht eruiert werden, es wird aber vermutet, daß sie in einer prämeiotischen Endomitose besteht.

Einen analogen Entwicklungsgang zeigt nach HÅKANSSON und LEVAN (1957) *Allium odorum* (Abb. 22*a—l*), eine tetraploide Art ($2n = 32$), deren Embryoentwicklung schon früher von MODILEWSKI (1928, 1931) beschrieben worden ist. Eine sehr sorgfältig ausgeführte Analyse der Meiose zeigte, daß schon die Prophasechromosomen gepaart sind (Abb. 22*f*) und sich dadurch wesentlich von normalen Meiosechromosomen unterscheiden. Die Prophasefäden umwinden sich gegenseitig („relational coil", Abb. 22*f*, *g*), verkürzen sich und bilden Chiasmata aus. Wegen des engen Zusammenhangs der Chromatiden machen die Chromosomenpaare den Eindruck von somatischen Chromosomen (Diplochromosomen). In der Metaphase kommt es hingegen zur Koorientierung der beiden Chromosomen bzw. Centromere und nicht zu einer Autoorientierung wie bei Mitosen von Diplochromosomen (Abb. 22*h*, *l*). HÅKANSSON und LEVAN schließen aus ihren Beobachtungsergebnissen, daß jeder „Bivalent" ein verdoppeltes Chromosom und nicht zwei homologe Chromosomen darstellt, die gepaart haben. Sie bezeichnen eine solche Struktur als einen Autobivalenten. Die Ursache für ihre Bildung liegt nach ihrer Ansicht in einer prämeiotischen Endomitose. Wie bei *Allium nutans* läuft auch die Entwicklung des Embryosackes von *Allium odorum* nach dem *Allium nutans*-Typus ab.

Der *Allium nutans*-Typus der Embryosackentwicklung ist aus zwei Gründen von besonderem Interesse:

1. stellt er eine Bestätigung unserer Ansicht dar, daß die Apomikten die Entwicklungsmechanismen ihrer sexuellen Verwandten so weit wie möglich beibehalten. Da im Falle von *A. nutans* und *A. odorum* eine prämeiotische Endomitose stattfindet, braucht die Sporogenese, mindestens was die Makrosporenbildung anbetrifft, nicht verändert (abgekürzt) zu werden, um die Ausbildung eines unreduzierten weiblichen Gametophyten zu gewährleisten. Im Gegensatz zu anderen Apomikten (*Taraxacum*- oder *Ixeris*-Typus z. B.) wird die Zahl der Teilungsschritte nicht vermindert.

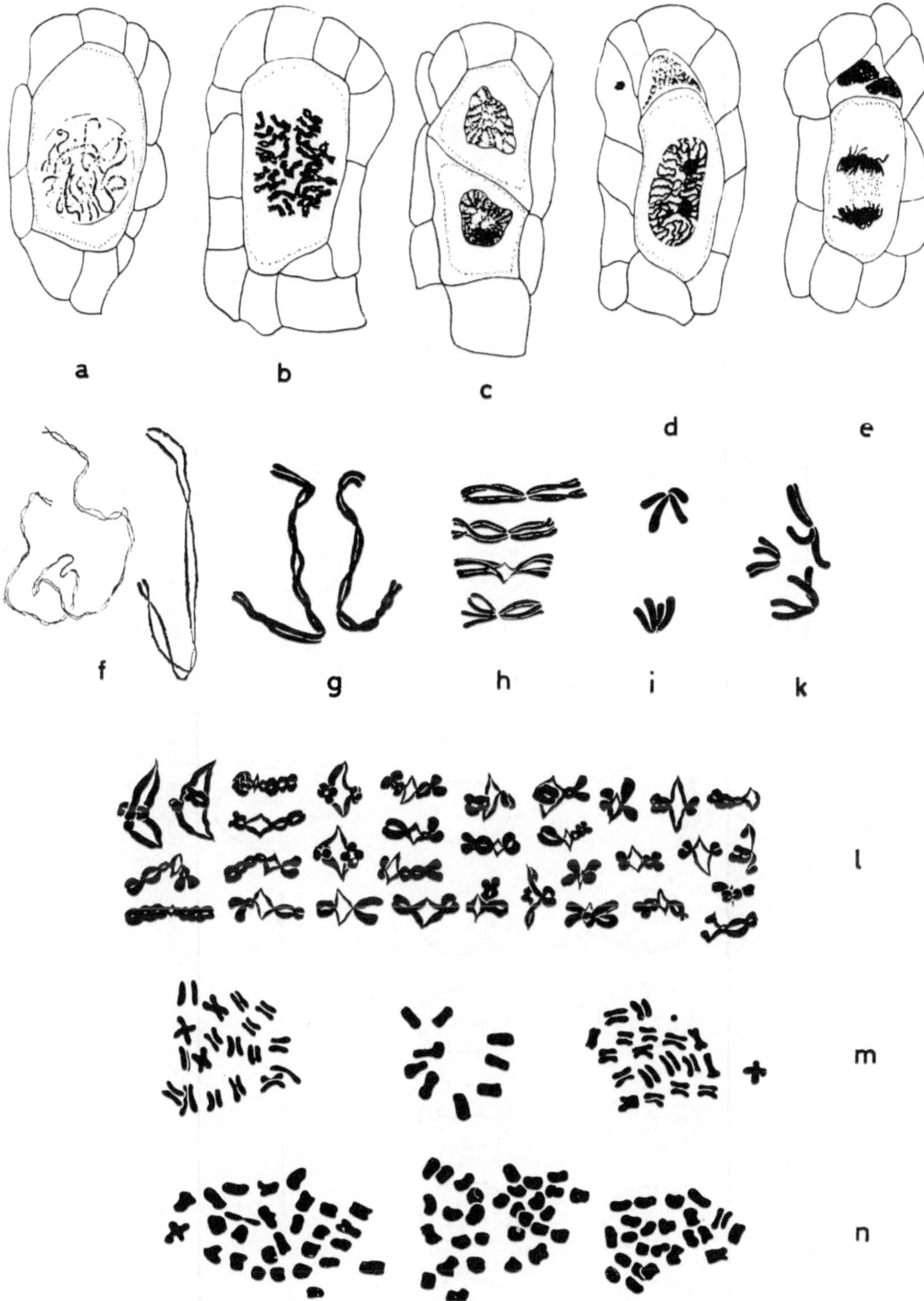

Abb. 22. Diplosporie, *Allium nutans*-Typus, *a—l Allium odorum*; *a—e* Dyadenbildung; *f—i* RT$_{I}$ der EMZ; *f* Diplotän; *g* Diakinese; *h* Metaphase I; *i* Anaphase I; *k* Metaphase II; *l* Analyse einer Metaphase I; *m, n Allium nutans*; *m* Chromosomen einer „diploiden"; *n* einer „tetraploiden" EMZ (*a—l* nach HÅKANSSON und LEVAN 1957, *m, n* nach HÅKANSSON 1951).

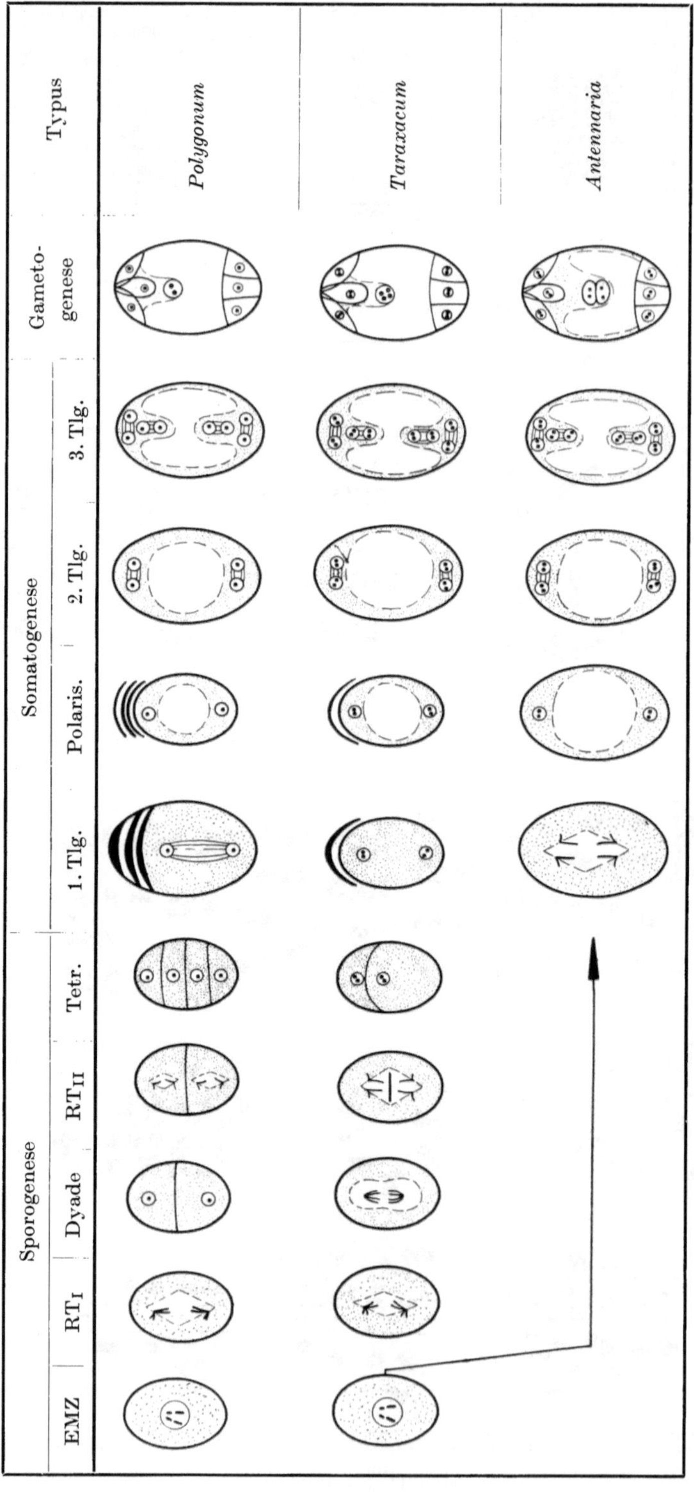

Abb. 23. Ableitung des *Taraxacum*- und *Antennaria*-Typus aus dem *Polygonum*-Typus.

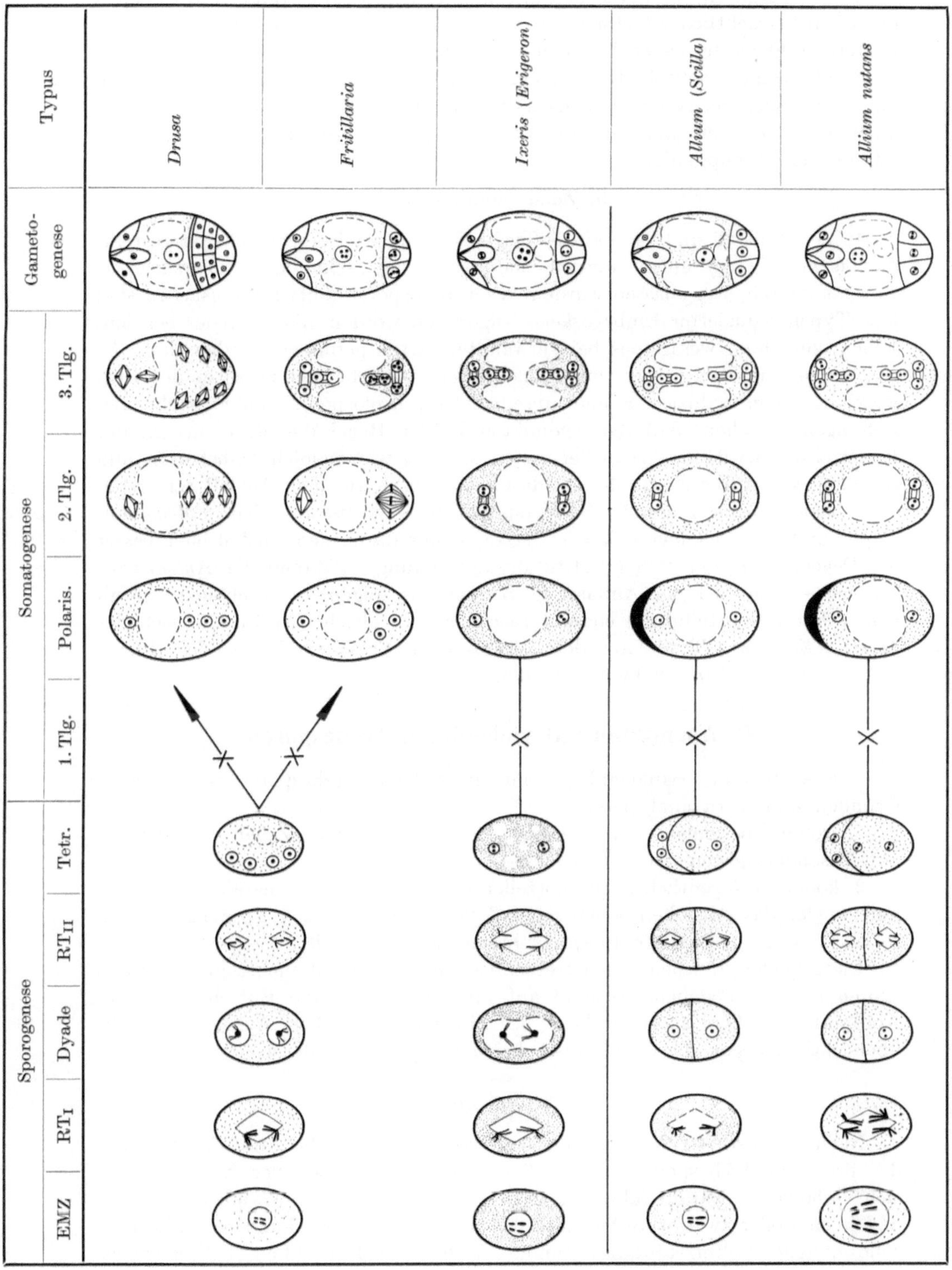

Typus	Sporogenese					Somatogenese				Gametogenese
	EMZ	RT_I	Dyade	RT_{II}	Tetr.	1. Tlg.	Polaris.	2. Tlg.	3. Tlg.	
Drusa										
Fritillaria										
Ixeris (Erigeron)										
Allium (Scilla)										
Allium nutans										

Abb. 24. Oben: Ableitung des *Erigeron*-Typus aus dem *Drusa*- und *Fritillaria*-Typus, unten: Ableitung des *Allium nutans*- aus dem *Allium*-Typus.

2. Ein Vergleich der weiblichen und männlichen Meiose ergibt, daß zwischen ihnen ein beträchtlicher Unterschied besteht, indem im ersten Falle nur Bi-, im letzteren sehr häufig neben Bi- auch Multivalente auftreten. Dieser Unterschied hat insofern eine genetische Konsequenz, als die Variation der weiblichen Gameten und damit auch der Nachkommenschaften wesentlich herabgesetzt wird. Ferner dürfte auf diese Weise auch die Samenfertilität günstig beeinflußt werden (Herabsetzung der Aneuploidie).

5. Zusammenfassung

In den Abb. 23 und 24 sind die Typen diplosporer Embroysäcke dargestellt, die bis heute aufgefunden worden sind, wobei die „sekundären" Typen Battaglias (1951 b) weggelassen wurden. Den diplosporen Entwicklungstypen sind jene Typen reduzierter Embryosäcke beigegeben worden, die entweder bei denselben oder dann wenigstens bei verwandten Arten gefunden worden sind. Es ist oben mehrfach dargelegt worden, daß unserer Ansicht nach zwischen den Entwicklungstypen reduzierter und unreduzierter, diplosporer Embryosäcke Beziehungen bestehen, daß die Apomikten in der Regel die Mechanismen der Embryosackentwicklung sexueller Arten so weit wie möglich beibehalten und sie nur insoweit abändern, als sich dies automatisch aus dem Ausfall der ersten oder beider Meiosen ergibt. So entspricht der *Taraxacum*- dem *Polygonum*-Typus und unterscheidet sich vom letzteren nur durch den Ausfall oder besser die Degeneration der RT_I (Restitutionskernbildung), während der *Antennaria*-Typus — wenn wir der Auffassung Battaglias folgen — durch den Ausfall beider Reduktionsteilungen charakterisiert ist. In gleicher Weise läßt sich der *Ixeris*- (*Erigeron*-) Typus aus dem *Drusa*- oder *Fritillaria*-Typus, der *Allium nutans*- aus dem *Allium*-Typus ableiten.

C. Apomikten mit vielzelligen Archesporen

Der Aufbau der Samenanlagen mit vielzelligen Archesporen ist aus zwei Gründen schwer zu analysieren:

1. treten Übergänge vom Archespor zu den vegetativen Zellen des Nuzellus auf, besonders gegen die Seite zu, und

2. können gelegentlich Archesporzellen ihren generativen Charakter verlieren und wieder das Aussehen somatischer Zellen annehmen, ein Vorgang, der als Somatisierung des Archespors bezeichnet worden ist.

Diese beiden Erscheinungen treten bei Apomikten mit mehrzelligen Archesporen in verschiedenem Ausmaß auf und erschweren die Entscheidung, ob Aposporie oder Diplosporie vorliege, u. U. in sehr erheblichem Ausmaß. Relativ übersichtlich liegen die Verhältnisse bei den Apomikten der Gattung

1. *Sorbus*

Nach Liljefors (1953) beginnt bei sexuellen Arten die Ausdifferenzierung des primären Archespors damit, daß subepidermale Zellen der Nuzellusspitze sich verlängern. Darauf führen sie Mitosen mit periklinalen Wänden durch, so daß je eine oder zwei obere Schichtzellen und eine untere sekundäre Archesporzelle entstehen (selten stößt die sekundäre Archesporzelle direkt an die Epidermis).

Nur eine solche sekundäre Archesporzelle, gewöhnlich die axial gelegene, wird zur EMZ (Abb. 25*c*, *d*), d. h. sie teilt sich nicht weiter und ihr Plasma wird lichter (dünner). Später treten im Kern erste Anzeichen einer Meiose auf (Abb. 25*f*).

Alle übrigen „sekundären Archesporzellen“, also die seitlich gelegenen, führen eine oder zwei mitotische Teilungen durch, so daß Reihen von zwei bis vier Zellen entstehen, welche die EMZ flankieren (Abb. 25*a*—*d*). Es ist schwierig zu ent-

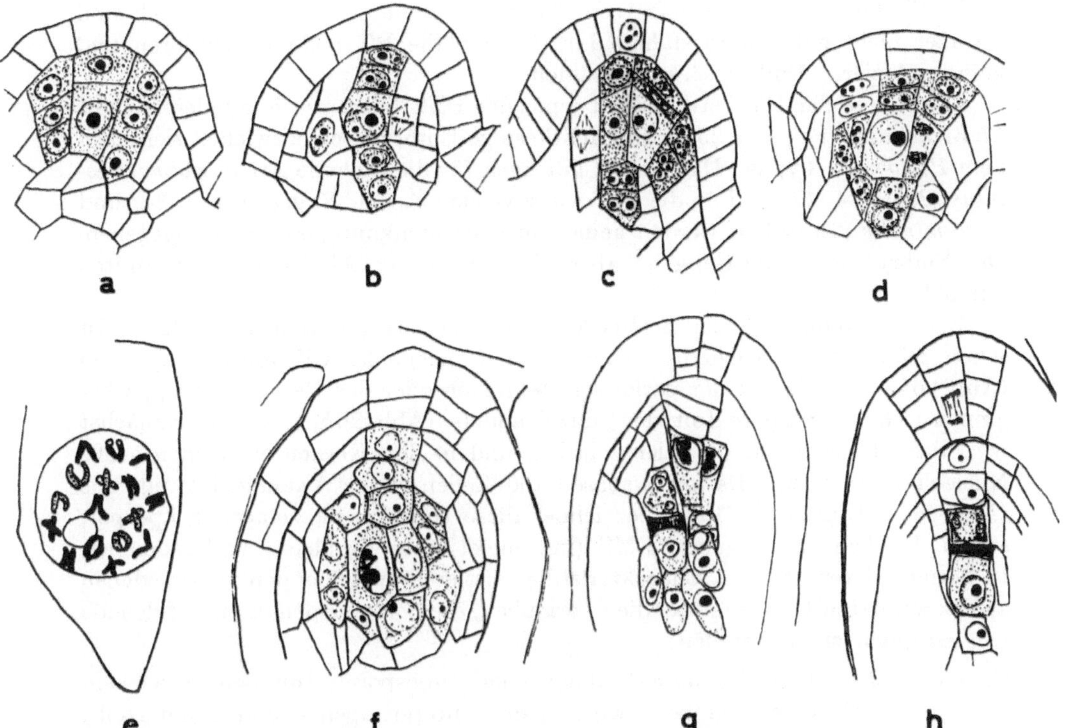

Abb. 25. Ausbildung eines mehrzelligen Archespors und Embryosackentwicklung bei *Sorbus hybrida* (*a*, *b*), *S. aucuparia* (sexuell, *e*—*h*), *S. intermedia* (*c*) und *S. meinichii* (*d*); *a* Nuzellus mit EMZ, darüber Schichtzelle und seitliche Zellreihen; *b* do. mit 2 Schichtzellen, eine seitliche Zelle in Mitose; *c*, *d* EMZ mit „dünnem“ Cytoplasma, darüber 2 Schichtzellen, seitliche Zellreihen; *e* EMZ in Diakinese, 17_{II} (nur 16_{II} gezeichnet); *f* EMZ in Prophase; *g* Archespor mit 2 EMZ in meiotischer Prophase; *h* Tetrade mit chalazaler Embryosackzelle (nach LILJEFORS 1953).

scheiden, was für einem Zelltyp die seitlichen Zellreihen zugeordnet werden sollen. Nimmt man die Definition von SCHNARF (1929) zu Hilfe, wonach eine Archesporzelle durch solche Differenzierungen gekennzeichnet ist, welche die Sporenbildung einleiten, so wäre das erste Kriterium für eine Archesporzelle die meiotische Prophase, also das Leptotän. Nun beginnt aber nach SCHNARF die Umwandlung einer Nuzelluszelle zum Archespor schon damit, daß sie ihre Teilungen einstellt und sich vergrößert, d. h. sie ist schon vor Beginn der Meiose umgestimmt. Da die seitlichen, „sekundären Archesporzellen“ nie meiotisch werden und sich weiter teilen, müssen sie wohl als somatische Zellen betrachtet und, wenn die Embryosäcke aus ihnen entstehen, müßten diese als apospor bezeichnet werden.

Damit sind aber die Schwierigkeiten, die sich einer Interpretation des Embryosackentwicklungstyps entgegenstellen, noch nicht beseitigt. In späteren

Entwicklungsstadien läßt sich die Grenze zwischen der zentralen Zellreihe, die die EMZ enthält, und der seitlichen Reihe nicht scharf ziehen. Bei *S. aucuparia* L., einer sexuellen Art, können, nachdem die axiale (oder eine mehr laterale) EMZ die Tetrade gebildet hat, noch weitere sekundäre Archesporzellen der lateralen Reihen in Synapsis eintreten (Abb. 25*g*). Das wurde in insgesamt 13 von 38 Fällen beobachtet. Diese Zellen werden als akzessorische EMZ bezeichnet. Offenbar sind also die Zellen der lateralen Reihe nicht völlig oder nicht immer rein somatisch. Sie können einen generativen Charakter annehmen. Wahrscheinlich sind sie aber nicht entwicklungsfähig, d. h. können die RT nicht durchführen und keine reduzierte Embryosäcke ausbilden.

Die Meiose der EMZ stimmt mit jener der PMZ überein: die Syndese ist mit 17 Bivalenten gut (Abb. 25*e*). Der achtkernige Embryosack entwickelt sich nach dem *Polygonum*-Typus. Das gleiche gilt auch für die diploide Art *S. chamaemespilus* ($2n = 34$, 17_{II}). Für die übrigen sexuellen Arten, *S. aria* ($2n = 34$) und *S. torminalis* ($2n = 34$), werden keine Chromosomenkonfigurationen angegeben. Die Embryosackentwicklung ist aber die gleiche wie bei den oben genannten Diploiden.

Bei den apomiktischen *Sorbus*-Arten degeneriert die zentrale EMZ meist schon relativ früh, wobei in bezug auf den Zeitpunkt Differenzen existieren (Abb. 26*b—f, l*). Zellen der parietalen Zellreihen oder der Deckzellengruppe beginnen sich in apospore Initialen umzuwandeln (Abb. 26*h, i, k, m*). Zunächst wird das Plasma dicht (dunkler gefärbt), und in den Kernen erscheinen große Nucleoli (Abb. 26*k*). Darauf wachsen die Zellen unter Vakuolenbildung aus (Abb. 26*i*). LILJEFORS (1953) bezeichnet diese Initialen als somatisch apospor, sofern daneben eine reguläre EMZ (mit meiotischer Prophase) vorhanden ist. In bezug auf verschiedene Charakteristika existieren zwischen den verschiedenen aposporen Arten Unterschiede, die es erlauben, die *Sorbus*-Apomikten in folgende vier Gruppen zu unterteilen:

Gruppe 1: Die EMZ degeneriert, die wenigen aposporen Initialen entwickeln sich spät. Gruppe 1 wird in die Untergruppen a und b unterteilt.

Gruppe 2: Die EMZ führt die Meiose durch oder degeneriert. Die wenigen aposporen Initialen entwickeln sich spät.

Gruppe 3: Die EMZ degeneriert. Viele apospore Initialen werden relativ früh ausgebildet.

Gruppe 4: Die EMZ kann die Meiose durchführen oder degenerieren. Wenige apospore Initialen werden relativ früh entwickelt.

Diese Gruppen lassen sich korrelieren mit der äußeren Morphologie. Formen, die *S. aria* gleichen, gehören zu der Gruppe 1a, solche, die *S. aucuparia* gleichen, sind schwach sexuell oder apospor vom Typus 1a bis 3. *S. intermedia* bildet Gruppe 2. LILJEFORS schließt daraus auf genetische Grundlagen der embryologischen Differenzen (vgl. Kap. V).

Abb. 26. *Sorbus*, apospore Embryosackentwicklung von Arten mit mehrzelligem Archespor; *a, c Sorbus neglecta*, EMZ und seitliche Zellreihen; *b, d S. lancifolia*, degenerierte EMZ und apospore Initialen, hervorgegangen aus seitlichen Zellen; *e—g S. arranensis*; *e* eine EMZ degeneriert, apospore Initiale aus seitlicher oder Schichtzelle; *f* aposporer Embryosack; *g* reifer, aposporer Embryosack; *h, k S. subsimilis*; *h* EMZ und seitliche Zellreihen; *i S. mougeotii*, EMZ degeneriert, darüber eine apospore Initiale; *k* EMZ degeneriert, laterale Zellen wandeln sich in apospore Initialen um; *l, m S. intermedia*; *l* Degeneration der EMZ, noch keine aposporen Initialen; *m* EMZ degeneriert, akzessorische EMZ und apospore Initiale (nach LILJEFORS 1953).

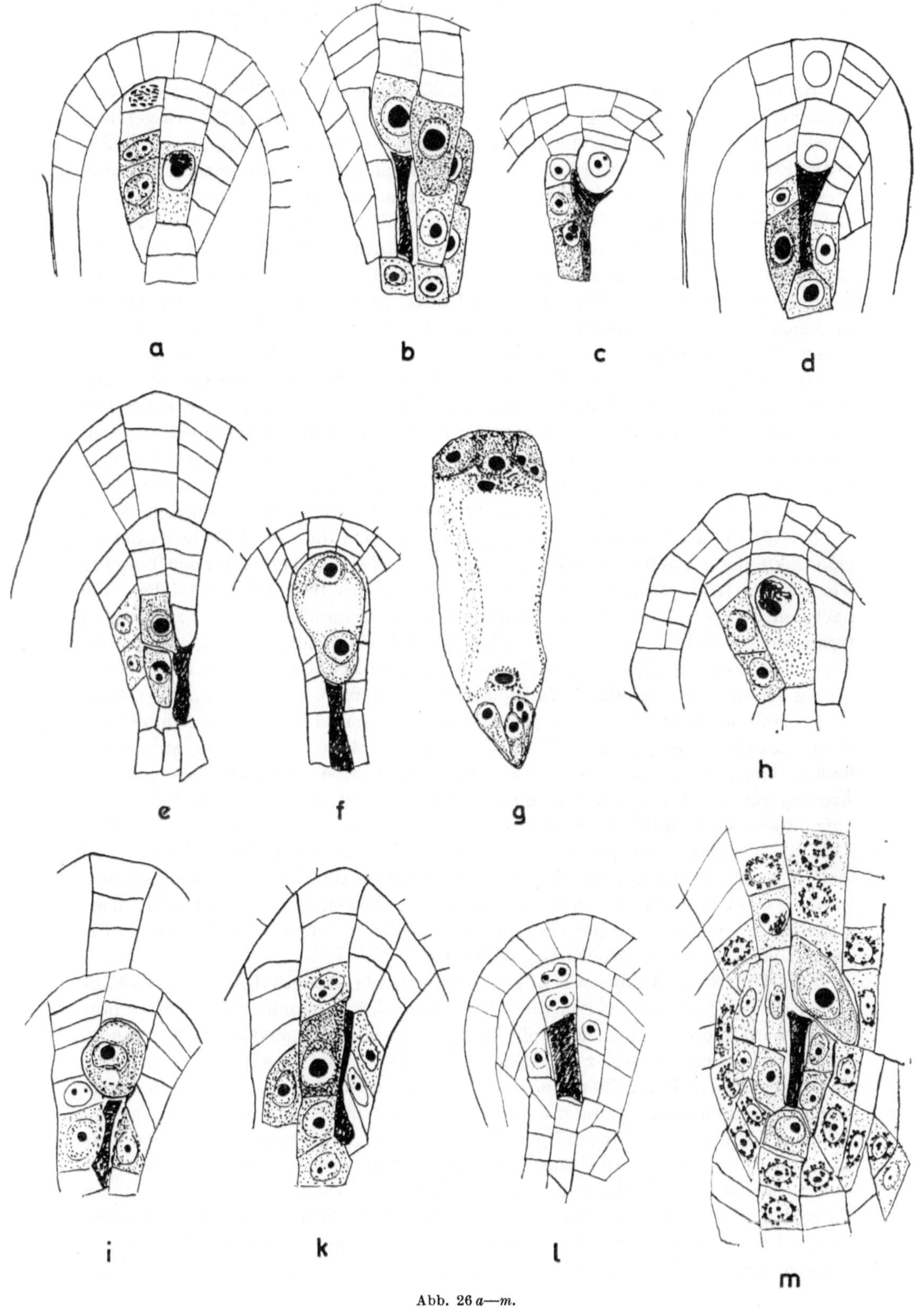

Abb. 26 *a—m*.

2. *Potentilla*

Bei den Apomikten der Gattung *Potentilla* liegen die Verhältnisse etwas komplizierter, da hier mehrzellige sekundäre Archespore, d. h. viele EMZ, ausgebildet werden. Die Embryologie dieser Gattung ist besonders eingehend von HUNZIKER (1954) untersucht worden, nachdem RUTISHAUSER (1948) gezeigt hat, daß diesen embryologischen Differenzen für die Beurteilung der Genetik der Aposporie einige Bedeutung zukommen könnte. HUNZIKER (1954) benützt die Tatsache, daß parallel zur Ausdifferenzierung des Archespors und der EMZ durch perikline Teilungen eine Epidermiskalotte entwickelt wird, für die zeitliche Einteilung des Entwicklungsablaufs (Abb. 27*k*). HUNZIKER konnte in einem sehr umfangreichen Material nie mitotische Teilungen in sekundären Archesporzellen sehen, wohl aber in primären Archesporzellen und in Deckzellen (Abb. 27*b*, *c*). Er entwickelt daraus folgende Ansicht über den Aufbau des Archespors (Abb. 28): Die primären subepidermalen Archesporzellen teilen sich periklinal und lassen so zwei übereinander liegende Zellen aus sich hervorgehen (Abb. 28*b*). Die untere Zelle verliert ihre mitotische Teilungsfähigkeit, sie wird später zu einer EMZ (d. h. zeigt Anzeichen einer meiotischen Prophase). Die obere Zelle dagegen vermag sich nochmals periklin zu teilen (Abb. 28*b*). Von den beiden Teilungsprodukten wird die untere Zelle wieder zu einer sekundären Archesporzelle und später zur EMZ, die obere kann den Vorgang wiederholen (Abb. 28*c*), so daß Reihen von drei bis fünf EMZ entstehen, die nach dem Zeitpunkt ihrer Entstehung als primäre, sekundäre usw. bis zur letzten terminalen EMZ bezeichnet werden (Abb. 28*d*). Nur die zuletzt gebildete, oberste Zelle der Reihe ist eine Deckzelle, die ihren somatischen Charakter beibehält. Streng genommen, nach der Definition SCHNARFS (1929), sind also nur die sekundären Archesporzellen als Archesporzellen aufzufassen, da nur sie ihre mitotische Teilungsfähigkeit eingebüßt haben. Die alte Annahme, wonach die subepidermalen, langgestreckten Zellen der jungen Nuzellusspitze schon als primäre Archesporzellen, d. h. als Zellen mit eindeutig generativer Entwicklungstendenz, aufzufassen sind, muß daher wohl fallen gelassen werden. Die subepidermalen Zellen haben zwar eine prospektive Potenz zur generativen Entwicklung, sind aber noch nicht endgültig in die generative Entwicklungsrichtung umgestimmt worden, sondern besitzen einen eher neutralen Charakter. Sie sind noch nicht differenziert, sondern werden erst später entweder in die somatische oder in die generative Entwicklungsrichtung gedrängt.

Aus HUNZIKERS Analysen geht also eindeutig hervor, daß das gesamte sekundäre Archespor sukzessive von den oben genannten subepidermalen Zellen produziert wird und zum Chalazagewebe kein Übergang oder irgendwelche Verwandtschaft vorhanden ist, wie z. B. HÅKANSSON (1946) immer wieder betont. Die Chalazazellen der Potentillen sind ihrem Ursprung nach immer rein somatische Zellen. Dagegen besteht eine größere Unsicherheit in bezug auf die „parietalen“ Zellen des Archespors. Sie sind gewöhnlich kürzer als die zentral gelegenen, was davon herrührt, daß die seitlicher gelegenen, subepidermalen Zellen des Nuzellus weniger Mitosen durchführen (also gerade umgekehrt wie bei *Sorbus*), die unteren Zellen sind aber auch langgestreckt wie die EMZ (Abb. 28*d*). HUNZIKER betrachtet sie als Homologe zu den EMZ. Sie haben aber keine meiotischen Tendenzen, sondern vermögen sich im Gegenteil mitotisch zu teilen und gleichen damit den

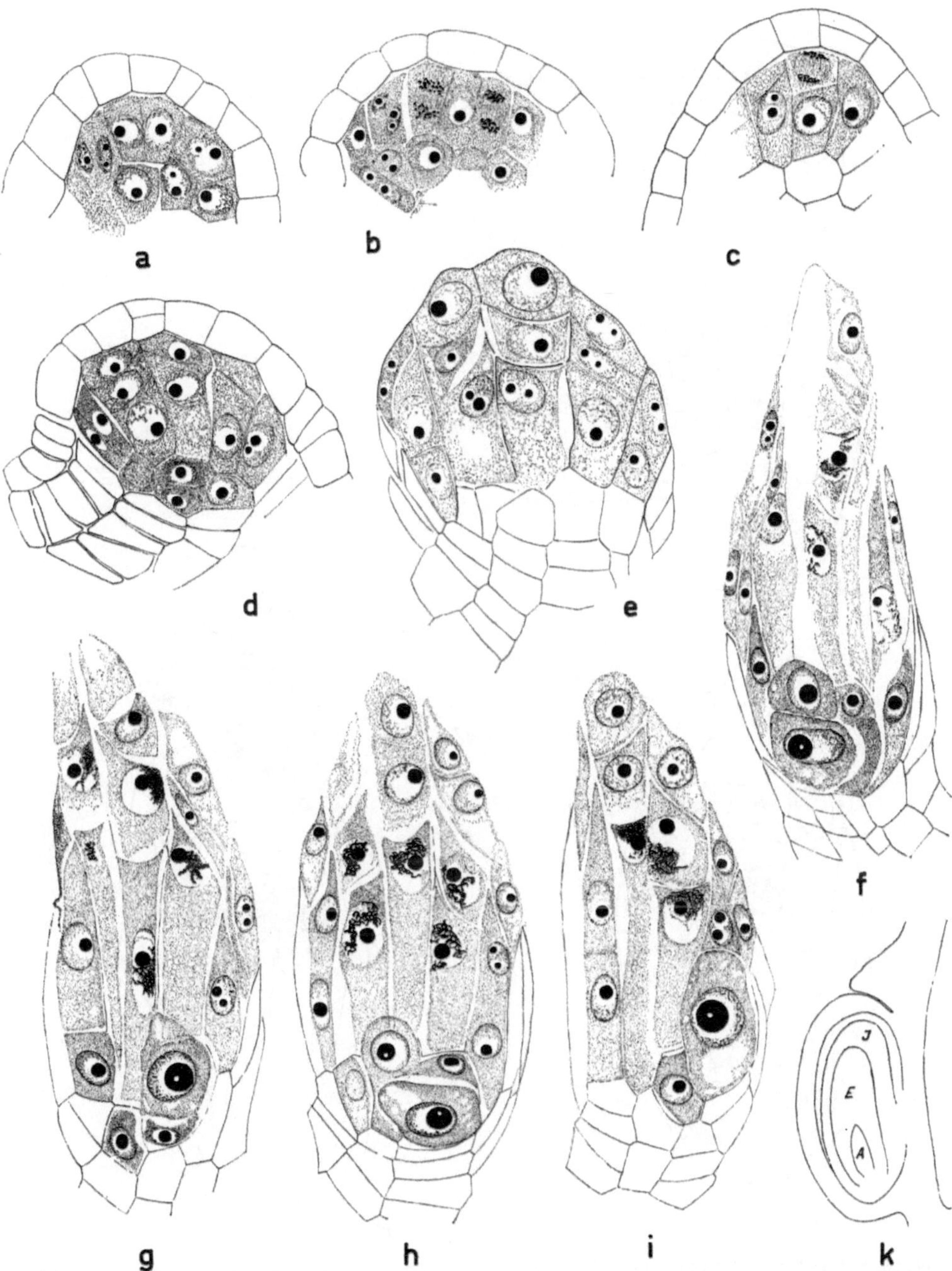

Abb. 27. Entwicklung des mehrzelligen Archespors und der aposporen Initialen bei pseudogamen *Potentillen*; *a, b* primäres Archespor, in *b* mit Mitosen; *c* mittlere Zellreihe: unten sekundäre Archesporzelle, oben Schichtzelle in Teilung; *d, e* sekundäres Archespor mit Schichtzellen; *f—i* Entwicklung von aposporen Initialen aus Chalazazellen, bei *i* aus einer parietalen Zelle; *k* Aufbau einer Samenanlage (*A* = Archespor, *E* = Epidermiskalotte, *I* = Integument) (nach HUNZIKER 1954).

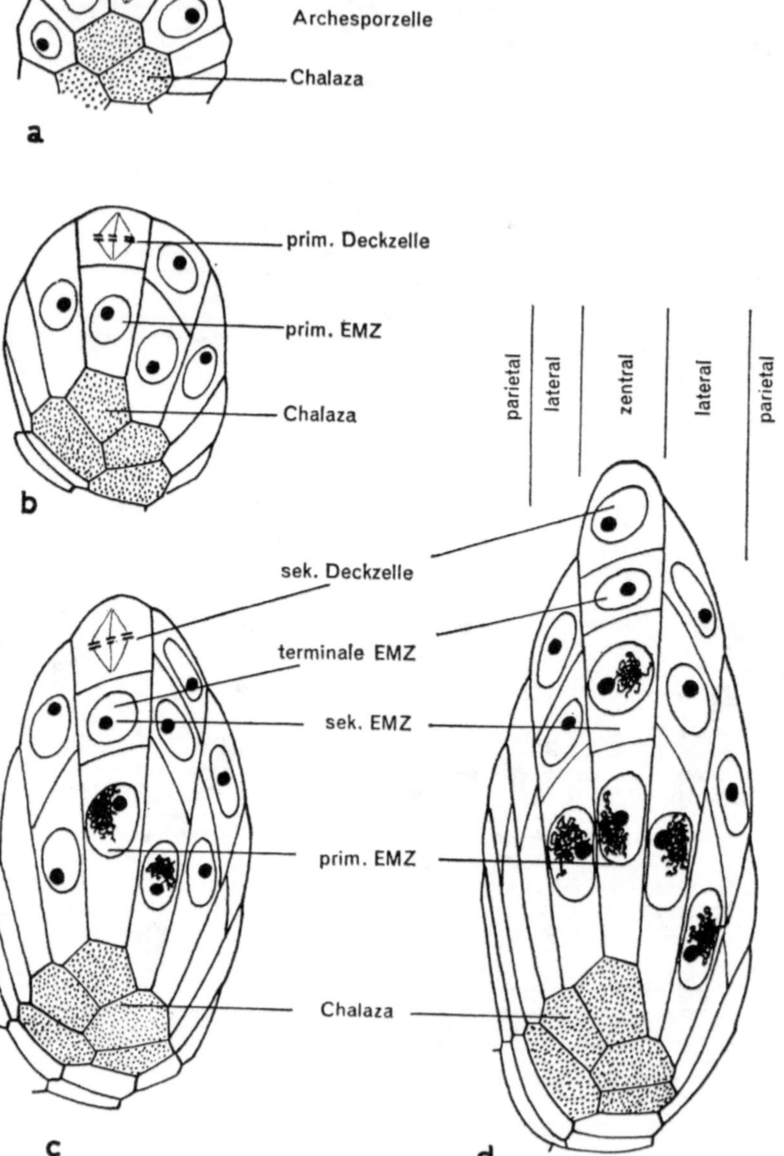

Abb. 28. Entwicklung und Aufbau des Archespors bei *Potentilla*; *a* primäre Archesporzelle in perikliner Teilung; *b* primäre EMZ mit primärer Deckzelle in perikliner Teilung; *c* perikline Teilung einer sekundären Deckzelle; *d* Bau des mehrzelligen Archespors mit primären, sekundären und terminalen EMZ und sekundären Deckzellen. Chalazazellen punktiert (nach HUNZIKER 1954).

seitlichen Zellreihen der *Sorbus*-Arten, nur daß sie offenbar weniger Mitosen durchführen. Die oben beschriebenen „parietalen“ Zellreihen des Archespors gehen über die mehr meiotischen der „lateralen“ zu den „zentralen“ Reihen

Tab. 5. *Verteilung der Meiosen auf die Archesporregionen* (nach HUNZIKER 1954).

Hybride Nr.	Topographie	Altersklassen									
		I	II	III	IV	V	VI	VII	VIII	IX	X
47/143, 1	zentral:										
	bas. ger. + sek. EMZ					1	6	17	29	41	315
	terminale EMZ					—	—	—	—	4	26
	lateral:										
	bas. ger. + sek. EMZ					—	—	2	4	11	162
	terminale EMZ					—	—	—	1	6	10
97/143, 2	zentral:										
	bas. ger. + sek. EMZ					1	1	3	8	11	55
	terminale EMZ					—	—	—	—	—	1
	lateral:										
	bas. ger. + sek. EMZ					—	—	—	4	2	16
	terminale EMZ					—	—	—	—	—	2
44/91, 8	zentral:										
	bas. ger. + sek. EMZ					—	—	1	2	—	38
	terminale EMZ					—	—	—	—	—	6
	lateral:										
	bas. ger. + sek. EMZ					—	—	—	—	3	130
	terminale EMZ					—	—	—	—	—	2
44/91, 19	zentral:										
	bas. ger. + sek. EMZ					—	—	1	—	7	73
	terminale EMZ					—	—	1	—	—	8
	lateral:										
	bas. ger. + sek. EMZ					—	—	1	2	2	88
	terminale EMZ					—	—	—	—	—	2
44/91, 26	zentral:										
	bas. ger. + sek. EMZ					1	—	2	2	5	97
	terminale EMZ					—	—	2	—	—	10
	lateral:										
	bas. ger. + sek. EMZ					1	1	1	1	4	76
	terminale EMZ					—	—	—	—	—	3
44/91, 29	zentral:										
	bas. ger. + sek. EMZ					—	2	3	5	4	54
	terminale EMZ					—	—	—	—	—	10
	lateral:										
	bas. ger. + sek. EMZ					—	—	—	1	3	80
	terminale EMZ					—	—	—	—	—	5
45/111, 24	median					—	—	1	1	2	19
	lateral					—	—	—	1	1	12

über, bei denen keine Interpretationsschwierigkeiten in bezug auf generativen oder somatischen Charakter bestehen. In diesem allmählichen Übergang von den somatischen parietalen Zellreihen zu den „zentralen“ liegt in bezug auf die Beurteilung des Aposporietypus eine Quelle der Unsicherheit, die nur durch eine sorgfältige Analyse und durch den Versuch einer statistischen Auswertung der Befunde beseitigt werden kann.

Hunziker (1954) hat sich dieser Aufgabe für eine Reihe von partiell apomiktischen Hybriden der Kreuzungsfamilien [(*P. canescens* × *verna*) × *canescens*] 47/143, [(*P. canescens* × *verna*) × *verna*] 44/91 und [(*P. argentea* × *verna*) × *verna*] 45/111 unterzogen. Die meiotische Tendenz der Zellen wurde aus der Zahl der Synapsisstadien und anderen Stadien der RT erschlossen (Tab. 5, S. 43). Diese Untersuchungen zeigen, daß die meiotischen Tendenzen der sekundären Archesporzellen regelmäßig von außen nach innen, d. h. von den lateralen nach den zentralen Zellreihen, und von oben nach unten, d. h. von den terminalen zu den primären EMZ, zunehmen. Die Zusammenfassung einiger seiner Resultate gibt darüber Aufschluß (Tab. 5).

Der allmähliche Übergang von den somatischen parietalen Zellreihen zu den zentralen tritt nicht bei allen Potentillen in gleichem Umfange auf. Oft, z. B. bei *Pot. canescens*, gehen die apomeiotischen Initialen ausschließlich oder vorwiegend aus chalazalen Zellen hervor (Abb. 27*f*—*h*); es ist dann relativ leicht, die Pflanze als apospor zu erkennen. Bei anderen Arten, z. B. einigen Biotypen von *P. argentea*, besonders aber bei den Bastarden der Kreuzungskombination *P. argentea* × *P. verna*, dagegen sind es z. T. die somatischen Zellen der parietalen Reihen (Abb. 27*i*), die den apomeiotischen Embryosack ausbilden, und dann kann es in der Tat zu Interpretationsschwierigkeiten kommen. Soweit wir bis jetzt unterrichtet sind, dürfen *P. canescens*, *P. argentea*, *P. praecox* (Rutishauser 1943a, 1948) als somatisch apospor, *P. verna* in den Rassen 3, 4, 10 und 18 als diplospor bezeichnet werden (Abb. 29*a*—*f*). Die Embryosackentwicklung erfolgt aber bei allen bis jetzt untersuchten Arten gleich. Die apomeiotische Initiale wächst unter starker Vakuolisierung zum achtkernigen Embryosack aus, die erste Teilung hat deutlich mitotischen Charakter. Es liegt also stets *Antennaria*-Typus der Embryosackentwicklung vor (im Falle von Diplosporie, Abb. 29*f*, *g*) oder *Hieracium*-Typus (im Falle von Aposporie). Einen Beweis für den diplosporen Ursprung der Embryosäcke von *P. verna* 3, 10 und 18 erblicken wir im allerdings äußerst seltenen Vorkommen von semiheterotypen Teilungen (Abb. 29*d*, *e*) der noch nicht ausgewachsenen apomiktischen Initiale. Die kurzen und stets univalenten Chromosomen haben einen deutlich meiotischen Charakter.

In der Regel führen die EMZ der aposporen und diplosporen Arten keine RT aus, wenigstens soweit es sich um Pflanzen reiner Arten handelt, die in der Natur gesammelt worden sind. In Bastarden solcher Arten können dagegen Meiosen in großer Zahl gefunden werden (Abb. 30). Auch dieser Vorgang ist in den Arbeiten von Håkansson (1946), Rutishauser (1939, 1943a, 1945a, 1948) und vor allem von Hunziker (1954) ziemlich eingehend beschrieben worden. Wie parallel laufende Kreuzungsversuche ergeben haben, deutet er auf partielle Apomixis hin.

Die Meiosen der EMZ partiell apomiktischer Potentillen sind meist irregulär. Dies hat vermutlich zwei Gründe: Einerseits handelt es sich bei allen analysierten Pflanzen um Bastarde zwischen Arten verschiedener Subsektionen der Gattung *Potentilla*, nämlich der *Aureae* und der *Gomphostylae*, was bedeuten dürfte, daß die Homologie der Chromosomen weitgehend abgeschwächt und die Syndese schlecht ist. In der Tat hat HUNZIKER in seiner Arbeit immer wieder auf die große Zahl von Univalenten hingewiesen. Multivalente werden kaum je gefunden. Manche Konfigurationen und Anaphaseverteilungen deuten aber darauf hin, daß auch noch andere Faktoren mit im Spiele sein könnten, Faktoren, die eventuell mit der Tendenz zu Diplosporie zusammenhängen. Während zwei Pflanzen, 44/91, 15 und 28, rein diplospor sind und keine Anzeichen von meiotischer Tätigkeit der EMZ erkennen lassen, sind die Diakinesen mancher Hybriden, obwohl

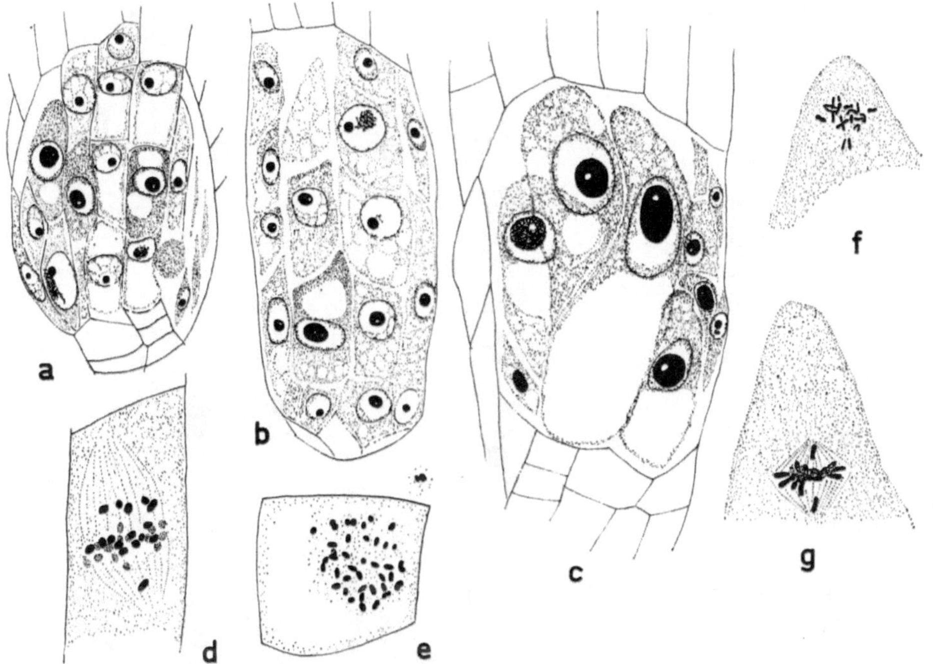

Abb. 29. Diplosporie in mehrzelligen Archesporen; *a Potentilla verna* 18; *b—f Potentilla verna* 3; *g Potentilla verna* 10; *a, b* vielzellige Archespore mit einzelnen diplosporen Initialzellen; *c* auswachsende, diplospore Initialzellen; *d, e* meioseähnliche Teilungen nicht ausgewachsener Archesporzellen, Chromosomen kurz, univalent; *f, g* 1. Teilung ausgewachsener, diplosporer Initialzellen, Chromosomen lang, stäbchenförmig, Spindel breit, Teilung mitoseähnlich (nach RUTISHAUSER 1943a).

es sich um Rückkreuzungsbastarde handelt, fast total asyndetisch (so z. B. 44/91, 26 mit $2_{II} + 36_{I}$) oder die Diakinesen haben wie bei 44/91, 29 mitotischen Charakter (Abb. 30*a, b, l, m*). Es ist daher wahrscheinlich, daß sich die Tendenz zu Diplosporie auch auf die Meiose der EMZ auswirkt, die nicht zu apomeiotischen Initialen auswachsen. Genetisch hat dies einen beträchtlichen Einfluß auf die Chromosomenzahl der Nachkommen. Schon die Hybriden der ersten Rückkreuzungsgeneration haben Nachkommen mit sehr verschiedenen Chromosomenzahlen ausgebildet.

Wie Tabelle 6 (S. 59) zeigt, schwankt die Chromosomenzahl der Rückkreuzungsbastarde zwischen 2n = 39—40 und 2n = 43. Die Samenpflanze 38/26, 9 hatte 2n = 41, die Pollenpflanze 2n = 42 Chromosomen. Daß aber auch Gameten mit extremer Chromosomenzahl funktionsfähig sind, ergibt sich aus der Chromosomenzahl der Rückkreuzungshybride 42/64, 8, die 2n = 63—65 beträgt.

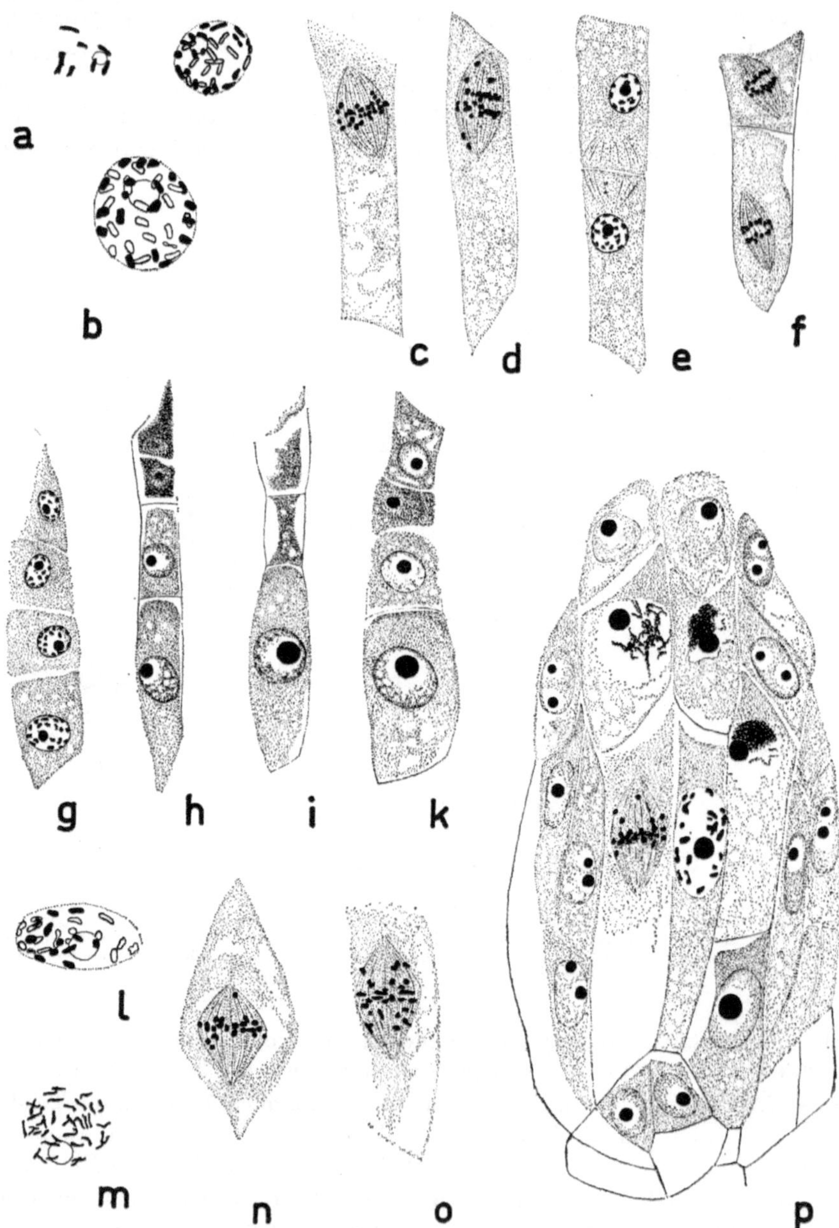

Abb. 30. Meiosen und Tetradenbildung partiell diplosporer Rückkreuzungshybriden zwischen *Potentilla canescens* und *P. verna*; *a*—*k* 44/91, 26; *l*—*p* 44/91, 29; *a, b, l, m* Diakinesen mit univalenten Chromosomen; *m* Chromosomen mit mitotischem Charakter; *c, d, n, o* Meta- und Anaphasen mit über die Spindel zerstreuten Chromosomen; *e, f* Dyaden; *f* RT_{II}; *g*—*k* Tetraden, in *i* und *k* auswachsende Makrosporen; *p* Archespor mit EMZ in Prophase, Diakinese und Metaphase (nach HUNZIKER 1954).

Die Unterteilung der Samenanlagen in Altersklassen (die sich aus der Zahl der Zellschichten der Epidermiskalotte ergaben) ermöglichte es HUNZIKER auch, den Zeitpunkt für den Eintritt der Meiose und die Ausbildung der apomeiotischen Initialen zu bestimmen (Abb. 30a). „Synapsis", allerdings in einer etwas abweichenden Form, trat oft schon im Altersstadium II auf, sie kann als Anzeichen für die Umwandlung der sekundären Archesporzelle in die EMZ betrachtet werden.

Tab. 6. *Die Chromosomenzahl der Rückkreuzungsbastarde (P. canescens × verna 3) × P. verna 42/64* (nach RUTISHAUSER 1948).

Chromosomenzahlen	39—40	40	41	42	43	63—65
Anzahl Pflanzen	1	3	3	2	1	1

Echte meiotische Prophasen, die Gewähr dafür bieten, daß die Meiose auch durchgeführt wird, sind Diakinesen. Sie treten erst von der Altersklasse VI an auf, reduzierte Embryosäcke sogar erst im Altersstadium X. Schon viel früher, nämlich ab Altersklasse IV und VI, können die ersten sicheren apomeiotischen Initialen, sowohl apo- wie diplospore, nachgewiesen werden. Die diplosporen Initialen gehen dabei aus sekundären Archesporzellen hervor, welche das Synapsisstadium noch nicht erreicht haben. Embryosackzellen mit Synapsis konnten nicht nachgewiesen werden. Offenbar ist eine Rückbildung der Synapsis und nachträgliche Umwandlung einer EMZ in eine apomeiotische Initiale nicht möglich. Bei Potentilla gehen die diplosporen Initialen aus Archesporzellen hervor, die einen mehr somatischen Charakter beibehalten haben oder, wie sich HUNZIKER ausdrückt, frisch somatisiert worden sind. In diesem Umstand liegt natürlich ein Unsicherheitsfaktor für die Bestimmung des Aposporietypus (des Charakters der Initiale), so daß die Entscheidung, ob Apo- oder Diplosporie vorliegt, vor allem auf Grund der Lage der apomeiotischen Initiale getroffen werden muß.

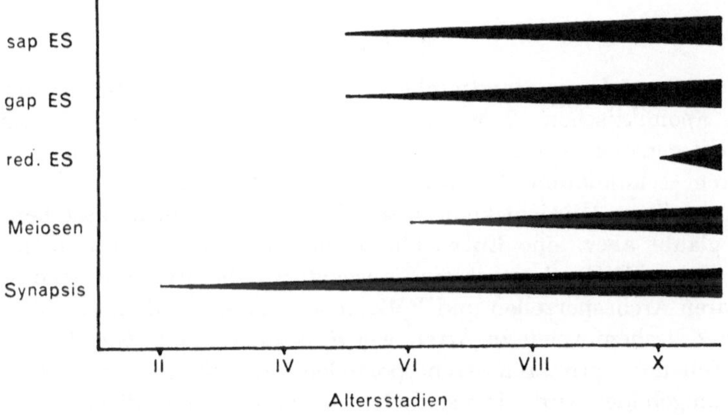

Abb. 30a. Zeitliches Auftreten sexueller und apomeiotischer Initialen (nach HUNZIKER 1954).

Es ist daher nicht verwunderlich, daß sich in bezug auf die Interpretation der oben beschriebenen embryologischen Bilder Differenzen ergeben. GUSTAFSSON (1946—1947) z. B. betrachtet die Apomikten mit mehrzelligem Archespor als Übergangsformen zwischen Diplo- und Aposporie. Wie die Arbeit Hunzikers (1954) gezeigt hat, bedarf es einer außerordentlich sorgfältigen Analyse einer möglichst großen Zahl von Altersstadien, um zu einem einigermaßen begründeten Schluß zu kommen. Dann aber dürfte auch bei den meisten Apomikten mit mehrzelligem Archespor eine Entscheidung möglich sein. Dies trifft, wie auch Gustafsson (1946—1947) zugibt, z. B. auf *Atraphaxis frutescens* (Edman 1931) zu. Diese Pflanze bildet ein vielzelliges primäres Archespor aus. Nur eine Zelle davon (selten zwei) bilden das „wahre“ Archespor, d. h. werden zu EMZ, welche die Meiose durchführen können, aber in der Regel vor oder nach der Sporogenese degenerieren. Während dieser Vorgänge führen seitliche Zellen des „primären“ Archespors mitotische Teilungen durch, so daß Reihen von 3 bis 4 somatischen Zellen entstehen, ein Vorgang, der an die parietalen Zellen des *Potentilla*-Archespors erinnert.

Die funktionierenden Embryosäcke entstehen entweder aus Zellen dieser parietalen Reihen oder aus Zellen, die unterhalb des erzeugten Archespors, oder schließlich aus somatischen Zellen, welche unter einem als Hypostase bezeichneten Gewebe liegen, das den Nuzellus nach unten abschließt. *Atraphaxis* wird daher von Edman (1931), wenigstens was den letztgenannten Vorgang (Entstehung der Initialen aus der Chalaza) betrifft, als somatisch apospor bezeichnet. Gustafsson hält die Pflanze ebenfalls für apospor.

3. *Rubus*

Einen etwas anderen Standpunkt nimmt Christen (1950) für die ähnlich gelagerten apomiktischen *Rubus*-Arten ein. Die ersten Entwicklungsstadien wurden nicht genauer verfolgt; aus der Organisation von Samenanlagen mit gut definierbarem sekundärem Archespor geht aber hervor, daß gegenüber den Potentillen in dieser Hinsicht keine wesentlichen Unterschiede bestehen dürften. Christen glaubt aber, eine Entwicklungsreihe nachweisen zu können, die von Arten mit vielen EMZ, wie *R. caesius*, ausgeht, wo alle primären Archesporzellen zu sekundären Archesporzellen und EMZ umgewandelt werden. Sie führt stufenweise über Zwischenformen zu Arten wie *R. vestitus* und *R. bregutiensis*, wo nur noch ein Teil der „primären Archesporzellen“ zu sekundären Archesporzellen und EMZ umgebildet wird. Die seitlichen Archesporzellen bilden äußerst selten Tochterzellen aus und werden nie zu EMZ. Im Gegensatz zur Auffassung von Hunziker (1954) und Rutishauser (1943a, 1948 usw.) werden alle aposporen Initialen, die aus zentralen oder lateralen, langen sekundären Archesporzellen hervorgehen, als diplospor und nur solche Initialen als apospor bezeichnet, die aus Zellen der Chalaza stammen, und dies auch bei solchen Arten, die am Ende der Reduktionsreihe stehen. Die von Christen übernommene Tab. 7 spiegelt daher eher den Reduktionstypus wider, als daß sie einen Eindruck vom Typus der apomeiotischen Initialen vermittelt.

Berücksichtigt man die Reduktionserscheinungen, die ja nichts anderes bedeuten, als daß immer größere Regionen des Archespors somatisiert werden, d. h. die Fähigkeit, auch nur die Synapsis zu erreichen, verloren haben, dann erhält man eher den Eindruck reiner Aposporie mit Bildung von aposporen Initialen aus Chalazazellen und aus somatisierten Archesporzellen. Einzige Ausnahme bildet *R. caesius*, wo apospore Initialen ausschließlich aus sekundären Archesporzellen entstehen, die wie Archesporzellen sexueller Arten in der Lage sind, die RT durchzuführen und Tetraden auszubilden (nach CHRISTEN 1950, S. 165: „typisch generativ sind").

Tab. 7. *Häufigkeit von Diplosporie und Aposporie in der Gattung Rubus* (nach CHRISTEN 1950).

Art	Diplosporie %	Aposporie %
R. caesius	100	0
R. suberectus	90	10
R. mercieri	58	42
R. hyrsoideus	46	54
R. bifrons	58	42
R. vestitus	38	62
R. bregutiensis	60	40

4. *Alchemilla*

Im Lichte der neueren Forschungen über den Aufbau der vielzelligen Archespore von Apomikten dürften nun auch die älteren Arbeiten über die Embryologie von *Alchemilla* Klärung gefunden haben (vgl. dazu MURBECK 1901 und BÖÖS 1917). Auch bei *Alchemilla* werden mehrere subepidermale Archesporprimanen angelegt, die durch perikline Wände Schichtzellen und „sekundäre Archesporzellen" ausbilden. Wieder ist, je nach der Lage der Zellen, das Schicksal der „sekundären Archesporzellen" verschieden. Eine zentrale Zelle wächst aus und ihr Kern geht in die Synapsis über, weshalb sie als EMZ bezeichnet werden dürfte. Diese Zelle teilt sich nie, sondern geht zugrunde. Alle übrigen, also alle lateralen sekundären Archesporzellen dagegen können eine oder auch zwei Mitosen durchführen und so Zellreihen von zwei bis vier Zellen ausbilden. Diese beiden Mitosen sind von MURBECK (1901) als aberrante Meiosen und die vier Zellen als Tetraden aufgefaßt worden. Da eine der vier Zellen zur aposporen Initiale auswächst, wurde auf Grund dieser Auffassung ein neuer Entwicklungstyp der Embryosackentwicklung, der *Alchemilla*-Typus, geschaffen.

Wenn man aber bedenkt, daß bei einer Meiose stets nur eine Verteilung von Chromatiden stattfinden kann, da ja zwischen den beiden Teilungen keine Chromosomenreplikation vorkommt, dann ist die Hypothese von MURBECK wenig wahrscheinlich. In der Tat wird dort, wo die Meiose durch eine Mitose ersetzt worden ist, wie z. B. in den PMZ mancher *Calamagrostis*-Arten (NYGREN 1946), stets nur eine Teilung durchgeführt, und es werden Dyaden, aber nie Tetraden ausgebildet. Die embryologischen Verhältnisse in der Gattung *Alchemilla* lassen sich daher wohl kaum anders erklären als durch die Annahme, daß die lateralen, subepidermalen Zellen der Samenanlage keine echten sekundären Archesporzellen sind, sondern entweder ihren somatischen Charakter beibehalten haben oder schon vor den Teilungen wieder somatisiert worden sind und daher typische Mitosen durchführen können. *Alchemilla* ist daher apospor und nicht diplospor, wie aus MURBECKS Auffassung hervorgehen würde.

III. Meiosen der PMZ und männlicher Gametophyt

Die Meiose pflanzlicher Apomikten und ihre Degeneration ist vor allem im männlichen Archespor genauer untersucht worden, obwohl ihr in manchen Fällen für die Reproduktion keinerlei Bedeutung zukommt (dipl. Parthenogenese, autonome Nuzellarembryonie und Viviparie). Der Grund dafür liegt in der größeren Zahl von PMZ, der leichteren Präparation und, dies gilt besonders für die Kompositen, auch darin, daß der Meioseablauf in den Antheren wegen der oft lückenlosen serialen Aufeinanderfolge der Teilungsstadien leichter erfaßt werden kann.

Ein erster Anstoß für die Erforschung der Meiosen apomiktischer Arten ging von der Bastardierungshypothese ERNSTS (1918) aus. Man hoffte, durch eine genaue Kenntnis der Syndeseverhältnisse der Chromosomen Aufschlüsse über den Bastardcharakter der Apomikten zu erhalten. Untersuchungen dieser Art versprachen um so mehr Erfolg, als die meisten Apomikten polyploid sind und neben Bivalenten auch Uni- und Multivalente ausbilden, also cytologische Verhältnisse aufweisen, die bei den zu jener Zeit besonders intensiv erforschten Polyploiden wesentliche Fortschritte in bezug auf die Evolution polyploider, sexueller Arten erbracht hatten. Die Literatur über den cytologischen Aspekt der Apomixis ist aus diesem Grunde außerordentlich umfangreich.

Die Ergebnisse neuerer Analysen sexueller Arten haben aber die optimistischen Erwartungen, die an die Analysen der Meiosen apomiktischer Arten geknüpft worden sind, beträchtlich gedämpft. Es zeigte sich nämlich, daß der Paarungsverlust der entsprechenden Chromosomen nicht allein vom Grad ihrer „Homologie" abhängt, sondern nicht selten genetisch bedingt ist. Dafür sprachen schon die in Bestrahlungsversuchen erhaltene Asynapsis-Mutante BEADLES (1930, 1932) und die von SATINA und BLAKESLEE (1935) beschriebene apomiktische Mutante von *Datura stramonium*. Syndeseverluste konnten aber auch bei einer ganzen Anzahl sexueller Arten gefunden werden, die nicht mit mutagenen Agenzien behandelt worden waren, sondern spontan entstanden sein mußten. Erwähnt sei in diesem Zusammenhang z. B. der sog. X-Stamm von *Crepis capillaris* (HOLLINGSHEAD 1930), bei dem Univalente gehäuft auftraten und der auch in Hybriden der Kombination *C. capillaris* × *tectorum* durch eine gestörte Syndese auffiel (RICHARDSON 1936). Eigene, unveröffentlichte Untersuchungen haben gezeigt, daß solche Rassen mit herabgesetzter Syndese durch Selbstung erhalten werden können, was für ihre genetische Bedingtheit spricht.

Sehr eingehend sind in neuerer Zeit genetisch bedingte Variationen der Chromosomenpaarung auch bei hexaploiden *Triticum*-Arten untersucht worden. Nach RILEY und CHAPMAN (1958) und RILEY (1960) beruht die Herabsetzung der Paarung zwischen homologen Chromosomen von *Triticum vulgare* ($2n = 42$), einer alloploiden Art mit der Genomformel AABBDD, auf einem Gen oder einer Gengruppe, die sehr wahrscheinlich im langen Arm des sog. HH-Chromosoms liegt. Die Zahl der Multivalente wird durch dieses Chromosom wesentlich vermindert und damit eine Diploidisierung des polyploiden Weizens erreicht (RILEY 1960). Solche Beobachtungen weisen darauf hin, daß schon bei der Beurteilung der Paarungsverhältnisse einer sexuellen Art Vorsicht geboten ist. Die autonomen Apomikten, bei denen sich Mutanten im Bereich des männlichen Gametophyten anhäufen können, ohne daß dadurch die Samenfertilität der betreffenden

Art ungünstig beeinflußt würde, können genetisch bedingte Veränderungen der Paarungstendenzen viel leichter ertragen und sind daher der Auslese nicht unterworfen. Die Syndeseverhältnisse der Apomikten sind daher noch weniger geeignet, über ihren Bastardcharakter oder gar ihre Verwandtschaftsbeziehungen Aufschluß zu geben, sofern die cytologischen Analysen nicht von parallel dazu durchgeführten vergleichend-morphologischen Untersuchungen gestützt werden.

Die Fragwürdigkeit von Aussagen über die Verwandtschaftsbeziehungen apomiktischer Arten, die nur auf den Ergebnissen cytologischer Analysen der männlichen Meiose beruhen, wird oft noch weiter unterstrichen durch die Unmöglichkeit, die Chiasmafrequenzen der Meiosen mit in die Untersuchung einzubeziehen. Wie schon DARLINGTON (1937) und noch eingehender KLINGSTEDT (1937) ausgeführt haben, ist eine Beurteilung des Homologiegrades der Chromosomen einer Hybride nicht möglich, wenn die Chiasmafrequenz der Elternarten nicht bekannt ist. Chiasmastudien sind aber nur bei sehr wenigen Apomikten durchgeführt worden, so z. B. von ROUSI (1956) bei *Ranunculus auricomus* und z. T. von LILJEFORS (1955b) bei *Sorbus*. Die Verwandtschaftsverhältnisse der meisten Apomikten werden daher meist nur auf Grund der Frequenzen von Uni-, Bi- und Multivalenten bestimmt, ein Verfahren, das, wie besonders aus ROUSIS Analysen (1956) hervorgeht, nicht immer zu richtigen Schlüssen führen kann.

Die im folgenden besprochenen Meiosestudien apomiktischer Pflanzen sind also mit vielen Mängeln behaftet und können daher nur ein sehr ungenaues Bild von den Chromosomenhomologien und damit den Verwandtschaftsbeziehungen der Apomikten vermitteln. In der Regel lassen sie höchstens Aussagen über den Polyploidietypus (Allo- oder Autoploidie) zu, obwohl auch in bezug auf diese Frage die Ansichten sehr stark variieren können.

Die wechselnde Bedeutung des männlichen Gametophyten für die Samenbildung erfordert eine getrennte Besprechung der männlichen Meiose pseudogamer und parthenogenetischer Apomikten. Ferner müssen apospore und diplospore Arten gesondert betrachtet werden, da, wie schon GUSTAFSSON (1946—1947) gezeigt hat, eventuell auch Beziehungen zwischen Aposporietypus und männlicher Meiose existieren könnten. Das Kapitel über die männliche Meiose gliedert sich deshalb in vier Abschnitte:

1. Die Meiose der PMZ aposporer, pseudogamer Arten.
2. Die Meiose der PMZ aposporer, diploid parthenogenetischer Arten.
3. Die Meiose der PMZ diplosporer, pseudogamer Arten.
4. Die Meiose der PMZ diplosporer, diploid parthenogenetischer Arten.

A. Die Meiose der PMZ aposporer, pseudogamer Arten

Es lassen sich hinsichtlich der männlichen Meiose aposporer, pseudogamer Apomikten zwei Gruppen unterscheiden. Repräsentativ für die erste Gruppe ist die von LILJEFORS (1955b) untersuchte Gattung *Sorbus* (Tab. 8), an die sich die Gattungen *Rubus*, z. T. *Potentilla*, *Bouteloua* und *Dichanthium* anschließen.

1. *Sorbus*

Diese Gattung ist zusammengesetzt aus diploiden und triploiden, sexuellen einerseits und polyploiden (triploiden und tetraploiden), pseudogamen Arten andererseits. Diploid sexuell sind Biotypen der Arten *Sorbus aria* und *S. aucu-*

paria, beide mit $2n = 34$ Chromosomen (Basiszahl $x = 17$); *S. chamaemespilus* hat sich z. T. als triploid ($2n=51=3x$) erwiesen. Die männliche Meiose der beiden Diploiden ist völlig normal (Abb. 31*a*—*e*), es werden 17 Bivalente ausgebildet und in A_{II} normal verteilt. Die mittlere Chiasmafrequenz, 1,12/Bivalent, war recht gering. Die meisten Bivalente wurden nur durch ein Chiasma zusammengehalten, einzelne wiesen zwei Chiasmata auf. Die Meiose des diploiden Artbastardes *S. aria* × *aucuparia* schien ebenfalls zum größten Teil normal zu sein

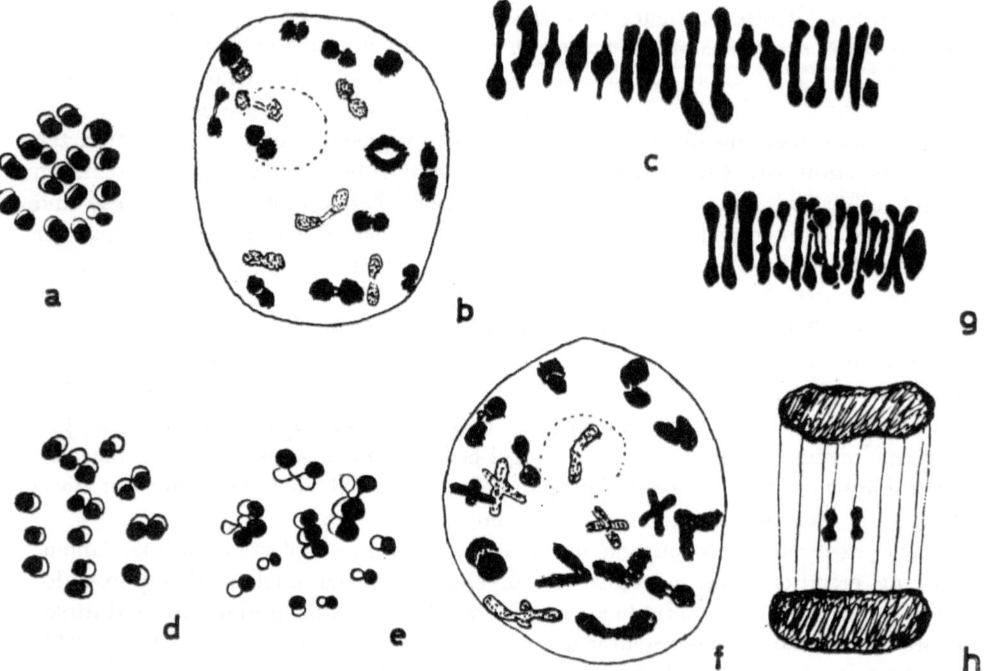

Abb. 31. Meiosen der PMZ sexueller Arten der Gattung *Sorbus*; *a S. aucuparia*, Metaphase I (17_{II}); *b*—*e S. aria*, diploid; *b* Diakinese (17_{II}); *c* Metaphase (17_{II}); *d, e* Metaphasen I mit „secondary association", *d* (17_{II}), *e* (17_{II} in 3 Gruppen); *f*—*h S. aria* × *aucuparia*; *f* Diakinese (17_{II}); *g* Metaphase I (17_{II}); *h* Telophase mit 2 verspäteten Univalenten (nach LILJEFORS 1955).

(Abb. 31*f*—*h*), abgesehen vom Vorkommen einzelner Univalente (Mittel: 0,12 Univalente/PMZ). Es werden die Konfigurationen 17_{II} und $16_{II} + 2_{I}$ angegeben (Tab. 8, S. 66/67). In der Regel weisen die Bivalente nur ein Chiasma auf, die mittlere Chiasmafrequenz dürfte daher nicht viel größer als 1 sein. Aus LILJEFORS' Analysen kann geschlossen werden, daß die Genome von *S. aria* (A) und *S. aucuparia* (B) größtenteils homolog sind. Die Abweichungen von der Homologie werden durch die Univalente und die Ausbildung von schlechterem Pollen angegeben.

Triploide Exemplare von *S. chamaemespilus* gleichen diploiden Individuen derselben Art. Sie bilden viele Trivalente und Univalente aus. Die Zahl der Trivalente variiert zwischen 8 und 10, die der Univalente zwischen 9 und 7. Nach LILJEFORS sollen die triploiden Individuen der Art daher autotriploid sein und die Genomformel CCC haben. Eine weitere triploide Sexuelle, *S. aucuparia* × *hybrida*, mit wenigen Trivalenten und vielen Univalenten, wird dagegen als Allotriploide (Genomformel ABB) taxiert. Die Richtigkeit der Interpretation wird gestützt durch die Ergebnisse der vergleichend-morphologischen Untersuchung.

Morphologisch können die triploiden Pseudogamen als Bastarde zwischen *S. aria* und *S. aucuparia* betrachtet werden. Dafür spricht vor allem die Form der Blätter, ferner auch Struktur und Aussehen der Früchte. Sie sind in der Regel intermediär, neigen aber meist eher *S. aria* zu, was bedeuten könnte, daß diese Art mehr Genome zur Chromosomengarnitur der Triploiden beigetragen hat. Die Ergebnisse der cytologischen Untersuchungen unterstreichen diesen Eindruck. Die meisten triploiden Pseudogamen, z. B. *S. lancifolia* (Abb. 32) und *neglecta*, sind cytologisch charakterisiert durch einige (1—4) Trivalente, 17 Gruppen von Bi- und Trivalenten und 16—13 Univalente (Tab. 8). Sie unterscheiden sich von der autotriploiden Art *S. chamaemespilus* durch die geringere Anzahl von Trivalenten und die höhere Frequenz von Univalenten. Dieser Befund, der zur hohen Paarungstendenz des diploiden Bastardes, *S. aria* × *aucuparia*, im Gegensatz steht, wird von LILJEFORS auf bevorzugte Paarung homologer Chromosomen derselben Elternart in den Triploiden zurückgeführt. LILJEFORS neigt daher dazu, die oben genannten triploiden Pseudogamen als segmentelle Alloploide im Sinne STEBBINS (1947, 1950) oder interspezifische Alloploide im Sinne FAGERLINDS (1937) zu betrachten.

Ähnlich wie die genannten Triploiden wird auch *S. arranensis* eingeschätzt. Da aber die PMZ dieser Sippe früh degenerieren, ist eine cytologische Analyse nicht möglich. *S. teodori* schließlich weist sich wegen der Form der Blätter, aber gleichen Syndeseverhältnissen wie bei *S. lancifolia* als Triploide mit erhöhtem Anteil an Chromosomen oder Genen von *S. aucuparia* aus. Die angeführten Gründe veranlassen LILJEFORS, den triploiden Pseudogamen *S. lancifolia, subpinnata, neglecta* und *arranensis* die Genomformel AAB, *S. teodori* die Formel AB_AB zuzuschreiben.

Die tetraploiden Pseudogamen der *Aria-Aucuparia*-Gruppe umfassen die Arten: *S. hybrida, S. meinichii, S. subsimilis, S. mougeotii, S. obtusifolia* und *S. salicifolia.* Mit Ausnahme von *S. obtusifolia* und *S. salicifolia* zeigen morphologisch alle Bastardcharakter, wobei das eine Mal *S. aria*, das andere Mal *S. aucuparia* überwiegt. Cytologisch lassen sich die tetraploiden *Sorbus*-Arten in mehrere Gruppen unterteilen. *S. hybrida* hatte mit 34 Bivalenten eine oft völlig reguläre Meiose (Abb. 33*a*). Im Durchschnitt werden nur wenige Trivalente und Quadrivalente ausgebildet (Abb. 33*b*—*d*); etwas höher (0—5) liegt die Zahl der Univalente, sie ist aber mit 1,57/PMZ deutlich niedriger als bei den übrigen hybriden Tetraploiden. Diese Syndeseverhältnisse, zusammen mit der intermediären Form der Blätter, deuten darauf hin, daß *S. hybrida* die Genomformel AABB zukommt. Was die übrigen Kleinarten angeht, führen LILJEFORS cytologische Befunde im Verein mit vergleichend-morphologischen Untersuchungen zu folgenden Annahmen:

S. subsimilis hat die Genomformel AAAB,
S. meinichii (Abb. 33*f*—*m*) ABBB,

wobei das Chromosomenkomplement der letztgenannten Art allerdings durch strukturelle Hybridität verändert worden ist (neben Tri- und Quadrivalenten erscheinen auch höhere Multivalente, Abb. 33*f*, *k*), und entsprechend ist auch die Frequenz der Univalente stark erhöht. Ferner werden auch Chromatidbrücken mit azentrischen Fragmenten beobachtet (Abb. 33*l*). Ähnlich wie *S. subsimilis* scheint sich auch *S. mougeotii* zu verhalten (AAAB). Die beiden restlichen Tetraploiden, *S. obtusifolia* (Abb. 34*f*—*k*) und *S. salicifolia* (Abb. 34*a*—*e*), mit Blattypen vom *Aria*-Charakter, zeigen eine deutliche Erhöhung der Quadrivalenten-Frequenz, eine niedrige Zahl von Univalenten und weisen sich daher eher als Autoploide aus. Bei *S. salicifolia* ist die Paarung allerdings durch strukturelle Hybridität etwas gestört (Abb. 34*b*, *c*). Dennoch gibt Liljefors beiden Kleinarten die Genomformel AAAA und betrachtet sie somit als Autotetraploide von *S. aria*.

Tab. 8. *Morphologie, Chromosomenpaarung, Pollenkeimung und Fort-*

Art und Hybride	Morphologie, dominierende Art in Fettdruck	2n	Chromosomenpaarung in der Diakinese und/oder M_I (hauptsächlich PMZ)					
			VIII – V	IV	III	III + II	II	I
S. aria		34					17	
S. aucuparia		34					17	
S. chamaemespilus		34					17	
S. torminalis		34					17	
S. aria × *aucuparia*	*aria* × *aucuparia*	34					17 – 16	0 – 2
S. lancifolia	***aria*** × *aucuparia*	51			1 – 3	17		16 – 14
S. lancifolia f. sognensis	***aria*** × *aucuparia*	51			2 – 4	17		15 – 13
S. subpinnata	***aria*** × *aucuparia*	51			3 – 4	17		14 – 13
S. neglecta	***aria*** × *aucuparia*	51			2 – 3	17		15 – 14
S. arranensis	***aria*** × *aucuparia*	51			—	—		—
S. teodori	*aria* × ***aucuparia***	51			1 – 4	17		16 – 13
S. aucuparia × *hybrida*	*aria* × ***aucuparia***	51			1 – 3	17		16 – 14
S. hybrida	*aria* × *aucuparia*	68		0 – 1	0 – 1		34 – 28	0 – 5
S. meinichii	*aria* × ***aucuparia***	68	0 – 2	2 – 3	1 – 3		24 – 22	0 – 7
S. subsimilis	***aria*** × *aucuparia*	68		1 – 2	2 – 5		28 – 20	4 – 6
S. mougeotii	***aria*** × *aucuparia*	68		0 – 3	1 – 3		29 – 23	3 – 6
S. obtusifolia	*aria*	68		5 – 9	0 – 1		24 – 14	0 – 1
S. salicifolia	*aria*	68	1 – 7	3 – 7	1 – 2		14 – 3	1
S. intermedia	*aria* × *torminalis*	68		0 – 1	0 – 1		34 – 32	0 – 4
S. aucuparia × *intermedia*	*aucuparia* × *aria* × *torminalis*	51			0 – 2	13 – 17		25 – 15
Triploid *S. chamaemespilus*	*chamaemespilus*	51			8 – 10	17		9 – 7

Die Störungen der Meiose aposporer Pseudogamer haben nach Liljefors einen Einfluß auf die Keimfähigkeit des Pollens. Diese ist für die sexuellen, diploiden Arten, *S. aria* und *S. aucuparia*, 61—79 bzw. 87—92%, für *S. torminalis* 16—25% und sinkt beim sexuellen Bastard *S. aria* × *aucuparia* auf 24%. Überraschenderweise scheinen die triploiden Apomikten hybrider Herkunft vollständig pollensteril zu sein. In keinem Falle konnten keimfähige Pollen nachgewiesen werden. Die genannten Arten müßten, nach diesen Angaben zu urteilen, auf fremden Pollen angewiesen sein. In der Tat setzten die betreffenden Kleinarten nach Isolation und Selbstbestäubung keine Samen an (LILJEFORS 1953). Etwas besser (mit 5 bis max. 28%) ist die Keimfähigkeit des Pollens bei den tetraploiden Apomikten, einschließlich *S. intermedia*, eine Frequenz, die, wie LILJEFORS (1953) zeigte, genügt, um den Samenansatz der betreffenden Pflanzen sicherzustellen.

Es ist daher nicht ausgeschlossen, daß die Meioseverhältnisse auf dem Weg über die Pollenfertilität die Konkurrenzfähigkeit der *Sorbus*-Arten wesentlich

pflanzungsmodus in der Gattung Sorbus (nach LILJEFORS 1955b).

Häufigkeit Univalente in A_I	Anzeichen für strukturelle Aberration	Pollenkeimung in %	Fortpflanzungsmodus		Hypothetische Genomformel
			amphimiktisch	apomiktisch	
		61, 79	X		AA
		87, 92	X		BB
		—	X		CC
		16, 25	X		TT
0,12		24	X		AB
	X	0, 0		X	AAB
		0, 0		X	AAB
		0		X	AAB
		0, 0		X	AAB
		—		X	AAB
		0		X	AB_AB
		1	X		ABB
1,57		17, 20	X	X	AABB
2,54	X	0, 0, ¼		X	AB_ABB
2,30		5, 7		X	AAAB
		27, 28		X	AAAB
0,30		0, 0, 5, 5		X	AAAA
1,27	X	—		X	AAAA
1,22		17, 20, 23		X	AATT
		0	X?	X	ABT
				X	CCC

beeinflussen. LILJEFORS (1953) weist in diesem Zusammenhang auf eine Arbeit HULTÉNS (1950) hin, welche zeigt, daß die tetraploiden Pseudogamen mit relativ guter Pollenkeimung und gut ausbalancierter Genomkombination, wie *S. salicifolia*, *S. hybrida* und *S. intermedia*, weite Verbreitung haben, während die Verbreitung von Formen mit triploiden oder tetraploiden unbalancierten Genomsystemen, wie *S. arranensis*, *meinichii*, *subsimilis* und *teodori*, relativ begrenzt ist.

Eine schöne Parallele zum oben besprochenen *Aria-aucuparia*-Komplex bildet die Formengruppe um *S. aria* (AA) und *S. torminalis* (Genomformel TT). Schon lange wurde *S. intermedia* ($2n = 68 = 4x$) als Bastard dieser beiden Arten betrachtet. Dafür spricht die Morphologie der Blätter, welche die Eigenschaften der beiden Arten zu vereinigen scheinen, obwohl es nach LILJEFORS (1955b) nicht immer gelingt, die Blätter von *S. intermedia* von jenen der Bastarde *S. subsimilis* und *S. mougeotii* zu unterscheiden. Zusammen mit anderen morphologischen Merkmalen, wie Bau des Stengels, Zahl der Griffel und Aussehen der Früchte, soll aber eine sichere Diagnose doch möglich sein. Nach HEDLUND (zit. nach GUSTAFSSON 1946—1947) war ferner die F_1-Generation zwischen der sexuellen, diploiden *S. aucuparia* und *S. intermedia* polymorph.

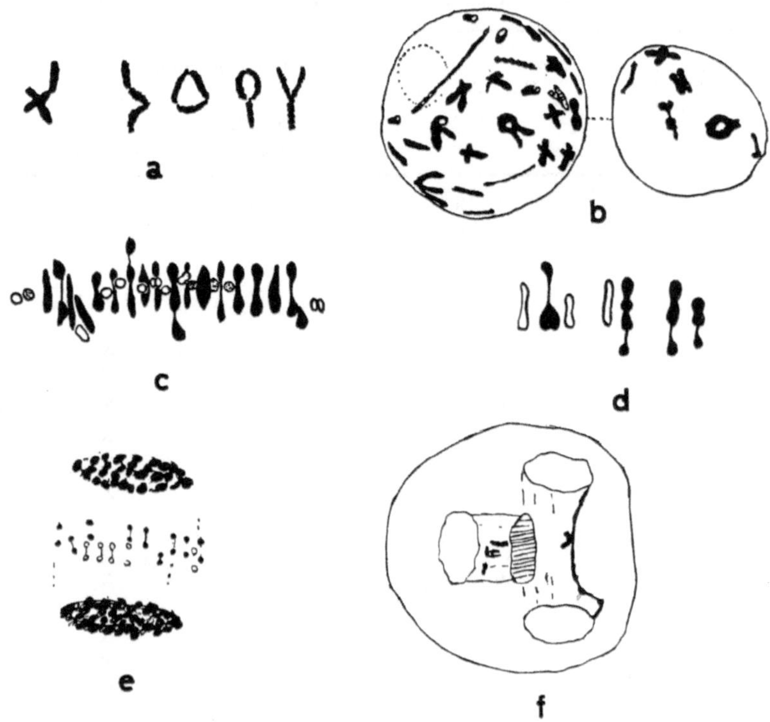

Abb. 32. Meiosen der PMZ der triploiden und apomiktischen *Sorbus*-Art *S. lancifolia* (*a*—*f*); *a* Trivalente aus Diakinesen; *b* Diakinesekern in 2 Schnitten (Konfiguration vermutlich $2_{III} + 15_{II} + 15_{I}$); *c* Metaphase I ($3_{III} + 14_{II} + 14_{I}$); *d* Trivalente aus Metaphasen I; *e* Telophase I mit 14—15 sich teilenden Univalenten; *f* Telophase mit Inversionsbrücke (nach LILJEFORS 1955).

Cytologisch verhält sich *S. intermedia* ähnlich wie *S. hybrida*, d. h. die Pflanze bildet häufig 34 Bivalente aus (Abb. 35*b*). Tri- und Quadrivalente, ebenso wie Univalente sind relativ selten (Abb. 35*a*, *c*, *d*). Die Genomformel AATT dürfte daher gesichert sein. Leider konnte der diploide Bastard *S. aria* × *torminalis* nicht analysiert werden, weswegen die Paarungstendenzen der A- und T-Chromosomen nicht bekannt sind. Hingegen ergeben sich aus der cytologischen Analyse des Tripelbastardes *S. aucuparia* × *intermedia* ($2n = 51 = 3x$ mit der mutmaßlichen Genomformel ABT) einige weitere Hinweise für die Richtigkeit der Auffassung LILJEFORS'. Wie zu erwarten, steigt die Anzahl der Univalente beträchtlich. Trivalente sind sehr selten, und die Zahl von Bivalenten und Trivalenten ist ebenfalls geringer als bei den Triploiden der Kombinationen AAB und ABB, die wenigstens zwei homologe Genome enthalten. Auch *S. intermedia* dürfte daher eine segmentelle Alloploide sein.

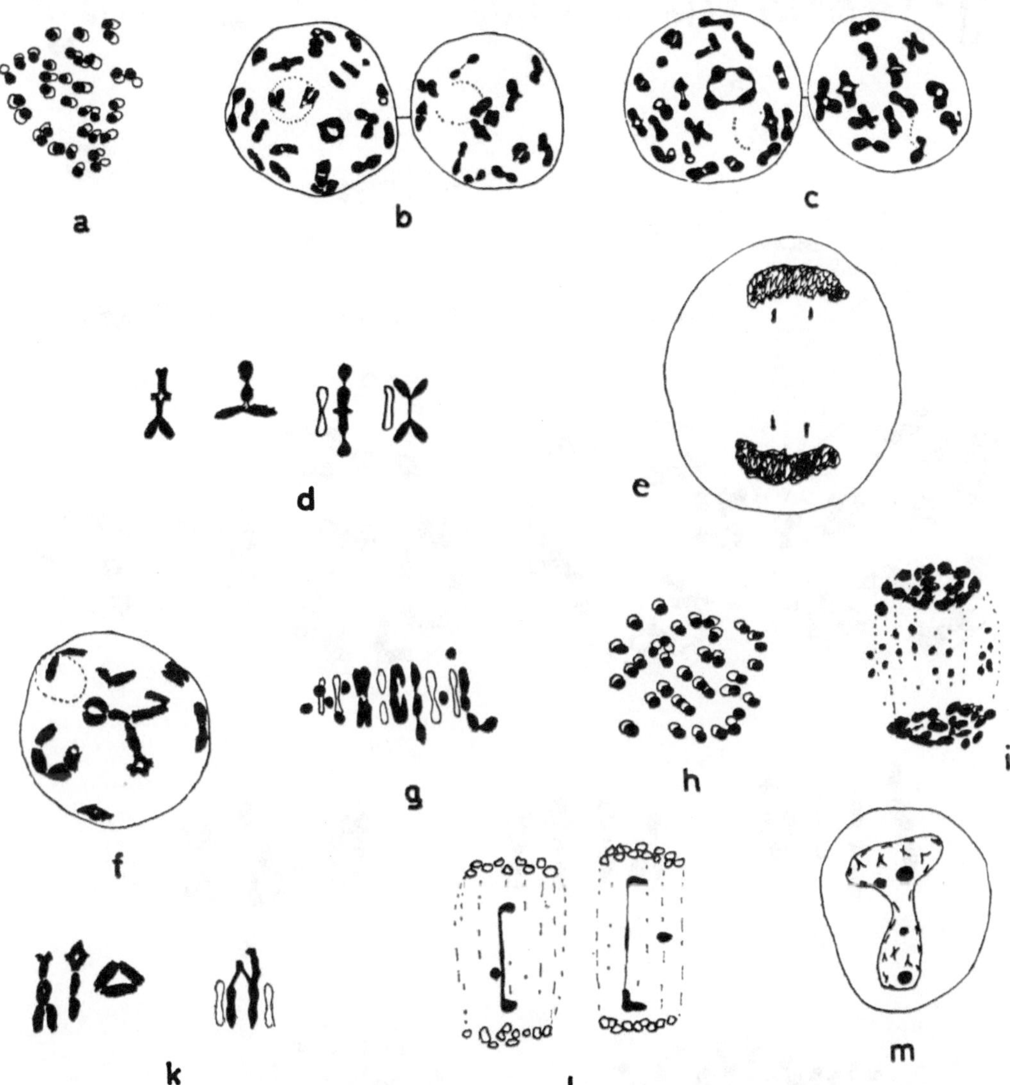

Abb. 33. Meiosen von PMZ tetraploider und apomiktischer *Sorbus*-Arten; *a—e S. hybrida* (2n = 68 = 4x); *a* Metaphase I (34_{II}); *b* Diakinese ($1_{IV} + 30_{II} + 4_{I}$ + 1 Frag.); *c* Diakinese ($1_{IV} + 1_{III} + 30_{II} + 1_{I}$); *d* Quadrivalente; *e* Telophase I mit sich teilenden Univalenten; *f—m S. meinichii* (2n = 68 = 4x); *f* Diakinese mit Multivalenten ($1_{VIII} + 1_{IV}$); *g* Metaphase I inkomplett mit Bi- und Multivalenten; *h* Metaphase I ($1_{VI} + 1_{V} + 2_{IV} + 24_{II} + 1_{I}$, komplett); *i* Anaphase mit „lagging" Univalenten; *k* Multivalente aus Metaphasen I (VIII + 2_{IV}); *l* Chromatidbrücken mit Fragmenten; *m* Restitutionskern (nach LILJEFORS 1955).

Zusammenfassend darf festgestellt werden, daß die bei *Sorbus* offenbar leicht realisierbare Kombination vergleichend-morphologischer und cytologischer Analysen folgenden Einblick in die Meiose der PMZ gegeben hat: Die Meiose der PMZ apomiktischer *Sorbus*-Arten wird durch das Auftreten von Univalenten und Multivalenten gestört. Diese Störungen dürften aber kaum durch die Tendenz

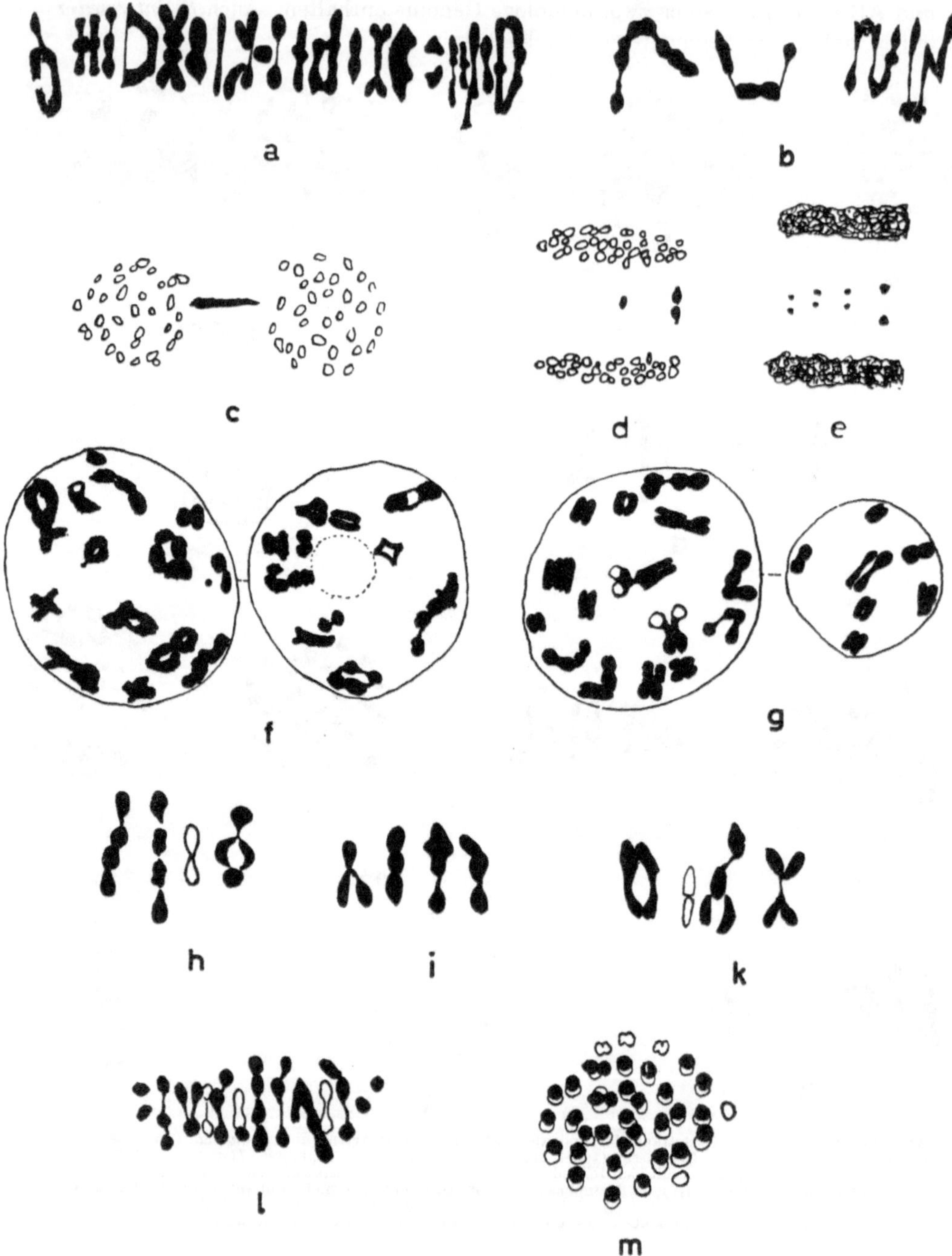

Abb. 34. Meiosen der PMZ tetraploider und apomiktischer *Sorbus*-Arten; *a—e S. salicifolia* ($2n = 68 = 4x$); *a* Metaphase I (vermutlich $1_{I} + 9_{II} + 1_{III} + 6_{IV} + 2_{V} + 2_{VI}$); *b* Multivalente, vermutlich VIII, V, V + VI; *c* Metaphase II mit Brücke zwischen den Platten; *d, e* Telophasen I mit sich teilenden Univalenten; *f—k S. obtusifolia* ($2n = 68 = 4x$); *f* Diakinese ($9_{IV} + 1_{III} + 14_{II} + 1_{I}$); *g* Prometaphase I ($12_{IV} + 10_{II}$); *h—k* Tri- und Quadrivalente; *l, m S. subsimilis* ($2n = 68 = 4x$); *l* Metaphase I (unvollständig, vermutlich $2_{IV} + 5_{III} + 3_{II} + 5_{I}$); *m* Metaphase I ($1_{IV} + 1_{III} + 28_{II} + 5_{I}$) (nach LILJEFORS 1955).

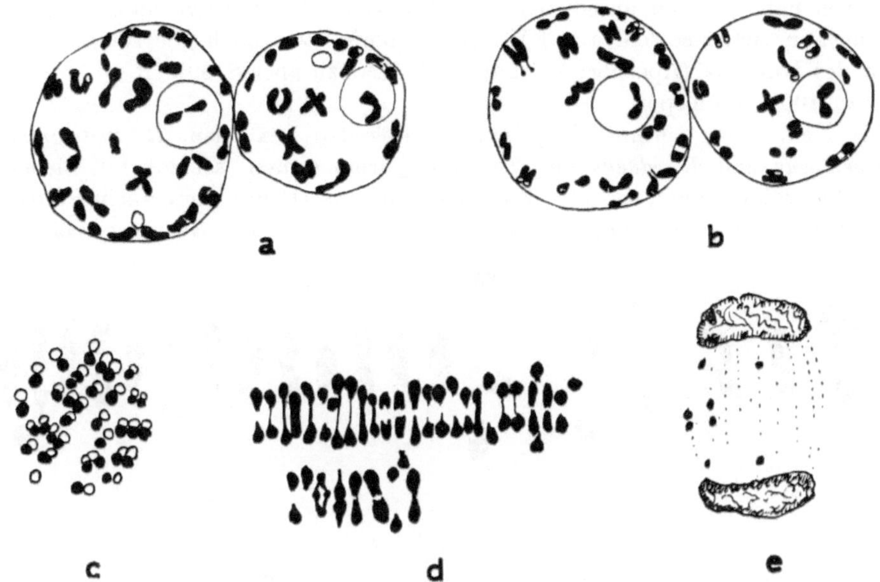

Abb. 35. Meiosen von PMZ der tetraploiden und apomiktischen Art *Sorbus intermedia*; *a* Diakinese ($33_{II} + 2_{I}$); *b* Diakinese (34_{II}); *c* Metaphase I ($1_{III} + 32_{II} + 1_{I}$); *d* Metaphase I ($32_{II} + 4_{I}$); *e* Telophase I mit sich teilenden Univalenten (nach LILJEFORS 1955).

zu Aposporie und Pseudogamie verursacht worden sein. Sie erscheinen in gleicher Weise bei Sexuellen und bei Apomikten. Die apomiktischen *Sorbus*-Arten unterscheiden sich in bezug auf die Syndeseverhältnisse der Chromosomen in keiner Weise von sexuellen Polyploiden. Die Störungen sind wohl ausschließlich hervorgerufen durch Homologieverhältnisse und Bastardierungsvorgänge.

2. *Rubus*

Ähnlich wie bei *Sorbus* läßt sich auch die männliche Meiose anderer Gruppen aposporer Pseudogamer interpretieren. Sehr häufig ist allerdings bei vielen von ihnen eine einigermaßen sichere phänotypische Kontrolle der auf cytologischem Wege erhaltenen Befunde nicht möglich oder wenigstens wesentlich erschwert. Dies gilt z. B. für pseudogame Rosaceen, wie *Rubus* und *Potentilla*, während *Cotoneaster* sich wie *Sorbus* verhält. Dazu kommt, daß oft auch Vergleichsmöglichkeiten mit primären, sexuellen Verwandten fehlen, weil sich, wie z. B. bei *Rubus* (GUSTAFSSON 1942b), sexuelle Sippen oft von Apomikten ableiten (die Entstehung sexueller Sippen wird durch die rezessive Natur der Apomixisgene begünstigt). Es ist daher nicht erstaunlich, daß die Interpretation der Meiosekonfigurationen und noch mehr die Schlüsse, die daraus gezogen werden, beträchtlich variieren. Dieselbe Art, z. B. *Rubus caesius*, wird als autotetraploid (THOMAS 1940*a*) oder allotetraploid (GUSTAFSSON 1943) bezeichnet. Wenn wir uns daher im folgenden mit der männlichen Meiose der pseudogamen *Rubus*-Arten befassen, so müssen wir uns dieses Mangels an Kontrollmöglichkeit bewußt sein. Ferner ist auch zu berücksichtigen, daß die pseudogamen *Rubus*-Arten nur z. T. apospor sind. Wie CHRISTEN (1950) und BERGER (1953) übereinstimmend angegeben haben, sollen unreduzierte Embryosäcke der meisten embryologisch untersuchten Arten sowohl aus EMZ (Diplosporie), wie auch aus somatischen Zellen des Nuzellus (Aposporie) entstehen (vgl. dazu aber S. 60). *R. caesius* ist sogar zu 100% diplospor.

Die Meiose der vermutlich primären, diploiden Sexuellen, *R. rusticanus*, *R. tomentosus* und *R. idaeus* mit 2n = 14 Chromosomen, scheint mit sieben Bivalenten völlig regulär zu sein. Zwei von THOMAS (1940a) untersuchte tetraploide Kulturvarietäten von *R. idaeus* (Hailshamberry und Everberry) bilden

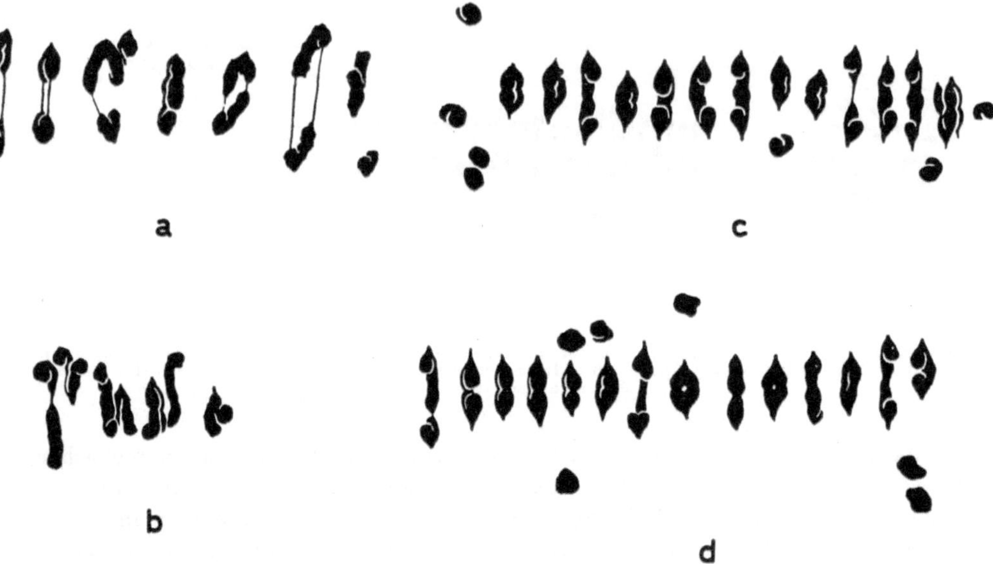

Abb. 36. Meiosen der PMZ sexueller *Rubus*-Arten; *a Rubus idaeus* (2n = 28 = 4x) Hailshamberry mit Uni-, Tri- und Quadrivalenten; *b Rubus idaeus* (2n = 21 = 3x) 7_{III}; *c, d* Metaphasen I von *R. vitifolius* (6x) × *R. idaeus* (2x) mit Uni- und Bivalenten (nach THOMAS 1940b).

dagegen auch Uni-, Tri- und Quadrivalente aus (Abb. 36*a*), im Mittel $3{,}1_{IV} + 0{,}6_{III} + 6{,}0_{II} + 1{,}7_{I}$. Die Zahl der Quadrivalente variiert zwischen 1 und 6. THOMAS betrachtet daher beide Varietäten als autotetraploid und führt zur weiteren Begründung seiner Hypothese an, daß LEWIS tetrasome Aufspaltung gefunden hat.

Als autopolyploid erwies sich auch eine sterile triploide Form von *R. idaeus* (Abb. 36*b*) mit einer mittleren Konfiguration von $1{,}9_{I} + 1{,}9_{II} + 5{,}1_{III}$ (die Anzahl der Trivalente variiert zwischen 2 und 7).

In der PMZ einer oktoploiden amerikanischen *Rubus*-Art, *R. vitifolius* CHANE und SCHLECHTD. (2n = 56 = 8x, eine der beiden mutmaßlichen Elternformen der Loganbeere mit vorwiegend sexueller Vermehrung), wurden trotz des hohen Polyploidiegrades neben Bivalenten nur Uni-, Tri- und Quadrivalente gefunden. Das gleiche traf auch auf eine pentaploide Hybride, *R. vitifolius* × *R. idaeus*, zu (Abb. 36*c, d*). Die mittlere Konfiguration war hier $0{,}5_{IV} + 1{,}6_{III} + 11{,}4_{II} + 5{,}3_{I}$. Beide Analysen sprechen nach THOMAS (1940b) übereinstimmend dafür, daß *R. vitifolius* eine Autoalloploide ist, mit der Genomkombination

$V_1V_1V_1V_1V_2V_2V_2V_2$. Das Auftreten von Brücken mit Fragmenten deutet aber darauf hin, daß im Verlaufe der Entwicklung von *R. vitifolius* auch strukturelle Umgestaltungen des Chromosomenkomplementes vorgekommen sind.

In der gleichen Arbeit (THOMAS 1940b) wird auch die Chromosomengarnitur der hexaploiden Loganbeere, *R. loganobaccus*, aufgeklärt und als alloploid erkannt. Darin sollen die beiden Genome V_1 und V_2 von *R. vitifolius* und das Genom I von *R. idaeus* enthalten sein, was durch die cytologische Analyse einer großen Zahl von Rückkreuzungsbastarden wahrscheinlich gemacht wird.

Die Meiose in den PMZ triploider, tetraploider und pentaploider, pseudogamer *Rubi* ist von DARLINGTON (CRANE und DARLINGTON 1927), THOMAS (1940b) und besonders eingehend von GUSTAFSSON (1942b, 1943) untersucht worden. Danach sind besonders die Triploiden durch eine relativ hohe Zahl von Multivalenten (Trivalenten) und Univalenten ausgezeichnet. So werden (GUSTAFSSON 1943) für *R. thyrsanthus* F. die Konfigurationen

	Frequenz:
7_{III}	1x
$5_{III} + 2_{II} + 2_I$	2x
$4_{III} + 3_{II} + 3_I$	2x

angegeben. *R. thyrsanthus* und die triploide *Idaeus*-Varietät von THOMAS stimmen somit in ihrem cytologischen Verhalten weitgehend überein.

Bei anderen Triploiden, z. B. *R. nitidus* WHE und N., scheinen die Trivalente seltener zu sein, z. T. sogar ganz zu fehlen ($7_{II} + 7_I$). Bemerkenswert bei dieser Art ist ferner das gelegentliche Auftreten von Brücken. Nach GUSTAFSSON spricht die Analyse der Meiosen triploider, pseudogamer *Moriferi veri* für Autotriploidie. Nicht in Übereinstimmung damit steht aber der Befund, daß manche von ihnen, z. B. *R. thyrsanthus* und eventuell auch *R. nitidus*, nur ein SAT-Chromosom besitzen, eine Abweichung, die eher auf Autoalloploidie hinweist.

Die Meiose tetraploider, pseudogamer *Moriferi veri* ist sehr verschieden interpretiert worden. DARLINGTON (in CRANE und DARLINGTON 1927) fand bei *Rubus thyrsiger* BAB. ($2n = 28$) eine ausgeprägte ,,secondary association", eine Gruppierung der Bivalente, die er als einen deutlichen Hinweis auf die Homologie der verschiedenen Chromosomensätze betrachtet. Dafür sprechen auch die Aufspaltungszahlen des B_{III}-Bastardes *R. rusticans* var. *inermis* (syn. *R. inermis* WILLD.) × *R. thyrsiger* RT_4 ($2n = 28$). Sie lassen sich am besten auf der Grundlage freier Paarung der homologen Chromosomen der vier Sätze verstehen. THOMAS (1940b) geht noch weiter und bezeichnet z. B. *R. thyrsiger* als autoploid (AAAA), ebenso auch *Rubus caesius* ($2n = 28$), die tetraploiden, fertilen und sexuellen Kreuzungsprodukte zwischen *R. corylifolius* und *R. caesius* (BBBB) dagegen als Alloploide (AABB). GUSTAFSSON gelangt auf Grund von Meioseanalysen einer großen Anzahl von tetraploiden, pseudogamen *Moriferi veri*, die allerdings wegen des auch von ihm beschriebenen Phänomens der ,,secondary association" oft schwer zu interpretieren waren, zum gegenteiligen Schluß: Er findet in einigen Fällen, am deutlichsten bei drei Individuen von *Rubus caesius* verschiedener Herkunft, durchaus regelmäßige Meiosen mit 14 Bivalenten. Die meisten Tetraploiden, *R. caesius* eingeschlossen, bildeten neben Bivalenten höchstens 1—2 Quadrivalente aus (Abb. 37), die aber wegen der ,,secondary association" oft nur schwer erkannt werden konnten. Häufiger waren Trivalente

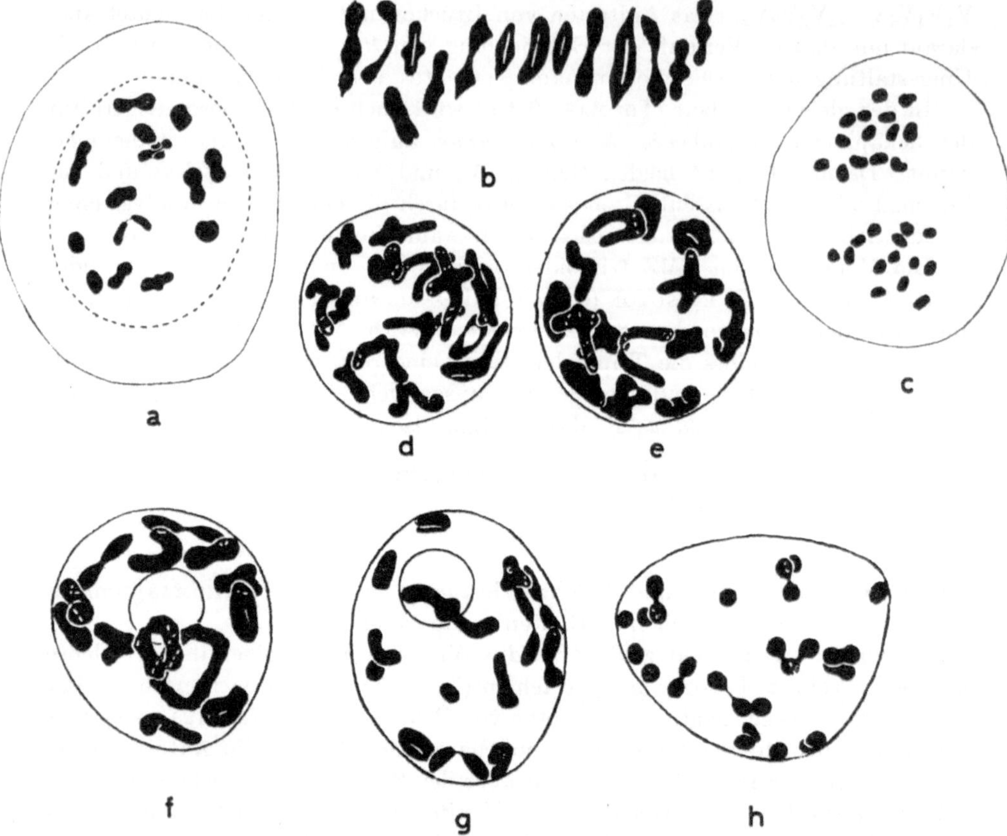

Abb. 37. Meiosen der PMZ apomiktischer *Rubus*-Arten; *a—e Rubus caesius* ($2n = 28 = 4x$); *a* Prometaphase I (14_{II}); *b* Metaphase (14_{II}); *c* Anaphase (14 + 14 Verteilung); *d, e* Diakinesen (beide 14_{II}); *f R. affinis* Diakinese ($1_{IV} + 12_{II}$); *g R. vestitus* Diakinese ($1_{IV} + 12_{II}$); *h R. hirtus* Diakinese ($3_{III} + 6_{II} + 7_{I}$) (*a—c* nach Gustafsson 1942, *d—h* nach Gustafsson 1943).

und z. T. auch Univalente. Als Beispiele seien erwähnt *R. montanus* Wirtg. mit den Chromosomenkonfigurationen:

$$1_{IV} + 1_{III} + 10_{II} + 1_{I}$$
$$4_{III} + 7_{II} + 2_{I}$$
$$1_{III} + 11_{II} + 3_{I},$$

R. scheutzii Lindeb.: meist 14_{II}, in einem Fall $1_{IV} + 12_{II}$. In manchen Fällen wurden Inversionsbrücken beobachtet. Für *R. caesius* wurden folgende Konfigurationen gefunden (Gustafsson 1942b):

	Frequenz:
$2_{IV} + 10_{II}$	1x
$1_{IV} + 12_{II}$	2x
$1_{III} + 12_{II} + 1_{I}$	2x
14_{II}	12x,

z. T. sind die Analysen allerdings unsicher. Die regelmäßige Bivalentbildung, begleitet von nur wenigen Quadrivalenten, ferner das gelegentliche Auftreten von Inversionsbrücken führen Gustafsson zu der Auffassung, daß die tetraploiden, pseudogamen *Moriferi veri* im Gegensatz zu den triploiden Arten nicht auto-, sondern alloploid sind. Die wenigen Quadrivalente (meist nur 1—2) und natürlich auch die Inversionsbrücken sind seiner Ansicht nach Anzeichen für strukturelle Heterozygotie (Translokations- und Inversionsheterozygotie). Dafür spricht auch die meist nur 30—90%, am häufigsten 50—60% betragende Pollenfertilität vieler Tetraploider. Da manche Individuen der diploiden, sexuellen Art *R. tomentosus* × *R. ulmifolius* ebenfalls nur zu 50% pollenfertil sind, nimmt Gustafsson auch für sie Translokationsheterozygotie an.

So einleuchtend diese Hypothese angesichts der riesigen Formenfülle der *Rubus*-Arten und ihrer leichten Kreuzbarkeit sein mag, kann sie doch nicht ganz

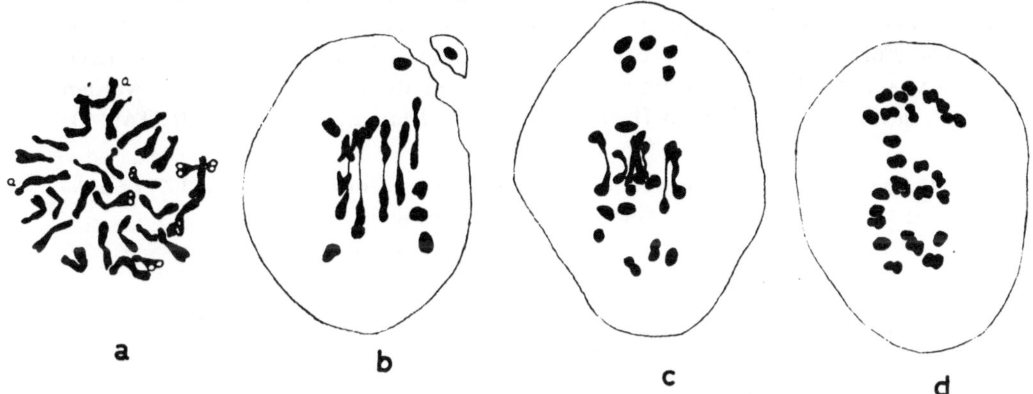

Abb. 38. Meiosen von Hybriden zwischen *Rubus caesius* und *Rubus idaeus* bzw. *Rubus saxatilis*; *a* Somatische Metaphase von *Rubus caesius* (2n = 28 = 4x) mit 2 SAT und 2 langen Chromosomen mit 3 Konstriktionen (*a*); *b R. caesius* × *idaeus*, Anaphase I (6II + 9I); *c R. caesius* × *saxatilis*, Metaphase I (7II + 14I); *d R. caesius* × *saxatilis*, Metaphase I (28I) (nach Vaarama 1939).

befriedigen. Es ist nicht einzusehen, warum die triploiden Pseudogamen autoploid oder wenigstens autoalloploid, die tetraploiden aber, die mindestens z. T. aus ihnen hervorgegangen sind oder dann als Elternarten zu ihrer Bildung beigetragen haben dürften, durchwegs alloploid sein sollen. Das relativ häufige Auftreten von Trivalenten auch bei den Tetraploiden dürfte bei ihnen eher für Autoalloploidie sprechen, um so mehr als die Befruchtung von unreduzierten Eizellen bei den *Moriferi veri*, wie bei anderen Pseudogamen, zur Ausbildung höher polyploider Nachkommen beitragen kann. Leider fehlen aber gerade bei den pseudogamen *Moriferi veri* genaue Analysen der Chiasmafrequenzen, so daß bindende Schlüsse über die Ursachen der hohen Multivalentfrequenzen nicht gezogen werden können.

Immerhin kann wohl wenigstens für einen Teil der tetraploiden *Moriferi veri* Alloploidie angenommen werden. Dazu gehört, wie u. a. auch die sorgfältigen Untersuchungen von Vaarama (1939) dartun, sicher *Rubus caesius*. Vaarama fand in den Mitosen dieser charakteristischen Art stets nur zwei SAT-Chromosomen, ferner zwei lange Chromosomen (a) mit drei Konstriktionen (Abb. 38*a*). Zwei SAT-Chromosomen kommen auch bei *R. idaeus* und *R. saxatilis* vor. Entsprechend führt der tetraploide Bastard, *R. caesius* × *R. saxatilis*, zwei SAT und ein langes Chromosom. Ein sehr eingehendes Studium der Meiose des Bastardes

R. caesius × *R. idaeus* ergab, daß 0—7 Bivalente (Abb. 38*b*), mit einem Maximum bei 3—4 Bivalenten, gebildet werden. Die Verteilung der verschiedenen Meioseklassen ist binominal, was auf äußere Faktoren hinweist, die die Chromosomenpaarung beeinflussen. SAX (1935) nimmt dasselbe auch für andere partiell sterile Hybriden an. Interessanterweise ist die Paarungsfrequenz bei der Hybride *R. caesius* × *saxatilis* ($2n = 28$), obwohl beide Eltern tetraploid sind, nicht größer (Abb. 38*c*, *d*). Die Frequenzkurve der Bivalente ist wieder binominal, mit dem Maximum bei 3—4 Bivalenten. In beiden Hybriden verhalten sich die Univalente ungefähr gleich: Sie sind in M_I über die Spindel verteilt, einige von ihnen werden in die Tochterkerne eingeschlossen, andere teilen sich verspätet in der Äquatorgegend, wo sie eine besondere Gruppe bilden. In der RT_{II} findet man die Univalente oft außerhalb der Platten. Mikronuklei wurden beim Bastard *R. caesius* × *idaeus* beobachtet, bei *R. caesius* × *saxatilis* kommen sie nicht vor.

Die Form der Bivalente beider Hybriden ist oft asymmetrisch, was nach VAARAMA auf Allosyndese hinweist. Auf Grund dieser Beobachtungen werden für *R. caesius* und die beiden Hybriden folgende Diagramme aufgestellt (Tab. 9):

Tab. 9. *Homologieverhältnisse der Chromosomen von Rubus caesius, R. idaeus und R. saxatilis* (nach VAARAMA 1939).

Die mit ausgezogenem Strich verbundenen Chromosomen paaren immer, die gestrichelt verbundenen Chromosomen gelegentlich. Die Interpretation VAARAMAS dürfte am ehesten mit der segmentellen Alloploidie STEBBINS' übereinstimmen. Die Genomformel von *R. caesius* kann daher mit AAA_1A_1 bezeichnet werden, wobei eine partielle Homologie zwischen A und A_1 angenommen werden muß. Translokationsheterozygotie ist wegen der hohen Pollenfertilität (annähernd 100%) nicht wahrscheinlich. *R. caesius* ist also wahrscheinlich ein segmenteller Alloploider.

Die regelmäßige Meiose von *R. caesius* ist deshalb besonders bemerkenswert, weil die Art nach CHRISTEN (1950) zu 100% diplospor ist. Sowohl bei *Rubus caesius* wie auch bei pseudogamen *Moriferi veri* mit gemischter (?) diplo-aposporer Embryosackentwicklung kann ein Einfluß der asexuellen Fortpflanzungstendenz auf die RT der PMZ beobachtet werden. Ob man sich der Interpretation GUSTAFSSONS oder jener DARLINGTONS und seiner Schule anschließt, führt auch die Analyse der männlichen Meiose pseudogamer *Rubus*-Arten zu der Auffassung, daß die Unregelmäßigkeiten, die dabei auftreten, wiederum auf Polyploidie, Bastardierungsvorgänge und z. T. auf strukturelle Heterozygotie zurückzuführen sind. Möglicherweise bildet einzig *Rubus hirtus* WALDST. und KIT. ($2n = 28$) eine Ausnahme (Abb. 37*h*): Die Syndese ist bei dieser Art nach GUSTAFSSON (1943) extrem variabel. Die Zahl der Univalente ist gewöhnlich recht hoch, Multi- (Quadri- und Trivalente) und Bivalente erscheinen in stets wechselnden Zahlen. Folgende Konfigurationen werden angegeben:

$$\left.\begin{array}{r} 1_{IV} + 2_{III} + 5_{II} + 8_{I} \\ 2_{III} + 7_{II} + 8_{I} \end{array}\right\} \text{für hohe Paarungsfrequenz}$$

und

$$\left.\begin{array}{r} 3_{II} + 22_{I} \\ 2\text{—}3_{II} + 22\text{—}24_{I} \end{array}\right\} \text{als Beispiele für niedere Paarungswerte.}$$

Ob diese extreme Variabilität wie bei den diplosporen *Taraxaca* und *Hieracium*-Apomikten auf Störungen in der physiologischen Balance der männlichen Organe zurückgeht, läßt sich nicht mit Sicherheit sagen. Die Embryologie dieser oder anderer Formen der Sammelart ist noch nicht bekannt.

Eine besondere Stellung nehmen unter den *Rubi* die *Corylifolii* ein, die von GUSTAFSSON als Hybriden zwischen *R. caesius* und anderen *Moriferi veri* betrachtet werden. Sie sind tetraploid, pentaploid oder hexaploid. GUSTAFSSON hat besonders die pentaploiden *Corylifolii*, *R. wahlbergii*, *R. pruinosus*, *R. lagerbergii* LINDEB., cytologisch analysiert. Trotz ihres auf Grund morphologischer Untersuchungen vermuteten hybriden Ursprungs weisen nach GUSTAFSSON (1942b, 1943) alle untersuchten Individuen Chromosomenkonfigurationen auf, die eher an Autoploidie erinnern. Einige Beispiele sind in der folgenden Tab. 10 angeführt:

Tab. 10. *Chromosomenkonfigurationen pentaploider Corylifolii* (nach GUSTAFSSON 1943).

R. lagerbergii LINDEB.	*R. pruinosus* ARRH. var. *warmingii* INS.	*R. wahlbergii* ARRH.
$1_{IV} + 1_{III} + 12_{II} + 4_{I}$	$1_{IV} + 2_{III} + 12_{II} + 1_{I}$	$2_{V} + 3_{IV} + 2_{III} + 3_{II} + 1_{I}$
$4_{III} + 10_{II} + 3_{I}$	$1_{IV} + 2_{III} + 12_{II} + 1_{I}$	$3_{IV} + 2_{III} + 7_{II} + 3_{I}$
$3_{III} + 11_{II} + 4_{I}$	$2_{IV} + 1_{III} + 10_{II} + 4_{I}$	$1_{V}(?) + 3_{IV} + 1_{III} + 6_{II} + 3_{I}$
	$1_{IV} + 15_{II} + 1_{I}$	$2_{IV} + 3_{III} + 8_{II} + 2_{I}$
		$4_{IV} + 1_{III} + 7_{II} + 2_{I}$

Für GUSTAFSSON (1942b), der die tetraploiden *Moriferi veri*, eingeschlossen *R. caesius*, als reine Alloploide auffaßte, bedeuteten die „autoploiden" Konfigurationen der *Corylifolii* eine Überraschung. Er sieht in diesem Befund „a restriction of the value of meiosis in proving genetical auto- or allopolyploidy" (GUSTAFSSON 1942b, S. 260), eine Auffassung, die, wenigstens was die Gattung *Rubus* angeht, wohl doch zu pessimistisch ist.

Obwohl die oben angegebenen Analysen als unsicher bezeichnet und deshalb mit großem Vorbehalt wiedergegeben werden, zeigen sie doch, daß Multivalente, vermutlich sogar Pentavalente, nicht selten sind. Dieser Befund scheint meines Erachtens darauf hinzuweisen, daß bei der Entstehung der *Corylifolii* nicht nur eine Vervielfachung identischer Genome vorkam (was z. B. durch die Befruchtungsfähigkeit unreduzierter Eizellen triploider Arten durchaus gegeben ist), sondern daß auch die artfremden Genome partiell homolog sind, worauf ja nach

DARLINGTON (CRANE und DARLINGTON 1927) auch das Phänomen der „secondary association" schließen läßt. Auch die *Corylifolii* dürften segmentelle Alloploide sein, allerdings mit einem stärkeren Einschlag zu Autoploidie.

Wie bei der Gattung *Sorbus* scheinen die meiotischen Störungen auch bei den *Rubi* auf die Pollenfertilität einen Einfluß auszuüben. Überraschenderweise sind allerdings manche Individuen diploid sexueller Arten, wie *R. tomentosus* und *R. ulmifolius*, die im allgemeinen durchaus regelmäßige Meiosen aufweisen, nicht frei von sterilen Pollenkörnern. Obwohl die Mehrzahl der Individuen annähernd 100% morphologisch normale Pollenkörner ausbilden, kann die Pollenfertilität bei anderen auf 50% und weniger sinken. GUSTAFSSON (1943) führt diesen Befund auf strukturelle Hybridität zurück (Translokationsheterozygotie). Ein cytologischer Beweis für diese Ansicht steht aber noch aus.

Ganz außerordentlich gering ist die Pollenfertilität der triploiden Pseudogamen. Sie beträgt für *R. nitidus* 0—10%, für *R. thyrsanthus* 0—22% und für *R. candicans* 0—26%, Prozentsätze also, die für eine pseudogame Pflanze an der untersten Grenze liegen dürften. GUSTAFSSON (1943) führt die niedere Pollenfertilität der Triploiden auf die ungerade Anzahl von Chromosomensätzen zurück, gleichgültig ob Allo- oder Autoploidie vorliegt. Die relativ großen Differenzen zwischen den Individuen derselben Art deuten aber darauf hin, daß auch andere Ursachen eine Rolle spielen könnten. Es ist gut, sich in diesem Zusammenhang an die Ergebnisse von SPARROW et al. (1942) zu erinnern, die gezeigt haben, daß bei *Antirrhinum majus* L. keine strikte Abhängigkeit zwischen Pollenbildung und Frequenz von Multivalenten existiert und die daher auch genetische Faktoren für die Ausbildung des Pollens verantwortlich machen.

Große Differenzen in der Pollenfertilität fand GUSTAFSSON (1943) auch bei den Tetraploiden. Echte Alloploide, wie *R. caesius*, können Frequenzen von annähernd 100% erreichen, bei den anderen *Moriferi veri*, den Arten mit Multi- und Univalentbildung, kann sie bis auf die Stufe der Triploiden absinken. Im allgemeinen kommen Frequenzen von 30 bis 90% vor. Die Pollenfertilität der *Corylifolii* scheint etwas niedriger zu sein, was wieder mit ihrer höheren Multivalentbildung parallel gehen soll.

3. *Potentilla*

In der Gattung *Potentilla*, die vor allem von MÜNTZING (1928—1945), POPOFF (1935), RUTISHAUSER (1943a—c, 1948) u. a. untersucht worden ist, steigt die Anzahl gut ausgebildeter Pollenkörner mit zunehmendem Polyploidiegrad, kann aber schon bei pseudogamen Diploiden 100% erreichen. Wie RUTISHAUSER (1943a) für *P. verna* gezeigt hat, spielen aber hier klimatische Einflüsse eine große Rolle. Als Beispiel dafür sind die Zahlen für eine hexaploide Form von *P. verna* 18 aufgeführt (Tab. 11, nach RUTISHAUSER 1943a). Wie man sieht, ist die Pollenfertilität von *P. verna* 18 im Herbst bedeutend größer als im Frühjahr, was darauf hinweist, daß innerhalb des gleichen Individuums recht verschiedene Werte für dieses wichtige Merkmal gefunden werden können. Die Pollenfertilität ist daher wohl kein gutes Kriterium für die Polyploidie- und Verwandtschaftsverhältnisse der pseudogamen Potentillen.

Cytologisch liegt bei den apomiktischen Potentillen wohl wieder ein Gemisch von Autoploidie und segmenteller Alloploidie vor. Sexuelle und pseudogame

Biotypen scheinen sich ferner in dieser Hinsicht nicht wesentlich zu unterscheiden. Sexuelle oder vorwiegend sexuelle Diploide, wie *P. argentea* A—C, führen mit sieben Bivalenten eine regelmäßige Meiose durch (Abb. 39*a*, *b*). Das gleiche gilt aber auch für totale Apomikten derselben Art und bezeichnenderweise auch für diploide F_1-Hybriden der Kreuzung *P. argentea* × *P. opaca* (Abb. 40*c*, *d*, *f*, *g*), die allerdings z. T. mehr Univalente ausbilden. Triploide, entstanden durch Befruchtung unreduzierter Eizellen von partiell aposporen Biotypen, wie *P. argentea* A—C, weisen Bi-, Tri- und Univalente auf (Abb. 39*c*—*f*). Im Mittel werden 5,67 Trivalente angegeben. Entsprechend werden bei einem pentaploiden Bastard zwischen *P. argentea* (2n = 14) × *P. opaca* (2n = 14), vermutlich hervorgegan-

Tab. 11. *Die Pollenfertilität von Potentilla verna 18* (nach Rutishauser 1943a).

Versuchspflanze	Datum	Zahl der Blüten	Zahl der Pollenkörner	Morpholog. gute Pollenkörner in %
P. verna 18	1. 4. 1937	2	∞	0
(Stammpflanze)	19. 4. 1937	2	200	2,5
	10. 5. 1937	1	200	6
	3. 10. 1937	2	500	40,5
	11. 5. 1938	2	1000	14,5
	12. 5. 1938	2	1000	11,3
Maternelle Individuen der	20. 11. 1938	2	1000	34,2
Kreuzung *P. verna* 18 ×	26. 4. 1939	2	500	9,2
P. verna 4	26. 4. 1939	2	500	9,7

gen aus einer befruchteten tetraploiden Eizelle von *P. argentea* und einem haploiden Pollenkorn von *P. opaca*, Uni- bis Pentavalente ausgebildet. Mit Konfigurationen vom durchschnittlichen Typus $2_{III} + 12_{II} + 5_{I}$ erwies sich ferner ein pentaploider Biotyp von *P. argentea* als autoalloploid (Abb. 40*h*—*k*).

Hexaploide Biotypen von *P. verna* lassen neben vielen Bivalenten Uni-, Tri- und Quadrivalente erkennen (Rutishauser 1943a, Abb. 41*a*—*l*, *q*). Die Univalente teilen sich z. T. verspätet (Abb. 41*f*) und führen zur Bildung von aneuploiden Mikrosporen. Mikrokerne oder Polyaden konnten aber nirgends entdeckt werden (Abb. 41*l*).

Ähnlich verhielten sich auch hexaploide Individuen von *P. argentea* (Abb. 41*r*, *s*) und *P. canescens* (Abb. 41*m*—*p*). Bei der letzteren Art enthielten sieben Diakinesekerne einen oder zwei Quadrivalente. Höherchromosomige Multivalente waren sehr selten. Einige Diakinesen waren mit 21 Bivalenten durchaus regelmäßig. Die genannten Arten, die vom morphologischen Standpunkt aus keine hybride Struktur erwarten lassen, verhalten sich somit eher wie genomische Alloploide als wie Autoploide. Daß ein solcher Schluß aber nicht ohne weiteres zulässig ist, geht aus Müntzings Analyse von PMZ hexaploider Biotypen von *P. collina* (2n = 42) und ihrer dodekaploiden Nachkommen (2n = 84) hervor. In den hexaploiden Biotypen werden Bi- und Univalente, aber keine Multivalente gefunden, was in diesem Falle gut mit den Ergebnissen der morphologischen Unter-

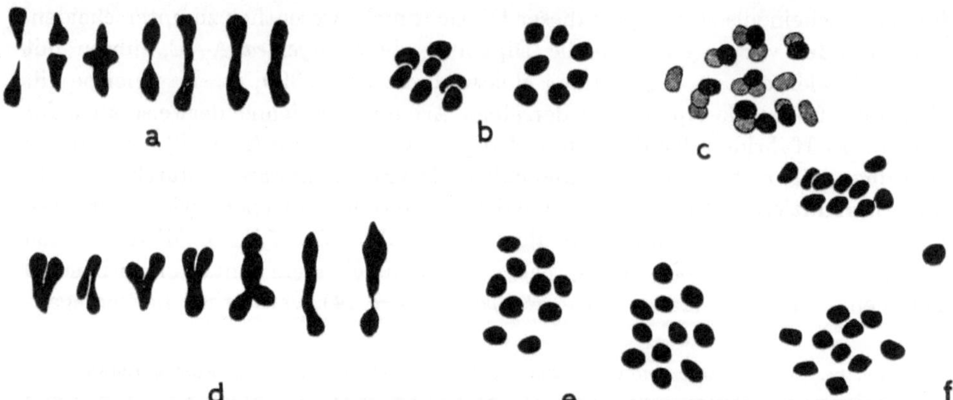

Abb. 39. Meiosen der PMZ sexueller Potentillen; *a, b P. argentea* A—C (2n = 14 = 2x); *c—f P. argentea* A—C (2n = 21 = 3x); *a* Metaphase I (7_{II}); *b* Metaphase II (Verteilung 7—7); *c* Metaphase I (4_{III} + 3_{II} + 3_{I}); *d* Metaphase I (6_{III} + 1_{II}, unvollständig); *e, f* Metaphasen II (Verteilungen 10—11 bzw. 10—10 + 1 eliminiertes Chromosom) (nach Müntzing 1941).

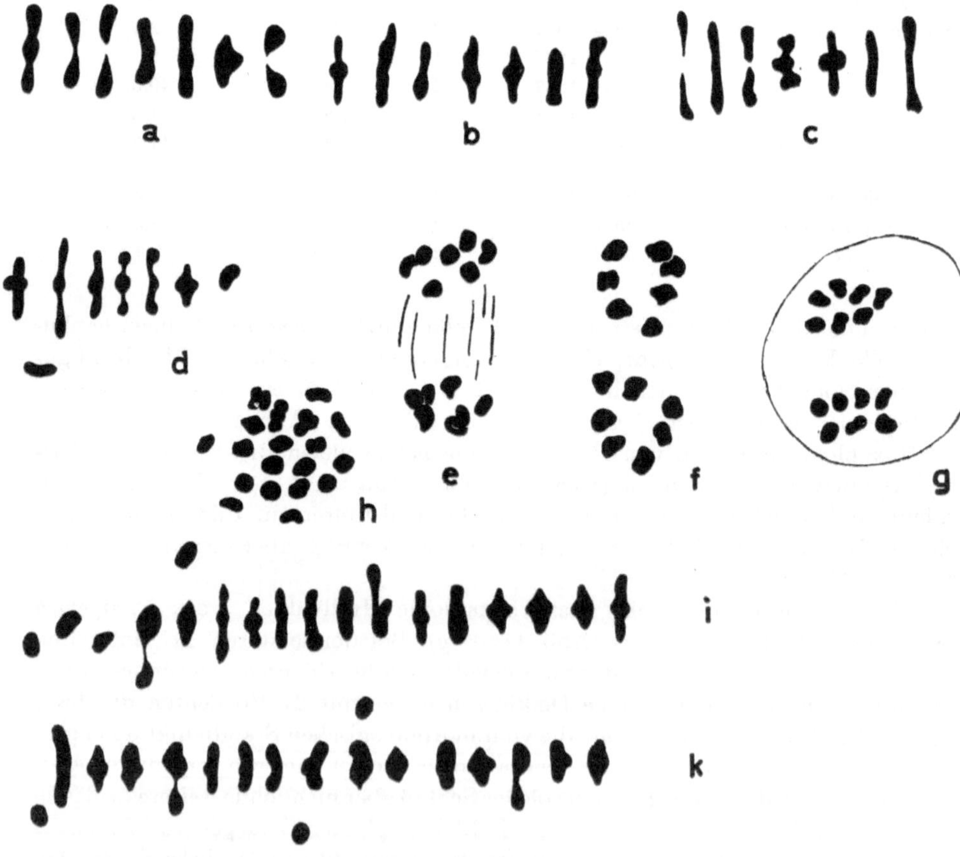

Abb. 40. Meiosen der PMZ von *Potentilla argentea* (A—C) (*a*), *P. opaca* (*b, e*), *P. argentea* × *opaca* (*c, d, f, g*) und *P. argentea* pentaploid (*h—k*); *a* Metaphase I (7_{II}); *b* Metaphase I (7_{II}); *c, d* Metaphasen I (7_{II} bzw. 6_{II} + 2_{I}); *e, f* Anaphasen I (Verteilungen 7—7); *g* Metaphase II (Verteilung 7—7); *h* Metaphase I (2_{III} + 12_{II} + 5_{I}); *i* Metaphase I (3_{III} + 11_{II} + 4_{I}); *k* Metaphase I (2_{III} + 13_{II} + 3_{I}) (nach Müntzing 1941).

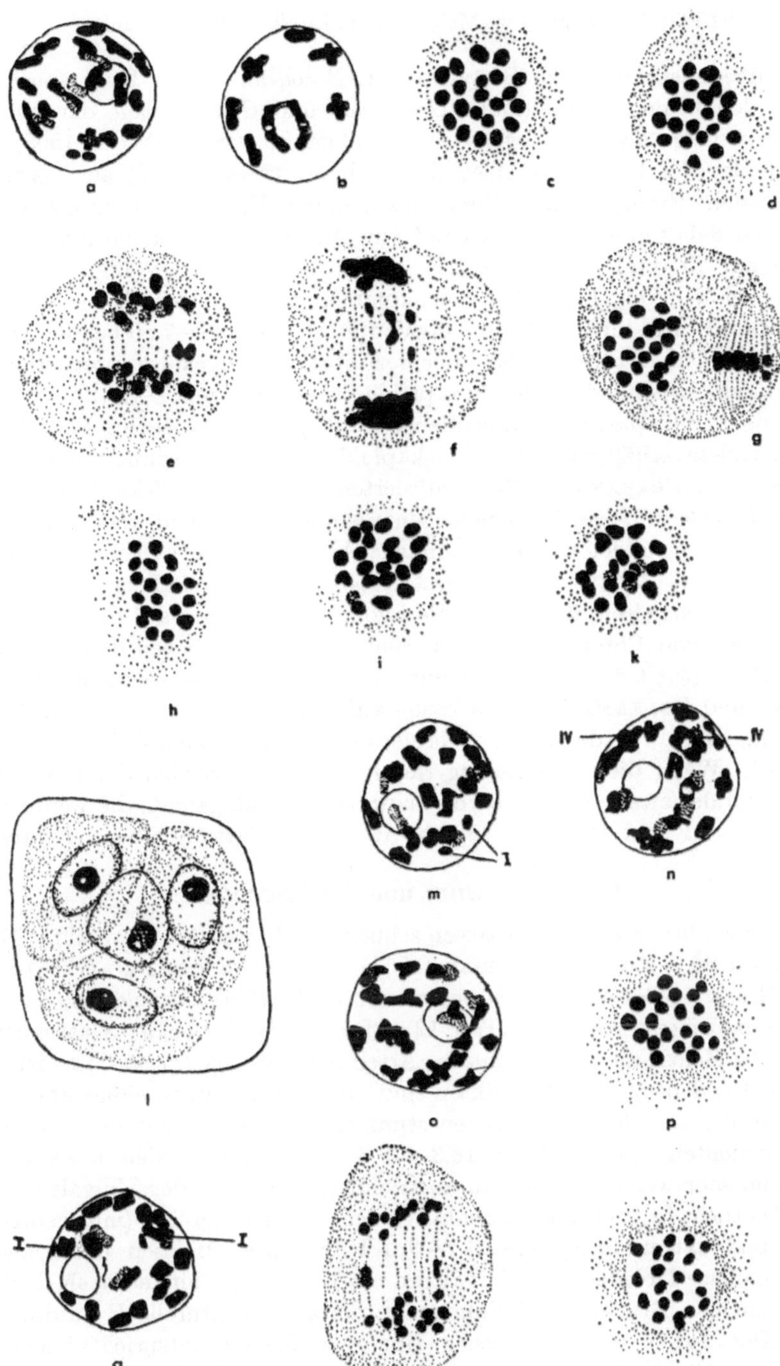

Abb. 41. Meiosen der PMZ hexaploider und apomiktischer Potentillen; *a—l* RT in den PMZ von *P. verna* 3; *a* Diakinese mit $20_{II} + 2_{I}$; *b* Diakinese mit $6_{II} + 1_{IV}$ (die übrigen Gemini sind nicht eingezeichnet); *c*, *d* Metaphasen I (n = 21); *e*, *f* Anaphasen I, in *f* Teilung von Univalenten; *g* Metaphase II, die Platte links zählt n = 21 Chromosomen; *h* Metaphase II mit n = 20 Chromosomen; *i*, *k* Anaphasen I, beide Platten gehören zu derselben Teilungsspindel (n = 21); *l* Tetrade, *m—p* RT in den PMZ von *P. canescens*; *m—o* Diakinesen; *m* $20_{II} + 2_{I}$; *n* $17_{II} + 2_{IV}$; *o* 21_{II}; *p* Metaphase I (n = 21); *q* Diakinese von *P. verna* 18; *r*, *s* *P. argentea*; *r* Anaphase I, verspätete Teilung eines Bi- und eines Univalenten; *s* Metaphase I (nach RUTISHAUSER 1943a).

suchung übereinstimmt: Die Biotypen von *P. collina* stellen Übergangsformen zwischen den beiden Subsektionen *Conostylae* und *Gomphostylae* dar und sind daher schon lange als hybridogene Arten aufgefaßt worden (WOLF 1908). Ihre dodekaploiden Nachkommen aber, die nach MÜNTZING (1943) aus vermutlich dodekaploiden Embryosäcken ihrer hexaploiden Eltern hervorgegangen sein müssen und daher einen gewissen Grad von Autoploidie erwarten lassen, bilden ebenfalls nur Bi- und Univalente aus. Multivalente fehlen völlig. Die Meiose ist sogar bei den dodekaploiden Nachkommen regelmäßiger als bei den hexaploiden Eltern. Die mittlere Zahl Univalente beträgt 0,96—7,50 bei den ersteren und 8,10 bei den letzteren. Die Pollenfertilität ist umgekehrt proportional zu der Zahl der Univalente: Die hexaploide Elternpflanze C—A ($2n = 42$) hat 37,5%, die dodekaploide Tochterpflanze 82,9% gut entwickelte Pollenkörner.

Die Syndeseverhältnisse der dodekaploiden *Collinae* erinnern an die von MÜNTZING und PRAKKEN (1940) analysierten hexa- und dodekaploiden Individuen von *Phleum pratense*, bei denen ebenfalls nur Bi- und Univalente, aber keine Multivalente ausgebildet werden. Ähnliche Abweichungen haben kürzlich auch RILEY (1960) und RILEY und CHAPMAN (1958) bei *Triticum*-Hybriden gefunden. Sie konnten nachweisen, daß das Fehlen von Multivalenten auf den Verlust des langen Armes von Chromosom HH zurückgeht, und schließen daher auf genotypische Bedingtheit dieser Abweichung. Zu ähnlichen Schlüssen gelangten auch MÜNTZING und PRAKKEN (1940) in bezug auf *Phleum*, und es scheint nicht ausgeschlossen, daß auch der Syndeseverlust der dodekaploiden *Collinae* genetisch bedingt ist. Wenn diese Auffassung richtig ist, dann würden die 12x-*Collinae* überleiten zu der zweiten Gruppe von aposporen Pseudogamen, die weiter unten besprochen wird und besonders durch Arten der Gattung *Poa* vertreten ist.

4. *Dichanthium* und *Bothriochloa*

An die oben besprochenen Rosaceen schließen sich, was den Typus ihrer Meiose angeht, zwangslos die von CELARIER (1957) und CELARIER et al. (1958) untersuchten Gräser, *Bothriochloa ischaemum* und *Dichanthium annulatum*, an, beide zu den *Panicoideae* gehörend (Tab. 12). Die Basiszahl beider Gattungen ist $x = 10$. Die Meiose diploider, sexueller Arten der Gattung *Dichanthium* ist regelmäßig (10 Bivalente). Die Apomikten sind vorwiegend tetra-, einige auch hexaploid. Die Tetraploiden beider Arten stimmen im Meiosetypus überein: Neben vielen Bivalenten (*Bothriochloa*: 16,3—18,3 Bivalente) werden 0—4 Quadrivalente und sehr wenige Trivalente ausgebildet. Die Zahl der Univalente variiert beträchtlich, je nach ihrer Anzahl werden wenig irreguläre (mit weniger als 3_I/Zelle) und extrem irreguläre (4,7—7,0 Univalente) Meiosen unterschieden. In der Anaphase I bleiben die Univalente oft liegen oder hinken nach (lagging), ferner erscheinen Brücken und Fragmente, die auf strukturelle Hybridität hinweisen. Der Typus der meiotischen Unregelmäßigkeit entspricht jenem von segmenteller Alloploidie, läßt sich also wieder auf Polyploidie und Bastardstruktur zurückführen.

Die Meiose der hexaploiden Individuen ist ähnlich jener der Tetraploiden, mit Ausnahme von *Bothriochloa ischaemum* var. *songaricus*, wo bedeutend mehr Univalente ausgebildet werden (4,7—7,0). Es wird daher angenommen, daß zu den Genomen AAA_1A_1 der Tetraploiden noch ein drittes artfremdes Genom C

Tab. 12. *Chromosomenkonfigurationen in der Meiose (Diakinese und Metaphase I) der Dichanthium annulatum- und Bothriochloa ischaemum-Komplexe* (nach CELARIER 1957 und CELARIER et al. 1958, gekürzt).

Nr.	Spezies	Herkunft	2n	Variationsbreite	Mittel/Zelle			
					I	II	III	IV
	A. *Dichanthium annulatum*							
3965	1. Diploide (sexuell)	Kalkutta, Indien	20	10_{II}	0	10,0	0	0
5396		Belatal, Indien	20	10_{II}	0	10,0	0	0
1526b		Südtexas	20	10_{II}	0	10,0	0	0
2566	2. Tetraploide (apom.) Trop. Typ	Südtexas	40	$0-2_{I}/16-20_{II}$ $0-2_{IV}$	0,48	18,60	0	0,58
1526a		Südtexas	40	$0-2_{I}/15-20_{II}$ $0-2_{IV}$	0,24	18,44	0	0,72
4082		Südtexas	40	$0-2_{I}/14-20_{II}$ $0-1_{III}/0-3_{IV}$	0,27	18,25	0,17	0,68
3182	Mediterr. Typ	Galiläa, Israel	40	$0-4_{I}/15-20_{II}$ $0-2_{IV}$	0,88	18,20	0	0,68
3789		Gîza, Ägypten	40	$0-7_{I}/10-20_{II}$ $0-3_{IV}$	2,20	18,0	0	0,45
3716	3. Hexaploide Südafrik. Typ	Südrhodesien	60	$0-8_{I}/21-30_{II}$ $0-4_{IV}$	1,68	27,60	0	0,78
2567		Südafrika	60	$0-10_{I}/22-30_{II}$ $0-1_{III}/0-2_{IV}$	5,04	26,10	0,20	0,54
	B. *Bothriochloa ischaemum*							
4439	1. Tetraploide	Madrid, Spanien	40	$0-2_{I}/13-20_{II}$ $0-3_{IV}$	0,50	16,3	0	1,70
3959		Grenoble, Frankr.	40	$0-4_{I}/16-20_{II}$ $0-2_{IV}$	1,60	18,0	0	0,60
4011		Pisa, Italien	40	$0-4_{I}/16-20_{II}$ $0-1_{III}/0-2_{IV}$	0,50	18,3	0,06	0,75
4008		Pont de l'Arc, Fr.	40	$0-4_{I}/11-20_{II}$ $0-4_{IV}$	2,00	18,0	0	0,50
1359	2. Hexaploide	Maras, Türkei	60	$0-8_{I}/28-29_{II}$ $0-3_{IV}$	2,71	26,4	0	0,92
1368		Coruh, Türkei	60	$1-6_{I}/23-29_{II}$ $0-1_{III}/0-3_{IV}$	2,50	27,5	0	0,47
5636	var. *songaricus*	China	60	$1-8_{I}/23-28_{II}$ $0-1_{III}/0-1_{IV}$	4,70	26,5	0,12	0,44
1347	var. *songaricus*	China	60	$4-16_{I}/18-28_{II}$ $0-1_{III}/0-2_{IV}$	7,00	25,5	0,16	0,35

hinzugekommen ist. Dieses Genom ist in den pentaploiden Individuen in einfacher Zahl vorhanden, was sich in einer noch höheren Zahl von Univalenten ausdrückt. Daß Kreuzungen zwischen den Gattungen *Dichanthium* und *Bothriochloa* möglich sind, hat kürzlich SINGH (1965) auf experimentellem Wege gezeigt.

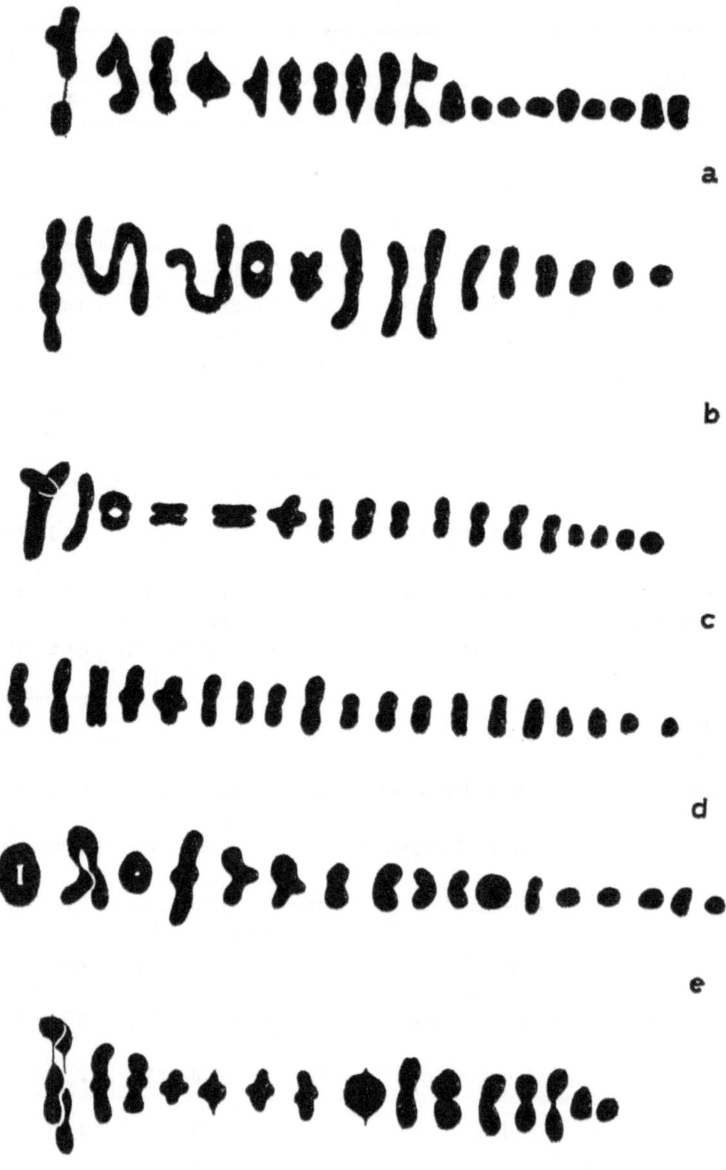

Abb. 42. *a—f* Metaphasekonfigurationen von *Ranunculus auricomus*; *a—d* ssp. *acutidens*; *e* ssp. *imitans*; *f* ssp. *crebridens*; *a* $3_{III} + 7_{II} + 9_{I}$; *b* $3_{IV} + 9_{II} + 2_{I}$; *c* $1_{IV} + 12_{II} + 4_{I}$; *d* $1_{III} + 11_{II} + 7_{I}$; *e* $2_{IV} + 9_{II} + 6_{I}$; *f* $1_{VI} + 12_{II} + 2_{I}$ (nach Rousi 1956).

Tab. 13a. *Konfigurationen der Metaphase I bei vier Kleinarten der Ranunculus auricomus-Gruppe* (nach Rousi 1956).

	R. auricomus ssp. *acutidens*	*R. cassubicus* ssp. *imitans*	*R. fallax* ssp. *crebridens*	*R. fallax* ssp. *nemoricola*
Univalente	79	78	40	56
% aller Konfigurationen	31	29	17	25
Bivalente, total	142	164	174	140
% aller Konfigurationen	56	62	73	62,5
1 termin. Chiasma	81	74	108	39
% aller Bivalente	57	45	62	28
1 interstit. Chiasma	33	49	26	75
% aller Bivalente	23	30	15	54
2 termin. Chiasmata	10	17	14	11
% aller Bivalente	7	10	8	8
1 termin. + 1 interstit. Chiasma	1	1	—	2
% aller Bivalente	1	1	—	1
2 interstit. Chiasmata	—	1	—	1
% aller Bivalente	—	1	—	1
übrige Bivalente	17	22	26	12
% aller Bivalente	12	13	15	9
Trivalente, total	17	8	12	2
% aller Konfigurationen	7	3	5	1
Ketten, 2 termin. Chiasmata	9	5	12	2
Ketten, 1 termin. + 1 interstit. Chiasma	2	2	—	—
übrige Trivalente	6	1	—	—
Quadrivalente, total	10	11	5	9
% aller Konfigurationen	4	4	2	4
Ringe, 4 termin. Chiasmata	—	2	3	—
Ringe, 2 termin. + 2 interstit. Chiasmata	—	—	—	1
Ketten, 3 termin. Chiasmata	7	4	1	3
Ketten, mittl. Chiasma termin., die übrigen interstit.	1	1	—	3
Ketten, mittl. + ein anderes Chiasma term., das dritte interstit.	—	1	—	—
übrige Quadrivalente	2	3	1	2
Pentavalente	—	—	—	2
Heptavalente	—	—	1	1
übrige Multivalente	6	4	5	14
Multivalente, total	33	23	23	28
% aller Konfigurationen	13	9	10	12,5
Konfigurationen, total	254	265	237	224

Ähnlich wie *Bothriochloa* und *Dichanthium* verhält sich nach Snyder et al. (1955) auch *Pennisetum ciliare* ($2n = 36$, $x = 9$), nur daß hier die Zahl der Multivalente etwas höher ist (im Mittel $2{,}7_{IV} + 0{,}1_{III} + 12{,}0_{II} + 0{,}9_{I}$), die vier Genome also noch weniger differenziert sind.

Bei *Bouteloua curtipendula* TORR., ebenfalls zu den *Panicoideae* gehörend, von HARLAN (1949) untersucht, kommt eine vermutlich genetisch bedingte Abweichung im Meioseverhalten vor. Die Art wird weiter unten (S. 92) besprochen.

5. *Ranunculus auricomus*-Komplex

Eine sorgfältige und aufschlußreiche Analyse ist von ROUSI (1956) an *R. auricomus* ssp. *acutidens* MARKL., *R. cassubicus* ssp. *imitans* MARKL., *R. fallax* ssp. *crebridens* MARKL. und ssp. *nemoricola* MARKL. durchgeführt worden. Alle vier Kleinarten sind tetraploid (2n = 32). Die Analysen von annähernd 1000 Konfigurationen von Metaphasen I ergaben, daß Uni-, Bi-, Tri- und Quadrivalente

Tab. 13b. *Mittlere Chiasmafrequenz pro Chromosom und Zahl der Bivalenten mit 1 und 2 Chiasmata der Metaphase I bei vier Kleinarten der Ranunculus auricomus-Gruppe* (nach ROUSI 1956).

	Chromos.	Chiasmata	mittl. Chiasmafrequenz	Bivalente			
				mit 1 Chiasma		mit 2 Chiasmata	
				Anz.	%	Anz.	%
R. auricomus ssp. *acutidens*	440	214	0,487	114	91	11	9
R. cassubicus ssp. *imitans*	442	220	0,498	123	87	19	13
R. fallax ssp. *crebridens*	413	219	0,531	134	91	14	9
R. fallax ssp. *nemoricola*	416	219	0,526	114	89	14	11

und in geringem Ausmaß sogar Penta- und Hexavalente gebildet werden (Tab. 13a, Abb. 42*a*—*f*). Der Anteil der Multivalente ist relativ hoch (9—13%) und ist deshalb bemerkenswert, weil die Zahl der Chiasmata pro Chromosom gering ist. Sie liegt, wie Tab. 13a zeigt, zwischen 0,487 und 0,531; nur 10% aller Bivalente sind durch zwei Chiasmata untereinander verbunden. Auch bei Homologie aller vier Sätze (Autopolyploidie) wären daher nur wenige Multivalente zu erwarten gewesen. Nach ROUSI sollten bei Autoploidie mit einer Chiasmafrequenz von ca. 1 pro Chromosom nur 1,5 Quadrivalente pro Zelle ausgebildet werden, eine Zahl, die eher zu hoch als zu niedrig geschätzt ist. Dennoch schließt ROUSI nicht auf Auto-, sondern auf Alloploidie. Die Befunde, die ihn, abgesehen vom zu hohen Prozentsatz Multivalenter, dazu veranlassen, sind die folgenden:

a) Viele Bivalente sind asymmetrisch (Abb. 42*a*), was auf strukturelle Differenzen zwischen den „homologen" Chromosomen hinweist.
b) Penta- und Hexavalente sollten bei reiner Autotetraploidie nicht vorkommen. Sie sind ebenfalls ein Zeichen für strukturelle Heterozygotie.
c) Für strukturelle Heterozygotie spricht schließlich auch das Vorkommen von Inversionsbrücken.

ROUSI glaubt daher, daß die Multivalentbildung der tetraploiden, pseudogamen *Auricomi* eher für Allo- als für Autoploidie spricht. Seiner Ansicht nach hängt der hohe Grad von struktureller Heterozygotie der *Auricomi*, der hier höher ist als bei anderen Pseudogamen, letzten Endes vom Bastardcharakter der Mikrospezies ab. Genetische Beweise für die Richtigkeit dieser Ansicht sind von uns (RUTISHAUSER 1960) beigebracht worden: Die F_1-Generation der Kreuzung *R. cassubicifolius* ($2x = 16$) × *R. megacarpus* ($4x = 32$) ist stark polymorph und deutet auf Heterozygotie von *R. megacarpus*, einer tetraploiden, pseudogamen Kleinart von *R. auricomus*, hin. Die Resultate und Schlußfolgerungen ROUSIS zeigen erneut, daß bei der Interpretation von Meiosekonfigurationen apomiktischer Pflanzen größte Vorsicht geboten ist und nicht einfach auf die Frequenz der Multivalente abgestellt werden kann.

*

Damit wären die wichtigsten und bestuntersuchten Vertreter der ersten Gruppe aposporer, pseudogamer Apomikten dargestellt. Als gemeinsame Merkmale für die männliche Meiose dieser Gruppe dürfen gelten:

1. Diploide Arten (z. B. *Potentilla argentea*) führen eine regelmäßige Meiose durch, die sich weder in den Syndeseverhältnissen der Chromosomen noch in der Verteilung der Homologen von den Meiosen sexueller Diploider unterscheidet.

2. Polyploide Arten weisen Störungen der männlichen Meiose auf. Diese lassen sich aber zwanglos, wie bei sexuellen Polyploiden, auf das Vorhandensein von mehr als nur zwei homologen oder partiell homologen Chromosomensätzen (Ausbildung von Multivalenten) und/oder auf die hybride Struktur vieler Apomikten zurückführen.

Die Meiosestörungen polyploider Apomikten sind also eine Konsequenz ihrer auto-, allo- oder auto-alloploiden genetischen Konstitution und werden nicht etwa bewirkt durch die abgewandelten Fortpflanzungsverhältnisse. Es ist möglich, daß eine indirekte Kontrolle der männlichen Meiose durch den Fortpflanzungsmodus besteht, indem von Pseudogamen nur solche Störungen toleriert werden können, die noch eine, wenn auch reduzierte, normale Ausbildung keimfähiger Pollenkörner gewährleisten. Da die Samenbildung der Pseudogamen durch die Bestäubung, in vielen (allen?) Fällen sogar durch die Befruchtung der Zentralzelle ausgelöst wird, können nach GUSTAFSSON total pollensterile Pseudogame wegen der daraus resultierenden Samensterilität nicht erfolgreich konkurrieren. Die geringe Pollenfertilität mancher apomiktischer *Sorbus*- (LILJEFORS 1955b) und *Rubus*-Arten (GUSTAFSSON 1942b, 1943) zeigt aber, daß sich auch fast pollensterile Pseudogame wenigstens über eine gewisse Zeit behaupten können. Sie sind dann allerdings auf den Pollen artfremder Individuen angewiesen und infolgedessen nur in deren näheren Umgebung konkurrenzfähig.

6. *Poa*

Bei der zweiten Gruppe aposporer, pseudogamer Apomikten treten Meiosestörungen auf, die nicht oder nicht allein ihrer auto- oder alloploiden Konstitution zugeschrieben werden können. Einige unsichere Beispiele sind schon genannt worden: *Rubus hirtus* und *Potentilla collina* ($2n = 84$). Repräsentativ für diese Gruppe sind aber vor allem manche Arten der Gattung *Poa*. Gestörte Meiosen treten hier schon bei sexuellen Polyploiden auf. So fand z. B. NYGREN (1950a) bei *Poa laxa* ssp. *flexuosa*, einer sexuellen, hexaploiden Art ($2n = 42$ und 43, $x = 7$), zwar scheinbar reguläre männliche Meiosen, in denen nur Bivalente und als einzige Störung Univalente ausgebildet werden (Tab. 14).

Tab. 14. *Männliche Meiosen von Poa laxa ssp. flexuosa* (nach NYGREN 1950a).

Pfl.-Nr.	2n	Bivalente	Univalente	Trivalente	Quadrivalente
4704	42	20,88	0,24	—	—
4710	43	21,00	1,00	—	—
4774	42	20,38	1,24	—	—

Auffällig ist das völlige Fehlen von Multivalenten, was für extreme genomische Alloploidie spricht. Trotz dieser relativ regulären Meiosekonfiguration treten bei diesen Pflanzen Pollenkörner von variabler Größe auf, was auf abnorme Verteilungsmechanismen hinweist; ferner schließt NYGREN aus der Existenz abnormer Anaphasen auf das Vorkommen von Restitutionskernen. Dieser Befund kann als Konsequenz der auto- oder alloploiden Konstitution betrachtet werden, könnte aber seinen tieferen Grund auch in eventuell genetisch bedingten Abweichungen der Zellphysiologie der PMZ haben.

Abweichende Meiosemechanismen sind in großer Zahl von NYGREN (1950a) bei aposporen, pseudogamen oder viviparen arktischen *Poae* gefunden worden. Die Arten, deren Meiosekonfigurationen analysiert werden konnten, bildeten wieder in der Hauptsache Bi- und Univalente, in nur geringen Frequenzen auch Multivalente aus. So werden für drei vivipare Biotypen von *Poa pratensis* ssp. *alpigena* die folgenden Konfigurationen angegeben:

Pfl. 4811 $2n = 73$ $33{,}84_{II} + 3{,}6_{I} + 0{,}42_{IV}$
4842 $2n = 77$ $36{,}30_{II} + 4{,}2_{I} + 0{,}30_{IV}$
4844 $2n = 79$ $37{,}68_{II} + 1{,}36_{I} + 0{,}32_{IV}$

Die Meiosen sind also etwas unregelmäßiger als jene der oben besprochenen sexuellen Art. Der Pollen der Subspezies ist relativ gut, es erscheinen aber auch Riesenkörner, ferner sind Restitutionskerne häufig, und in manchen Pollensäcken werden Dyaden und Monaden gefunden.

Der Bastard *Poa alpina* L. var. *vivipara* × *Poa arctica* R. BR., zeigte in einer Pflanze keine Chromosomenpaarung und semiheterotype Teilungen, in einer zweiten Pflanze kommen wenige Bivalente mit einem Chiasma und Teilung nach dem *Hieracium boreale*-Typus vor. Relativ regelmäßige Paarungen (Bivalente, Univalente und wenige Tri- und Quadrivalente), verbunden mit semiheterotypen Teilungen, wurden auch bei verschiedenen Subspezies von *Poa arctica* aufgefunden. Bei *Poa arctica* R. BR. ssp. *caespitans* (SUNN.) NANNF. degenerieren die PMZ, und es wird kein Pollen ausgebildet. An ihrer Stelle entstehen Plasmodien. *Poa pratensis* L. coll. mit $2n = 48$—92 Chromosomen bildet auch bei sehr hohem Polyploidiegrad nur Bivalente und Univalente aus (Tab. 15).

Ähnlich verhält sich auch *Poa pratensis* ssp. *alpigena* (*vivipara*). Für ein Individuum dieser Subspezies wird außerdem pseudohomöotype Teilung angegeben.

Unsicher werden die Analysen, wenn die Chromosomenzahlen weiter ansteigen. Das gilt z. B. für *Poa pratensis* mit Chromosomenzahlen zwischen $2n = 38$—124 (NYGREN 1954a), *Poa ampla* mit $2n = 64$—96 und *Poa scabrella* mit $2n = 82$—84. Die Frequenz der Tri- und Quadrivalente läßt sich dann nicht mehr einwandfrei

Tab. 15. *Cytologie von Poa pratensis coll.* (nach NYGREN 1950a).

Pfl.-Nr.	2n	Anzahl Univalente pro PMZ	Multivalente	
4814	84	1,0—1,8	—	1. Pfl.
		1,0	—	2. Pfl.
4817	76/78	0,4	—	
4838	63/64	0,6	$0{,}01_{III}$	

bestimmen, solche können aber, wie z. B. MÜNTZING (1940) und ÅKERBERG (1942) mitteilen, gelegentlich noch beobachtet werden.

Diese Schwierigkeiten haben GRUN (1955a) dazu veranlaßt, bei seinen Analysen nur noch die leicht nachweis- und auszählbaren Univalente zu verwenden. Die mittlere Zahl von Univalenten pro PMZ wird als Maß für die Unregelmäßigkeit der Meiose benützt. Untersucht wurden die Arten *Poa ampla, pratensis, scabrella* und F_1- sowie F_2-Generationen dieser Arten. Die Zahl der Univalente variiert bei den verschiedenen Arten wie folgt:

	Frequenz Univalente
Poa ampla	5,1— 5,8
Poa pratensis.........	1,4—12,4
Poa scabrella	0,6— 2,4,

ist also nicht bei allen Arten gleich (Abb. 43). Pflanzen verschiedener Standorte (Stanford, auf Meereshöhe, Timberline, 10 000 Fuß) unterschieden sich nicht in der Anzahl der Univalente. Das heißt also, daß die Frequenz der Univalente abhängig ist von der Konstitution der Pflanzen und nicht vom Milieu. Überraschenderweise besteht auch keine Beziehung zwischen Chromosomenzahl und Frequenz der Univalente: *P. pratensis* 4445-8 hatte in Timberline $12{,}4 \pm 1{,}7$ Univalente, 4748-2, ein durch Befruchtung einer unreduzierten Eizelle dieses Individuums entstandener B_{III}-Bastard, $11{,}0 \pm 1{,}5$. Das gleiche wurde auch für *Poa ampla* 4183-1 und bei einem B_{III}-Bastard, 4274-15, dieser Pflanze gefunden:

Poa ampla	4183-1	(2n = 64)	$5{,}8 \pm 0{,}6$ Univalente
B_{III}-Bastard	4274-15	(2n = 96)	$5{,}1 \pm 0{,}8$ Univalente.

Die Paarungsstörungen werden somit nicht durch mechanische Komplikationen (wegen höherer Polyploidie) hervorgerufen.

F_1-Hybriden zwischen diesen Arten, die zu verschiedenen Sektionen der Gattung gehören, nämlich *P. scabrella* × *pratensis* (Abb. 44*a*), *P. scabrella* × *ampla* und *P. arida* × *ampla*, hatten eine Univalenten-Frequenz, die im Durchschnitt nicht höher lag als bei den Elternarten. Andere, wie *P. ampla* × *pratensis* (Abb. 44*b*), *P. ampla* × *compressa*, bildeten mehr Univalente aus.

Die F_2-Generation der F_1-Hybride *P. scabrella* × *pratensis*, die in bezug auf ihre Morphologie und Frequenz der Univalente etwa intermediär zu den Eltern war, spaltete in morphologischen Merkmalen, aber auch was die Frequenz ihrer Univalente betrifft, auf. Die mittlere Anzahl von Univalenten war zum größten Teil wesentlich höher als bei den Eltern und beim F_1-Bastard, in einigen Individuen so hoch wie beim F_1-Bastard (Abb. 43), wobei keine klare Beziehung zu

Chromosomenzahl und Morphologie (Ähnlichkeit mit den Eltern) zu erkennen war. Aus den Aufspaltungsverhältnissen für die morphologischen Merkmale kann

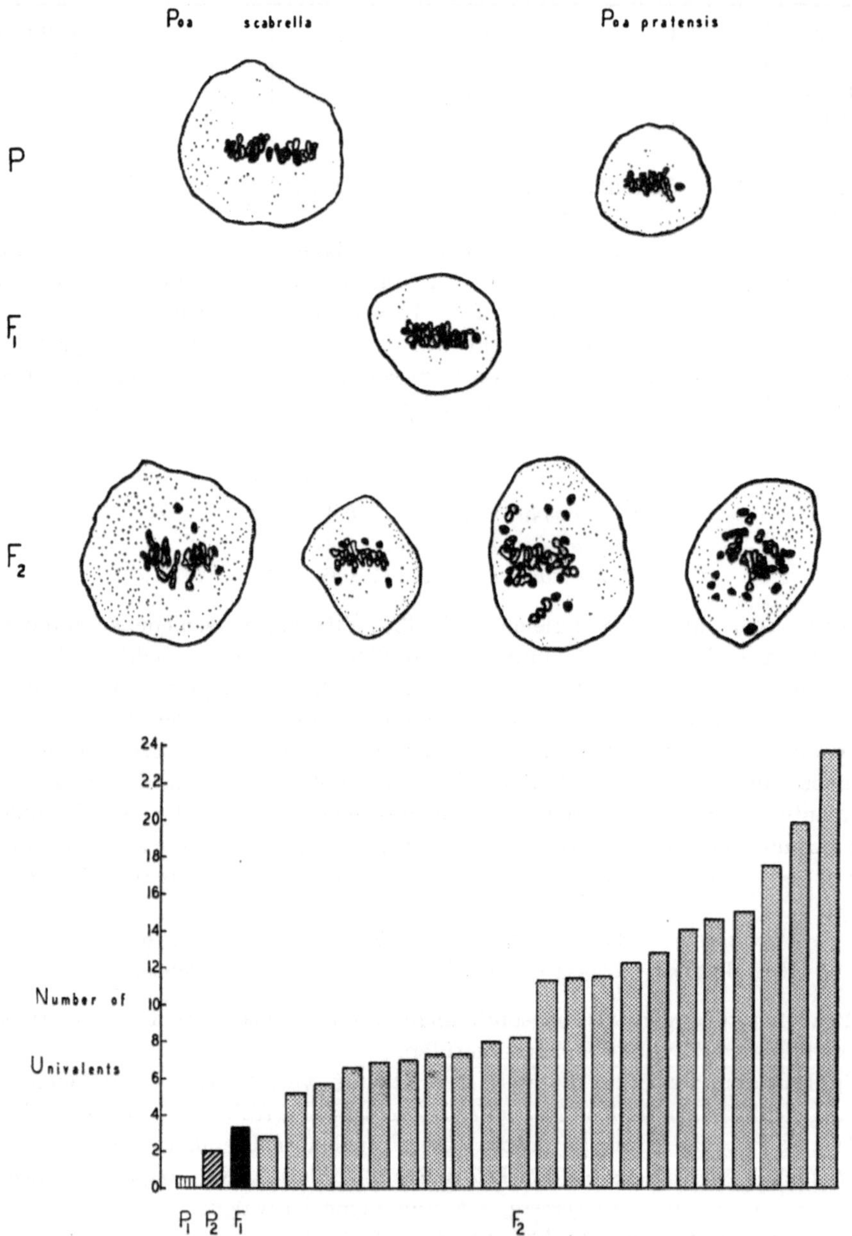

Abb. 43. Häufigkeit der Univalente pro PMZ in den ♂ Meiosen von *Poa scabrella*, *Poa pratensis* und ihrer F_1- und F_2-Hybriden (nach Grun 1955).

geschlossen werden, daß manche Chromosomen von *P. scabrella* mit jenen von *P. pratensis* paaren können. Eine gewisse Homologie zwischen den Chromosomen von *P. scabrella* und *P. pratensis* ist also vorhanden. Die wechselnden Frequenzen von Univalenten werden daher zurückgeführt auf genbedingte, zellphysiologische Unterschiede. Während bei den Eltern eine befriedigende Balance in bezug auf die intrazelluläre Komponente bestand, ist diese durch Umschichtung der Gene in den F_2-Bastarden gestört worden. In der F_2-Generation traten Individuen auf,

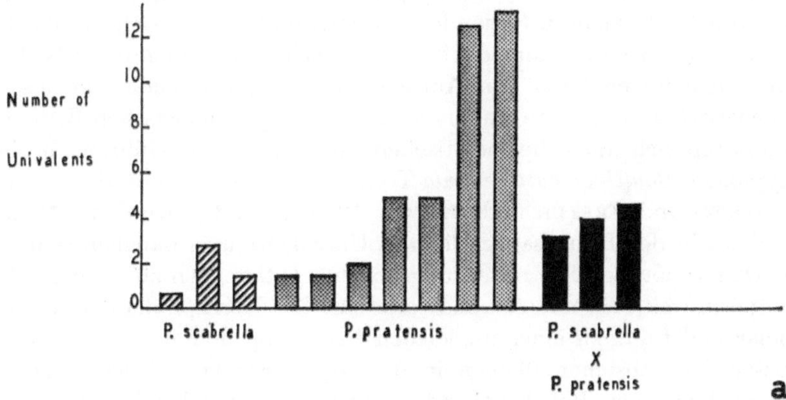

Abb. 44a. Häufigkeit der Univalente pro PMZ in den ♂ Meiosen von *Poa scabrella, P. pratensis* und ihrer F_1-Hybriden (nach GRUN 1955).

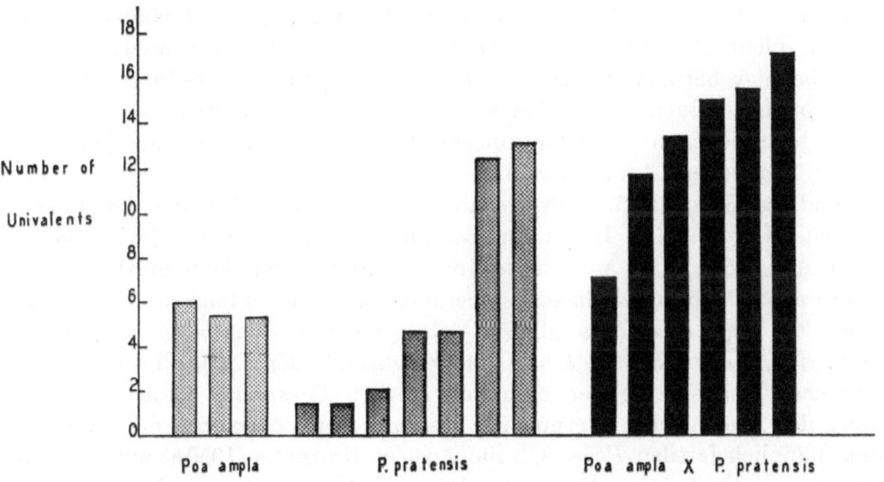

Abb. 44b. Häufigkeit der Univalente pro PMZ in den ♂ Meiosen von *Poa ampla, P. pratensis* und ihrer F_1-Hybriden (nach GRUN 1955).

in welchen die physiologischen Bedingungen für einen normalen Ablauf der Meiose nicht mehr vorhanden waren. Die Störungen in der Meiose der *Poa*-Bastarde und wohl auch jene von manchen in der Natur gefundenen Sippen beruhen daher nicht auf den Voraussetzungen, die durch die Polyploidie und durch vorausgegangene Artbastardierungen gegeben sind. Sie sind genetischer Natur.

Es drängt sich daher die Ansicht auf, daß in den männlichen Meiosen der aposporen Pseudogamen genetische Faktoren die Paarungstendenzen der Chromosomen kontrollieren können, wobei aber auch hier kein direkter Einfluß von seiten der Tendenz zu Aposporie bzw. Apomixis anzunehmen ist. Es sieht aber so aus, als ob die besonderen cytologischen Verhältnisse charakteristisch wären für die Gattung *Poa* und auch für die sexuellen Arten Gültigkeit hätten. Solange diese besonderen genetisch kontrollierten Mechanismen die Ausbildung keimfähigen Pollens nicht stören, und das scheint auch nicht der Fall zu sein, beeinflussen sie die Konkurrenzverhältnisse der Pseudogamen nicht. Im Gegenteil, die geringe Frequenz von Multivalenten (besonders Trivalenten) könnte sich auf die Pollenbildung günstig auswirken und dürfte auch solche Individuen nicht beeinträchtigen, die einen hohen Grad von Autoploidie oder Aneuploidie aufweisen.

Auf genetisch kontrollierte Anomalien in den zellphysiologischen Bedingungen der PMZ lassen sich auch die meiotischen Störungen zurückführen, die bei der hochpolyploiden *Bouteloua curtipendula* TORR. (2n = 80—96) von HARLAN (1949), BRYANT (1952) und FRETER und BROWN (1955) gefunden wurden. Auch diese Pflanze bildet in der Hauptsache Bi- und Univalente aus, daneben sehr wenige Tri- und Quadrivalente. Die bedeutungsvollsten Differenzen zu anderen Pseudogamen ergeben sich aber aus Anaphasestudien: Die Kernspindel der Anaphase I ist unipolar und führt zu einer ungleichen Verteilung homologer Chromosomen. Die meisten Chromosomen bleiben in der Äquatorialebene liegen, nur wenige wandern zu dem einen Pol der Spindel. Es entstehen daher Dyaden mit zwei sehr verschieden großen Kernen. Die Differenz bleibt in der RT_{II} erhalten; da diese Teilung normal verläuft, entstehen Mikrosporen mit verschiedenen Chromosomenzahlen, z. T. auch Polyaden. Nach FRETER und BROWN (1955) ist dieser Meiosetypus nicht ableitbar aus der Alloploidie von *Bouteloua*, sondern muß als genetisch bedingt betrachtet werden. Dafür spricht auch der Befund, daß zwei Gruppen von Individuen (mit gleichem Syndesemodus) existieren, die einen mit dem oben beschriebenen Verteilungsmechanismus, die anderen ohne jede Verteilung der homologen Chromosomen.

Ein anderes Beispiel für zellphysiologisch bedingte Störungen der Pollenbildung scheint *Poa arctica* R. BR. ssp. *caespitans* (SIMM.) NANNF. (2n = 56) zu sein (NYGREN 1950a). 30 analysierte Individuen bildeten kein einziges gutes Pollenkorn aus. Dagegen waren sechs ebenfalls oktoploide Pflanzen der gleichen Lokalität, die ssp. *caespitans* glichen, aber nicht als *caespitans* bezeichnet werden dürfen, pollenfertil (55,4 bzw. 81,8% guter Pollen). Die Chromosomenzahl mancher Endosperme der männlich sterilen *Caespitans* spricht für Befruchtung der Zentralzelle. Vermutlich stammte der Pollen von den oben erwähnten männlich fertilen *Poae*. Ob die Ansicht NYGRENS (1950a) zutrifft, daß *P. arctica* ssp. *caespitans* auch unbefruchtete Endosperme ausbilden kann, ist nicht gesichert (vgl. S. 124).

Vivipare Biotypen — und viele der von NYGREN (1950a) beschriebenen Subspezies gehören dazu — kommen ohne Pollen aus und sind daher nicht abhängig von normalen zellphysiologischen Bedingungen in der PMZ. Es ist daher eher verständlich, daß bei ihnen männlich sterile Biotypen vorkommen können.

B. Die Meiose der PMZ aposporer, diploid parthenogenetischer Apomikten

Eine Beschreibung der männlichen Meiose dieser Gruppe von Apomikten hat sich vor allem auf die älteren Untersuchungen von OSTENFELD und ROSENBERG (1907), ROSENBERG (1907, 1917, 1926/27) an Arten der Untergattung *Pilosella* (*Hiera-*

cium) und auf die neueren an *Crepis* (STEBBINS und JENKINS 1939) zu stützen. ROSENBERG analysierte innerhalb der Gattung *Hieracium* mit der Basiszahl x = 9 die Arten *H. excellens* (2n = 42), *H. aurantiacum* (2n = 36 = 4x) und *H. pilosella* (2n = 36 = 4x) (OSTENFELDS *H. pilosella*, die von ROSENBERG untersucht worden ist, ist nach TURESSON und TURESSON (1960) vermutlich *H. macrolepidium*), sowie die Bastarde zwischen *H. auricula* (2n = 18 = 2x) und *H. aurantiacum* und anderen Kombinationen. Die Meiose von *H. excellens* ist

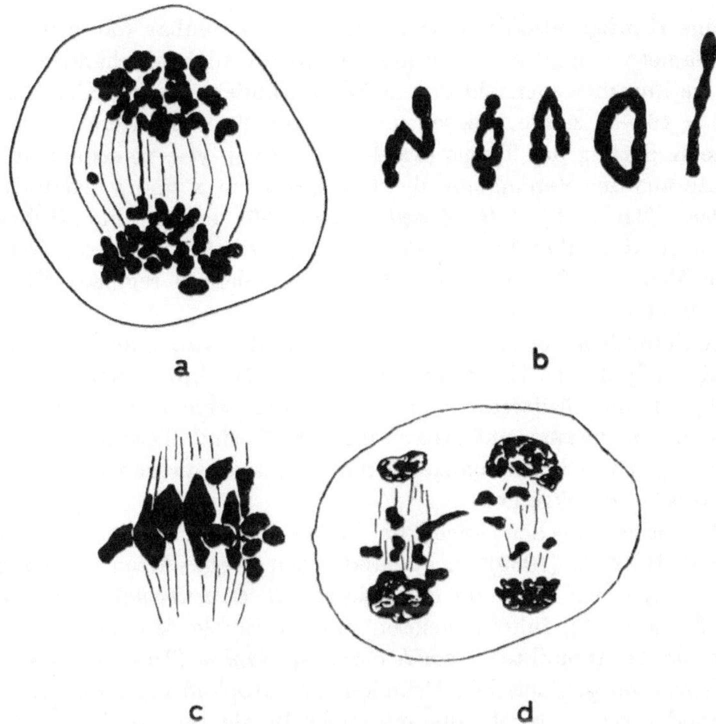

Abb. 45. Meiosen von PMZ diploid parthenogenetischer Arten; *a*, *b* *Crepis intermedia*; *a* Anaphase I mit Brückenbildung; *b* Metaphase I, Multivalentbildung; *c*, *d* *Hieracium excellens*; *c* Metaphase I mit Bi- und Univalenten; *d* Telophase I mit „lagging" Univalenten (*a*, *b* nach STEBBINS und JENKINS 1939, *c*, *d* nach OSTENFELD und ROSENBERG 1907).

insofern irregulär, als neben Bi- auch Univalente vorkommen (z. B. $18_{II} + 6_{I}$, Abb. 45*c*), wobei die Univalente unregelmäßig verteilt oder ausgeschaltet werden (Abb. 45*d*). Univalente erscheinen auch bei *H. aurantiacum,* nicht aber bei *H. pilosella*, deren Meiose mit 18 Bivalenten völlig regulär ist, unter der Annahme allerdings, daß genomische Alloploidie vorliegt. Aufschlußreich sind die Hybriden. Die F_1-Hybriden von *H. auricula* (2n = 18) × *H. aurantiacum* (2n = 36 = 4x) hatten folgende Konfigurationen:

1. Individuum $9_{II} + 8$—9_{I} (2n = 26—27) und
2. Individuum $9_{II} + 6_{I}$ (2n = 24).

Sie könnten bedeuten, daß ein Satz von *H. aurantiacum* zu dem Genom von *H. auricula* mehr oder weniger homolog ist. Die wechselnde Chromosomenzahl der Hybriden geht wohl darauf zurück, daß *H. aurantiacum* wegen des Vorkommens von Univalenten Gameten mit verschiedenen Chromosomenzahlen ausbildet.

H. pilosella bzw. *H. macrolepidium* ($2n = 36 = 4x$) $\times$ *H. aurantiacum* ($2n = 36 = 4x$) ergab eine F_1-Hybride mit $2n = 38$—40 Chromosomen und einer Meiosekonfiguration von $18_{II} + 4_I$.

Die Kreuzung *H. excellens* ($2n = 42$) $\times$ *H. aurantiacum* ($2n = 36$) ergab neben 20 maternellen Pflanzen sechs Hybriden. Drei davon wurden cytologisch untersucht:

46_4 hatte eine Konfiguration von 18_{II} ($2n = 36$). Offenbar waren in der weiblichen Gamete von *H. excellens* die Univalente nicht vorhanden.

46_3 hatte eine Chromosomenzahl von > 36 und bildete Bi- und Univalente aus.

48 mit $2n = 48$—54 zeigte Meiosen mit 22—$24_{II} + 6$—4_I, woraus Rosenberg auf eine Kreuzung des Typus $(2x + y) \times (2x + y + n)$ schloß, in der die Bivalente aus der Vereinigung der Chromosomen x und y herrührten.

H. excellens ($2n = 42$) $\times$ *H. pilosella* ($2n = 36$) ergab eine Hybride mit 36 Chromosomen, d. h., daß die Univalente von *H. excellens* ausgeschaltet worden waren. Ihre Meiosekonfiguration war mit 18 Bivalenten regulär. Eine zweite Hybride hatte eine Meiose mit $18_{II} + 1_I$.

Alle diese Befunde lassen sich am ehesten unter der Annahme von genomischer Alloploidie der polyploiden Elternarten verstehen. Die Störungen beruhen offenbar lediglich auf dem Auftreten von Univalenten, welche meist unregelmäßig verteilt werden. Ostenfeld und Rosenberg (1907) sind allerdings der Meinung, daß die Störungen auf einen mangelhaften Reduktionsprozeß („incomplete reduction process") zurückgehen.

Für Alloploidie sprechen auch die Ergebnisse der Untersuchungen von Stebbins und Jenkins (1939) an apomiktischen *Crepis*-Arten der Sektion 15. Die sexuellen, diploiden Vertreter der Sektion 15, *C. acuminata* und *C. occidentalis* ($2n = 22$, $x = 11$), führen Meiosen mit elf Bivalenten durch.

Die tetraploide Apomikte *C. occidentalis* ssp. *typica* ($2n = 44 = 4x$) wurde ursprünglich aus morphologischen Gründen für autoploid gehalten. Ihre Meiose ist aber mehr oder weniger regelmäßig mit vielen Bivalenten, wenigen Univalenten (1—4) und Multivalenten (2—6). Die Anaphase ist meist regelmäßig, obwohl nachhinkende Chromosomen und oft auch Inversionsbrücken auftraten (unter 100 Anaphasen I wiesen 32 Brücken auf [Abb. 45*a*]), die auf strukturelle Heterozygotie hinweisen. Analog verhält sich auch *Crepis intermedia* ($2n = 44$), die intermediär zwischen *C. acuminata* und *C. occidentalis* steht (Abb. 45*b*). Beide tetraploiden Apomikten werden daher als Alloploide aufgefaßt. Physiologische Störungen der PMZ kommen vermutlich nicht vor oder sind äußerst selten.

Dasselbe gilt auch für *C. occidentalis* ssp. *pumila apom. hamiltonensis*, eine heptaploide Apomikte ($2n = 77$), obwohl hier die Zahl der Univalente größer ist (5—8_I) und auch Multivalente (allerdings höchstens Quadrivalente) vorkommen. In der Anaphase I erscheinen viele Brücken, die nicht entzweibrechen. Diese Apomikte wird für alloploid (auf intraspezifischer Basis) gehalten, später wegen des Vorkommens von Multivalenten als segmentelle Alloploide (Stebbins 1950) bezeichnet.

Im Gegensatz zu den meisten Gramineen ist *Paspalum dilatatum* apospor und parthenogenetisch. Die männlichen Meiosen, von Smith (1948) an verschiedenen „Varietäten“ untersucht, zeigen nur Bi- und Univalente, bei der kultivierten Varietät ($2n = 40 = 4x$, $x = 10$) $10_{II} + 10_{I} + 10_{I}$. Zehn Univalente werden in der Metaphase I mitotisch geteilt, die anderen zehn später. Die letzteren bleiben in der Äquatorregion liegen und werden in der Telophase-Interphase aufgelöst. Bei der Varietät *pauciciliatum* bleiben alle 20 Univalente liegen. Eine Varietät mit gelblichen Antheren schließlich bildet nur 20 Bivalente aus. Die abweichenden Meiosen der beiden erstgenannten Varietäten beruhen nach SMITH auf vorausgegangenen Bastardierungen.

*

Zusammenfassend kann festgestellt werden, daß die Meiosen der aposporen, parthenogenetischen Arten ähnlich wie jene der aposporen, pseudogamen Arten interpretiert werden können: Ihre Besonderheiten sind in erster Linie zurückzuführen auf Polyploidie, verbunden mit Bastardierungsvorgängen, und beruhen nicht auf zellphysiologischen Veränderungen der PMZ (vgl. dazu aber OSTENFELD und ROSENBERG 1907).

C. Die Meiose der PMZ diplosporer, pseudogamer Apomikten

Die männliche Meiose diplosporer, pseudogamer Apomikten variiert von Art zu Art in noch höherem Maße als bei den Aposporen. Manche, dazu gehört z. B. *Rubus caesius* (vgl. S. 74), zeigen gute Bindungsverhältnisse und Störungen (Multi- und Univalente), die alle auf die verschiedenen Typen der Polyploidie zurückgehen. Vermutlich ist das auch bei diploiden Pflanzen von *Parthenium argentatum* der Fall, wo bei einer Sexuellen 18 Bivalente, bei einer hyperdiploiden Apomikte ($2n = 37$) $11_{II} + 15_{I}$ bis $18_{II} + 1_{I}$ gefunden wurden (GERSTEL et al. 1950).

1. *Poa*

Zu dieser Gruppe dürften auch die meisten diplosporen *Poa*-Arten gehören. MÜNTZING (1940) fand z. B. für eine Rasse von *Poa alpina*, der Pajala-Rasse ($2n = 33$), folgende Konfigurationen (vgl. auch Abb. 46*a*—*c*):

Quadrivalente	Trivalente	Bivalente	Univalente	Anzahl Pfl.
2	2	7	5	1
1	2	10	3	1
1	1	10	6	1
1	—	12	5	1
—	3	11	2	1
—	3	10	4	2
—	3	9	6	2
—	1	13	4	1

Im Mittel sind 2,6 Multivalente (Tri- und Quadrivalente) vorhanden. Die Zahl der Univalente variiert zwischen 1 und 7, mit einem Mittel von 3,68:

Anzahl Univalente	1	2	3	4	5	6	7	Mittel
Anzahl Fälle	3	7	13	14	7	5	1	3,68

In der Anaphase II wurde eine übereinstimmende mittlere Zahl Univalente von 3,47 gefunden.

MÜNTZING meint, daß ein solches meiotisches Verhalten charakteristisch ist für unbalancierte, partiell auto- und aneuploide Individuen. Ähnlich verhält sich die Apomikte von Mösseberg (2n = 33), nur daß weniger Univalente (2,04 im Mittel) gezählt wurden.

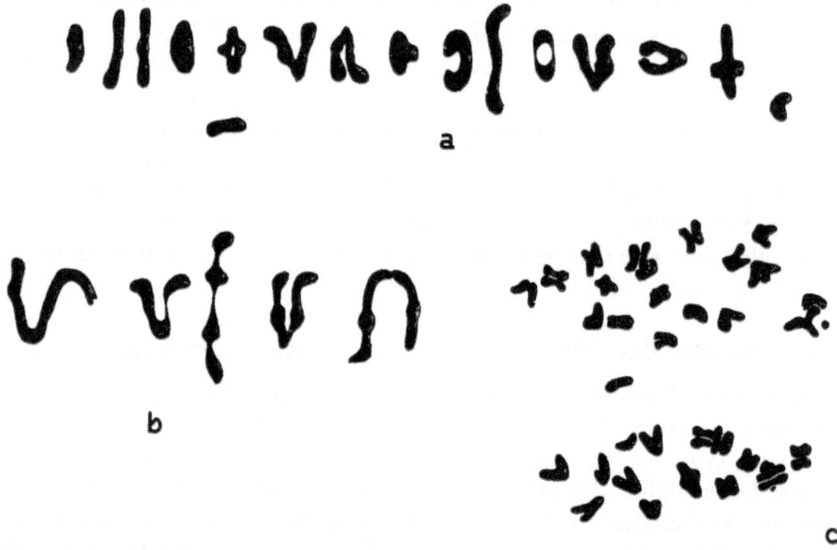

Abb. 46. Meiosen der PMZ diplosporer, diploid parthenogenetischer Arten; *a—c Poa alpina*, Pajala/Nordschweden; *a* Metaphase I ($3_{III} + 11_{II} + 2_{I}$); *b* Multivalente von Metaphasen I; *c* Anaphase I (Verteilung 18—2/2—14) (nach MÜNTZING 1940).

Die Meiose dieser Apomikten ist nicht verschieden von der Meiose sexueller schweizerischer Rassen von *Poa alpina* (MÜNTZING 1940). Eine solche Rasse (2n = 26) zeigte folgende Konfigurationen:

Trivalente	Bivalente	Univalente	Anzahl Pfl.
1	11	1	2
1	10	3	1
2	9	2	1
3	8	1	1

Die Univalente teilen in der Anaphase I, in der Interkinese treten Mikrokerne auf, und auch in der Metaphase II und Anaphase II werden Chromosomen eliminiert. Das Mittel für die Univalente beträgt 1,14.

Von besonderem Interesse ist ein Nachkomme einer aus der Samenprobe schweizerischen Ursprungs aufgezogenen Pflanze mit 2n = 24 Chromosomen. Seine Chromosomenzahl war 2n = 22 (also hypertriploid). Die Meiose war völlig regulär (11 Bivalente). MÜNTZING bezeichnet die Pflanze als sekundäre Polyploide (mit der neuen Basiszahl 11), ein Schluß, der im Hinblick auf die Häufigkeit, mit der auch bei hochpolyploiden *Poa*-Arten ausschließlich Uni- und Bivalente auftreten, nicht überzeugend erscheint. Wahrscheinlicher ist wohl die Annahme, daß wie bei *Triticum* (RILEY und CHAPMAN 1958) auch bei *Poa* die Paarung der Chromosomen genotypisch kontrolliert wird und zu einer Diploidisierung geführt hat. Eventuell kann ein weiterer Befund MÜNTZINGS, die reguläre Meiose einer Polyhaploiden von *Poa pratensis* mit $2n = 36$ Chromosomen und 18 Bivalenten in der Meiose, so erklärt werden. Im letztgenannten Falle können vereinzelt Multi- und Univalente aufgefunden werden. Abgesehen von der Pflanze mit 22 Chromosomen scheinen aber sowohl bei den sexuellen wie bei den pseudogamen Biotypen von *Poa alpina* allein die Homologieverhältnisse für den Ablauf der Meiose entscheidend zu sein. Dasselbe scheint auch für *Poa serotina* (KIELLANDER 1935) zuzutreffen. Die Diakinese einer tetraploiden Rasse zeigte die Konfigurationen $3_{IV} + 4_{III} + 2_{II}$ und $4_{IV} + 3_{III} + 1_{II} + 1_{I}$, was für Autoploidie spricht. Eine triploide Form allerdings wich beträchtlich von diesem Verhalten ab, indem nur Bi- und Univalente ausgebildet wurden ($9_{II} + 3_{I}$ und $10_{II} + 1_{I}$). Es ist denkbar, daß auch in diesem Falle genetische Gründe für die Anomalie verantwortlich sind.

2. *Allium*

Während die Meiosen der sexuellen Diploiden von *Allium odorum* nach HÅKANSSON und LEVAN (1957) normal ablaufen (7_{II}), treten in den männlichen Meiosen der apomiktischen und tetraploiden Taxa ($2n = 32 = 4x$) Uni-, Bi-, Tri-, Quadri- und noch höhere Multivalente auf (Tab. 16 und Abb. 47*a*—*x*).

Tab. 16. *Chromosomenkonfigurationen in Metaphasen I von PMZ von Allium odorum* (nach HÅKANSSON und LEVAN 1957).

Chromos. konfig.	Häufigkeiten																			
XII	1	—	—	—	—	—														
VIII	—	1	1	1	—	—														
VII	—	1	—	—	—	—														
VI	—	—	—	—	1	—														
V	—	—	—	—	—	1														
IV	1	—	4	3	5	3	7	6	5	5	4	4	3	3	3	3	2	2	1	
III	1	1	—	—	—	—	—	—	—	—	1	—	2	1	—	—	1	—	—	
II	—	6	4	6	3	7	2	4	6	5	6	7	6	8	10	8	10	12	4	
I	1	2	—	—	—	1	—	—	—	2	1	2	2	1	—	4	1	—	—	
Anzahl Zellen	1	1	1	1	1	1	1	1	2	1	2	2	1	3	2	1	1	1	1	25

In der Anaphase I kommen zurückgebliebene (lagging) Chromosomen und Chromatiden vor, ferner Brücken mit und ohne Fragmenten (Abb. 47*b*). Die letzteren, zusammen mit hohen Multivalenten, zeigen strukturelle Differenzen zwischen den verschiedenen Sätzen an. Es fehlt somit, wie bei *Ranunculus auricomus*, auch nicht an Hinweisen für strukturelle Hybridität und damit für Alloploidie.

Als analoge Fälle zum *Allium nutans*-Beispiel werden von Håkansson und Levan u. a. *Polycelis* (Melander 1949) und *Pycnoscelus surinamensis* (Matthey 1945) betrachtet.

Abb. 47. Meiose der PMZ apomiktischer *Allium*-Arten; *a—x Allium odorum*; *a* Metaphase I; *b* Brücken mit azentrischen Fragmenten; *c* Diakinese; *d—x* RT I, Bi- und Multivalente (nach Håkansson und Levan 1957).

Hinweise für die Meiosestörungen, die nicht allein in den Homologieverhältnissen zu suchen sind, sondern eventuell ihren Ursprung in den durch die Tendenz zu Apomixis veränderten zellphysiologischen Gegebenheiten haben, wurden bei diplosporen Pseudogamen häufiger gefunden als bei aposporen.

3. *Agropyron*

Als erstes Beispiel sei die Graminee *Agropyron scabrum* (Hair 1956) erwähnt. Hair fand Individuen mit verschieden weit fortgeschrittenen Apomixisstufen:

Sexuelle, fakultative Apomikten, überwiegende und obligate Apomikten. Die Sexuellen (M) sind hexaploid ($2n = 42$, $x = 7$), ihre Meiose ist regulär (21_{II}). Bei den fakultativen Apomikten (B_1) ($2n = 42$ und 43) werden Uni- bis Quadrivalente ausgebildet, bei einer enneaploiden Rasse ($2n = 63$) Uni- bis Pentavalente. Als typische M_I-Konfiguration für die Enneaploide wird $6_I + 6_{II} + 15_{III}$ angegeben; sie wird als Beweis dafür betrachtet, daß die Pflanze als „Triploide" aus der Vereinigung einer unreduzierten mit einer reduzierten Gamete hervorgegangen ist, was natürlich mindestens zu partieller Autoploidie führen muß. Die überwiegend apomiktischen Rassen (CC) werden in drei Gruppen unterteilt: Eine erste hexaploide, C_1 ($2n = 42$), mit 18—21 Bivalenten und wenigen Quadrivalenten. Eine zweite, C_2, hat $2n = 87$ Chromosomen und in der Meiose Unibis Trivalente, die dritte, C_3, mit $2n = 63$ Chromosomen, hat ebenfalls Uni- bis Trivalente sowie selten Pentavalente. Das Vorkommen von Multivalenten bei polyploiden (6x) Pflanzen wird als Zeichen für „interchange hybridity" betrachtet. Sehr unregelmäßig war die Meiose der aneuploiden C_2 und C_3. Neben normaler Verteilung der Chromosomen in der Anaphase I gab es auch Fälle von extremen Störungen mit Bildung von nur wenigen normalen Pollenkörnern. Die obligaten Apomikten (D_{1-4}) sind hexaploid ($2n = 42$). In ihren Meiosen erschienen $0—8_{II}$ und $35{,}8—37{,}9_I$ im Mittel. Die extreme Asyndese der obligaten Apomikten war mit Restitutionskernbildung verbunden, wenn die Chromosomen über die Spindel verteilt waren. Bildeten sie zwei getrennte Gruppen an den Polen, trat Zellteilung ein (Dyadenbildung). Manchmal wurden die Chromosomen auch in drei Gruppen aufgeteilt, dann entstanden Zelltriaden.

Zwischen Reproduktionsmodus und Gametenbildung besteht somit eine Parallele: Mit zunehmender Tendenz zu Apomixis wird auch die männliche Meiose immer aberranter, um schließlich völlig auszufallen. Nach HAIR (1956) ist nicht Alloploidie, also hybride Natur der Population, sondern genotypische Kontrolle Ursache für die Unterdrückung der Chromosomenpaarung. Begünstigt wird die fortschreitend genotypisch kontrollierte Apomixis durch Selbstfertilität, welche Inzucht und damit Anhäufung von Apomixisgenen zur Folge hat.

4. *Arabis holoboellii*-Komplex

Das zweite Beispiel vermutlich genotypisch kontrollierter aberranter Meiosen ist der von BÖCHER (1951) untersuchte amphi-apomiktische *Arabis holoboellii*-Komplex. Der Artkomplex tritt in diploiden ($2n = 14$) und triploiden ($2n = 21$) Rassen auf. Die Diploiden sind z. T. sexuell, ihre Meiose regulär (7_{II} mit regelmäßiger Verteilung in Anaphase I und II, Abb. 48*a*—*e*). Die ebenfalls diploide Rasse 10 führte nur z. T. reguläre Meiosen durch, in einem Teil des Materials wurde apomeiotische Pollenentwicklung beobachtet. Sie läuft ähnlich ab wie bei den unten beschriebenen Triploiden und führt zur Bildung unreduzierter Dyaden (mit 14 Chromosomen).

Die triploiden Rassen haben meistens apomeiotische Pollenentwicklung. In manchen Blüten der Infloreszenzen konnten aber auch reguläre Meiosen beobachtet werden, besonders häufig bei dem als HBH bezeichneten Material mit $2n = 21$ Chromosomen + 1 Fragment (Abb. 49*a*—*f*). Die Syndeseverhältnisse der PMZ variieren von Loculus zu Loculus. Meist liegt die Konfiguration $10_{II} + 1_I + 1$ univalentes Fragment vor (Abb. 49*a*, *b*), also mehr Bivalente als zu erwarten war; in anderen Loculi traten bis fünf Univalente auf. Das oder die Univalente hinkten in der Anaphase I nach (Abb. 49*c*, *d*), die Verteilung war aber mit 10 : 11 oft normal. Immerhin konnten auch Metaphasen II mit 7 bzw. 14 Chromosomen (+ 1ff) gefunden werden. Viele PMZ bilden aber auch Restitutionskerne aus (Abb. 49*i*—*m*). Das Material aus Eqaluit bildet zwei Typen von PMZ, große und kleine, aus. In den kleinen PMZ war die Syndese gut. Hier konnten z. T. auch Trivalente beobachtet werden. Folgende Konfigurationen werden angegeben:

$$9_{II} + 3_{I} + 1\,ff$$
$$8_{II} + 5_{I} + 1\,ff$$
$$1_{III} + 8_{II} + 2_{I} + 1\,ff$$
$$1_{III} + 8_{II} + 2_{I} + 1\,ff$$

Stets lag nur höchstens ein Trivalent vor. Die Meiosen in großen und kleinen PMZ führten zu Tetraden.

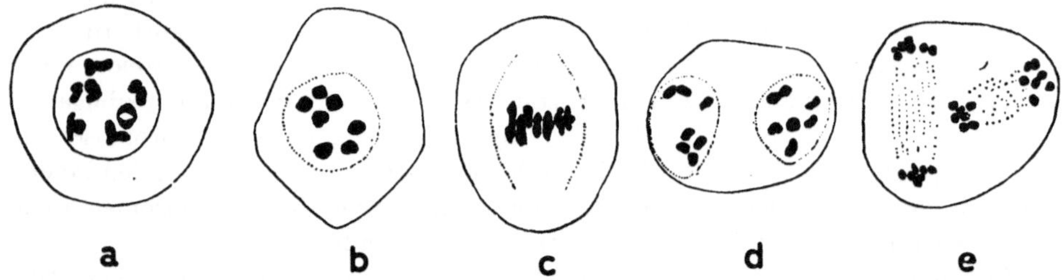

Abb. 48. Meiosen von PMZ diploider sexueller *Arabis holoboellii* (Material von Alaska); *a* Diakinese (7_{II}); *b* Metaphase I (7_{II}); *c* Metaphase I, Seitenansicht; *d* Metaphase II (7 + 7); *e* Anaphase II (nach Böcher 1951).

Weniger reguläre Meiosen wurden in Stamm 9 gefunden. Die Zahl der Trivalente war höher (3—4) und die Verteilung der Chromosomen unregelmäßiger, eher semiheterotyp. Entsprechend war der Pollen irregulär, und oft wiesen schon die PMZ Zeichen von Degeneration auf. Eine Begleiterscheinung dieser irregulären Meiosen, Abrundung der Tapetenzellen, ist im Hinblick auf die von Gentcheff und Gustafsson (1940a) aufgestellte Hypothese über einen Zusammenhang zwischen Ablauf der Meiose und Entwicklung des Tapetums von Interesse. Sie läßt vermuten, daß ein gestörtes physiologisches Gleichgewicht vorliegt, das zu Störungen in der Pollenentwicklung Anlaß gibt.

In Blütenknospen derselben Individuen, die reguläre Meiosen aufwiesen, fanden sich nach dem unteren Ende der Blütentrauben hin in immer größerer Zahl z. T. auch apomeiotische Formen der Pollenentwicklung. Zwei Haupttypen werden unterschieden:

a) Semiheterotype Teilungen (mit Restitutionskernbildung) und
b) Teilungen nach dem *Pseudoillyricum*-Typus, z. T. vermischt mit pseudohomöotypen Teilungen.

Semiheterotype Teilungen kamen vor allem beim diploiden HBH-Material vor (Abb. 49*i*—*m*). Sie werden eingeleitet oder begleitet von stark reduzierter Syndese oder totaler Asyndese (Abb. 49*i*). Die Univalente werden über die ganze Spindel verteilt und in zwei Kerne oder auch in einen langgestreckten Kern, einen Restitutionskern (Abb. 49*l*), eingeschlossen. Die Restitutionskerne können die homöotype RT durchführen, worauf an Stelle von Tetraden Dyaden gebildet werden, gelegentlich stagniert aber die abnorme Meiose völlig, und es entstehen dann Monaden (Abb. 49*m*). In manchen Fällen soll die homöotype Teilung nochmals zu einem Restitutionskern führen, ein Vorgang, der von BATTAGLIA (1945a)

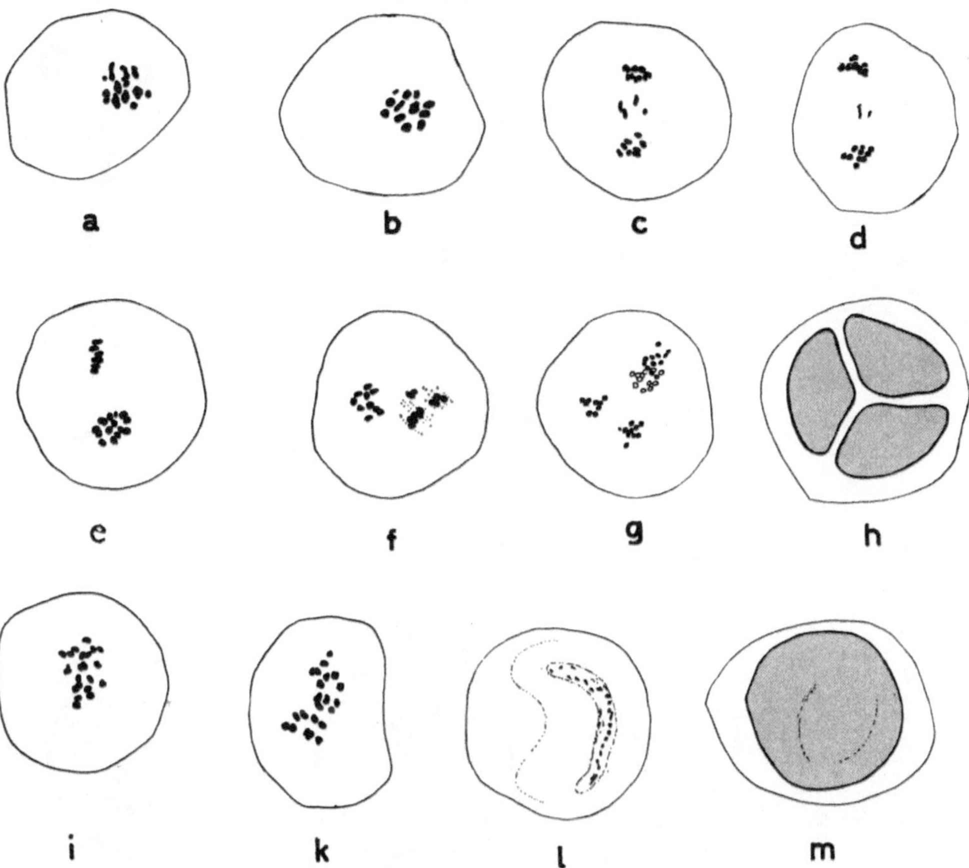

Abb. 49 Meiosen von PMZ triploider apomeiotischer *Arabis holoboellii* (HBH-Material, 2n = 21 + 1 Fragment); *a—h* ± normale Meiose + Tetradenbildung; *i—m* apomeiotische Teilungen + Monadenbildung; *a, b* Metaphase I (10_{II} + 1_{I} + 1 Fragment); *c, d* Anaphase I (Univalente + Fragment verspätet und in Teilung); *e, f* Metaphase II; *g* Anaphase II; *h* junge Tetrade (nur 3 Zellen gezeichnet); *i, k* semiheterotype Teilung; *l* Restitutionskern; *m* Monade (nach BÖCHER 1951).

als Birestitution bezeichnet wird und die Bildung von tetraploiden Pollenkörnern zur Folge haben muß.

Die Dyaden dagegen sollten unreduziert sein (diploid im Falle diploider Apomikten, wie HBH, triploid im Falle triploider Apomikten). Tatsächlich wurden denn auch erste Pollenkornmitosen mit der haploiden und solche mit der diploiden, unreduzierten Chromosomenzahl gefunden. Ferner traten auch Pollenkörner auf, die vor dem Einsetzen der Mitosen schon zweikernig waren.

Pseudoillyricum-Typus und pseudohomöotype Teilung kommen nach BÖCHER (1951) bei triploiden Pflanzen aus Eqaluit vor (Abb. 50). Wie weiter unten eingehender beschrieben wird, ist der *Pseudoillyricum*-Typus dadurch charakterisiert, daß die RT_I nicht zu Ende geführt wird, sondern in einen Kontraktionszustand des Kernes übergeht (Abb. 50*c*—*e*). Bei *Arabis holoboellii* beginnt dieser Meiosetypus mit mitoseähnlichen Chromosomen (Abb. 50*a*, *b*), die völlig asyndetisch sind, sich verkürzen und nach Auflösung der Kernmembran geringe Anaphasebewegungen durchführen (Abb. 50*c*). Darauf wird dicht um

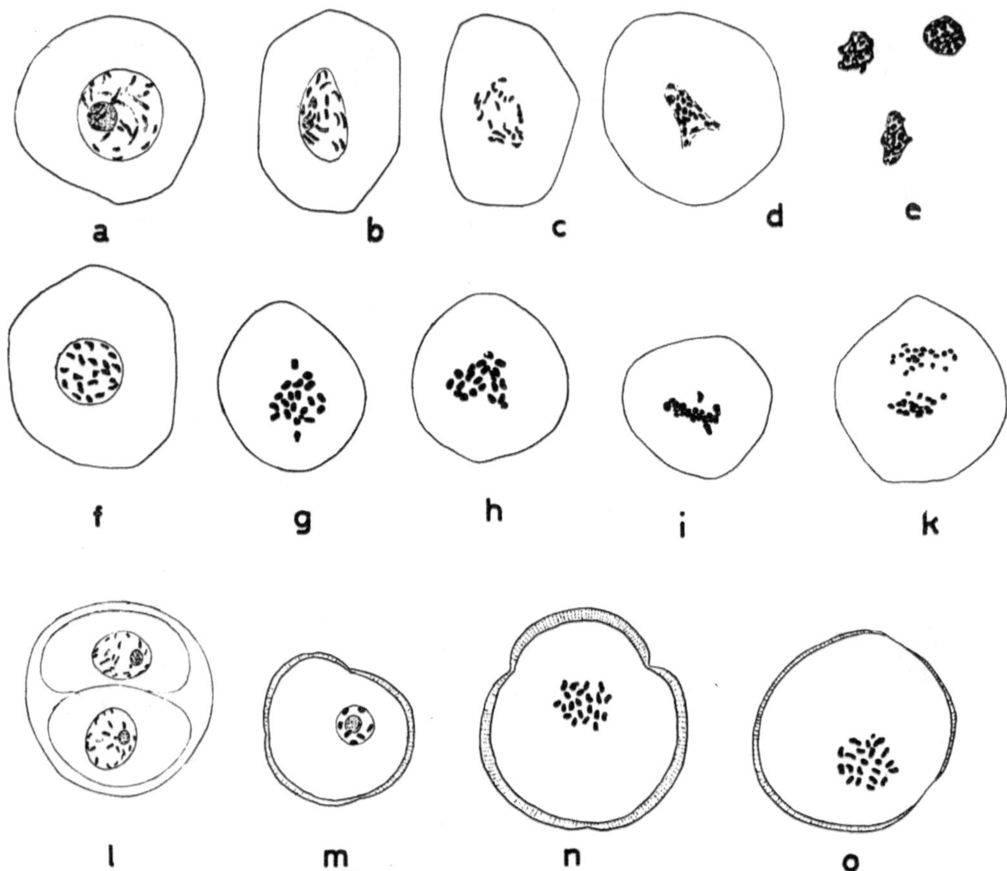

Abb. 50. Meiosen der PMZ triploider, apomiktischer *Arabis holoboellii* aus Eqaluit; *a*—*k* *Pseudoillyricum*-Typus; *a* Prophase; *b*—*d* Übergang zum Kontraktionsstadium; *e* Kontraktionskerne; *f* Interkinese; *g*, *h*, *i* Prometaphase II; *k* Anaphase II; *l* junge Dyade; *m* reduziertes Pollenkorn einer diploiden Pflanze; *n*, *o* unreduzierte Pollenkörner einer triploiden Pflanze (nach BÖCHER 1951).

die Chromosomengruppe eine neue Kernmembran ausgebildet. Die Kontraktionskerne sind deshalb meist etwas langgestreckt (Abb. 50*d*). Sie gehen nach einiger Zeit in sog. Prometaphasen (Abb. 50*f*) über, d. h. nehmen rundlichovale Form an und lassen die Chromosomen erkennen. Die RT_{II} wird mehr oder weniger regelmäßig durchgeführt (Abb. 50*g*—*k*), worauf Dyaden (Abb. 50*l*) ausgebildet werden.

Da innerhalb der Pollensäcke alle PMZ im selben Teilungsstadium sind, ist es offenbar nicht leicht, aus der Sequenz der Teilungsvorgänge deren Ablauf lückenlos zu verfolgen. BÖCHER glaubt, neben dem *Pseudoillyricum*-Typus auch pseudohomöotype Teilungen gefunden zu haben. Wir werden weiter unten zeigen, daß dieser Typus nirgends sicher nachgewiesen werden konnte, auch nicht bei solchen Pflanzen, bei denen die Sequenz der Teilungsvorgänge leichter festzustellen ist als bei *Arabis holoboellii*. Die Angaben BÖCHERS über die pseudohomöotypen Meiosen sind daher vorläufig mit Vorsicht aufzunehmen.

Als eine direkte Konsequenz der verschiedenen Teilungstypen der PMZ, welche die Ausbildung von Tetraden, Dyaden oder Monaden zur Folge haben, kommt in den Antheren partiell apomiktischer Individuen von *Arabis holoboellii* Pollen von drei verschiedenen Größenordnungen und entsprechend auch verschiedenen Chromosomenzahlen (Abb. 50*m*—*o*) vor. Sie können als Symptome für den Meiosetypus (reguläre Meiose oder Apomeiose) und für die Verbreitung der Meiosetypen über die Antheren, Blüten und Infloreszenzen benützt werden. Messungen der Pollengröße sind von BÖCHER in großem Ausmaß durchgeführt worden (Tab. 17). Dabei wurde festgestellt, daß die Größe der

Tab. 17. *Pollenkorngröße bei Arabis holoboellii* (nach BÖCHER 1951).

Pollenkorn-Typus	Pollendurchmesser in μ							n
	11,0	13,2	14,3	15,4	17,6	19,8	22,0	
Meiotische Tetraden-Pollen	**72**	28	—	—	—	—	—	50
Haupts. apomeiot. Dyaden-Pollen	2	14	**64**	18	2	—	—	50
Haupts. apomeiot. Monaden-Pollen	—	2	2	20	**56**	16	4	50

Pollenkörner nach der Spitze der traubigen Blütenstände zu abnimmt. Meist werden an der Spitze der Infloreszenzen Tetraden-, in der Mitte hauptsächlich Dyadenpollen und unten Dyaden- und Monadenpollenkörner ausgebildet. Daraus kann geschlossen werden, daß die Syndeseverhältnisse der Chromosomen und die Größe der PMZ von physiologischen Differenzen abhängen, die longitudinal über die Infloreszenzen variieren. Im Gegensatz zu *Rubus caesius* und vielen aposporen Pseudogamen sind es also nicht die Homologieverhältnisse der Chromosomen, welche die Syndese der Chromosomen und den Ablauf der Meiose bestimmen, sondern zellphysiologische Faktoren, die eventuell genotypisch bedingt, jedenfalls aber auch einer phänotypischen Kontrolle unterworfen sind.

5. *Rudbeckia*

Zur gleichen Gruppe diplosporer Pseudogamer gehören vermutlich auch einige *Rudbeckia*-Arten, wie z. B. *R. sullivantii* (2n = 76) (BATTAGLIA 1955b). In den Metaphasen können zwar hauptsächlich Bivalente, daneben aber auch Uni-, Tri- und Quadrivalente gefunden werden. In 70% aller PMZ tritt echte Meiose auf, in den restlichen 30% sind zurückbleibende Chromosomen häufig, und oft werden dann Restitutionskerne ausgebildet. Die RT_{II} ist meist normal, nicht selten kommt aber eine merkwürdige Abweichung vor: Die Spindeln liegen parallel, und die beiden untereinander liegenden Telophasenkerne verschmelzen. Geschieht dies an beiden Polen, entstehen Dyaden, ist die Verschmelzung auf einen Pol beschränkt, entstehen Triaden. Da daneben auch Meiosen mit Kleinkernen existieren, können auch Polyaden beobachtet werden. Restitutionskerne bildet auch die ebenfalls tetraploide Art *R. laciniata* L. (BATTAGLIA 1945*a*, 1963), manchmal sowohl in RT_I wie in RT_{II}, ein Vorgang, der als Birestitution bezeichnet wird. Der Pollen abortiert in diesem Falle aber meistens.

Die RT von *Rudbeckia flava* GREENE, einer sexuellen Pflanze (n = 19), scheint dagegen regelmäßig abzulaufen (BATTAGLIA 1947d). In der Metaphase I können 19 Bivalente gezählt werden. Anaphase I und II laufen normal ab, außer daß in beiden Teilungen Inversionsbrücken auftreten, was für strukturelle Hybridität spricht. Dennoch zeigt die Art regelmäßige Tetraden.

D. Die Meiose der PMZ diplosporer, diploid parthenogenetischer Apomikten

Die Apomikten dieser Gruppe haben sich, was ihre männlichen Meiosen betrifft, am meisten von der typischen Meiose entfernt. Unter ihnen existieren kaum mehr Apomikten mit Syndeseverhältnissen, die allein von der Homologie der Chromosomen abhängen. Fast alle Vertreter der Gruppe haben neue Verteilungsmechanismen entwickelt, die auch bei relativ normalen Syndeseverhältnissen wirksam sind. Am eingehendsten sind Apomikten der Untergattung *Euhieracium*, der Gattungen *Taraxacum*, *Chondrilla*, *Antennaria* und *Erigeron* untersucht.

1. *Hieracium*

Die Pionierleistung auf diesem Sektor der Apomixisforschung wurde von ROSENBERG (1917, 1926, 1927) an Arten der Gattung *Hieracium* (Untergattung *Euhieracium*) erbracht. Er unterschied vier Typen aberranter Meiosen oder semiheterotyper Teilungen: nämlich den *Boreale*-Typus, den *Laevigatum*-Typus, die Restitutionskernbildung und den *Pseudoillyricum*-Typus. Der Terminus „semiheterotype Teilung“ wird hier im weitesten Sinne gebraucht. Ursprünglich hat ROSENBERG (1917) nur den *Laevigatum*-Typus als semiheterotyp bezeichnet.

a) *Boreale*-Typus

genannt nach seinem Vorkommen bei *Hieracium boreale* (2n = 27 und 2n = 36). Wie bei anderen Hieracien und vielen Kompositen überhaupt wird die Untersuchung der aberranten Meiose erleichtert durch die zweifache Serierung der Entwicklungsstadien in den Blütenkörbchen (Abb. 51, dargestellt für *H. umbellatum*):

1. Die Entwicklung der Blüten in den körbchenförmigen Infloreszenzen erfolgt akropetal von außen nach innen. Die Randblüten sind die ältesten.

2. In den Pollenfächern liegen die jüngeren Stadien oben, die älteren unten. Bei parthenogenetischen Arten sind die Fächer sektioniert, d. h. Gruppen von PMZ befinden sich im selben Stadium. Leider treten aber auch Abweichungen auf, indem z. B. einzelne PMZ oder Gruppen davon verspätet in die Teilung eintreten, und dies oft in Randblüten. Eventuell als Folge davon weichen die Meiosen in den Randblüten von jenen der scheibenständigen ab, indem z. B. mehr Bivalente ausgebildet werden. Bei der Interpretation der Teilungsabfolge ist daher Vorsicht geboten. Manche Differenzen zwischen den verschiedenen Forschern beruhen vermutlich auf Fehlinterpretationen infolge solcher Störungen der Teilungsabfolge.

Nach ROSENBERG (1926/27, 1930) ist die Syndese der triploiden Rassen von *Hieracium boreale* ($2n = 27$) relativ schlecht. Statt $9_{II} + 9_{I}$ werden nur ca. 3—$4_{II} + 21$—19_{I} ausgebildet, die tetraploide Rasse zählt ebenfalls weniger Bivalente als erwartet (9—10_{II}, Abb. 52*a*, *b*). Die Bivalente und ein Teil der Univalente wandern in die Äquatorialebene (Abb. 52*d*, *e*), wo die homologen Chromosomen der Bivalente sich trennen, die Univalente aufspalten und als Chromatiden verteilt werden (Abb. 52*f*, *g*). Die übrigen Univalente sind über der Spindel verstreut und werden, ohne sich zu teilen, unregelmäßig auf die Pole

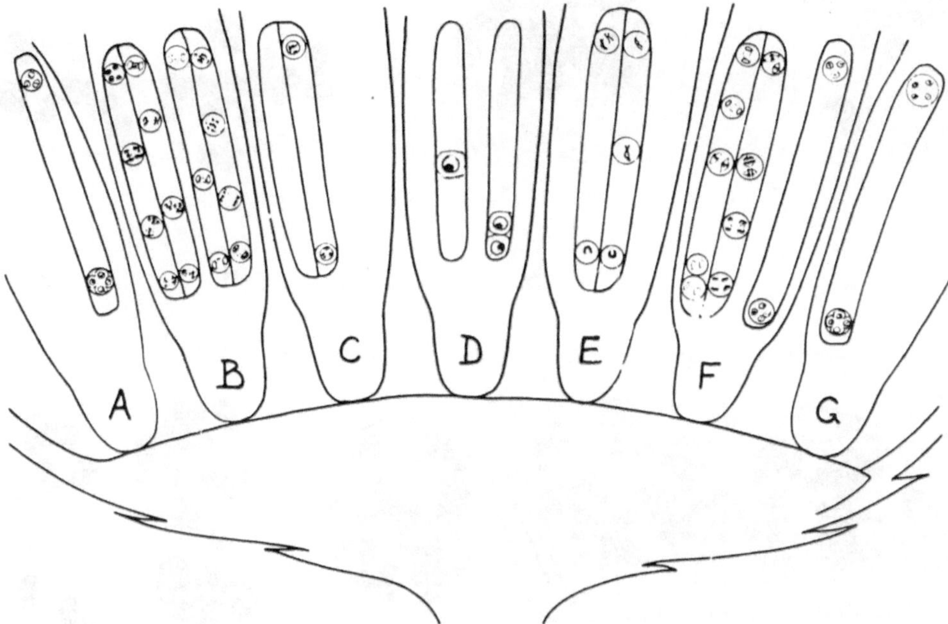

Abb. 51. Schematischer Längsschnitt durch ein Blütenkörbchen von *Hieracium umbellatum* (nach ROSENBERG 1926).

verteilt: bei der tetraploiden Rasse z. B. treten 13 : 23- statt 18 : 18-Verteilungen auf. Auf die Anaphase I folgt bisweilen eine Zellteilung, so daß Dyaden, allerdings mit verschieden großen Kernen, gebildet werden. Manchmal werden auch drei Gruppen von Chromosomen ausgebildet, oder es entsteht ein Restitutionskern. Die RT_{II} ist regelmäßig, d. h. die Verteilung der Tochterchromatiden auf die Pole ist nicht gestört. Die Doppelnatur der Chromosomen ist oft schon in der Interkinese sichtbar (Abb. 52c_1 und c_2, c_3). Die Chromatiden werden regelmäßig verteilt, doch können auch in dieser Teilung verspätete Tochterchromosomen auftreten. Vermutlich handelt es sich um die Spalthälften der in der RT_{I} geteilten Chromosomen. Die erneut einsetzende Zellteilung führt nun zur Bildung von Tetraden mit oft verschieden großen Kernen, im Falle von Kleinkernbildung in der RT_{II} auch zu Polyaden. Als Abweichung kann beim *Boreale*-Typus auch völlige Asyndese vorkommen. Solche PMZ leiten über zum

b) *Laevigatum*-Typus

Charakteristisch für diesen Typus semiheterotyper Teilung ist totale Asyndese: In der Diakinese und Metaphase der RT_I werden nur Univalente ausgebildet (Abb. 53*a*—*c*), eine Synapsis findet nicht statt. Die Chromosomen sind jedoch

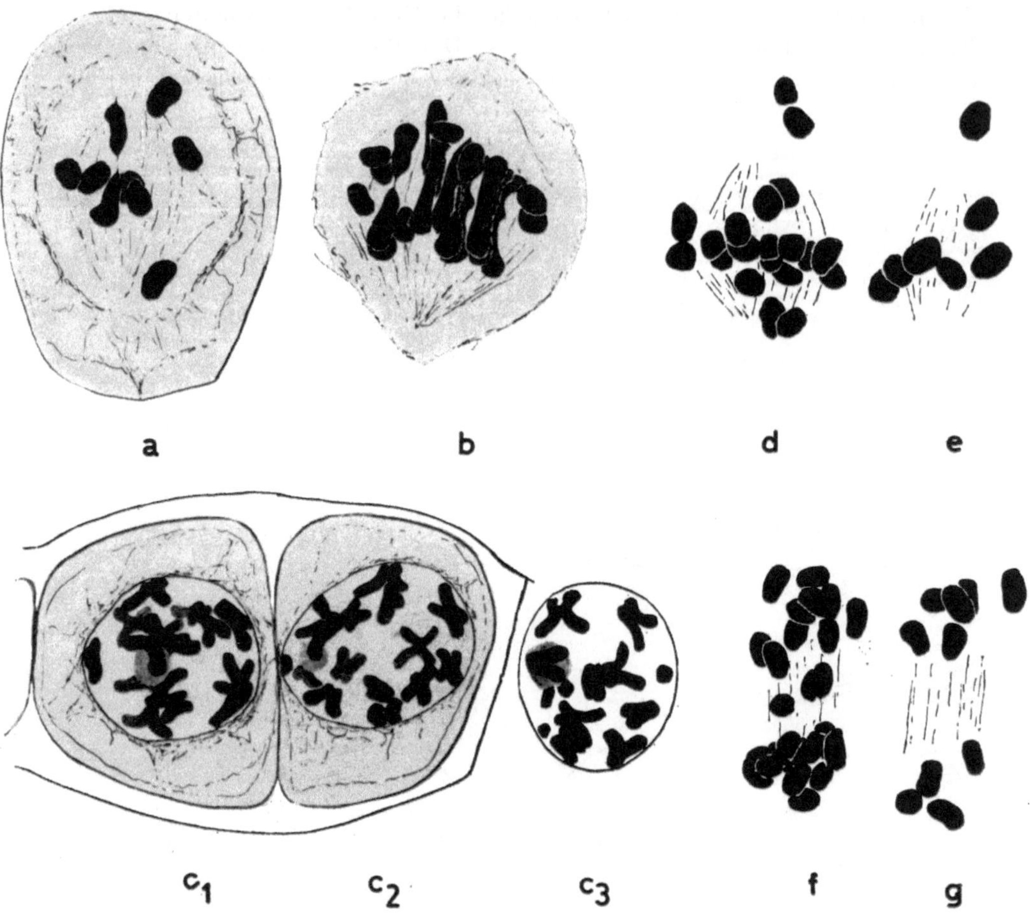

Abb. 52. Meiosen der PMZ diploid parthenogenetischer *Hieracium*-Arten: 1) *Boreale*-Typus; *a*—*g* *H. boreale*; *a*, *b* PMZ in Metaphase, 10 Gemini; c_1 und c_2, c_3 2 Interkinesekerne, Kern c_2, c_3 in 2 Schnitten, Chromosomen in Chromatiden aufgespalten; *d*, *e* Metaphase I in 2 Schnitten; *f*, *g* Anaphase I in 2 Schnitten (nach ROSENBERG 1927).

meist meiotisch verkürzt, nur selten langgestreckt wie bei Mitosen. Ein Teil der Univalente sammelt sich in der Äquatorialebene, der Rest ist über die Spindel verstreut (Abb. 53*c*). Die Metaphase I geht rasch in die Anaphase I über, d. h. die univalenten Chromosomen verteilen sich nach verschiedenen Zahlenverhältnissen auf die beiden Pole der Kernspindel. Dabei können recht extreme Differenzen im Chromosomengehalt der beiden Tochterkerne auftreten (z. B. 3 : 24 bei Triploiden). Die RT_{II} ist regelmäßig (Abb. 53*e*—*h*). Die verschiedene Größe der Tetradenkerne ist wieder nur auf die Unregelmäßigkeit der Anaphase I zurückzuführen. Im extremen Falle können die Tetraden auch degenerieren. Ferner kommt es oft auch zu Restitutionskernbildung (siehe diese).

Laevigatum-Typus der männlichen Meiose wurde von Rosenberg (1926/27) für die triploiden Arten *H. alpinum, lacerum, laevigatum* und *umbellatum* (f. *apomicta*) beschrieben. Gewisse Differenzen kommen vor. Sie betreffen vor allem die Form der Univalente, diese können mehr meiotisch verkürzt oder V-förmig mitotisch sein. Andere Aberrationen betreffen die randständigen Blüten allein, einzelne PMZ runden sich ab und treten verspätet in die Teilung ein. Dabei können oft Bivalente gefunden werden, d. h. es sind offenbar Übergänge zum *Boreale*-Typus möglich.

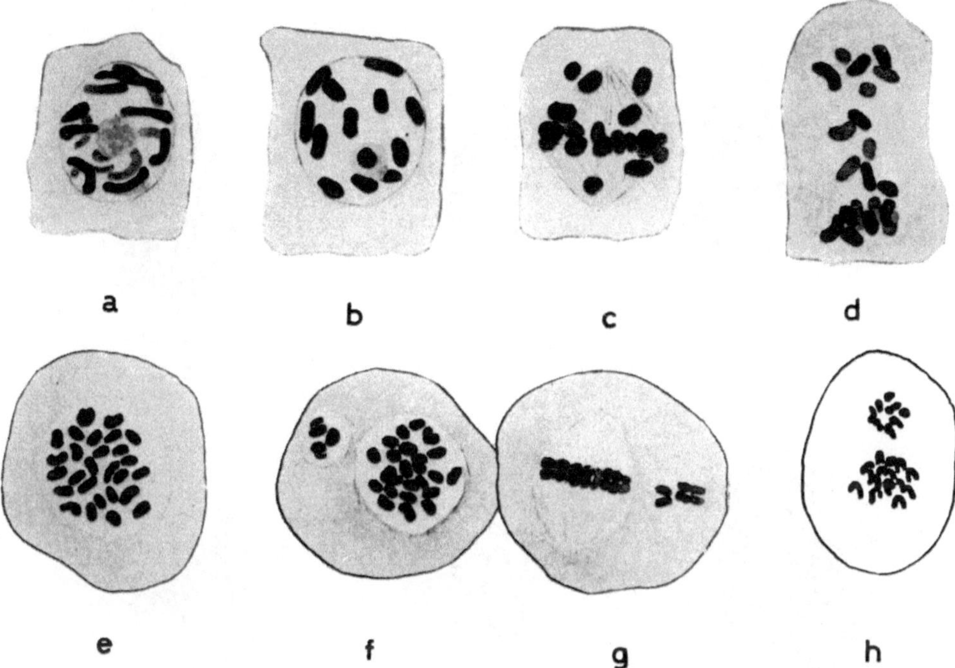

Abb. 53. Meiose der PMZ diploid parthenogenetischer *Hieracium*-Arten: 2) *Laevigatum*-Typus; *a—d H. laevigatum*; *a, b* Prophase I; *c* Metaphase; *d* Anaphase; *e—h H. lacerum*; *e* diploide Metaphase II eines Restitutionskerns; *f, g* PMZ in Metaphase II; *h* Anaphase II (nach Rosenberg 1927).

Aufschlußreich für die Interpretation degenerierter Meiosen vom *Laevigatum*-Typus sind in dieser Hinsicht vor allem die Untersuchungen von Bergman (1935b) an einer apomiktischen Form von *Hieracium umbellatum* (Abb. 84*a—c*). Vergleichend-morphologische Studien an Mitosechromosomen ergaben, daß die Form autotriploid sein könnte: Für wenigstens zwei Chromosomentypen sind Dreiergruppen festgestellt worden (Abb. 84*d—f*). Für Autotriploidie spricht auch das meiotische Verhalten der Chromosomen in den PMZ der randständigen Blüten: Trivalente werden häufig gefunden (in einem Falle 5_{III}!). Die scheibenständigen Blüten hingegen zeigten in der PMZ völlige Asyndese und entsprechend dann semiheterotype Teilung i. e. S. oder Restitutionskernbildung. Wenn irgendwo, dann wird also hier ersichtlich, daß Asyndese nicht von mangelnder Homologie herrühren kann, sondern andere, vermutlich zellphysiologische Ursachen haben muß.

Wie oben erwähnt, kann neben semiheterotypen Teilungen vom *Boreale-* oder *Laevigatum-*Typus bei Pflanzen mit hochgradiger Asyndese die Verteilung der Uni- und Bivalente ganz unterbleiben. Dann spricht man von

c) Restitutionskernbildung

Sowohl beim *Boreale-* wie auch beim *Laevigatum-*Typus tritt an Stelle der Tochterkernbildung ein Vorgang, bei dem alle Chromosomen in einen einzigen Kern, eben einen Restitutionskern, eingeschlossen werden (Abb. 54*a*—*d*). Dieser

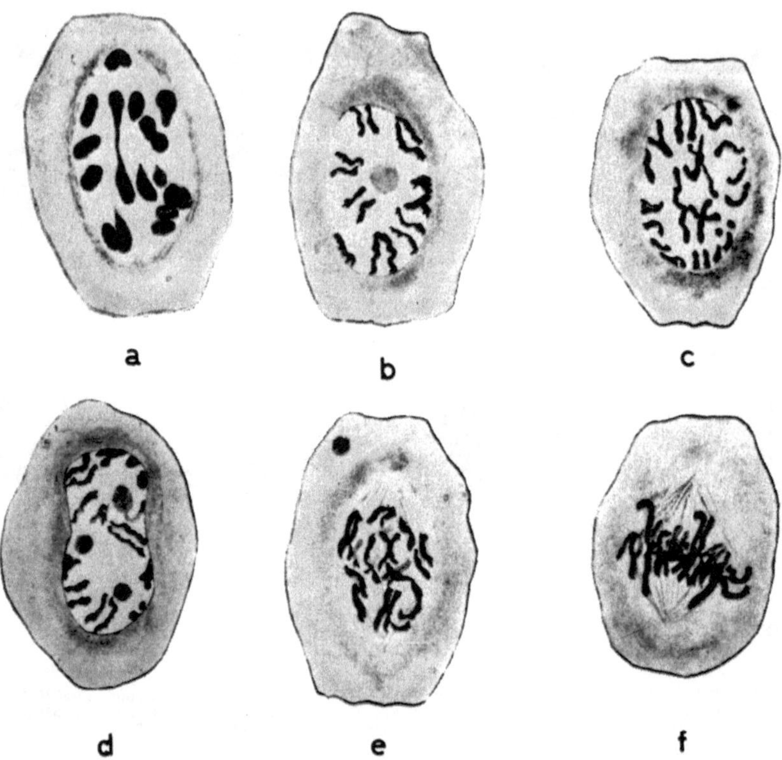

Abb. 54. Meiose der PMZ diploid parthenogenetischer *Hieracium-*Arten: 3) Restitutionskernbildung; *a*—*f H. boreale*; *a* Metaphase I mit 2_{II}; *b*—*d* Restitutionskerne in Interkinese mit deutlich sichtbaren geteilten Chromosomen; *e*, *f* homöotype Teilung des Restitutionskerns (nach Rosenberg 1927).

Vorgang erfolgt häufig im Verlaufe der Anaphase, d. h. die Chromosomen machen Anaphasebewegungen durch. In diesem Falle sind die Restitutionskerne oft hantelförmig, was häufig Anlaß dazu gegeben hat, sie als Amitosen zu interpretieren. Wie bei semiheterotypen Interkinesen sind die Chromosomen der Restitutionskerne als Doppelstrukturen leicht kenntlich, nur entspricht ihre Frequenz jener der somatischen Chromosomenzahl. Darauf wird die RT_{II} durchgeführt, manchmal mit meiotisch verkürzten, manchmal mit mitotisch langen Chromosomen (Abb. 54*e*, *f*). Die Verteilung der Tochterchromosomen ist gewöhnlich durchaus regelmäßig, so daß zwei gleichgroße unreduzierte Dyadenkerne entstehen, die, sofern nur Univalente gebildet werden, auch genetisch identisch sind. Im Anschluß an diesen stark gestörten Ablauf der Meiose entstehen natürlich auch unreduzierte Pollenkörner.

Eine etwas abgeänderte Form der Restitutionskernbildung, die zum nächsten Typus der semiheterotypen Teilung überleitet, ist von ROSENBERG (1926/27) für *H. lacerum* ($2n = 27$) beschrieben worden. Die Meiose beginnt wieder mit univalenten Chromosomen, doch kommen die Kerne nicht über die Prophase hinaus, es setzt vielmehr schon in der Prophase eine Kontraktion der Kerne ein, worauf dann die Vorbereitung zu der RT_{II} erfolgt, die normal abläuft, so daß wieder Dyaden mit unreduzierten Kernen gebildet werden.

d) *Pseudoillyricum*-Typus

Dieser Typus, der zuerst für *Hieracium pseudoillyricum* beschrieben wurde, ist ähnlich dem bei *H. lacerum* gefundenen, nur daß keine Prophase I zu finden ist. Die Kontraktion der Kerne der PMZ erfolgt noch in der Interphase (vor der Prophase I, Abb. 55*b*—*d*). Daran schließen sich Interkinesekerne mit Chromosomen, die wie beim Restitutionskern deutlich Doppelstruktur erkennen lassen (Abb. 55*e*—*h*). Der Kern geht dann in die RT_{II} über, die viel Ähnlichkeit mit einer Mitose hat. Im Gegensatz zur somatischen Mitose steht beim *Pseudoillyricum*-Typus nur das Kontraktionsstadium: dies ist das einzige äußere Zeichen dafür, daß keine Mitose, sondern eine abgewandelte, „degenerierte" Meiose vorliegt. Meiosen vom *Pseudoillyricum*-Typus können im selben Blütenkörbchen gemeinsam mit Restitutionskernbildung vorkommen (Abb. 55*l*—*n*).

Die Befunde ROSENBERGS sind später an Arten der Untergattung *Euhieracium* mehrfach bestätigt und erweitert worden (GENTCHEFF und GUSTAFSSON 1940a, GENTCHEFF 1941, GUSTAFSSON 1942a, FAGERLIND 1947c), wobei besonders den Bedingungen der Meiosedegeneration und ihrer Interpretation nachgegangen wurde. Auf die Untersuchungen über die genetische und phänotypische Kontrolle dieses Vorgangs soll in einem späteren Kapitel eingegangen werden. Jetzt seien nur jene Analysen besprochen, die eine genauere Beschreibung des Teilungsablaufs und ihrer Zusammenhänge gestatten. Hier ist von besonderem Interesse die Arbeit FAGERLINDS (1947c), in welcher gezeigt wird, daß Restitutionskernbildung nicht den Ablauf der Meiose bis zur Anaphase voraussetzt, sondern in verschiedenen Phasen einsetzen kann, wobei sogar Beziehungen zur normalen Meiose bestehen. FAGERLIND konnte zeigen, daß Restitutionskerne außer in der Anaphase (*H. boreale* nach ROSENBERG, *H. sabaudum*) auch in der Metaphase (*H. alpinum*, *H. pulmonarioides*, z. T. auch bei *H. pseudoillyricum* und *H. laevigatum*), Prometaphase (z. T. *H. laevigatum*), Diakinese (*H. lacerum* nach ROSENBERG 1926/27) und Prophase, wozu offenbar *H. pseudoillyricum* gerechnet wird, entstehen können.

In Übereinstimmung mit ROSENBERG (1926/1927, S. 259) wird angenommen, daß Restitutionskernbildung durch vorzeitige „Erreichung des Interkinesestadiums zustande kommt", wobei die Verschiedenheiten der Fälle darauf beruhen, daß der Eintritt in dieses Stadium zu verschiedenen Zeitpunkten erfolgt. Ein analoger Vorgang, die Kernkontraktion, kommt auch bei normaler Meiose im Übergangsstadium zwischen Ana- und Telophase vor (also später als bei Pflanzen mit Restitutionskernbildung).

Zu den schon von ROSENBERG beschriebenen Typen aberranter Meiosen bei *Hieracium* fügen GUSTAFSSON und NYGREN (1946) noch eine neue hinzu, eine mehr oder weniger typische Mitose, nachdem schon vorher analoge Stadien bei *H. lapponicum* (Gustafsson 1935) und *H. umbellatum* f. *apomicta* (Gentcheff 1941) gefunden worden sind. Dazu ist allerdings zu bemerken, daß Gustafsson (1935) bei *H. lapponicum* eine leichte Kontraktion des Prophasekerns beobachtet hat, so daß mindestens für diese Art nicht ganz ausgeschlossen ist, daß sie doch als

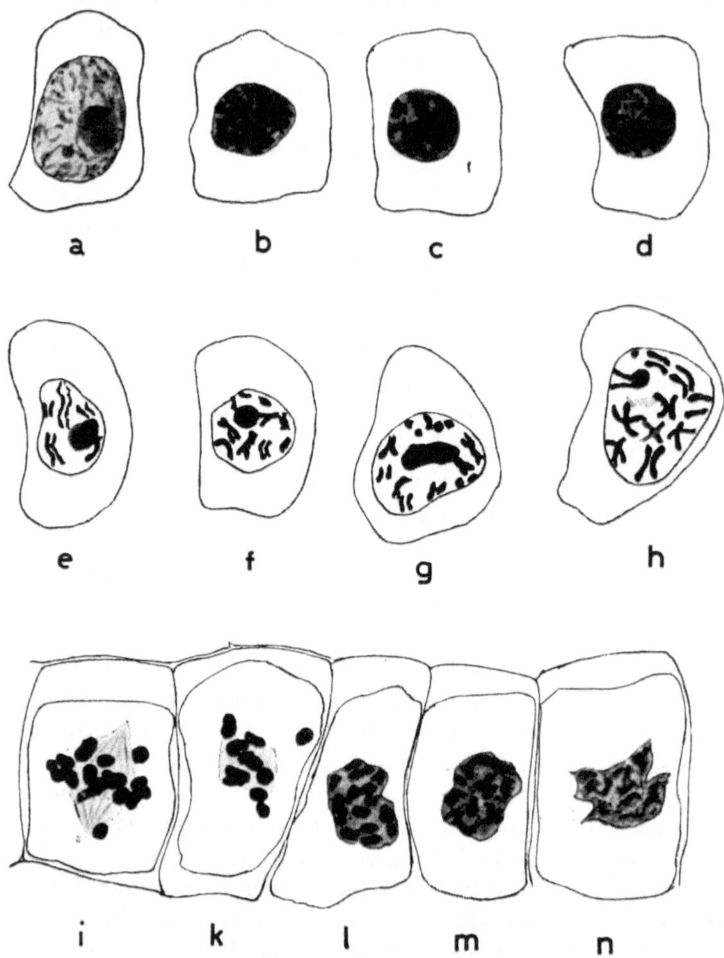

Abb. 55. Meiose der PMZ diploid parthenogenetischer *Hieracium*-Arten: 4) *Pseudoillyricum*-Typus; *a*—*n H. pseudoillyricum*; *a* Prophase; *b*—*d* Kontraktionskerne; *e*—*h* Interkinesekerne mit geteilten Chromosomen; *i*, *k* semiheterotype Metaphase; *l*—*n* als Restitutionskerne gedeutet (nach Rosenberg 1927).

Grenzfall zum *Pseudoillyricum*-Typus zu zählen ist. Unter bestimmten Bedingungen (hohe Temperatur) hat schon die Prophase von *H. robustum* mitotisches Aussehen, eine Kontraktion der Kerne tritt nicht ein (oder ist zumindest nicht beobachtet worden), die langen Chromosomen ordnen sich in die Äquatorialebene ein, und ihre Chromatiden werden wie bei einer normalen Mitose auf die beiden Pole der Spindel verteilt. Eine zweite Teilung findet nicht statt. Neben dieser völlig „mitotisierten" Meiose (deren Zuteilung zur RT_I mir indessen strittig zu sein scheint, da doch ein Übersehen einer Kernkontraktion in der Inter- oder

Prophase so leicht möglich ist) existieren dann auch verschiedene aberrante Meiosetypen, wie sie oben beschrieben worden sind, wie z. B. *Laevigatum*-, *H. boreale*- und *H. lacerum*-Typus. Mitotische Teilungen der PMZ sind, wie weiter unten besprochen werden soll, auch bei anderen Apomikten, z. B. *Calamagrostis*, gefunden worden.

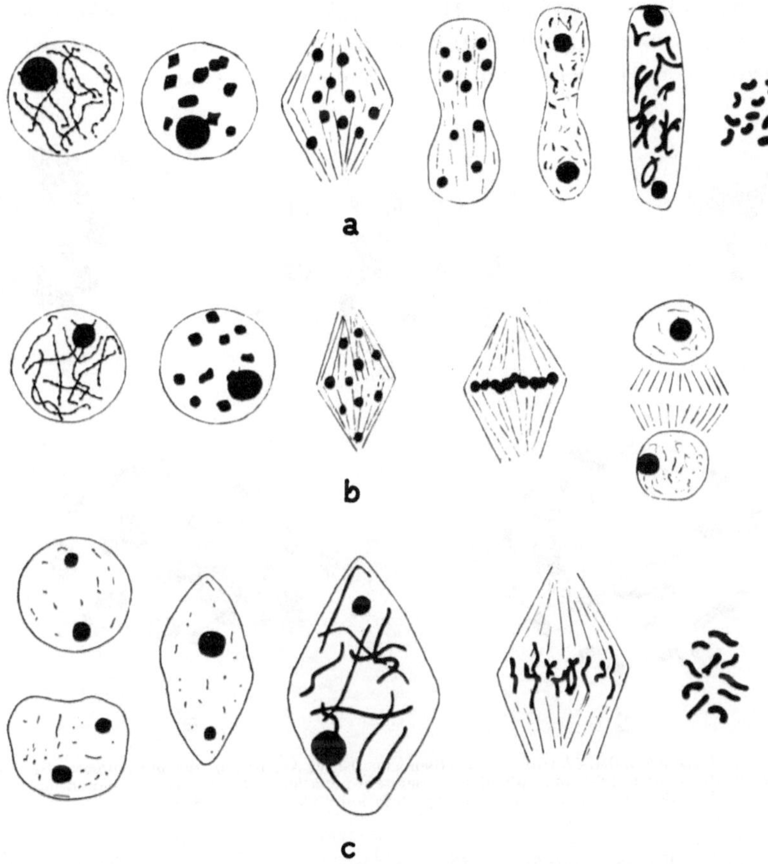

Abb. 56. Schemata der Restitutionskernbildung (*a*), der pseudohomöotypen Teilung (*b*) und der sog. somatischen Teilung (*c*) der EMZ (nach GUSTAFSSON 1935).

Eine von GUSTAFSSON 1935 entworfene, schematische Darstellung der bis jetzt besprochenen Meiosetypen diplosporer Hieracien ist in Abb. 56 wiedergegeben. Aberrante Meiosen vom Typus der *Hieracium*-Arten sind später auch bei anderen Apomikten gefunden worden. Besonders eingehende Studien liegen für die Gattungen *Taraxacum*, *Chondrilla* und *Erigeron* vor. Hier sollen vor allem die Apomikten der Gattungen *Taraxacum* und *Chondrilla* noch eingehend beschrieben werden.

2. *Taraxacum*

Die Meiose sexueller Arten der Gattung ist von PODDUBNAJA-ARNOLDI und DIANOWA (1934) an diploiden Arten und ihren Hybriden, unter anderem auch an *T. kok-saghyz*, untersucht worden. Die Meiosen der diploiden Arten sind völlig normal (8_{II} in der Metaphase), ebenso auch die Pollen- und Embryosackentwicklung. Dagegen erweisen sich die F_1-Hybriden trotz guter Paarung der entsprechenden Chromosomen als völlig steril, da Pollenkörner und Embryosäcke degenerieren.

Etwas abweichend verhält sich die von MALECKA (1961) untersuchte asexuelle und diploide Art, *T. pieninicum* PAWL. In ca. 75% aller Infloreszenzen läuft zwar die Meiose durchaus normal ab (8_{II} in der Metaphase I), und es werden typische Tetraden ausgebildet. Die zentralen Blüten der übrigen Körbchen zeigen hingegen mannigfache Störungen, und zwar in allen Versuchsjahren und bei verschiedenen Temperaturen, so daß zumindest der Einfluß der Temperatur

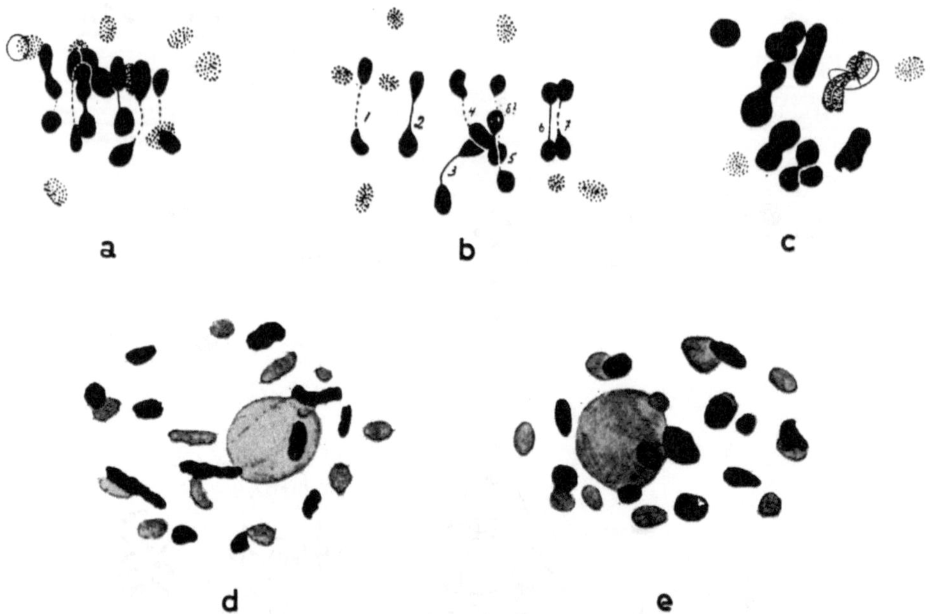

Abb. 57. Meiose der PMZ und EMZ triploider parthenogenetischer Arten: *Taraxacum kalbfussii*; *a*—*c* männliche Meiosen mit Bi- (bei *c* auch Tri-) und Univalenten (letztere punktiert); *d*, *e* weibliche Meiosen mit lauter Univalenten, z. T. mit „secondary association" (nach GUSTAFSSON 1934b).

als auslösender Faktor wegfällt. Da die Störungen nur die zentralen scheibenständigen, nicht aber die Randblüten befallen, denkt MALECKA an Ernährungseinflüsse.

Die Störungen beginnen damit, daß neben Bivalenten auch einzelne Univalente auftreten, z. B. $7_{II} + 2_{I}$ statt 8_{II}. Andere PMZ zeigen sogar komplette Asyndese. Die Univalente bleiben oft liegen und bilden Kleinkerne, gelegentlich werden sie in die Tochterkerne eingeschlossen, wobei die Verteilung unregelmäßig ist (z. B. 7 : 9 statt 8 : 8). Die PMZ mit totaler Asyndese können zu Restitutionskernbildung übergehen. Daraus resultieren Dyaden und im Anschluß daran auch Riesenpollenkörner.

Im Gegensatz zu anderen diploiden und sexuellen *Taraxacum*-Arten ist das Pollenbild von *T. pieninicum* sehr variabel. Interessanterweise scheint hingegen die Meiose in den Samenanlagen völlig normal zu sein, es werden reguläre Tetraden ausgebildet; der Embryosack, der aus einer chalazalen Makrospore hervorgeht, ist normal.

Kürzlich sind von FÜRNKRANZ (1960) im Raume Wien eine Reihe diploider *Taraxaca* gefunden worden, nachdem ELISABETH TSCHERMAK-WOESS (1949) schon vorher über einige diploide *Taraxacum*-Arten der gleichen Gegend berichtet hat. Leider sind bis jetzt noch keine Meioseuntersuchungen an diesem Material durchgeführt worden. Hingegen gibt FÜRNKRANZ (1960) an, daß Diploidie im Gegensatz zu Triploidie oder Tetraploidie stets mit der Ausbildung von regulärem Pollen verknüpft ist, was auf normalen Ablauf der Meiose der Diploiden hinweist.

Die männlichen Meiosen apomiktischer *Taraxacum*-Arten sind mehrfach analysiert worden, so z. B. von GUSTAFSSON (1932, 1934b, 1935, 1938), PODDUBNAJA-ARNOLDI und DIANOWA (1934). Die Analysen ergeben ein außerordentlich variables Bild, angefangen bei relativ regulären Meiosen mit normalen Tetraden bis zu extremen Störungen, wie sie etwa bei *Hieracium*, Untergattung *Euhieracium*, auftreten, und Dyaden oder sogar Monaden zur Folge haben. Die Syndeseverhältnisse sind in der Regel relativ gut, allerdings meist verändert durch das Auftreten von Multi- und Univalenten. Triploide Arten, z. B. *T. kalbfussii* HAND. MAZZ. (2n = 24) (Abb. 57*a*—*c*), zeigen oft 8_{II}, daneben erscheinen aber auch Trivalente und, wie zu erwarten, Univalente. So werden z. B. die Konfigurationen $1_{III} + 6—7_{II} + 9—7_{I}$ angegeben. Die Metaphasen sind oft durch „secondary association" ausgezeichnet: Auftreten von Chromosomenpaaren, die nicht als Bivalente bezeichnet werden können. Die Verteilung der Chromosomen ist, wie üblich bei Triploiden, besonders wegen des Vorhandenseins von Univalenten, nicht regelmäßig. Im Anschluß an die Meiose entstehen dann oft Polyaden (Tab. 18):

Tab. 18. *Tetradenbildung bei T. kalbfussii* (nach GUSTAFSSON 1935).

Zahl der Kerne nach der RT_{II}	2	3	4	5	6	7	8	n
Zahl der PMZ	—	1?	71	15	6	—	—	93

Bei anderen triploiden *Taraxacum*-Arten, z. B. bei manchen *Vulgaria*, sind die Störungen ausgeprägter. Semiheterotype Teilungen und Restitutionskernbildung kommen vor, die PMZ können auch völlig degenerieren, so daß dann überhaupt kein Pollen ausgebildet wird (z. B. *T. litorale*). Das gleiche gilt auch für die *Palustria*, wie *T. paluster*, *T. lanceolatum*.

Ähnlich verhalten sich die Tetraploiden. In den Diakinesen und Metaphasen I erscheinen neben Bivalenten Multi- und Univalente. Die Tetraden sind auch hier nicht völlig regelmäßig. *T. alpinum* (2n = 32) z. B. bildet, obschon oft komplette Paarung vorkommt (16_{II}), Polyaden (4%) und Dyaden (2,1%) aus.

Eingehend ist die hexaploide Art, *T. nordstedtii* DT (2n = 48), untersucht worden (GUSTAFSSON 1935). Auch hier erscheinen Uni- bis Trivalente. Die Chiasmata sind zum größten Teil terminalisiert. Die Zahl der Univalente geht aus folgender Tabelle hervor:

Tab. 19. *Univalente bei T. nordstedtii DT* (nach GUSTAFSSON 1935).

Anzahl Univalente	0	1	2	3	4	5	6	7	8	n
Anzahl PMZ	21	16	13	5	8	5	—	—	1	69

Die guten Syndeseverhältnisse sind vermutlich der Grund für die regelmäßige Tetradenbildung. Dyaden fehlen gänzlich, einige wenige Pentaden wurden beobachtet.

Diese kurze Darstellung der Ergebnisse GUSTAFSSONS zeigen wohl deutlich genug, daß die männliche Meiose apomiktischer *Taraxacum*-Arten trotz durchschnittlich guter Chromosomenpaarung, die oft nicht schlechter ist als jene bei mancher aposporen, pseudogamen Art, von den verschiedensten Anomalien begleitet sein kann: Semiheterotype Teilung, Restitutionskernbildung, Degeneration der PMZ, Plasmodienbildung der PMZ kommen neben relativ regulären Meiosen vor, die nur durch das Auftreten von Uni- und Multivalenten und die Schwierigkeiten, die sich bei ihrer Verteilung ergeben, von der Norm abweichen. Es ist daher ganz unwahrscheinlich, daß die Pollenbildung der diplosporen Apomikten nur von den Homologieverhältnissen der Chromosomen allein abhängt. Die degenerativen männlichen Meiosen sind wohl eher Ausdruck genetisch bedingter zellphysiologischer Störungen in der PMZ. Das geht, wie GUSTAFSSON (1935, 1938) mit Recht betont, schon daraus hervor, daß zwischen den Meiosen der PMZ und EMZ derselben Pflanze, sowohl was die Paarung der Chromosomen als auch ihren Verteilungsmodus betrifft, große Differenzen existieren können. Als Beispiel seien *T. kalbfussii* ($2n = 24$) (Abb. 57*a—e*) und *T. nordstedtii* ($2n = 48$) erwähnt, mit guter bis sehr guter Syndese in der PMZ, aber völligem Fehlen von Bi- und Multivalenten in der EMZ. Daß zwischen der PMZ und der EMZ große Differenzen hinsichtlich der Chromosomenpaarung vorkommen können, die nicht auf Unterschieden in den Homologieverhältnissen beruhen, ist in den letzten Jahren nicht selten beobachtet worden. GUSTAFSSON erwähnt eine Arbeit von CLAUSEN (1930), in der für *Viola orphanidis* gezeigt wird, daß ein rezessives Gen die Chromosomenpaarung in den männlichen Organen vollständig unterdrücken kann, während in der EMZ die gleichen Chromosomen konjugieren. Numerische Differenzen in der Anzahl der Chiasmata in Bivalenten der EMZ und PMZ sind von FOGWILL (1958) für Lilien und *Fritillaria* gefunden worden. Auf entsprechende Differenzen haben auch DARLINGTON und LACOUR (1941) aufmerksam gemacht. In diesem Zusammenhang kann auch auf die wohlbekannten Differenzen im Crossing-over weiblicher und männlicher Individuen von *Drosophila melanogaster* hingewiesen werden.

3. *Chondrilla*

Die Arten dieser Gattung stimmen, was die männliche Meiose angeht, am ehesten mit der Untergattung *Euhieracium* überein. Die diploid parthenogenetischen Arten der Gattung, *Chondrilla pauciflora, brevirostris, acantholepis, puncta*, sind mit $2n = 15$ triploid oder wie *Ch. graminea* und *coronifera* tetraploid ($2n = 20$), während für die sexuelle *Chondrilla ambigua* die diploide Chromosomenzahl $2n = 10$ bestimmt wurde (PODDUBNAJA-ARNOLDI 1933, BATTAGLIA 1949). Cytologisch wurde vor allem *Ch. juncea* untersucht (ROSENBERG 1912, PODDUBNAJA-ARNOLDI 1933, BATTAGLIA 1949) und besonders eingehend von BERGMAN (1944, 1950).

BERGMAN (1950) analysierte zwei Rassen, die sich cytologisch voneinander unterschieden und nach ihrer Herkunft von den botanischen Gärten von Stockholm und Uppsala als Stockholm- bzw. Uppsalapflanze bezeichnet wurden.

Die Uppsalapflanze (2n = 15) zeigte eine gute Syndese (Abb. 58*a*—*d*). Statt der erwarteten fünf Bivalente wurden gebildet:

$5_{II} + 5_{I}$ in 7 PMZ
$6_{II} + 3_{I}$ in 18 PMZ
$7_{II} + 1_{I}$ in 2 PMZ.

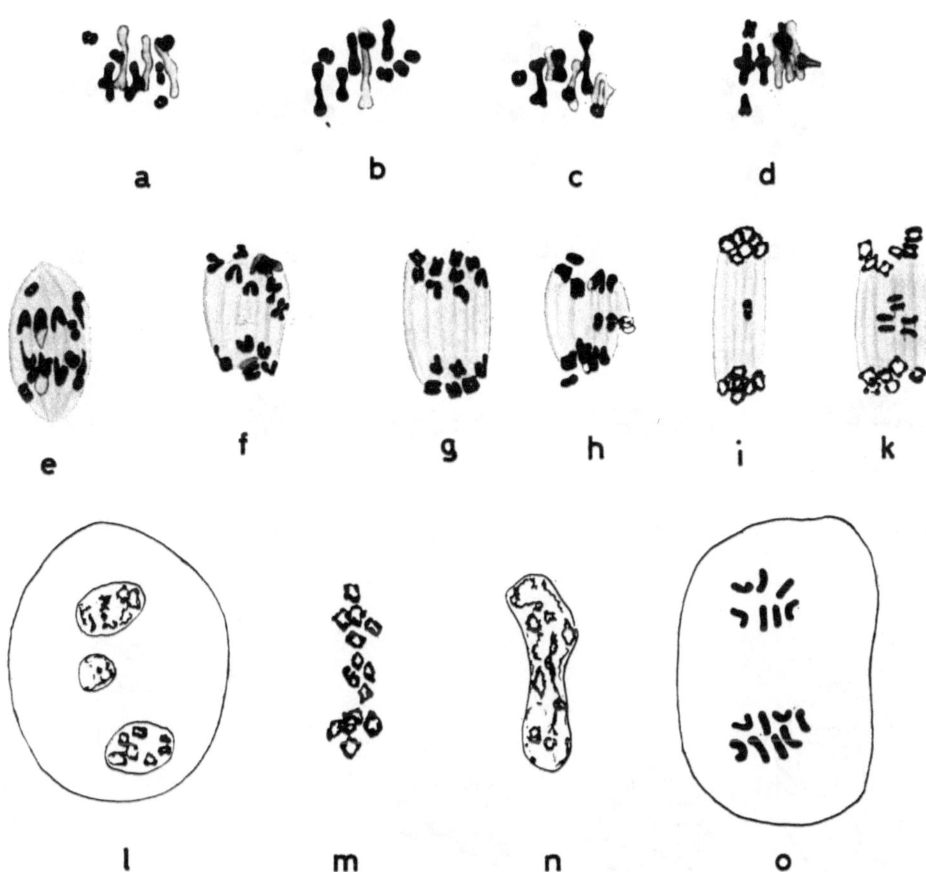

Abb. 58. Meiose der PMZ diploid parthenogenetischer *Chondrilla*-Arten: *Chondrilla juncea*, Uppsalapflanze; *a*—*d* Metaphasen I mit Bi- und Univalenten; *e*—*g* :I: regelmäßige Anaphasen I; *h* Anaphase I mit „lagging" Chromosomen; *i*, *k* Telophasen I mit „lagging" Chromosomen; *l* Interphase mit Mikrokern; *m* Telophase I mit vielen zurückgebliebenen Chromosomen; *n* Restitutionskern; *o* Metaphase II (nach BERGMAN 1950).

Meist trat pro Bivalent nur ein Chiasma auf. Multivalente wurden nie gefunden. Das Vorkommen von überschüssigen Bivalenten spricht für Autosyndese, eventuell hervorgerufen durch strukturelle Umbauten. Während die Bivalente in der Anaphase I regelmäßig verteilt werden (Abb. 58*e*—*g*), verhalten sich die Univalente verschieden: z. T. werden sie in einen der beiden Tochterkerne eingeschlossen, z. T. bleiben sie in der Äquatorialebene liegen und werden dort geteilt (Abb. 58*h*—*k*). Die Anzahl liegenbleibender Chromosomen ist relativ gering, wie folgende Tabelle zeigt:

Chondrilla juncea

Anzahl liegenbleibender Chromosomen in Anaphase I

Anzahl „lagging" Univalente	0	1	2	3	4	5	n
Anzahl PMZ	47	36	13	3	1	—	100

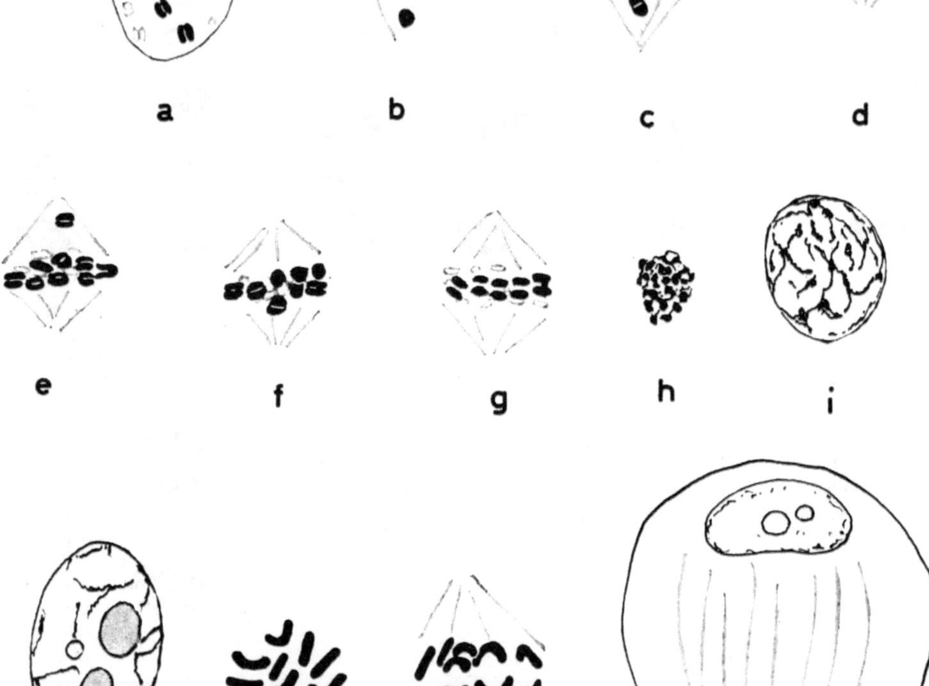

Abb. 59. Meiose der PMZ diploid parthenogenetischer *Chondrilla*-Arten: *Chondrilla juncea*, Stockholmpflanze; *a* Diakinese mit totaler Asyndese; *b—d* Prometaphase I; *e—g* Metaphasen I mit längsgespaltenen Univalenten; *h* Telophase I (Kontraktionskern); *i, k* Interphasekern; *l* Metaphase II (mit 15 Chromosomen); *m* Anaphase II; *n* Dyade (nach BERGMAN 1950).

Dies bedeutet, daß nur wenige Univalente schon in der RT_I geteilt werden. Entsprechend ist die zweite RT relativ regelmäßig (Abb. 58*o*), „lagging" ist selten (unter 68 Anaphasen II nur 2). Als Konsequenz dieser relativ ungestörten Meiosen werden in der Regel normale Tetraden ausgebildet. In geringer Anzahl entstehen aber auch Restitutionskerne (Abb. 58*m*, *n*).

Das Stockholm-Material verhält sich z. T. ähnlich:

a) Die Zahl der Bivalente ist sehr gering ($1_{II} + 13_{I}$ und $2_{II} + 11_{I}$), im Maximum 3_{II}. Die Univalente werden über die Spindel verteilt. In der Anaphase I ist die Verteilung der Bivalente wieder normal; die Univalente, welche in der Äquatorialebene liegen, werden geteilt. Die Verteilung der Univalente ist meist zufällig, so daß Chromosomenverteilungen vom Typus 7 : 8, 6 : 9 usw. vorkommen. Selten werden Restitutionskerne gebildet.

b) In vielen Antheren ist die Asyndese total (Abb. 59*a*). Die Univalente sind schon in der Diakinese geteilt, sie werden zunächst über die Spindel verteilt, sammeln sich aber dann im Äquator (Abb. 59*b*—*d*). Von diesem Zeitpunkt an beginnt die Ausbildung eines Restitutionskerns. Die anschließende RT_{II} verläuft normal mit Chromosomen von mehr mitotischem Charakter (Abb. 59*l*, *m*). In einigen Fällen wurden aber auch Anaphasen II mit stark verkürzten Chromosomen gefunden. Als Konsequenz dieses Teilungsablaufes werden Dyaden (Abb. 59*n*) ausgebildet.

Als wichtigster Unterschied zwischen den Meiosen vom Typus a) und b) wurden von Bergman Differenzen im Bau der Spindel betrachtet: sie ist bei a) langgestreckt, bei b) breit, was darauf hindeutet, daß Differenzen in der Spindelstreckung vorkommen. Sie werden als tiefere Ursache für die beiden Meiosetypen betrachtet, eine Auffassung, der sich Battaglia (1949) nicht anschließen kann. Sowohl Battaglia (1949), der vor allem die Meiose der EMZ untersuchte, wie auch Bergman verneinen die Existenz von sog. pseudohomöotypen Teilungen. Die regelmäßige Teilungsabfolge in den Pollensäcken von *Ch. juncea* schließt ihrer Ansicht nach einen Irrtum aus.

4. *Calamagrostis*

Die männliche Meiose der diplosporen und diploid parthenogenetischen Arten der Gattung *Calamagrostis* ist von Nygren (1946, 1954b) untersucht worden. Da eine Reihe von *Calamagrostis*-Arten sexuell sind, ist in diesem Falle ein Vergleich zwischen Arten mit sexueller und apomiktischer Vermehrung möglich.

Die sexuellen *Calamagrostis*-Arten sind tetraploid oder (eine Art) penta- und hexaploid, wenn wir mit Nygren als Grundzahl $x = 7$ annehmen (während Gustafsson [1946—1947] es für möglich hält, daß sie $x = 14$ beträgt). Nach den meiotischen Konfigurationen zu schließen, liegt für die Tetraploiden hochgradige Alloploidie vor (meist 14_{II}, Abb. 60*a*, *d*, *e*), obwohl gelegentlich auch Quadri- und seltener Trivalente gefunden werden. Höhere Anteile an Multivalenten weist *C. epigeios* ($2n = 42$ und $2n = 56$) auf. Bei der Hexaploiden und Oktoploiden erscheinen Uni- bis Hexavalente. Die Chromosomenpaarung aller Hybriden zwischen den tetraploiden Arten, *C. arundinacea*, *C. canescens*, *C. epigeios* und *C. neglecta*, ist völlig regulär (stets 14_{II}), und die Pollen sind hochgradig fertil. Sie verhalten sich alle wie genomische Allotetraploide. Dies würde voraussetzen, daß je zwei Siebnersätze der Elternarten identisch sind; dann müßte die tetraploide Elternart autotetraploid sein, was mit ihrer Meiose nicht in Übereinstimmung steht (zu wenig Multivalente). Nimmt man mit Gustafsson $x = 14$ als Basiszahl an, dann wäre die Syndese der Hybriden nur unter der Annahme verständlich, daß die Genome der verschiedenen *Calamagrostis*-Arten strukturell ähnlich, fast identisch sind.

Die männliche Meiose der Apomikten *C. chalybaea* (2n = 42), *C. purpurea* (2n = 56—91) und *C. lapponica* (2n = 42—112) ist wie jene von *Hieracium*, *Taraxacum* und *Chondrilla* stark degenerativ und außerordentlich vielgestaltig. Als Beispiel sei *C. purpurea* besprochen. Folgende Entwicklungsvorgänge werden beschrieben:

A. Teilungen vorhanden:
  a) Einzelzellen
    1. Die Meiose läuft nach dem *Hieracium boreale*-Schema (s. S. 104) ab, d. h. es werden z. T. Bi-, meist aber Univalente ausgebildet.
    2. Die Teilung verläuft nach dem *H. laevigatum*-Typus, d. h. es werden nur Univalente ausgebildet.
    3. Auch das *H. pseudoillyricum*-Schema soll vorkommen.
    4. Häufig teilen sich die PMZ rein mitotisch, wobei die Chromosomen unterschiedliche Kontraktion aufweisen. Die PMZ dieses Teilungstypus starten später als jene der oben genannten degenerierten Meiosetypen, und ihr Verhalten steht damit im Gegensatz zu den Angaben, die über die mitotische Teilung bei *Hieracium*-Arten gemacht worden sind.

    Der mitotische Teilungstypus der PMZ ist gekoppelt mit einer Schwellung der PMZ, insbesondere der Kerne, wie die folgende Tab. 20 zeigt:

Tab. 20. *Zell- und Kerngrößen von Zellen von Calamagrostis purpurea mit meiotischer und mitotischer Teilung* (nach Nygren 1946).

Teilungstypus	Zellkern		Zellgröße	
	Variationsbreite Einh.	Mittel Einh.	Variationsbreite Einh.	Mittel Einh.
Meiose	205—373	330 ± 11	2100—15 045	6695 ± 483
Mitotisierte Meiose	733—2949	1569 ± 115	7202—21 207	12 014 ± 696

    Auf die Bedeutung dieses Zusammenhangs für die Interpretation der Teilungstypen werden wir weiter unten (S. 204) eingehen.

  b) Die Zellen bilden Plasmodien:
    1. Die Fusion erfolgt v o r der Meiose bzw. Mitose entweder nur bei einem Teil der Loculi oder im gesamten archesporialen Gewebe. Teilungen treten nur bei der partiellen Plasmodie auf (Abb. 60*o*). Mit wenigen Ausnahmen werden in Antheren mit diesen Anomalien keine Pollenkörner ausgebildet.
    2. Die Plasmodien entstehen während der Meiose bzw. Mitose.

B. Es werden keine Teilungen durchgeführt:
  1. Die PMZ sind frei. Manchmal kann der erste Beginn der Meiose beobachtet werden, sie wird aber nie zu Ende geführt.
  2. Die PMZ bilden Plasmodien mit bis zu 50 Kernen pro Plasmodium. Diakinesestadien kommen selten vor, sonst wie oben.

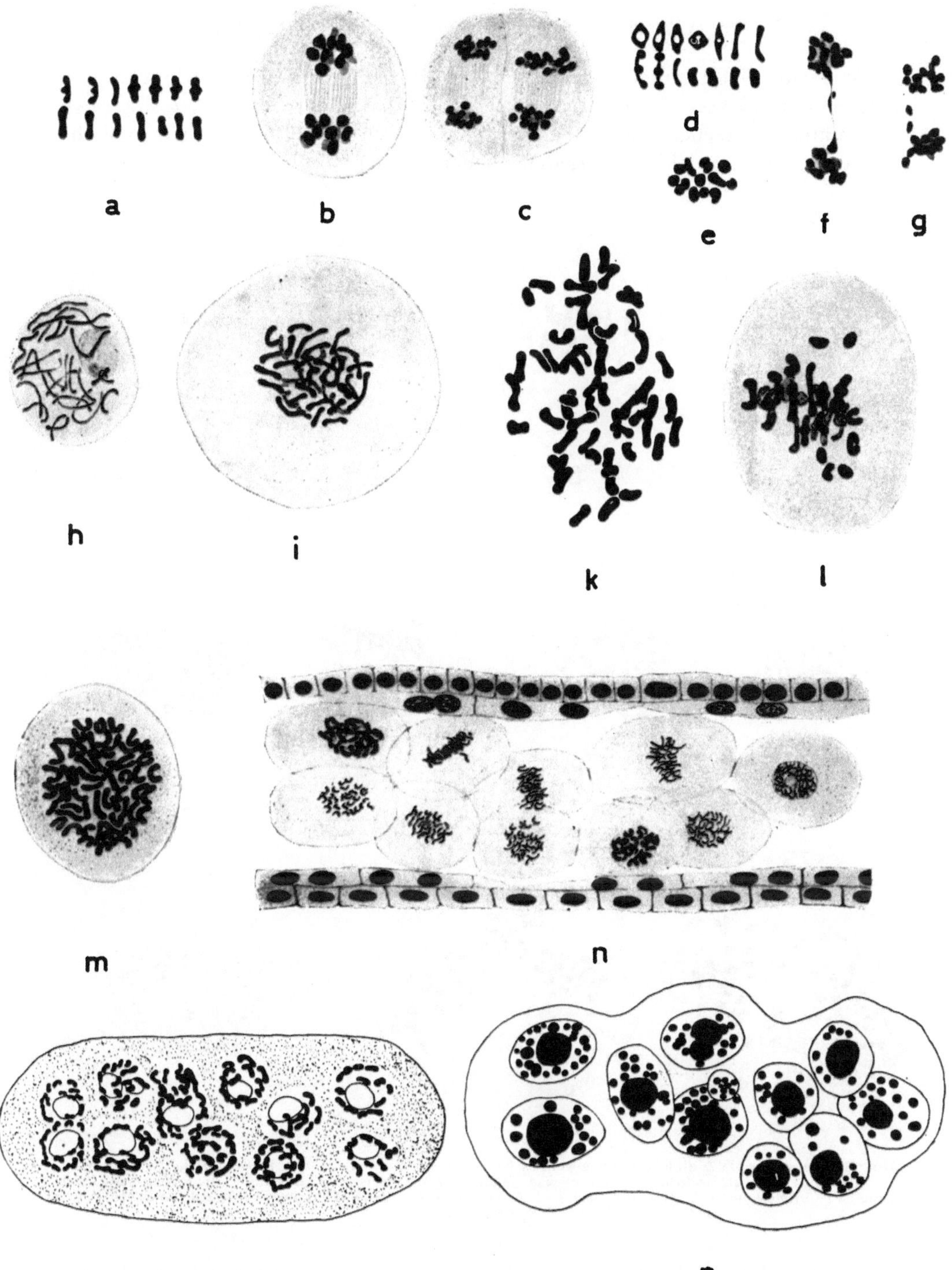

Abb. 60. Meiose der PMZ sexueller und diploid parthenogenetischer *Calamagrostis*-Arten; *a*—*c* *C. varia*; *a* Metaphase I (mit 14_{II}); *b* Anaphase I; *c* Anaphase II (beide regelmäßig); *d*—*g* *C. arundinacea*; *d*, *e* Metaphasen I mit 14_{II}; *f* Anaphase II mit Brücke; *g* Anaphase II mit verspäteten Chromosomen; *h*—*p* *C. purpurea*; *h* spätes Diplotän; *i* Diakinese; *k* Metaphase I (56_{I}); *l* Metaphase I mit Uni- und ungleichen Bivalenten; *m* Metaphase I; *n* Teil eines Pollensackes mit PMZ in Metaphase (mitotisierte Meiosen); *o* Plasmodium mit beginnenden Teilungen; *p* vielkerniges Plasmodium (nach NYGREN 1946).

Wie wir weiter unten besprechen werden, hängt der Entwicklungstyp in hohem Ausmaß vom Alter der Ährchen ab. Es ist daher für die *Calamagrostis*-Apomikten wahrscheinlich, daß neben genotypischen z. T. auch phänotypische Faktoren die Entwicklungsvorgänge in der Anthere beeinflussen.

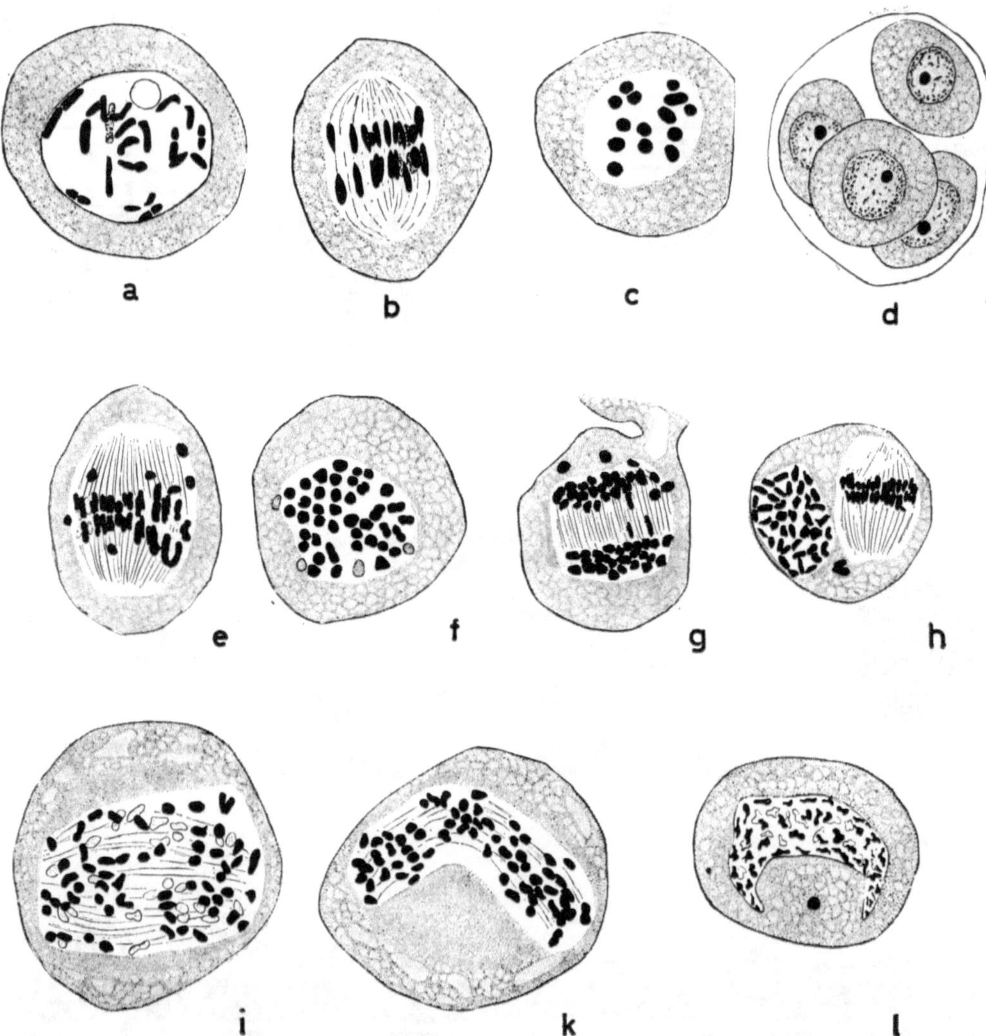

Abb. 61. Meiose der PMZ diploid parthenogenetischer *Antennaria*-Arten; *a—c A. plantaginifolia*; *a* Diakinese; *b, c* Metaphasen I; *d A. neglecta*, Tetrade; *e—h A. fallax*; *e, f* Metaphasen I, *f* mit $42_{II} + 4_{I}$; *g* Anaphase I mit „lagging" Chromosomen; *h* Metaphase II; *i—l A. canadensis*; *i, k* Metaphasen I; *l* Restitutionskern (nach STEBBINS 1932a, b).

In ähnlichem Rahmen wie oben für *Hieracium*, *Taraxacum*, *Chondrilla* und *Calamagrostis* dargestellt, spielt sich auch die Pollenentwicklung bei den übrigen diplosporen Apomikten mit diploid parthenogenetischer Fortpflanzung ab. Dazu gehören u. a. *Erigeron* (FAGERLIND 1947 b, BATTAGLIA 1950), *Wikstroemia* (FAGERLIND 1940a) und *Antennaria* (STEBBINS 1932a, b, 1935) (Abb. 61).

5. *Antennaria*

Während die Meiose sexueller Arten, wie *A. plantaginifolia*, meist durchaus normal abläuft (Abb. 61*a—c*) und zu regelmäßigen Tetraden führt (Abb. 61*d*), können bei apomiktischen Arten, wie *A. canadensis*, beträchtliche Störungen nachgewiesen werden. Neben Bivalenten kommen häufig Univalente (Abb. 61*e,f*), ferner auch Multivalente vor. Die Verteilung der Chromosomen auf die Tochterkerne ist daher oft ungleich, oder es werden Restitutionskerne ausgebildet (Abb. 61*i—l*).

IV. Die Samenentwicklung der Apomikten

Die Samenentwicklung sexueller Angiospermen wird bekanntlich eingeleitet durch eine doppelte Befruchtung, nämlich die Befruchtung der Zentralzelle bzw. des sekundären Embryosackkerns und jene der Eizelle. „Autonome" Entwicklung der Eizelle ist zwar bei vielen Sexuellen, z. B. bei *Triticum monococcum*, nachgewiesen worden (haploide Parthenogenese), führt aber meist nicht zur Entwicklung eines keimfähigen Embryos. Autonome Entwicklung des Endosperms ist sehr viel seltener, wurde aber kürzlich von Trela (1961) für *Anemone nemorosa* angegeben.

Bei den Apomikten fallen eine oder auch beide Befruchtungen aus; im ersteren Falle (einfache Befruchtung) ist die Samenentwicklung abhängig von einer Verschmelzung der Polkerne bzw. des sekundären Embryosackkernes mit einem Spermakern. Die Entwicklungserregung der Zentralzelle und der Eizelle folgt daher nicht immer den gleichen Gesetzen und soll deshalb getrennt behandelt werden.

A. Die Entwicklungserregung des Endosperms

1. Pseudogame Arten

Als erster hat Focke (1881, 1890) nachgewiesen, daß die Ausbildung von Nachkommen aus unbefruchteten und unreduzierten Eizellen nicht immer völlig autonom geschieht, wie etwa bei *Hieracium*, sondern von Bestäubung abhängig sein kann, und hat dafür den Ausdruck Pseudogamie geschaffen. Fockes Befunde beruhen ausschließlich auf experimentell-genetischer Grundlage und wurden nicht ergänzt durch cytologisch-embryologische Untersuchungen. Inzwischen ist die Embryologie vieler pseudogamer Pflanzen bekannt geworden. Sie hat gezeigt, daß Pseudogamie ein Sammelbegriff ist und für mehrere Entwicklungsmechanismen angewandt werden kann (sofern man nicht vorzieht, den Ausdruck auf Vorgänge zu beschränken, die bei Fockes Versuchspflanzen, *Rubus*, vorkommen). Leider sind die cytologischen und embryologischen Daten nur für eine sehr kleine Anzahl von Pseudogamen mit genügender Genauigkeit bekannt, so daß wir selbst die uns besonders interessierende Frage, auf welchem Wege der Pollen die Entwicklung des Samens auslöst, nur für wenige Apomikten beantworten können. Der Grund für diese bedauerliche Lücke unserer Kenntnisse der pseudogamen Samenbildung liegt vor allem in den großen technischen Schwierigkeiten, die sich der Analyse der Befruchtungsvorgänge, des Eindringens der Spermakerne in die Zentralzelle und ihrer Verschmelzung mit den Polkernen, entgegenstellen. Erst der Versuch, auf cytologischem Wege durch Bestimmung der Chromosomenzahl des Endosperms über diese Vorgänge Aufschluß zu erhalten, erbrachte Resultate, die als gesichert betrachtet werden können, da dieses Verfahren eine statistische Untersuchung des Befruchtungsvorganges erlaubt (vgl. dazu RUTISHAUSER und HUNZIKER 1950, RUTISHAUSER 1954a, NOGLER unveröffentlicht). Soweit ich sehe, ist NOACK (1939) der erste, der über die Cytologie des Endosperms einer pseudogamen Pflanze, *Hypericum perforatum* (2n = 32), erschöpfend Auskunft gegeben hat: es wurde die Chromosomenzahl von 98 Endospermen selbst- und kreuzbestäubter Blüten bestimmt. Tab. 21 gibt über die wichtigsten Resultate Aufschluß.

Tab. 21. *Die Chromosomenzahl von Endospermen selbst- und kreuzbestäubter Blüten von Hypericum perforatum (2n = 32)* (nach NOACK 1939).

Samenpflanze	2n	Pollenpflanze	2n	Chromosomenzahlen des Endosperms		
				64	72	80
H. perforatum	32	*H. perforatum*	32	—	—	59
H. perforatum	32	*H. quadrangulum*	16	1	38	—

Wie man sieht, haben 97 der 98 analysierten Endosperme Chromosomenzahlen, die auf eine Befruchtung schließen lassen: nämlich die Endosperme mit der Chromosomenzahl 80 bei Selbstungen, die zustande kommt durch Befruchtung zweier unreduzierter Polkerne mit einem reduzierten Spermakern (32 + 32 + + 16 = 80), und jene mit der Chromosomenzahl 72, die auf die gleiche Art entsteht, nur daß der Spermakern in diesem Falle (Kreuzung *H. perforatum* [2n = 32] × *H. quadrangulum* [2n = 16]) 8 Chromosomen aufwies (32 + 32 + 8 = 72). Lediglich ein Endosperm, jenes mit der Chromosomenzahl 64, könnte autonom, ohne Befruchtung entstanden sein, was aber, wie wir weiter unten sehen werden (S. 128), nicht sicher ist. NOACK zieht aus seinen Ergebnissen den etwas merkwürdig anmutenden Schluß, daß das Endosperm eine Befruchtung nicht notwendig habe. Er stellt also allein auf das eine Endosperm mit 64 Chromosomen ab, die übrigen 97 Endosperme haben offenbar bei seinen Überlegungen kein Gewicht. Mit Rücksicht auf den Befund NOACKS, daß kastrierte Blüten in 54 von 59 Fällen keine, in fünf einen resp. zwei Samen ausbildeten, was ausdrücklich auf Versuchsfehler zurückgeführt wird, wäre wohl der Schluß eher gerechtfertigt, daß die Zentralzelle in der Regel befruchtet werden muß, damit die Samenentwicklung eingeleitet werden kann. In diesem Falle stellt sich daher Pseudogamie als ein Vorgang heraus, bei dem wohl die Befruchtung der Eizelle, nicht aber die Befruchtung der Zentralzelle ausfällt oder ausfallen kann. (Die Embryonen hatten auch in den Kreuzungen in der Regel die Chromosomenzahl 32, stammen also von un-

Abb. 62. Verhalten der Spermakerne bei *Poa alpina* (*a*—*f*) und *Arabis holboellii* (*g*—*k*); *a* 1 Spermakern liegt neben dem Embryo, 1 Spermakern über dem Polkern, Spermakerne mit Pfeil markiert; *b* 2 Polkerne mit Spermakern; *c* Spermakern in Kontakt mit Polkern; *d*, *e* 3 Polkerne, darüber Spermakern, Kerne des Embryos mit 3 Nucleolen, deutet auf Befruchtung der Eizelle hin; *f* pentaploide Metaphaseplatte des Endosperms mit 81 Chromosomen; *g* 2 Spermakerne in der Gegend des Eiapparates; *h* Spermakern in der Nähe des Ei- und des sek. Embryosackkerns, Synergidenkerne degenerierend; *i*, *k* Prophasen von Endospermkernen; *i* einer diploiden Pflanze mit 28 Chromosomen; *k* einer triploiden Pflanze mit 42 Chromosomen (*a*—*f* nach HÅKANSSON 1943, *g*—*k* nach BÖCHER 1951).

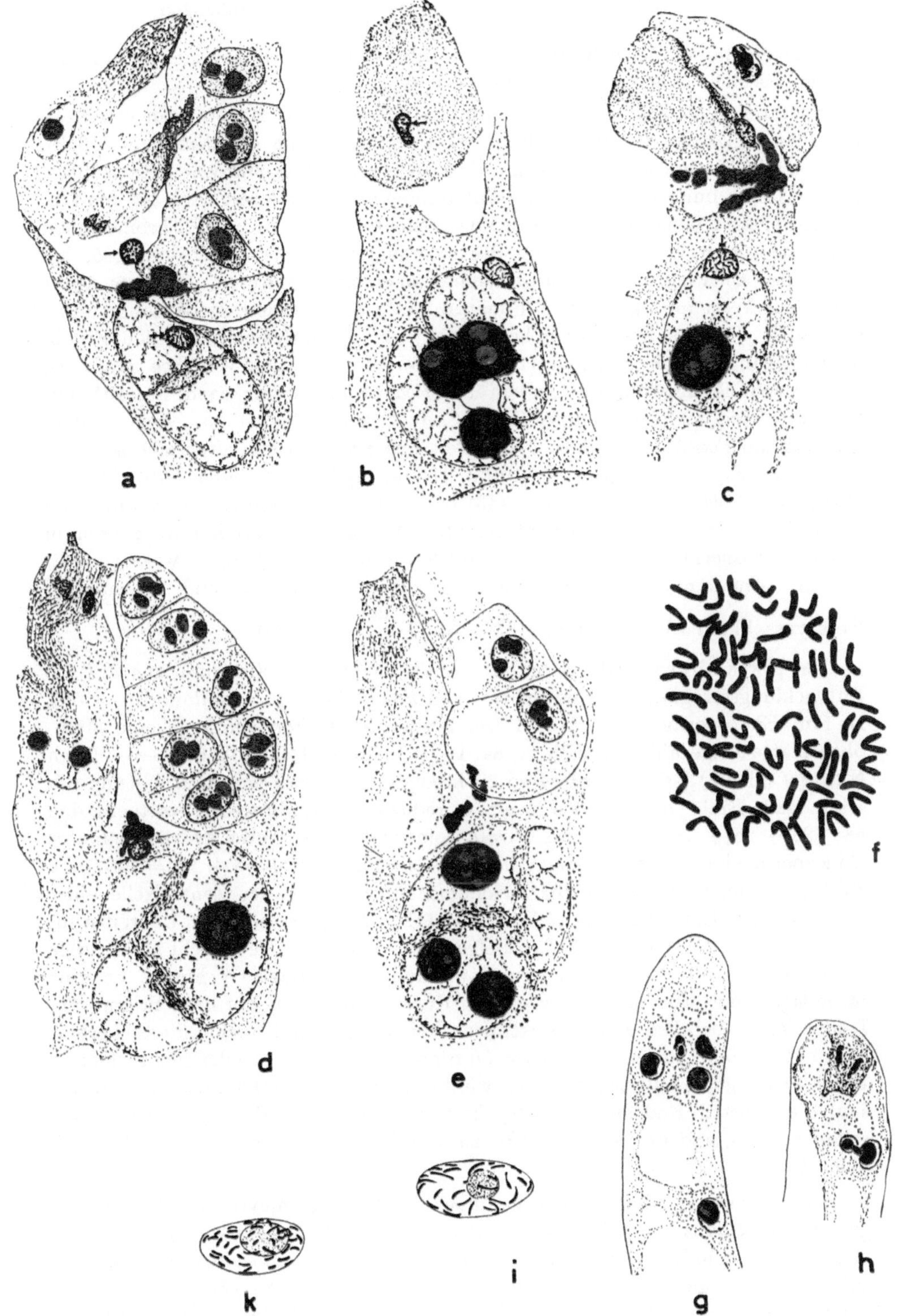

Abb. 62.

reduzierten und unbefruchteten Eizellen ab. Gelegentlich können die unreduzierten Eizellen aber doch befruchtet werden.)

Später sind an Schnittpräparaten ausnahmsweise und meist nur in vereinzelten Platten Zählungen durchgeführt worden. So gelang es Åkerberg (1943), eine einzige Chromosomenplatte im Endosperm von *Poa pratensis* auszuzählen, und dies auch nur angenähert. Die Entstehung der gefundenen Zahl, 168 bis 170, ist schwer zu interpretieren. Da der untersuchte Biotyp $2n = 78$ Chromosomen aufweist, wären bei Befruchtung des sekundären Embryosackkernes 195, bei autonomer Entwicklung 156 Chromosomen zu erwarten gewesen. Der vom Autor gefundene Wert muß aber als Minimalzahl aufgefaßt werden; es ist daher wahrscheinlich, daß das Endosperm befruchtet war. Zu übereinstimmenden Ergebnissen gelangte auch Nielsen (1945) für andere Biotypen von *Poa pratensis*. Die Samenbildung geschieht zudem bei *Poa pratensis* nur nach Bestäubung; kastrierte und nicht bestäubte Blüten setzen keine Samen an. Auch andere pseudogame *Poa*-Arten und Biotypen von *Poa pratensis* verhalten sich so, z. B. *Poa pratensis* ssp. *alpigena* (Nygren 1950a) und *Poa alpina* (Abb. 62*a—f*, Håkansson 1943). Håkansson (1943) bildet für die letztgenannte Art mehrere Beispiele von Endospermbefruchtung ab (Abb. 62*a—e*) und konnte zudem in einem Endosperm die Chromosomenzahl 81 ermitteln (Abb. 62*f*), was ebenfalls mit der Annahme einer Verschmelzung zwischen Sperma- und sekundärem Embryosackkern übereinstimmt ($33 + 33 + \frac{33}{2} \sim 82—83$).

Ein etwas abweichendes Resultat erhält Nygren (1950a) in bezug auf die Entwicklungserregung des Endosperms von *Poa arctica* ssp. *caespitosa* ($2n = 56$). In fünf Endospermen von Samen frei bestäubter Blüten wurde je eine Metaphaseplatte ausgezählt, nämlich 1×84, 1×112 und 3×140 (Abb. 63*k—m*). Nach Nygren (1950a) ist die Zahl 84 so zu interpretieren, daß eine Befruchtung des sekundären Embryosackkernes in einem reduzierten Embryosack stattgefunden hat ($28 + 28 + 28 = 84$). Die Chromosomenzahl 140 deutet auf befruchtetes Endosperm eines unreduzierten Embryosackes hin ($56 + 56 + 28 = 140$), die Zahl 112 hingegen spricht für autonome Entwicklung der Zentralzelle eines unreduzierten Embryosackes ($56 + 56 = 112$). Nygren zieht, in Übereinstimmung mit Noack, den Schluß, daß Befruchtung der Zentralzelle nicht notwendige Voraussetzung für die Endospermentwicklung sei. Dagegen nimmt er eine Stimulation der Endospermentwicklung durch den Pollen auf dem Stigma an. Leider fehlen bei *Poa arctica* Kastrationsversuche, so daß nicht mit Sicherheit feststeht, ob die Pflanze pseudogam im Sinne von Focke ist oder nicht. Meines Erachtens liegt der gleiche Fall vor wie bei *Hypericum perforatum*. Vermutlich sind die meisten Endosperme befruchtet, unbefruchtete Endosperme scheinen selten zu sein, und ob sie überhaupt zu keimfähigen Samen führen, steht noch nicht fest.

Sehr wenige Angaben sind bisher über die Endospermcytologie der pseudogamen *Potentilla*-Arten publiziert worden. Gentcheff und Gustafsson (1940b) haben an je einem Biotyp von *P. argentea* und *P. collina* vereinzelte Chromosomenzählungen im Endosperm durchführen können. *P. argentea* ($2n = 42$) wies in einem Prophasekern $\pm$ 101 Chromosomen auf, eine Zahl, die ungefähr mit dem bei Befruchtung erwarteten Wert übereinstimmt ($42 + 42 + 21 = 105$). Das gleiche gilt für *P. collina* (2n = 35), wo vier Zahlen bestimmt wurden, die alle zwischen 87 und 93 liegen und wie oben interpretiert werden können ($35 + 35 + \frac{35}{2} \sim 87$—88). GENTCHEFF und GUSTAFSSON nehmen daher an, daß das Endosperm bei *Potentilla* stets befruchtet sei. Befruchtung des sekundären Embryosackkernes wurde von SOKOLOWSKA-KULCZYCKA (1959) indirekt durch Größenvergleiche der Kerne für *Leontopodium alpinum* nachzuweisen versucht.

Mit Ausnahme der Analysen von NOACK (1939) haben alle oben erwähnten Untersuchungen der Endospermcytologie den Nachteil, daß sie an einer sehr kleinen Zahl von Samen durchgeführt worden sind. Die großen Differenzen, welche selbst zwischen den Endospermen desselben Biotyps oder derselben Kleinart gefunden wurden, zeigen aber schon, daß die Verhältnisse nicht so einfach liegen (Vorkommen oder Fehlen der Endospermbefruchtung), wie bisher angenommen wurde. Nachdem es RUTISHAUSER und HUNZIKER (1950) gelungen war, die Feulgen-Quetschmethode auf die Endosperme sexueller Blütenpflanzen anzuwenden, wurde daher versucht, die Chromosomenzahl der Endosperme pseudogamer Kleinarten von *Ranunculus auricomus* in größerem Umfange zu

Tab. 22. *Cytologie des Endosperms diploider, sexueller Auricomi* (nach RUTISHAUSER 1954a und unveröffentlicht).

Samenpflanze	Pollenpflanze	2n	Chromosomenzahl des Endosperms			
			24	32	40	48
R. cassubicifolius 2, 3	selbstbestäubt	16	4	—	—	—
	R. puberulus	32	—	2	—	—
	R. argoviensis	32	—	1	—	—
R. cassubicifolius 11—14	inter se	16	7	—	—	1
	R. puberulus	32	—	5	—	—
	R. argoviensis	32	—	2	—	—

bestimmen. Die cytologischen Analysen wurden ferner mit embryologischen Untersuchungen gekoppelt und so wurden Einblicke in den Mechanismus der Endospermentwicklung gewonnen, die es gestatteten, auch über die Entwicklungserregung der Zentralzelle genauere Angaben zu machen (vgl. RUTISHAUSER 1954a, NOGLER unveröffentlicht). Die Ergebnisse dieser Untersuchungen sind in den Tab. 22—24, in Abb. 63*a*—*g* und im Schema Abb. 64 zusammengefaßt. Sie zeigen, daß in bezug auf die Chromosomenzahl nicht nur e i n e Alternative (befruchtete oder unbefruchtete Endosperme) realisiert ist, sondern daß eine außerordentlich große Variabilität vorkommt. An frei- und selbstbestäubten Endospermen pseudogamer *Auricomi* konnten nicht weniger als sieben Polyploidiegrade festgestellt werden. Nimmt man als Basiszahl für die *Auricomi* x = 8 an, dann haben die Endosperme dieser tetraploiden Sammelart (2n = 4 x = 32) bei freier Bestäubung die Polyploidiegrade 4x, 6x, 8x, 10x, 12x, 14x und 16x (Tab. 23), die Endosperme von 4x×4x-Kreuzungen die Polyploidiegrade 10x, 12x und 16x (Tab. 24), jene der 4x×2x-Kreuzungen 5x, 6x, 9x

Tab. 23. *Cytologie des Endosperms tetraploider, pseudogamer Auricomi nach Selbstung und freier Bestäubung* (nach Rutishauser 1954a).

Samenpflanze	Chromosomenzahlen der Endosperme							Total
	32	48	64	80	96	112	128	
R. argoviensis 1—3	—	2	—	7	3	—	—	12
R. argoviensis 4—7	—	—	1	2	2	—	—	5
R. cassubicus	—	—	—	3	5	—	—	8
R. megacarpus	—	—	—	4	11	—	—	15
R. fragifer	—	—	—	—	7	—	—	7
R. distentus	—	3	1	2	11	—	1	18
R. grossidens	—	2	—	10	3	—	1	16
R. laeteviridis	—	—	—	2	1	1	—	4
R. puberulus	2	—	—	3	52	—	—	57
R. auricomus s. str.	—	—	—	—	6	—	—	6
R. chalarocarpus	—	—	—	1	1	—	—	2
R. genevensis	—	—	—	—	2	—	—	2
R. gracillimus	—	—	—	2	6	—	—	8
R. pseudobiformis	—	—	—	—	2	—	—	2
R. pseudocassubicus	—	—	1	2	4	—	—	7
Total	2	7	3	38	117	1	2	170

Tab. 24. *Cytologie des Endosperms tetraploider, pseudogamer Auricomi nach 4x × 4x- und 4x × 2x-Kreuzung* (nach Rutishauser 1954a).

Samenpflanze	Pollenpflanze	Chromosomenzahlen der Endosperme									Total
		32	40	48	64	72	80	96	112	128	
1. 4x × 4x											
Argoviensis	*Megacarpus*	—	—	—	—	—	2	—	—	—	2
Cassubicus	*Argoviensis*	—	—	—	—	—	1	5	—	—	6
Cassubicus	*Puberulus*	—	—	—	—	—	—	4	—	1	5
Distentus	*Argoviensis*	—	—	—	—	—	1	—	—	—	1
Distentus	*Puberulus*	—	—	—	—	—	1	—	—	—	1
Fragifer	*Argoviensis*	—	—	—	—	—	—	1	—	—	1
Fragifer	*Puberulus*	—	—	—	—	—	—	18	—	—	18
Laeteviridis	*Argoviensis*	—	—	—	—	—	—	3	—	—	3
Laeteviridis	*Puberulus*	—	—	—	—	—	—	13	—	—	13
Puberulus	*Argoviensis*	—	—	—	—	—	—	6	—	—	6
Puberulus	*Grossidens*	—	—	—	—	—	1	8	—	—	9
Puberulus	*Megacarpus*	—	—	—	—	—	1	9	—	—	10
	Total	—	—	—	—	—	7	67	—	1	75
2. 4x × 2x											
Argoviensis	*Cassubicifolius* (2n = 16)	—	2	—	—	1	10	—	—	—	13
Puberulus	*Cassubicifolius* (2n = 16)	—	—	1	—	—	17	—	—	—	18
	Total	—	2	1	—	1	27	—	—	—	31

Abb. 63. Metaphasen von Endospermmitosen; *a—g Ranunculus auricomus* s. l.; *a R. genevensis* (6 x = 96); *b R. cassubicifolius* (3 x = 24); *c R. cassubicus* (8 x = 128); *d R. puberulus* (5 x + 1 = 81); *e, f R. puberulus* (4 x = 64 und 6 x = 96); *g R. puberulus* (± 6 x = 102); *h, i* somatische Chromosomenzahl von *R. megacarpus* (*h*) und *R. cassubicifolius* (*i*); *k—m Poa arctica* ssp. *caespitosa* (2 n = 56 = 8 x); *k* 2 n = 84; *l* 2 n = 140; *m* 2 n = 112 (*a—g* nach RUTISHAUSER 1954a, *k—m* nach NYGREN 1950a).

und 10x (Tab. 24). Dazu können noch weitere Varianten kommen, die z. T. darin bestehen, daß innerhalb desselben Endosperms zwei verschiedene Zahlen vorkommen (z. B. 96 und 64), ferner wurden Zahlen gefunden, die nicht Vielfache von acht darstellen, sondern einzelne überzählige Chromosomen aufweisen (z. B. 98 statt 96, 81 statt 80). Zur Erklärung dieser großen Variabilität wurden zwei Parameter angenommen, nämlich

1. eine Variation in der Zahl und im Verschmelzungsgrad der Polkerne und
2. eine Variation in der Anzahl der Spermakerne, die mit den Polkernen verschmelzen.

Dazu kommen dann noch Fluktuationen in der Chromosomenzahl von Pol- und Spermakernen, die sich aus Meiosestörungen ergeben.

Was den ersten Parameter anbetrifft, so wurden durch embryologische Untersuchungen folgende Befunde erhalten:

Die Zentralzelle unbefruchteter Embryosäcke enthält

a) zwei getrennte Polkerne in einer Frequenz von 1,7%,
b) zwei verschmolzene Polkerne in einer Frequenz von 96,0%,
c) drei getrennte oder verschmolzene Polkerne in einer Frequenz von 2,3% (Abb. 68*a*, S. 137) aller Embryosäcke.

Der zweite Parameter ergab sich vor allem aus der Analyse von Endospermen von Samen des Kreuzungstypus 4x×2x, *R. auricomus* (2n = 32) × *R. cassubicifolius* (2n = 16) (Tab. 24): Die erwartete Chromosomenzahl 2n = 72 (32 + 32 + 8 = 72) wurde nur in einem Falle gefunden; die meisten Endosperme hatten 80 Chromosomen, was am besten unter der Annahme einer doppelten Befruchtung zweier verschmolzener Polkerne (32 + 32 + 8 + 8 = 80) erklärt werden kann. Daneben kamen Endosperme mit 40 (einfache Befruchtung eines Polkerns, 32 + 8 = 40) und 48 Chromosomen (doppelte Befruchtung eines Polkerns, 32 + 8 + 8 = 48) vor. Es ist also offensichtlich, daß nur ein, oft aber auch beide Spermakerne eines Pollenschlauches mit den Polkernen verschmelzen können, oder daß Spermakerne zweier Pollenschläuche in die Zentralzelle eindringen.

Was die aneuploiden Zahlen betrifft, so können sie abgeleitet werden aus aneuploiden Gameten, weiblichen Gameten bzw. Polkernen bei gerader und männlichen bei ungerader Chromosomenzahl (sofern die Befruchtung durch einen Spermakern erfolgt; bei doppelter Befruchtung entstehen natürlich wieder gerade Zahlen).

Endosperme, deren Kerne zwei verschiedene Polypoidiestufen aufweisen, können auf zwei Arten zustande kommen:

a) durch endomitotische Verdoppelung der Chromosomenzahl einzelner Endospermkerne oder
b) durch Befruchtung nur eines Polkerns bei gleichzeitiger autonomer Entwicklung des zweiten Polkerns.

Das Schema Abb. 64 gibt die Endospermtypen wieder, die in unserer Analyse aufgefunden wurden. Es zeigt unter anderem, daß die oktoploide Chromosomenzahl (8x = 64) kein sicheres Zeichen für Entwicklung eines unbefruchteten Endosperms tetraploider Apomikten darstellt. Die Oktoploidie des Endosperms tetraploider Apomikten kann theoretisch auf verschiedene Weise zustande kommen:

1. durch „autonome“ Teilung eines sekundären Embryosackkerns,
2. durch endomitotische Verdoppelung der Chromosomenzahlen in einem Sektor eines tetraploiden Endosperms und
3. durch doppelte Befruchtung e i n e s unreduzierten Polkerns.

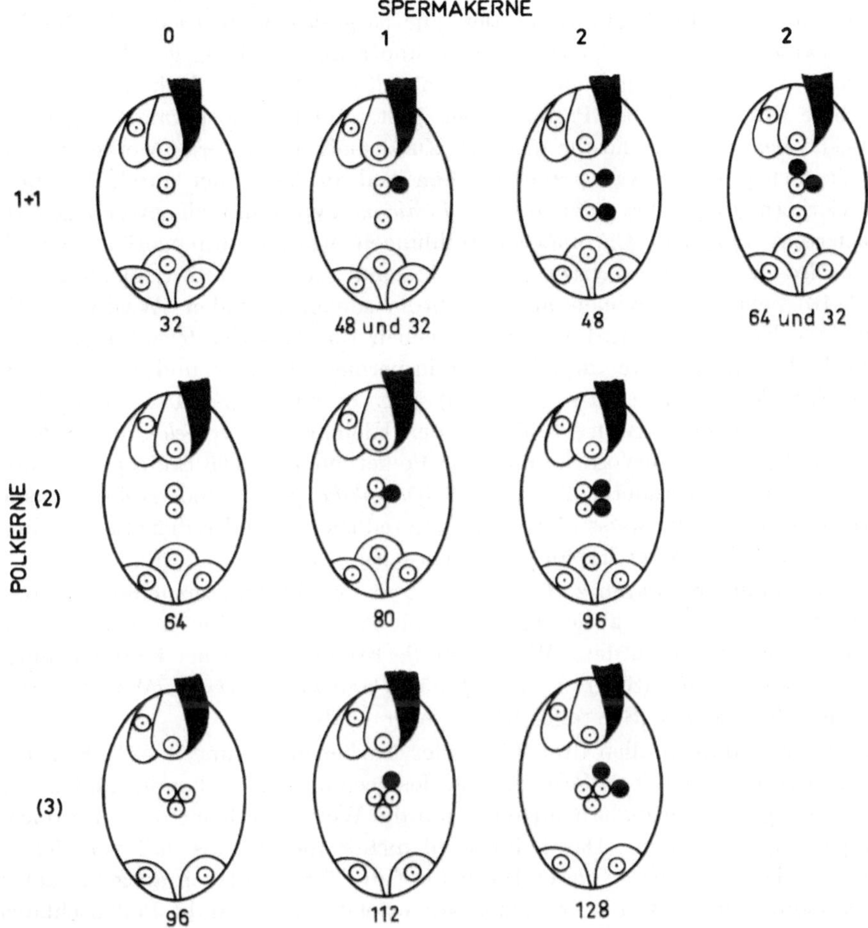

Abb. 64. Interpretation der im Endosperm von *Ranunculus auricomus* (2n = 4x = 32) gefundenen Chromosomenzahlen (nach RUTISHAUSER 1954a).

Im letzteren Falle wäre ein Mischendosperm zu erwarten mit den Chromosomenzahlen 64 und 32 (2n = 32), vorausgesetzt daß der unbefruchtete Polkern durch die Mitosetätigkeit des befruchteten Kerns zur Teilung angeregt wird und die Entwicklung des tetraploiden Endospermsektors nicht durch Konkurrenz des oktoploiden behindert wird.

Von den insgesamt 276 untersuchten Endospermen unserer ersten Arbeit (RUTISHAUSER 1954a) können nur zwei (die beiden tetraploiden mit 32 Chromosomen), im Maximum 5—7 (die tetra-, okto- und 16-ploiden), also rund 1—2% auf „autonome“ Entwicklung der Zentralzelle hinweisen. Weitaus die größte Zahl aller Endosperme, alle 6x, 10x, 7x und die größte Zahl aller 12x-Endosperme, stammen sicher von einfach oder doppelt befruchteten Zentralzellen ab. Ob Samen mit unbefruchteten Endospermen auch keimfähig sind, läßt sich nicht feststellen. Man kann also nicht mit Sicherheit sagen, ob bei *R. auricomus* Samenbildung ohne Befruchtung der Zentralzelle überhaupt möglich ist.

Leider sind an anderen Pseudogamen keine cytologischen Untersuchungen des Endosperms durchgeführt worden, die es gestatten würden, die Resultate der Untersuchungen an *R. auricomus* zu kontrollieren. Hingegen haben amerikanische Apomixisforscher ein Verfahren entwickelt, das doch Hinweise auf die Rolle des Pollens bei Pseudogamen gibt, deren Endospermcytologie nicht genügend bekannt ist, und die nicht als Zufallsbefunde gewertet werden müssen. Die Versuchspflanzen waren zum größten Teil ausgezeichnet durch den Besitz von vierkernigen Embryosäcken vom *Panicum*-Typus mit einem einzigen (unreduzierten) Polkern. Chromosomenzählungen wurden durchgeführt bei den *Panicoideae, Panicum maximum* (2n = 32), und die erwartete triploide Zahl 48 (32 + 16) neben Embryonen mit 32 Chromosomen gefunden (Warmke 1954). Triploides Endosperm wird ferner angegeben für *Themeda triandra* (2n = 40) in 14 Fällen, neben zwei diploiden Endospermen (Brown und Emery 1957), ferner für *Pennisetum ciliare* (2n = 36) in zwei Fällen (Snyder et al. 1955). *Setaria macrostachya* (Emery 1957a) in den Kleinarten *S. scheelae* und *S. texana* bildet vierkernige Embryosäcke mit zwei Polkernen aus. Die Endosperme waren pentaploid, in einer anderen Kleinart, *S. leucophila*, penta- und triploid, was auf partielle Aposporie hinweist (Ausbildung unreduzierter und reduzierter Embryosäcke, letztere mit zwei haploiden Polkernen).

Diese Zählungen waren z. T. begleitet von Fertilitätsuntersuchungen, die so durchgeführt wurden, daß die Narben bestäubt und die Griffel zu verschiedenen Zeiten abgeschnitten wurden. Wir geben die Ergebnisse solcher Untersuchungen für *Pennisetum ciliare* (Snyder et al. 1955), *Panicum maximum* (Warmke 1954) und *Paspalum secans* (Snyder 1957) wieder (Tab. 25).

Man sieht, daß in allen drei Fällen der Narbenentfernung 0—2½ Std. nach der Anthese praktisch kein Samenansatz festgestellt werden konnte und wie der Ansatz dann stets sprunghaft ansteigt, um die Werte der Kontrolle zu erreichen oder gar zu übertreffen. Das heißt wohl nichts anderes, als daß von der Bestäubung allein kein genügender Impuls auf die Samenanlagen ausgeht, um die Samenbildung zu induzieren. Samenansatz erfolgt erst, wenn die Pollenschläuche bis zum Embryosack vorgedrungen sind und, wie die parallel dazu ausgeführten Zählungen ergaben, den sekundären Embryosackkern befruchtet haben. So darf man wohl annehmen, daß in all den bis jetzt besprochenen Fällen Befruchtung der Zentralzelle notwendige Voraussetzung für die Entwicklung eines keimfähigen Samens ist und die Endospermentwicklung fast ausschließlich durch Befruchtung induziert wird.

Es fragt sich nun natürlich, ob der beschriebene Mechanismus für alle Pseudogamen Gültigkeit hat oder ob auch andere Mechanismen auftreten, die ganz ohne Kernverschmelzungen auskommen. Diese Frage ist viel diskutiert worden, leider aber meist auf Grund von Untersuchungen des Befruchtungsvorganges, die, wie oben dargelegt, oft keine bindenden Schlüsse zulassen. Manche Untersuchungen dieser Art haben die oben formulierten Schlüsse, daß Befruchtung der Zentralzelle unerläßliche Voraussetzung für die Samenentwicklung pseudogamer Apomikten ist, bestätigt. Dies gilt z. B. für die Arbeiten Håkanssons (1943) über *Poa alpina*, die auch von Chromosomenstudien des Endosperms begleitet waren. Die Verschmelzung des Spermakerns mit dem sekundären Embryosackkern konnte in mehreren Samenanlagen beobachtet werden (Abb. 62*a*—*e*). Der zweite Spermakern konnte ebenfalls gesehen werden; er liegt meist neben dem in diesem Stadium schon mehrzelligen Embryo, dringt also nicht in die Eizelle ein. Zum Teil kommen auch bei *Poa alpina* Zentralzellen mit drei Polkernen vor. Es wären daher wie bei *R. auricomus* auch heptaploide Endosperme zu erwarten.

Tab. 25. *Bestäubungsversuche an Arten mit Embryosackentwicklung nach dem Panicum-Typus* (nach Snyder et al. 1955, Warmke 1954 und Snyder 1957).

Pennisetum ciliare					*Panicum maximum*		*Paspalum secans*			
Stigma entfernt vor Anthese Std.	Stigma entfernt nach Anthese Std.	Anzahl Blüten	Anzahl Samen	%	Stigma entfernt nach Anthese Std.	Ansatz %	Stigma entfernt nach Anthese Std.	Anzahl Blüten	Ansatz tot.	Ansatz %
36		101	2	2,0	0	1,1	0	122	0	0
	$0-\frac{1}{2}$	115	1	0,9	$\frac{3}{4}$	0,9	1	134	2	1,5
	$1-1\frac{1}{2}$	188	7	3,7	$1\frac{1}{2}$	7,3	2	67	1	1,5
	$2-2\frac{1}{2}$	115	2	1,7	$1\frac{3}{4}$	0				
					2	2,0				
	$3-3\frac{1}{2}$	121	35	28,9	$3\frac{1}{2}$	45,3	3	162	34	20,9
	$4-4\frac{1}{2}$	124	112	90,2	5	41,7	4	171	60	35,1
	$5-5\frac{1}{2}$	99	87	87,9	9	23,5	5	198	68	34,3
					10	51,4				
					12	33,3				
Kontrolle		284	243	85,9	Kontrolle	39,2	Kontrolle	270	91	33,7

Wie unsicher die Ergebnisse embryologischer Analysen des Befruchtungsvorganges sind, hat die Kontroverse zwischen Fagerlind (1946) und Battaglia (1947a) gezeigt. Fagerlind (1946) fand bei *Rudbeckia laciniata* außer Befruchtungsstadien des sekundären Embryosackkernes auch zweizellige Endosperme mit freien Spermakernen. Er schließt daraus auf Entwicklungsfähigkeit der unbefruchteten Zentralzelle. Battaglia (1947a), der die gleiche Art einer sorgfältigen Untersuchung unterzog, konnte nachweisen, daß sich die Zentralzelle in 30% aller Fälle nicht geteilt hatte und daß in diesen Fällen aber auch nie ein Spermakern beobachtet werden konnte. Seiner Meinung nach sind alle Endosperme befruchtet. Cytologische Untersuchungen liegen nicht vor, dagegen war es wegen des Vorkommens von Semigamie (s. unten) oft möglich festzustellen, ob überhaupt Spermakerne in den Embryosack eingedrungen waren. Zur gleichen Ansicht kommt Battaglia (1947c) auch hinsichtlich der Endospermentwicklung von *Rudbeckia speciosa*.

Endospermbefruchtung wurde auf gleichem Wege auch nachgewiesen von Pace (1913) für *Zephyranthes texana* und von Coe (1953) für *Cooperia pedun-*

culata. Zu den pseudogamen Apomikten ohne Befruchtung der Polkerne wurde von HÄFLIGER (1943) *Ran. auricomus* gerechnet, da er in einer einzigen Metaphaseplatte des Endosperms einer tetraploiden Kleinart 64 Chromosomen zählen konnte. Diese Angabe, die sich in der Literatur mit bewunderungswürdiger Zähigkeit gehalten hat, dürfte durch unsere cytologischen Endospermuntersuchungen widerlegt sein. Damit ist eine der stärksten Stützen für die Hypothese, der Pollen der pseudogamen Apomikten könnte eine „Fernwirkung" haben und die Samenbildung durch den „Bestäubungsreiz" allein ausgelöst werden, gefallen.

Als einziges Beispiel für Induktion der Endospermentwicklung ohne Befruchtung bleibt nur noch *Arabis holoboellii* (BÖCHER 1951). Eine Reihe von Kastrationsversuchen an 62 Blüten der Rassen S. Str. 3 und 9 ergaben nur eine Schote mit zwei Samen, deren Bildung auf Versuchsfehler zurückgeführt wurde. Nachbehandlungen kastrierter Blüten mit Wuchshormonen, β-Indolessigsäure und β-Naphthoxyessigsäure, hatten keinen Erfolg. BÖCHER schließt daher, daß der Pollen für die Ausbildung von Samen in den Schoten unerläßlich ist. Daß der Pollen in Rohrzuckerlösungen keimfähig ist, wurde für die benützten Rassen festgestellt, wobei allerdings Differenzen zwischen den verschiedenen Pollensorten existieren, da nur mittlere und große Pollenkörner keimten, die kleineren, vermutlich haploiden, nicht.

Es konnte auch nachgewiesen werden, daß Pollenschläuche in die Embryosäcke eindringen und Spermakerne, die leicht erkennbar sind, in den Embryosack entlassen (Abb. 62*g*, *h*). Kernverschmelzungen zwischen Spermakernen einerseits und Ei- bzw. Polkernen andererseits kamen aber nicht vor, doch ist sich BÖCHER nicht klar darüber, ob bei *Arabis holoboellii* überhaupt nie Befruchtung der Zentralzelle vorkommt. In den Tochterkernen eines Endosperms, das sich zum erstenmal geteilt hatte, konnten drei statt zwei Nucleolen gesehen werden, auch waren die Kerne größer, könnten daher höher polyploid gewesen sein. Den klarsten Beweis für das Fehlen von Befruchtungsvorgängen ergaben aber Chromosomenzählungen in Prophasekernen des Endosperms: diploide Pflanzen hatten tetraploide (Abb. 62*i*), triploide Pflanzen hexaploide Endosperme (Abb. 62*k*). BÖCHER glaubt daher, daß *Arabis holoboellii* als pseudogam zu betrachten ist, daß sich aber dennoch das Endosperm autonom entwickelt. Angesichts der Vollständigkeit seiner Untersuchungen und Experimente bleiben in der Tat noch wenige Zweifel über die Richtigkeit seiner Anschauungen: Da nur diploide Pollenkörner keimfähig sind, könnte tetraploides Endosperm bei diploiden Pflanzen durch Befruchtung eines einzelnen (unreduzierten) Polkernes zustande kommen. Die Annahme BÖCHERS kann daher nur dann als gesichert gelten, wenn, wie der Autor allerdings betont, eine Verwechslung zwischen der Verschmelzung zweier Polkerne und von Sperma- und Polkern ausgeschlossen ist. Ferner wäre für *Arabis holoboellii* Pseudogamie deshalb nicht ohne weiteres als Fortpflanzungsmodus zu erwarten gewesen, weil diese Art die einzige Pseudogame ist, bei der Störungen in der Pollenentwicklung und im Pollenbild in hohem Ausmaße vorkommen. Semiheterotype männliche Meiosen, besonders solche mit Restitutionskernbildung, sind im allgemeinen auf diploid parthenogenetische Apomikten beschränkt.

Nimmt man die Hypothese BÖCHERS über Pseudogamie bei *Arabis holoboellii* als gegeben an, so fragt es sich natürlich, wie in einem solchen Beispiel die Entwicklungserregung des Samens, insbesondere aber jene des Endosperms, vor sich geht. Weder Samen- noch Endospermentwicklung kann autonom sein, da, wie die Kastrationsversuche gezeigt haben, Samen nur nach erfolgter Bestäubung angesetzt werden. Mehrere Hypothesen sind für solche Vorgänge aufgestellt worden. HÄFLIGER (1943) kommt auf Grund seiner irrtümlichen Ergebnisse bei *Ranunculus auricomus*, nachdem Wuchsstoffversuche mit Heteroauxin, Pollen- und Pollenschlauchextrakt gescheitert waren, zu der Auffassung, daß äußerst spezifische Stoffe hormonalen Charakters, die vom Pollenschlauch gebildet werden und sich im Embryosack auswirken, eine wichtige Rolle spielen. Er spricht von einer Fernwirkung des Pollens.

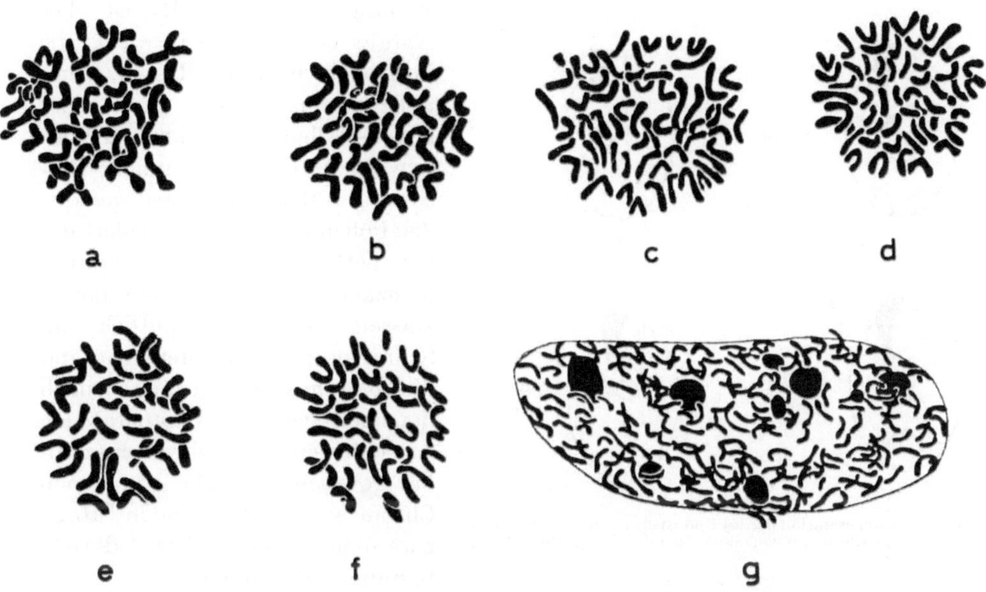

Abb. 65. Endospermmetaphasen von *Nardus stricta*; *a* des pollensterilen Typus (2n = 52 = 4x); *b* des pollensterilen Typus von Sandomierska (2n ~ 41 ~ 3x); *c* des pollenfertilen Typus von Sandomierska (2n ~ 61 ~ 5x); *d*, *e* des pollensterilen Typus von Sandomierska (*d* mit 2n = 52 = 4x, *e* mit 2n = 39 = 3x); *f*, *g* des pollenfertilen Typus (*f* mit 2n ~ 40 ~ 3x, *g* Riesenprophasekern mit 2n ~ 190 ~ 15x) (nach RYCHLEWSKI 1961).

FAGERLIND (1946) entwickelte auf Grund von Ergebnissen, die von BATTAGLIA (1947a) angezweifelt wurden, eine etwas anders geartete Hypothese: die Möglichkeit der autonomen Entwicklung des Embryos und des Endosperms ist bei Pseudogamen vom Typus *Arabis holboellii* vorhanden, kann sich aber nicht auswirken, weil bei Abwesenheit der Bestäubung das Milieu, in dem sich Endosperm und Embryo entwickeln sollen, ungünstig ist. Die Bestäubung führt zu einer solchen Änderung der physiologischen Bedingungen in Karpell und Samenanlage, daß die Entwicklung der Eizelle und des Endosperms möglich wird, d. h. der Pollenschlauch wirkt nicht direkt auf Ei- und Zentralzelle ein, sondern seine entwicklungsfördernde Wirkung erfolgt auf dem Umweg über Karpell und Samenanlage. Bevor diese beiden Hypothesen auf physiologischem Wege getestet worden sind, scheint es mir aber doch nützlicher zu sein, *Arabis holboellii* und andere „Pseudogame" ähnlichen Charakters nochmals einer experimentellen und cytologisch-embryologischen Analyse zu unterziehen. Ich halte es immer noch für möglich, daß Pseudogamie mit obligatorischer Befruchtung der Zentralzelle gekoppelt ist und sich in diesem Punkt deutlich und übergangslos von diploider Parthenogenese unterscheidet.

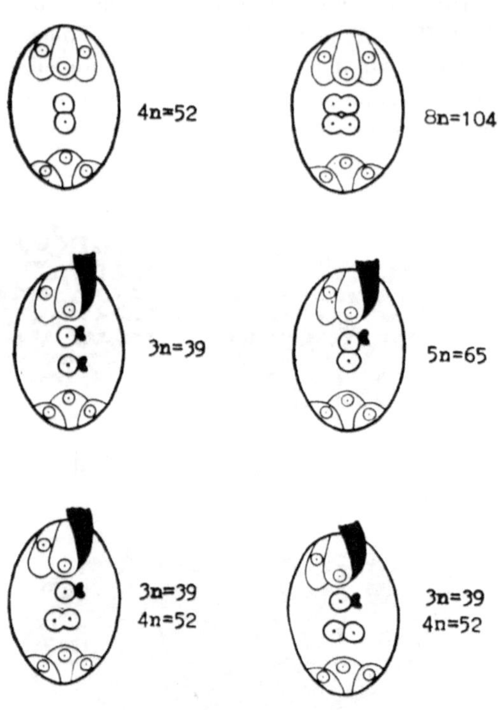

Abb. 66. Interpretation der im Endosperm von *Nardus stricta* gefundenen Chromosomenzahlen (nach RYCHLEWSKI 1961).

Bevor wir uns der Endospermentwicklung diploid parthenogenetischer Apomikten zuwenden, soll noch eine Apomikte kurz besprochen werden, die in bezug auf die Entwicklungserregung des Endosperms eine merkwürdige Zwischenstellung einnimmt. Es ist dies *Nardus stricta* L. (2n = 26), die in Polen in zwei Rassen, einer pollenproduzierenden und einer pollensterilen, vorkommt (RYCHLEWSKI 1961). Die männliche Meiose der Pflanze ist stark gestört, der Pollendurchmesser variiert daher beträchtlich. Die Chromosomenzahl der Endosperme beider Rassen wurde vermutlich an Schnittpräparaten untersucht, und die Metaphaseplatten dürften, nach den beigegebenen Photographien zu schließen, nur schwer auszählbar gewesen sein. Die gefundenen Chromosomenzahlen sind in Tab. 26 zusammengestellt (vgl. auch die Abbildungen 65 und 66).

Tab. 26. *Die Chromosomenzahlen des Endosperms von Nardus stricta L.* (nach RYCHLEWSKI 1961).

Nr.	Herkunft	Pollen	Chromosomenzahlen 35	36	±37	40–41	40	41	42	46–48	45	46	±50	52	±52
9	*Tatra Mts.*	steril	—	—	—	—	—	—	—	—	—	—	—	1	—
17	*Beskid Maly*	steril	—	—	—	—	—	—	—	—	—	—	—	1	1
18, 19	*Bieszczady*	steril	—	—	—	—	—	—	—	—	—	—	—	1	—
23	*Puszcza Sando-*	steril	1	—	1	1	—	—	—	1	—	—	—	—	—
	mierska	fertil	—	1	1	1	1	1	1	—	1	1	1	—	—[1]

[1] Ferner ca. 61, 80, 190 Chromosomen.

Es traten neben den in Tabelle 26 angegebenen Endospermen auch zwei Mischendosperme auf, nämlich mit der Chromosomenzahl 39 und 52. Zwischen den Pflanzen Nr. 9, 17, 18, 19 einerseits und 23 andererseits bestehen offenbar beträchtliche Unterschiede; die ersteren haben nur tetraploide Endosperme mit den Chromosomenzahlen 52 und $\pm$ 52 ausgebildet. Es ist wahrscheinlich, daß sie autonom entstanden sind. Dafür spricht auch der Umstand, daß an den Standorten der betreffenden Pflanze nur die pollensterile Rasse vorkommt. Am Standort Sandomierska kommen beide Rassen, die pollensterile und die pollenfertile, vor. Hier ändert sich das Bild: Die meisten Endosperme führen Chromosomenzahlen um 39, d. h. sie sind triploid und müssen durch Verschmelzung eines unreduzierten Polkerns mit einem reduzierten Spermakern entstanden sein. Die Zahlen um 65 (61) sprechen für Befruchtung von zwei Polkernen, andere, besonders die Mischendosperme, weisen darauf hin, daß mehr als zwei Polkerne vorkommen und zu zweien oder gesamthaft miteinander verschmolzen sein können. In diesem Falle ist es also so, daß die Zentralzelle zwar autonom entwicklungsfähig, aber auch befruchtungsfähig ist. Eine Nachuntersuchung, besonders der Endospermcytologie, eventuell mit neueren Methoden, wäre erwünscht.

2. Diploid parthenogenetische Arten

Die Endosperme diploid parthenogenetischer Arten sind nur selten untersucht worden. Wir sind daher, was das Verhalten der Polkerne angeht, auf die Ergebnisse embryologischer Untersuchungen angewiesen. Zwei Verhaltensweisen sind hauptsächlich beschrieben worden: die Polkerne verschmelzen nicht, sondern teilen sich unabhängig voneinander. Das ist z. B. der Fall bei *Eupatorium glandulosum* (Holmgren 1919) und *Ixeris dentata* (Okabe 1932). Andere autonome Apomikten kennen den Vorgang der Polkernverschmelzung, so z. B. *Taraxacum, Alchemilla, Erigeron ramosus* usw. Die bis jetzt cytologisch ausgezählten Endosperme gehören meist diesem Typus an. Als Beispiel sei erwähnt *Poa nervosa* (Grun 1955b). *Poa nervosa* hat $2n \sim 62$ Chromosomen. Vier Endosperme hatten die Zahlen 102, 107, 108 und 116, was ziemlich nahe an die erwartete Zahl 124 herankommt. Die Übereinstimmung wird von Grun als gut erachtet.

Die Apomikten von *Calamagrostis* bilden 2—4 Polkerne aus (Nygren 1946). In der Regel wird ein sekundärer Embryosackkern aus zwei Polkernen aufgebaut. Damit steht in Übereinstimmung, daß die Endosperme meist tetraploid sind (in bezug auf die somatische Chromosomenzahl). Als Beispiel wird *C. purpurea* ($2n = 56$) angegeben, dessen Endospermkerne 112 Chromosomen zählen (Abb. 67*b*). Bei der gleichen Art ($2n = 56$) wurden aber auch Endosperme mit 224 Chromosomen gefunden, die also oktoploid waren und aus vier unreduzierten Polkernen aufgebaut sein müssen (Abb. 67*c*) (wenn man nicht Endoploidie annehmen will). Bei anderen Arten wurden aber auch diploide Endosperme gefunden (Abb. 67*a*), z. B. bei *C. lapponica* ($2n = 112$); hier kommen vermutlich aber auch tetraploide Endosperme vor. Die Untersuchungen Nygrens weisen darauf hin, daß bei *Calamagrostis* sowohl Zahl wie Verschmelzungsgrad der Polkerne sehr variabel sind, ähnlich wie wir das auch bei *Ranunculus auricomus* gefunden haben (Rutishauser 1954a) oder wie es auch für *Nardus stricta* geschildert wurde.

Zusammenfassend darf man daher wohl sagen, daß bei den autonomen Apomikten, was die cytologischen Verhältnisse der Endosperme angeht, eine große Variabilität herrscht, die von den pseudogamen Apomikten nur noch deshalb übertroffen wird, weil zu den Variationen im karyologischen Aufbau der Zentralzelle noch die variable Anzahl verschmelzender Spermakerne und die durch Unregelmäßigkeiten der Meiose hervorgerufenen Variationen in der Chromosomenzahl der männlichen Gameten hinzukommen. Da das Endosperm auch für die autonom entwicklungsfähige Eizelle von Bedeutung ist, wäre eine genauere Kenntnis der Cytologie des Endosperms daher dringend erwünscht. Die Angaben von HEITZ (1951) über die Endospermentwicklung apomiktischer *Hieracien* sind für das uns hier beschäftigende Problem ohne Bedeutung, da es ihm offenbar nicht gelang, Chromosomenzählungen in Endospermmitosen durchzuführen. Seine Fußnote auf S. 456, in der er uns (RUTISHAUSER und HUNZIKER) indirekt unterschiebt, ohne Nennung seines Namens eine von ihm ausgearbeitete Methode verwendet zu haben, entbehrt jeder Grundlage.

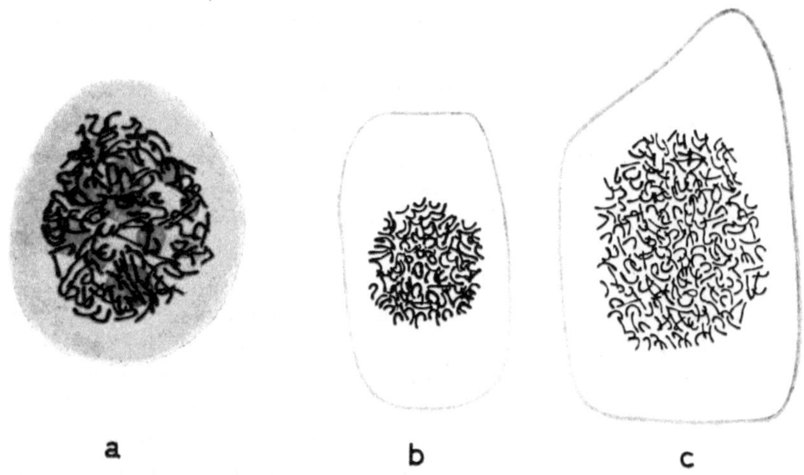

Abb. 67. Metaphaseplatten von Endospermen diploid parthenogenetischer *Calamagrostis*-Arten; *a C. lapponica* (2n = 112) mit ± 112 Chromosomen (2x); *b C. purpurea* (2n = 56) mit 112 Chromosomen (4x); *c C. purpurea* (2n = 56) mit 224 Chromosomen (8x) (nach NYGREN 1946).

B. Die Entwicklungserregung der Eizelle

1. Pseudogame Arten

Die Eizelle der pseudogamen Apomikten zeigt bei den verschiedenen Arten ungleiche Entwicklungstendenzen. Zwei Verhaltensweisen können unterschieden werden: die einen Eizellen müssen von außen, z. B. vom Endosperm her, zur Entwicklung angeregt werden, andere hingegen sind autonom entwicklungsfähig. Zur ersten Gruppe gehören die Apomikten der Sammelart *Ranunculus auricomus* (RUTISHAUSER 1954a, b). Kastrierte Blüten der *Auricomi* entwickeln weder Endosperme noch Embryonen (Abb. 68). Beide Zellen, Zentral- und Eizelle, bedürfen eines Entwicklungsanstoßes; die Zentralzelle muß, wie wir oben gesehen haben, befruchtet werden, um sich teilen zu können. Da die Nachkommen apomiktischer *Auricomi* maternell sind (auch nach Bestäubung der Nachkommen mit artfremden Pollen), kann geschlossen werden, daß sich die unreduzierte Eizelle ohne Befruchtung des Eikernes zu teilen vermag. Tatsächlich wurde auch nie ein Eindringen des Spermakernes in die Eizelle oder eine Kernverschmelzung gesehen. Analysen von jungen Samen, 24 Std. bis 16 Tage nach der Bestäubung mit arteigenem oder artfremdem Pollen, zeigen, daß die Eizellen sich nur dann teilen, wenn normales Endosperm ausgebildet worden ist (Abb. 69*b*, *c*, *e*, *f*). Der

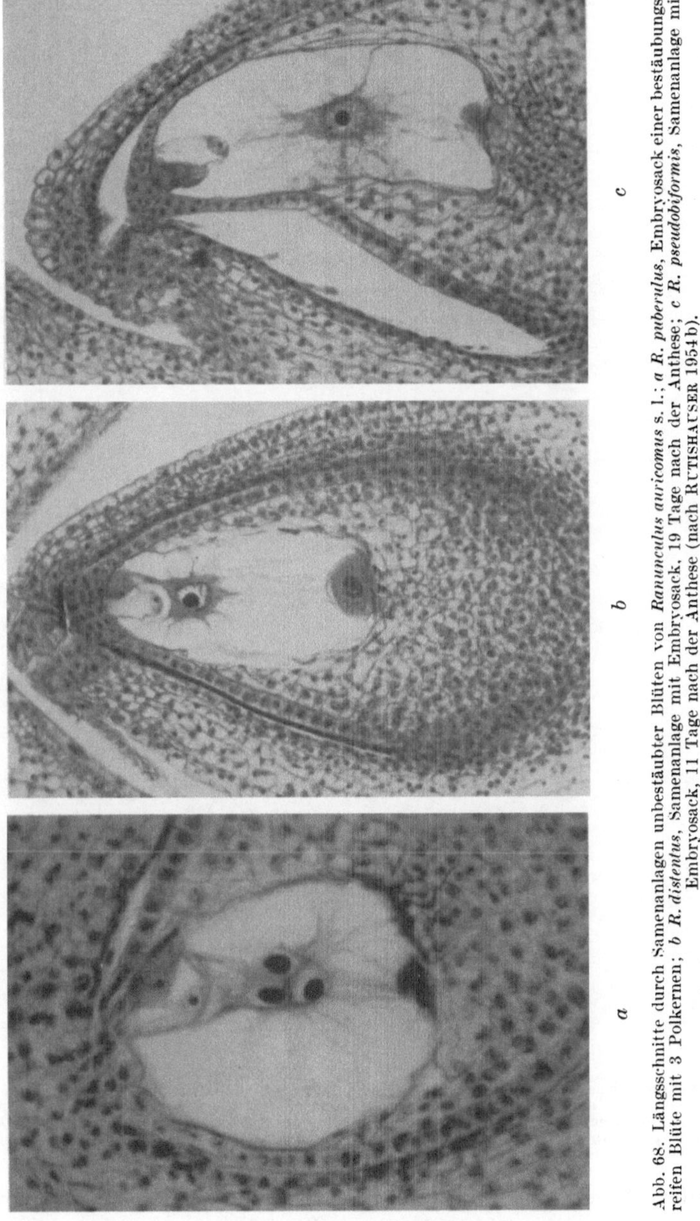

Abb. 68. Längsschnitte durch Samenanlagen unbestäubter Blüten von *Ranunculus auricomus* s. l.; *a R. puberulus*, Embryosack einer bestäubungsreifen Blüte mit 3 Polkernen; *b R. distentus*, Samenanlage mit Embryosack, 19 Tage nach der Anthese; *c R. pseudobiformis*, Samenanlage mit Embryosack, 11 Tage nach der Anthese (nach RUTISHAUSER 1954b).

Beginn der Embryoentwicklung ist gegenüber dem Endosperm um 8—12 Std. verspätet. In 4x×2x-Kreuzungen, die ein abnormes und kleines Endosperm zur Folge haben (die Wandbildung setzt zu früh ein), beginnt die Embryobildung verspätet und nur in einem Teil der Samen.

Aus all diesen Ergebnissen folgt, daß die Eizellen der pseudogamen *Auricomi* durch das Endosperm zur Entwicklung angeregt werden. Die Bestäubung löst eine Kettenreaktion aus, die mit der Befruchtung der Zentralzelle beginnt und, sofern alle Vorgänge normal ablaufen, mit der Ausbildung eines keimfähigen

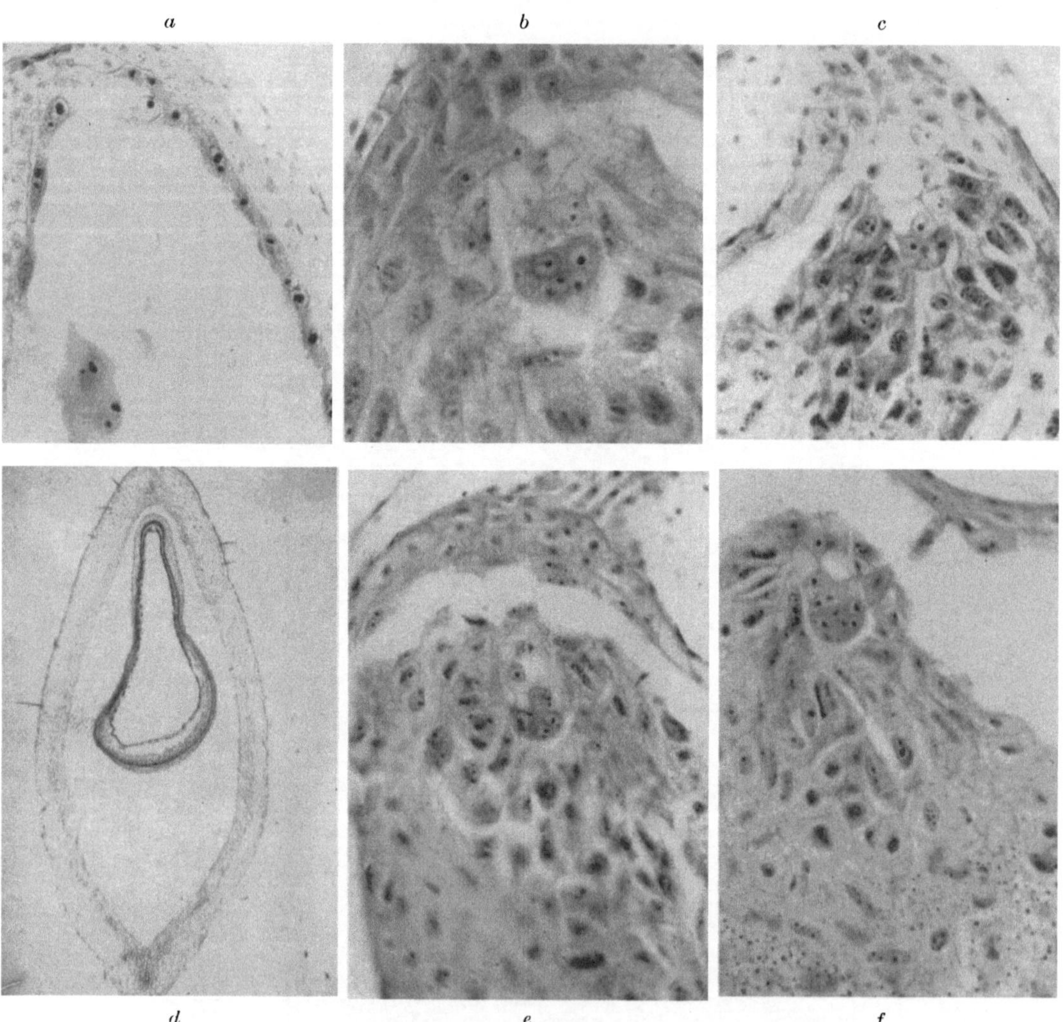

Abb. 69. Embryo- und Endospermentwicklung pseudogamer Arten von *R. auricomus* s. l.; *a—d R. puberulus* selbstbestäubt; *a* Same 8 Tage alt, Eizelle und nukleäres Endosperm; *b, c* Embryonen und zelluläres Endosperm, Same 16 Tage alt; *d* Längsschnitt durch Frucht und Same (8 Tage alt); *e, f R. puberulus* × *R. megacarpus* (4x × 4x) Embryonen und Endosperm, 12 Tage alter Same (nach Rutishauser 1954b).

Samens endet. Wie weiter unten gezeigt wird, ist daher die Samenfertilität der pseudogamen Pflanzen, wie bei den sexuellen Pflanzen, von der Bestäubungskombination abhängig. Die Beobachtungen über die Embryoentwicklung von *Ranunculus auricomus* widerlegen die Auffassung von Gustafsson (1946—1947), daß die frühzeitige Entwicklung des Embryos den Befruchtungsvorgang verhindert und damit die Agamospermie fördert. *R. auricomus* hat sich in allen bisher untersuchten Kleinarten als total pseudogam erwiesen, obwohl die Embryoentwicklung erst lange nach der Endospermbefruchtung einsetzt.

Der eben beschriebene Entwicklungsablauf scheint nur für eine relativ eng begrenzte Gruppe pseudogamer Apomikten Gültigkeit zu haben. Andere, allerdings weniger eingehend untersuchte Beispiele sind *Atamasco texana* (PACE 1913) und *Rubus caesius* (BERGER 1953). Die meisten pseudogamen Apomikten verhalten sich anders. Zuerst für *Allium odorum* (MODILEWSKI 1928, 1930, 1931), dann für *Poa* (TINNEY 1940, ÅKERBERG 1942, 1943 und HÅKANSSON 1943, 1944) und *Potentilla* (GENTCHEFF und GUSTAFSSON 1940b, RUTISHAUSER 1943a—c,

Tab. 27. *Embryoentwicklung in kastrierten und nicht bestäubten Blüten pseudogamer und sexueller Potentillen* (nach RUTISHAUSER 1948).
37/11, 1 = maternelle Tochterpflanze von *P. verna* 18.

Versuchspflanze	Versuchsjahr	Anzahl Samenanlagen mit		
		Embryonen	Eizellen	Entwicklungsstadien von Embryosäcken
P. canescens	1945	88	?	?
P. argentea	1942	35	?	?
P. praecox	1942	50	35	0
P. verna 3	1941	17	18	2
P. verna 4	1941	9	3	0
P. verna 10	1943	39	8	0
P. verna 15	1946	0	55	9
P. verna 18	1941	0	13	0
	1942	1	23	0
	1943	0	12	0
	1941—1943	1	48	0
37/11,1	1945	10	12	0
P. × *arenaria* 25	1942	8	9	2
P. × *arenaria* 29	1942	4	2	11
P. heptaphylla (sex.)	1946	0	52	0

1945a, 1948) wurde gezeigt, daß sich die Eizelle pseudogamer Apomikten kastrierter und nicht bestäubter Blüten zu teilen vermag und einen Embryo aufbaut, der aus vielen (bis mehreren 100) Zellen bestehen kann (Abb. 70*b*). Die Zentralzelle bleibt in solchen Samenanlagen im Ruhezustand und teilt sich auch nicht, wenn schon ein relativ großer Embryo ausgebildet worden ist. Nach unseren Analysen mehrerer Biotypen der Arten *P. verna*, *P. praecox* und *P. arenaria* hat 10—14 Tage nach der Kastration allerdings stets nur ein Teil der Eizellen Embryonen ausgebildet; ein Biotyp von *P. verna* (*P. verna* 18) besitzt die Fähigkeit zu parthenogenetischer Embryoentwicklung nur in geringem Maße. Da aber eine maternelle Tochterpflanze von *P. verna* 18, 37/11,1, reichlich parthenogenetische Embryonen ausbildete, scheint die Abweichung nicht genetischer Natur zu sein, sondern von Außenbedingungen abzuhängen. *P. verna* 15 dürfte hingegen die Fähigkeit zu parthenogenetischer Entwicklung der Eizelle nicht besitzen (Tab. 27).

Lange dauernde Versuche an kastrierten und nicht bestäubten Blüten bei *Potentillen* zeigen, daß unter diesen Bedingungen nie keimfähige Samen ausgebildet werden. Für deren Bildung ist vielmehr, wie bei *Ranunculus auricomus*, Bestäubung Voraussetzung. Morphologische Vergleiche zwischen Embryonen bestäubter, endospermhaltiger und unbestäubter, endospermfreier Samen zeigen

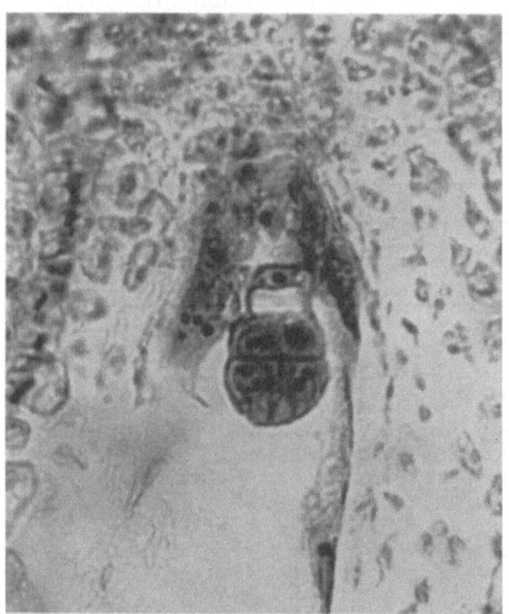

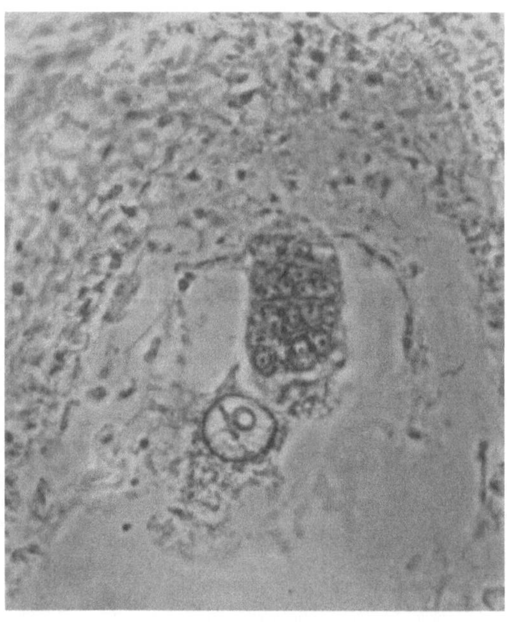

a *b*

Abb. 70. Embryoentwicklung von *Potentilla praecox*; *a* Embryo einer bestäubten Blüte, in Suspensor und eigentlichen Embryo differenziert, nukleäres Endosperm vorhanden; *b* Embryo einer unbestäubten und kastrierten Blüte ohne Suspensor, sekundärer Embryosackkern ungeteilt (nach Rutishauser 1943c).

ferner, daß die Embryonen im letzten Falle abnorme Strukturen aufweisen, indem z. B. die Differenzierung in Suspensor und eigentlichen Embryo (Abb. 70*a*) unterbleibt und die Teilungsfolge nicht mehr nach dem gleichen Schema vor sich geht (Abb. 70*b* und 71*f*—*k*). Aus diesen Befunden wurde daher geschlossen, daß das Endosperm für *Potentilla* zwar keinen entwicklungserregenden, wohl aber einen regulierenden Einfluß auf die Embryonalentwicklung ausübt.

Ähnlich wie die apomiktischen Potentillen verhalten sich viele (wohl die meisten) pseudogamen Apomikten. Parthenogenetische Entwicklung der Embryonen wurde z. B. angegeben für *Poa pratensis* (Tinney 1940, Åkerberg 1942, 1943), *Poa alpina* (Håkansson 1943, 1944) und andere *Poa*-Arten, ferner für *Parthenium argentatum* (Esau 1946), wo gelegentlich allerdings auch das Endosperm autonom entwicklungsfähig sein soll. Parthenogenetische Embryoentwicklung in kastrierten Blüten wurde schließlich angegeben für *Bothriochloa ischaemum* und ist selten bei *Themeda triandra* (Brown und Emery 1957), kommt vor bei *Paspalum secans* (Snyder 1957), wo der parthenogenetische Embryo ebenfalls als unregelmäßig beschrieben wird, und bei *Tripsacum dactyloides* (FARQUHARSON 1955). Es ist denkbar, daß sich in all diesen Fällen die Pseudogamie nur dadurch von der diploiden Parthenogenese unterscheidet, daß das Endosperm im letzten Falle autonom, im ersteren nur nach Bestäubung, d. h. vermutlich nur nach Befruchtung der Zentralzelle, entwicklungsfähig ist.

Ein pseudogamer Fortpflanzungsmodus spezieller Art ist von BATTAGLIA für *Rudbeckia laciniata* (1947a, e), *R. speciosa* (1947c) und *R. sullivantii* (1955b)

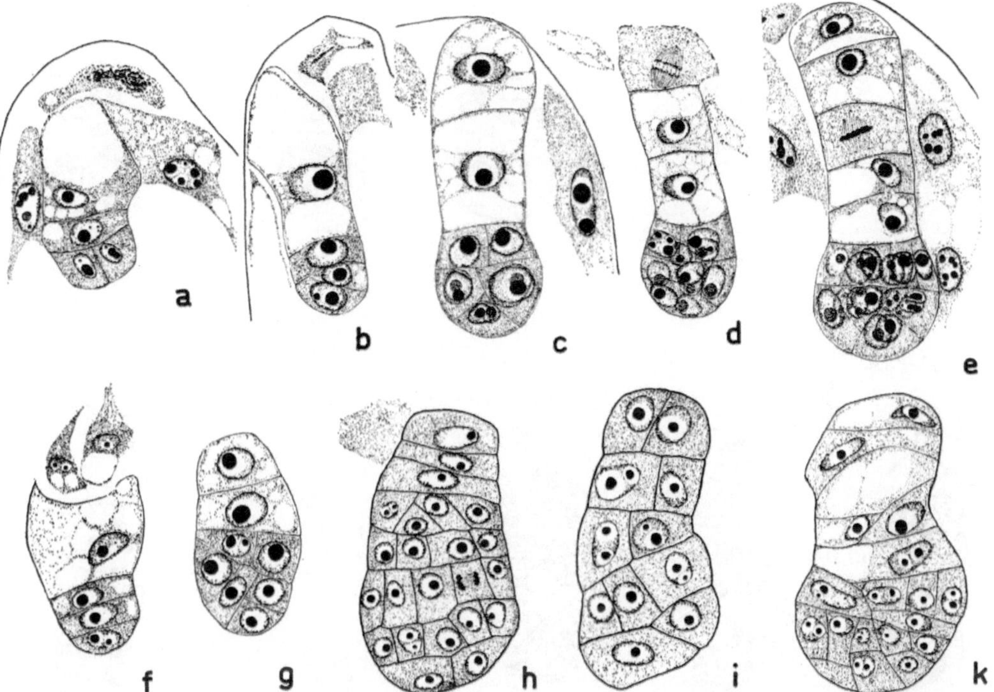

Abb. 71. Embryoentwicklung junger Samen bestäubter (*a—e*) und unbestäubter (*f—k*) Blüten von *Potentilla canescens* (*c—e*), *P. argentea* (*a*) und *P. praecox* (*b, f—k*) (*a—e, g* nach RUTISHAUSER 1943a, übrige Original).

beschrieben (Abb. 72*a—h*) und als Semigamie bezeichnet worden. Bei all diesen Arten dringt ein Spermakern in die Eizelle ein (Abb. 72*a*), ohne mit dem Eikern zu verschmelzen. Je nach der Lage des Spermakerns kann dieser am Aufbau des eigentlichen Embryos (Abb. 72*e, g*) oder des Suspensors (Abb. 72*d, h*) beteiligt sein. Ei- und Spermakern teilen sich unabhängig voneinander (Abb. 72*b*), der Spermakern aber meist weniger oft. Sehr eingehend ist Semigamie von COE (1953) für *Cooperia pedunculata* beschrieben worden. Der Spermakern dringt in die Eizelle ein (Abb. 72*i*) und legt sich zunächst an den Eikern an, ohne mit ihm zu verschmelzen. Dann teilen sich beide Kerne unabhängig, der Spermakern nur ein- bis zweimal. Die von letzterem gebildeten Zellen liegen der Außenwand des Embryos an (Abb. 72*k—o*, MC), neben der basalen Zelle des zweizelligen Proembryos. Die unbefruchtete Eizelle teilt sich transversal. Die Aufeinanderfolge der späteren Teilungen war irregulär und konnte nicht immer sicher bestimmt werden. Die Entwicklung fährt fort bis zum 128-Zellstadium und verlangsamt sich dann, bis Endospermzellen gebildet werden.

Neben solchen Beispielen von Semigamie kommen auch Eizellen vor, wo die Spermakerne sich nicht teilen, sondern degenerieren. Der Vorgang wird von BATTAGLIA (1947g, 1963) als Pseudogamie bezeichnet und damit gibt er diesem technischen Ausdruck eine neue Definition, die mit jener von FOCKE nicht über-

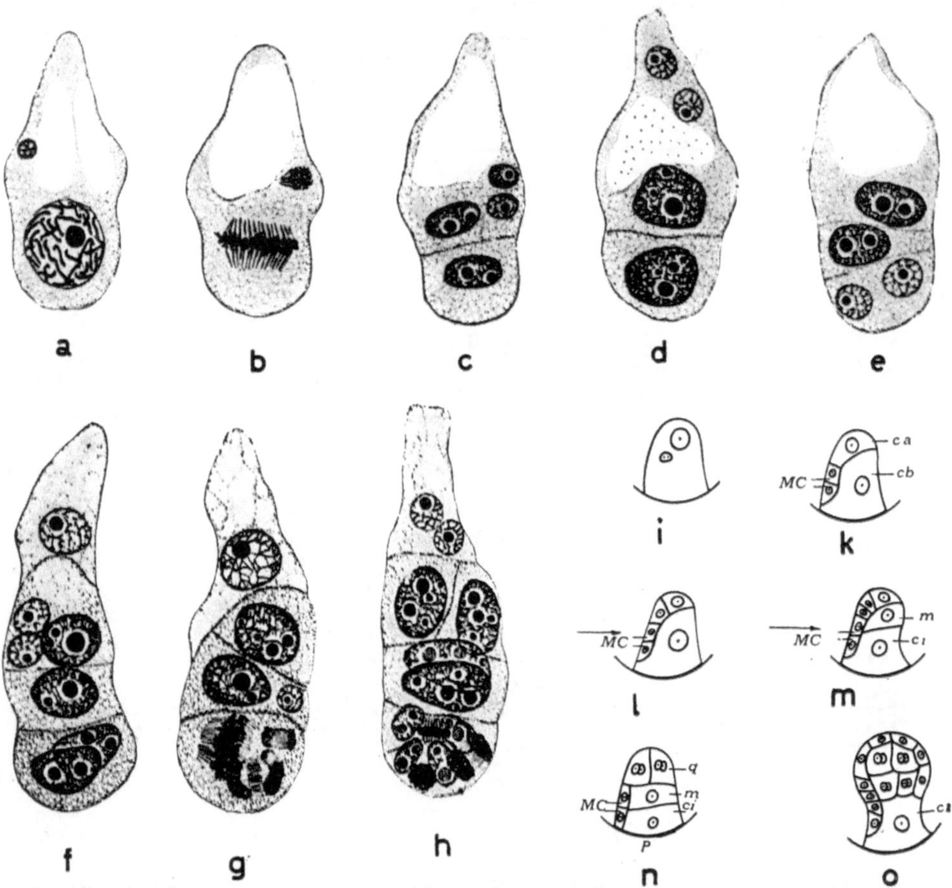

Abb. 72. Semigamie; *a—h Rudbeckia laciniata*; *a* Spermakern in Eizelle eingedrungen; *b* 1. Teilung der Embryoentwicklung, Ei- und Spermakern in Teilung; *c* junger Embryo mit 2 unreduzierten und 2 reduzierten Kernen; *d*, *e* vierkernige Embryonen, in *d* haploide Kerne in der Suspensorregion, in *e* haploide Kerne an der Basis des Embryos; *f—h* mehrzellige Embryonen, aus einem Mosaik reduzierter und unreduzierter Kerne bestehend; *i—o Cooperia pedunculata*; *i* Eizelle mit Ei- und Spermakern; *k—o* Verhalten des Ei- und Spermakerns, MC männliche Zellen, herrührend von der Teilung des Spermakerns; *ca*, *cb* cellule apicale bzw. cellule basale, der eigentliche Embryo geht hauptsächlich aus *ca* hervor (*a—h* nach BATTAGLIA 1947e, *i—o* nach COE 1953).

einstimmt. Ein Zwischenglied beider Verhaltensweisen stellt *Cooperia drummondii* dar, wo der Spermakern in die Eizelle eindringt und durch eine Wand vom übrigen Teil der Eizelle abgeschnitten wird (COE 1953).

Über die Bedeutung der Semigamie gibt die Angabe von BATTAGLIA (1947e) Klarheit, daß die Embryoentwicklung auch dann vor sich geht, wenn kein Spermakern in die Eizelle eindringt (Apogamie nach BATTAGLIA 1947a), ein Vorgang, der mit der Embryogenese von *Potentilla* und *Poa* übereinstimmt. Befruchtung der Zentralzelle wird von COE (1953) für *Cooperia pedunculata* angegeben und ist auch bei *Rudbeckia* von BATTAGLIA und FAGERLIND beobachtet worden. Zwischen *Potentilla* und den semigamen Arten scheint in dieser Hinsicht kein Unterschied zu bestehen. COE (1953, S. 340) betont, „that the stimulus exerted by the sperm nucleus is necessary for endosperm formation and consequently for the viability of the embryo". Mit COE (1953) bin ich daher der Meinung, daß Semigamie nur eine zusätzliche Besonderheit einiger pseudogamer Arten darstellt und nicht als separater Typus der Agamospermie aufgefaßt werden sollte. Vermutlich ist Semigamie nicht einmal notwendige Voraussetzung für die parthenogenetische Entwicklung des Embryos: nach BATTAGLIA (1947a) kommt Embryoentwicklung bei *Rudbeckia speciosa* auch dann vor, wenn der Spermakern nicht in die Eizelle eingedrungen ist (Apogamie nach BATTAGLIA).

2. Diploid parthenogenetische Arten

Läßt schon die zeitliche Aufeinanderfolge von Endosperm- und Embryoentwicklung der Pseudogamen keine deutlich ausgeprägte Gesetzmäßigkeit erkennen, so sind die diploid parthenogenetischen Apomikten in dieser Hinsicht völlig regellos. Gewisse Parallelen zu den Pseudogamen lassen sich aber doch erkennen: die gleichen zwei Verhaltensweisen sind realisiert, die auch eine Gruppierung der Pseudogamen ermöglichte. Die einen autonomen Apomikten zeigen eine Embryoentwicklung, die von jener des Endosperms weitgehend unabhängig zu sein scheint, die Eizellen anderer Apomikten vermögen sich erst dann zu teilen, wenn Endosperme ausgebildet worden sind.

Die erste Gruppe, zu der die meisten diploid parthenogenetischen Arten gehören, ist besonders eingehend von COOPER und BRINK (1949) untersucht worden. Als Versuchspflanzen dienten sexuelle und apomiktische Arten der Gattung *Taraxacum*.

Der Entwicklungsablauf der sexuellen *Taraxacum*-Arten, bei *T. kok-saghyz* (2n = 16) untersucht, konnte genau verfolgt werden. Die Anthese findet am Morgen statt, die Gametenverschmelzung zwischen 8 und 9 Uhr. Schon am gleichen Tag zwischen 14 und 15 Uhr sind bereits ein zweizelliger Proembryo und ein vierzelliges Endosperm vorhanden. Über das Fortschreiten der Entwicklung orientiert Tab. 28.

Tab. 28. *Entwicklung des Samens von Taraxacum kok-saghyz* (nach COOPER und BRINK 1949).

Endosperm	Embryo[1]	Mittlere Größe der medianen Schnitte mm	Zeit nach Anthese Std.
2 Zellen	2 Zellen	0,8 × 0,46	
32 Zellen	26 Zellen (11–26)	0,87 × 0,47	ca. 24
64 Zellen	52 Zellen	0,9 × 0,46	ca. 32
128 Zellen	62 Zellen	0,95 × 0,47	
256 Zellen	220 Zellen	1,4 × 0,55	ca. 48 (Embryo mit Kotyledonen)

[1] Es wurden die Maximalzahlen angegeben.

Wie man sieht, hinkt der Embryo immer etwas hinter dem Endosperm nach. Das geht deutlich aus Tab. 28 hervor. Solange die Zentralzelle sich noch nicht geteilt hat, bleibt die Eizelle einzellig. Cooper und Brink schließen daraus auf eine deutliche Abhängigkeit der Embryo- von der Endospermentwicklung.

Die apomiktische Art *T. officinale* (2n = 24) verhält sich wesentlich anders (Tab. 29).

Tab. 29. *Die Entwicklung des Samens von Taraxacum officinale (2n = 24)* (nach Cooper und Brink 1949).

Endosperm	Embryo	Mittlere Größe der medianen Schnitte mm
1 Zelle	13 Zellen	0,54 × 0,36
2 Zellen	18 Zellen	0,53 × 0,39
4 Zellen	11 Zellen	0,54 × 0,37
16 Zellen	21 Zellen	0,54 × 0,38
64 Zellen	73 Zellen	0,82 × 0,41
128 Zellen	105 Zellen	0,93 × 0,50

Tab. 30. *Beziehungen zwischen der Zellenzahl des Endosperms und des Embryos bei sexuellen und apomiktischen Taraxacum-Arten* (nach Cooper und Brink 1949).

Arten	Teilungsschritte des Endosperms 0	1	2	3	4	5	6	7	
T. officinale (apomiktisch)	15,5	14,5	18,1	21,6	27,2	34,4	56,2	91,5	mittlere Zellenzahl der Embryonen
T. kok-saghyz (sexuell)	1,0	1,6	2,0	4,4	7,6	13,2	30,9	68,0	

Im Gegensatz zu den sexuellen beginnt die Embryoentwicklung der apomiktischen Arten schon vor der Teilung der Zentralzelle (vgl. auch Tab. 30), allerdings nur bei einem Teil der Samenanlagen, da umgekehrt einzellige Embryonen bei mehrzelligen Endospermen gefunden werden können. Embryo- und Endospermentwicklung sind bei den Apomikten weitgehend voneinander unabhängig. Für die sexuelle *T. kok-saghyz* beträgt der Korrelationskoeffizient zwischen der Zahl der Zellen des Endosperms und des Embryos r = 0,76, für die Apomikten nur r = 0,57. Cooper und Brink nehmen an, daß die Nahrung bei den letzteren aus dem Integument stammt.

Autonomen Apomikten vom Typus *Taraxacum officinale* stehen Apomikten gegenüber, bei denen eine ebenso deutliche Abhängigkeit der Embryoentwicklung vom Endosperm festzustellen ist wie z. B. bei *Ranunculus auricomus*. Dazu gehört vor allem die von Ernst (1913, 1918) untersuchte *Balanophora elongata* und *globosa* sowie *Burmannia coelestis* (Ernst 1909, 1913, Ernst und Bernard 1912). Ernst konnte z. B. für *B. elongata* zeigen, daß die Eizelle erst eine mit Gestaltsveränderung verbundene Ruheperiode durchmacht, bevor sie sich zum erstenmal teilt, und konnte damit die Ansicht TREUBS (1898) widerlegen, nach welcher der Embryo von *Balanophora elongata* aus dem Endosperm entsteht. Nun hat allerdings FAGERLIND (1945), wie schon weiter oben ausgeführt worden ist, einige Zweifel an der Annahme, *B. elongata* sei apomiktisch, geäußert. Er hält die Art für rein sexuell und weist darauf hin, daß männliche Individuen zahlreich seien. Dagegen wird Apomixis (Agamospermie) für *B. globosa*, deren Eizelle sich wie jene von *B. elongata* verhält, bestätigt. Die Angabe von ERNST über eine weitere autonome Apomikte mit verspäteter Teilung der Eizelle, *Burmannia coelestis*, wird ebenfalls von keiner Seite angezweifelt.

Damit ist mit genügender Evidenz wahrscheinlich gemacht, daß auch bei diploider Parthenogenese ein Abhängigkeitsverhältnis zwischen Embryo- und Endospermentwicklung vorkommen kann. Samenentwicklung ohne Endosperm ist bei keiner autonom apomiktischen Art festgestellt worden, so daß man wohl annehmen darf, daß dem Endosperm auch für die Ausbildung des Samens diploid parthenogenetischer Apomikten eine Bedeutung zukommt. Der einzige Unterschied zwischen den beiden apomiktischen Fortpflanzungsformen, Pseudogamie und diploide Parthenogenese, könnte daher darin bestehen, daß das Endosperm der ersteren zur Entwicklung angeregt werden muß, bei der letzteren dagegen autonom entwicklungsfähig ist.

3. Zusammenfassung

Die Parallele zwischen den beiden Gruppen pflanzlicher Apomikten bedeutet aber wohl kaum, daß die eine aus der anderen hervorgegangen ist, daß also z. B. autonome Apomixis aus Pseudogamen durch einen Mutationsschritt entstanden ist, der die betreffende pseudogame Art zu autonomer Entwicklung des Endosperms befähigt hätte. Dagegen spricht die Verteilung der beiden Fortpflanzungsformen über die Blütenpflanzen. Ein Nebeneinander beider Formen, wie bei Ableitung der einen aus der anderen zu erwarten wäre, existiert nicht. Mit Ausnahme einiger weniger Gattungen, z. B. *Poa* (mit *Poa nervosa* als autonomer Apomikte und den anderen apomiktischen Arten als Pseudogame und *Malus* [SCHMIDT 1964] mit *M. sieboldii* und *M. sargenti* als pseudogame und *M. hupehensis* und *M. sikkimensis* als diploid parthenogenetische Pflanzen), pflanzen sich die Arten einer Gattung entweder durch Pseudogamie oder durch diploide Parthenogenese fort. Übergänge existieren nicht, wenn man den Befund, daß die einen autonomen Apomikten sekundäre Embryosackkerne ausbilden, andere nur freie Polkerne enthalten, nicht als Stufen fortschreitender Tendenz zu apomiktischer Vermehrung betrachten will, wie das z. B. GUSTAFSSON (1946—1947) tut. Apomixis in ihren verschiedenen Ausdrucksformen scheint, abgesehen von Apomeiose, vielmehr auf zwei verschiedenen, unabhängig voneinander auftretenden Tendenzen zu autonomer, von Befruchtung unabhängiger Entwicklung zu beruhen: einer Tendenz zu parthenogenetischer Entwicklung der Eizelle, die sowohl bei Pseudogamen wie auch bei diploid parthenogenetischen Arten auftritt, und einer Tendenz zu autonomer Entwicklung der Zentralzelle, die Voraussetzung für autonome Apomixis ist. In beiden Fällen scheint dem Endosperm, wie übrigens auch bei sexuellen Arten, eine entwicklungsregulierende Funktion zuzukommen, ohne die die Ausbildung eines keimfähigen Samens nicht möglich ist.

C. Nuzellarembryonie

1. Einleitung

Die Nuzellarembryonie weist gegenüber der diploiden Parthenogenese und der Pseudogamie insofern Parallelen auf, als hinsichtlich der Auslösung der Samenentwicklung ebenfalls zwei Verhaltensweisen auftreten: die Nuzellarembryonie kann autonom oder induziert sein. Diese Parallele kommt aber in vielen älteren und neueren Arbeiten über die Nuzellarembryonie deshalb nicht zum Ausdruck, weil die beiden daran beteiligten Vorgänge, nämlich

a) die Aussonderung embryonaler Zellen, die als Embryoinitialen funktionieren, und

b) die Faktoren, welche die Entwicklung eines keimfähigen Samens auslösen,

nicht mit genügender Schärfe auseinandergehalten werden. Dies ist schon deshalb von Bedeutung, weil die Samenentwicklung der verschiedenen Angiospermenfamilien nicht nach dem gleichen Schema abläuft. Die Samen der meisten Blütenpflanzen entwickeln sich im Anschluß an eine doppelte Befruchtung, welche die Ausbildung eines Embryos und eines Endosperms induziert, während bei anderen, vor allem bei den Orchideen, ein Endosperm nicht ausgebildet oder schon in den ersten Anfängen unterdrückt wird. Aus diesem Grunde muß sich eine Beschreibung der Nuzellarembryonie zunächst in zwei Unterkapitel aufgliedern, die sich nicht, wie bis jetzt üblich, auf die Auslösung der Embryo- und Samenentwicklung stützt, sondern den Besonderheiten der Samenentwicklung der verwandten sexuellen Arten Rechnung trägt. Es drängt sich daher eine Unterteilung dieses Kapitels in die folgenden zwei Abschnitte auf:

a) die Nuzellarembryonie von Arten mit endospermlosen Samen und
b) die Nuzellarembryonie von Arten mit endospermhaltigen Samen.

2. Die Nuzellarembryonie von Arten mit endospermlosen Samen

Zu dieser Gruppe gehören vor allem die Orchideen (von den *Podostemonaceae* sind keine Apomikten bekannt). Die Nuzellarembryonie der Orchideen bildet nicht nur deshalb einen Sonderfall, weil bei ihnen kein Endosperm ausgebildet wird. Wie schon lange bekannt ist (WITHNER 1959, S. 169ff.) und sich auch in den Versuchen von HESLOP-HARRISON (1957) ergeben hat, muß die Embryosackentwicklung mancher Orchideen durch den Pollen induziert werden (wobei die Bestäubung durch Gaben von α-Naphthalinessigsäure ersetzt werden kann). Bei anderen Arten, z. B. *Neottia nidus avis* (E. MEILI-FREI, mündliche Mitteilung), ist sie autonom. Diese Besonderheit der Orchideen wirkt sich offensichtlich auch auf die Nuzellarembryonie aus: Bei den einen Arten ist die Nuzellarembryonie völlig autonom, bei anderen ist sie auf die Induktion durch den Pollen angewiesen. Das sicherste Beispiel für autonome Nuzellarembryonie unter den Orchideen ist zweifellos *Zeuxine sulcata* (LINDL.).

a) Autonome Entwicklung

Nachdem SESHAGIRIAH (1932—1942, zit. nach SWAMY 1946) Entwicklung haploider Embryonen aus den Makrosporen angegeben hat, wurde die Art von SWAMY (1946) einer Nachuntersuchung unterzogen. Dabei ergab sich, daß die EMZ eine stark gestörte Meiose durchführt (Abb. 73*a*) und einen Embryosack ausbildet, der nur selten voll auswächst (Abb. 73*b*—*e*), meist aber in einem früheren Entwicklungsstadium steckenbleibt und degeneriert. Der Embryo entwickelt sich aus einer Zelle der Nuzellusepidermis (Abb. 73*a*—*f*). Polyembryonie ist häufig und beruht entweder auf der Ausdifferenzierung mehrerer Embryo-

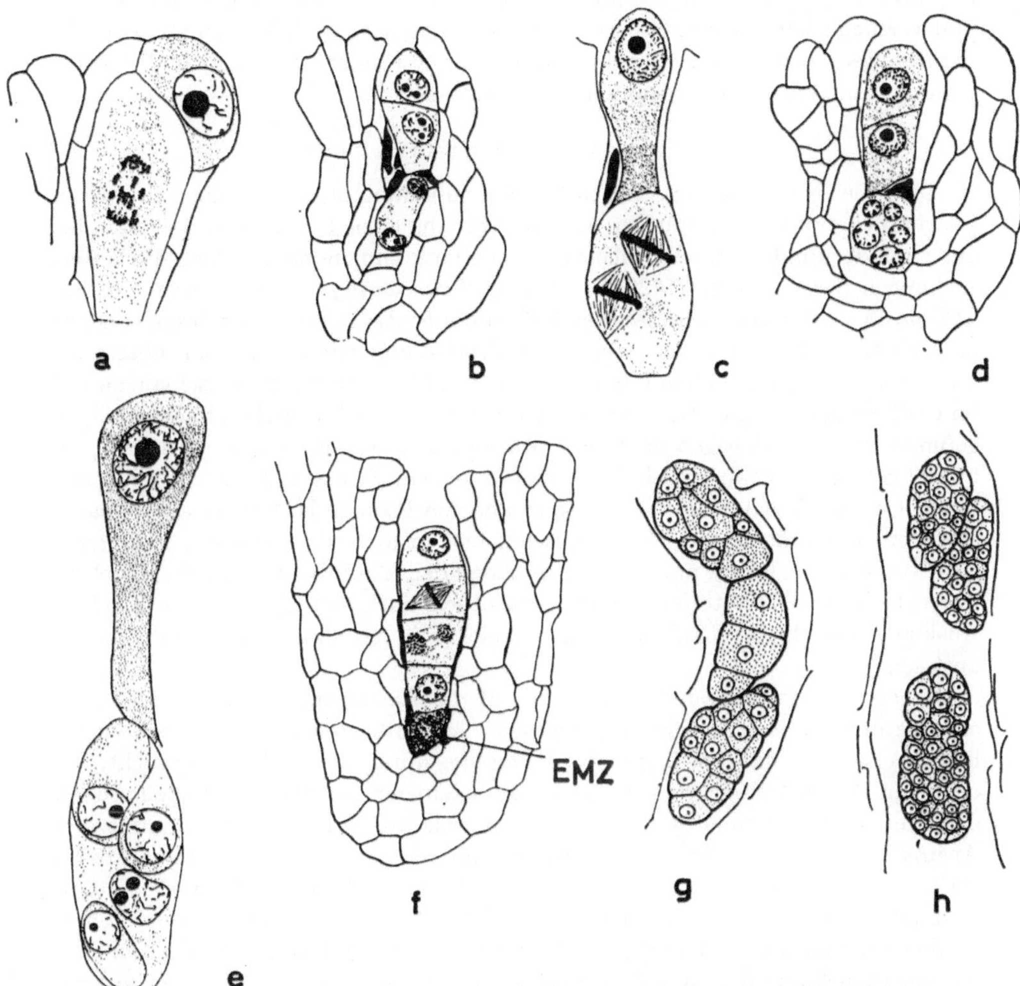

Abb. 73. Nuzellarembryonie bei *Zeuxine sulcata* LINDL.; *a* EMZ in RT$_I$, darüber Initialzelle des Nuzellusembryos; *b* zweikernige Embryosäcke, darüber zweizelliger Nuzellusembryo; *c*, *d* Entwicklungsstadien von Embryosäcken, darüber ein- oder zweikernige Embryonen; *e* reifer Embryosack mit Initialzelle; *f* EMZ in Degeneration, darüber vierzelliger Nuzellusembryo; *g*, *h* Polyembryonie (Nuzellarembryonen) (nach SWAMY 1946).

initialen oder auf der Proliferation eines Embryos (Abb. 73*g*, *h*). Da die Art vollständig pollensteril ist, läuft die ganze Entwicklung ohne Bestäubung ab, d. h. die Initiation von Nuzellarembryonen und die Entwicklung keimfähiger Samen ist autonom.

Als weiteres Beispiel für autonome Nuzellarembryonie wird meist auch *Nigritella nigra f. apomicta* angegeben (AFZELIUS 1928, 1932). Die Frage der Induktion der Adventivembryonen scheint aber bei dieser Art doch noch nicht völlig abgeklärt zu sein: wenigstens gibt Afzelius (1928) an, daß zwar Pollination nicht notwendig ist, die Tendenz zu Nuzellarembryonie dadurch aber doch gesteigert wird. Fagerlind (1946) kommt allerdings auf Grund eigener Untersuchungen zu der Auffassung, daß die Früchte, Samen und Embryonen von *Nigritella* auch ganz ohne Bestäubung reif werden. Bestäubungs- und Kastrationsversuche, letztere kombiniert mit Behandlung der Fruchtknoten mit α-Naphthalinessigsäure, könnten über die Induktion der Embryo-, Samen- und Fruchtbildung von *Nigritella* erschöpfend Auskunft geben.

b) Induzierte Entwicklung

Daß die Nuzellarembryonie bzw. Samenbildung apomiktischer Orchideen gelegentlich erst im Anschluß an eine Bestäubung erfolgt, d. h. also daß auch bei den Orchideen induzierte Nuzellarembryonie vorkommen kann, zeigen die Untersuchungen Suessenguts (1923) an *Zygopetalum mackayi*. Suessengut gibt an, daß die Fruchtknoten unbestäubter Blüten dieser Art nicht auswachsen, sondern bald abfallen. Samen werden erst nach Bestäubung mit arteigenem, aber auch mit gattungsfremden Pollen (*Oncidium*) ausgebildet. Da die Pollenschläuche nur im Griffelkanal, in den Plazentarwinkeln, vereinzelt auch zwischen Samenanlagen gefunden wurden, dagegen nie in den Mikropylen nachgewiesen werden konnten, nimmt Suessengut an, daß Befruchtung in keinem Falle stattfindet. Vermutlich handelt es sich hier um eine Analogie zu der von Heslop-Harrison (1957) nachgewiesenen Induktion von Gametophyten und in diesem besonderen Falle auch von Nuzellarembryonen unter dem stimulierenden Einfluß von Pollenschläuchen. Versuche mit Wuchsstoffen könnten eventuell auch bei *Zygopetalum mackayi* Auskunft über die Mechanismen geben, welche die Nuzellarembryonie dieser Art auslösen.

Schon jetzt ist aber mit Rücksicht auf die Eigentümlichkeiten der Samenentwicklung mancher Orchideen (Auslösung der Embryosackentwicklung) eigentlich zu erwarten, daß bei *Zygopetalum mackayi* durch die Bestäubung nicht, wie oben für *Potentilla* beschrieben, die Voraussetzungen für den geordneten Ablauf der Embryoentwicklung gewährleistet, sondern, wie Suessengut annimmt, der Anstoß für die Aussonderung von Embryoinitialen und eventuell des Embryosacks gegeben wird. Gentcheff und Gustafsson (1940b) und auch Fagerlind (1946) konnten sich allerdings einer solchen Interpretation nicht anschließen, da ihnen damals die Bedeutung der Bestäubung für die Stimulation der Gametophytenentwicklung der Orchideen noch nicht bekannt war. Sie glauben übereinstimmend, daß die Bestäubung nur stimulierend auf die Frucht- und Samenbildung einwirke. Fagerlind (1946, S. 74) schreibt dazu: „Es ist nicht ausgeschlossen, daß die einzige Wirkung der Bestäubung die ist, daß die Gewebe des Fruchtknotens und der Samenanlagen vital und entwicklungsfähig erhalten bleiben, so daß die Embryonen sich in Wirklichkeit spontan bilden."

Die oben genannten Versuchsergebnisse von Heslop-Harrison (1957) an sexuellen Orchideen lassen einige Zweifel darüber aufkommen, ob *Zygopetalum mackayi*, wie Fagerlind (1946) schreibt, eine Parallele zu den apomiktischen *Citrus*- und *Hosta*-Arten darstellt. Ich halte es daher, solange keine gegenteiligen Versuchsergebnisse vorliegen, für besser, *Z. mackayi* als Beispiel für einen Fortpflanzungstypus zu betrachten, der ebenso weit von der Adventivembryonie von Pflanzen mit endospermhaltigen Samen entfernt ist, wie sich die sexuellen Orchideen in ihrer Samenentwicklung von anderen Angiospermenfamilien entfernt haben.

3. Die Nuzellarembryonie von Arten mit endospermhaltigen Samen

Nach Ausschaltung der *Orchidaceen* mit ihren besonderen Entwicklungsvorgängen bleibt eine große Gruppe von Arten mit Nuzellarembryonie übrig, die am besten mit sexuellen Verwandten verglichen werden, deren Samenbildung durch eine doppelte Befruchtung eingeleitet wird. In der Regel wird versucht, die genannten Apomikten in zwei Gruppen, solche mit autonomer und solche mit induzierter Nuzellarembryonie, zu unterteilen (GUSTAFSSON 1946—1947), während andere (vgl. FAGERLIND 1946) eher dazu tendieren, eine feinere Unterteilung vorzunehmen (FAGERLIND 1946 [s. Zusammenstellung auf S. 83] unterscheidet z. B., allerdings mit Einschluß der Orchideen, vier Typen). Ein eingehendes Studium der Literatur, soweit sie uns zur Verfügung stand, läßt den Eindruck aufkommen, daß die meisten Fälle von Nuzellarembryonie mit wenigen Ausnahmen erst ungenügend erforscht sind, besonders was den experimentellen Aspekt dieses Fortpflanzungsmodus anbetrifft. Gerade über den uns in erster Linie interessierenden Prozeß der Auslösung der Adventivembryonie existieren nur wenige und z. T. ungenügende Angaben, oder sie sind nicht mit parallel dazu ausgeführten cytologischen und embryologischen Untersuchungen verknüpft. Sichere Resultate über die Cytologie, z. B. Auszählungen der Chromosomenzahl des Endosperms, fehlen fast völlig. Es wäre zu wünschen, daß diesem für die Züchtung vieler Kulturpflanzen so wichtigen Fortpflanzungsmodus in Zukunft vermehrt Beachtung geschenkt wird. Wie sehr eine genaue Kenntnis des Fortpflanzungsmechanismus der Nuzellarembryonie zum Verständnis der Fortpflanzungsbiologie und der Entwicklungsphysiologie beitragen kann, ergibt sich aus den Arbeiten von SWINGLE (1927) sowie von HOFMEYR und OBERHOLZER (1948). SWINGLE konnte nachweisen, daß sich die aus Nuzellusembryonen aufgezogenen Jungpflanzen von *Citrus*-Arten, abgesehen natürlich von ihrem Genotypus, in keiner Weise von sexuell entstandenen unterscheiden. Ihre Zweige sind wie jene bedornt, sie tragen zunächst nur wenig Blüten und Früchte und unterscheiden sich in diesem Punkte wesentlich von Pflanzen, welche aus Stecklingen aufgezogen wurden. Obwohl also die Nuzellarembryonen aus rein mütterlichem Gewebe entstehen, das keinen Kernphasenwechsel durchgemacht hat, weisen die asexuell entstandenen Nachkommen doch die Merkmale von Keimpflanzen auf. SWINGLE hat dieses interessante Phänomen als Verjüngung oder Neophysis bezeichnet und schreibt die Verjüngung des mütterlichen Gewebes allein dem Einfluß des Embryosacks zu. Der Embryosack stelle ein mächtiges morphogenetisches Kraftfeld dar, unter dessen Einfluß auch das alternde mütterliche Gewebe gezwungen werde, juvenile Strukturen zu erzeugen. Es ist nicht unwahrscheinlich, daß die Beobachtungen von HOFMEYR und OBERHOLZER (1948), wonach die Nuzellusembryonen von *Citrus* oft lebenskräftiger sind als Tochterpflanzen, die aus Stecklingen aufgezogen wurden, damit zu erklären sind, daß sie Viruskrankheiten, welche oft den Niedergang vegetativ vermehrter Kulturpflanzen verursachen, auf irgendeine Weise ausschalten.

Aus diesen Beobachtungen geht hervor, daß dem weiblichen Gametophyten auch bei Pflanzen mit Nuzellarembryonie eine hohe Bedeutung zukommt, abgesehen davon, daß die Entwicklung von Eiembryonen eine wichtige Quelle für die Vermehrung des Formenreichtums auch dieser Kategorie von Apomikten darstellt. Aus den embryologischen Arbeiten über Apomikten der hier besprochenen Kategorie geht hervor, daß in der Regel weibliche Gametophyten ausgebildet werden. Über ihre Entwicklungsgeschichte, vor allem über ihren Chromosomenbestand sind wir aber meist nur ungenügend orientiert; für manche Arten liegen überhaupt keine diesbezüglichen Abgaben vor. ERNST (1918, S. 457), dem wir einen ersten sorgfältigen Überblick über die Nuzellarembryonie verdanken, mußte noch 1918 schreiben: „Wir sind bei keiner einzigen : . . (Art mit Nuzellusembryonie) . . . über die Vorgänge der Pollenentwicklung, der Tetradenteilung in der Embryosackmutterzelle und über die erste Entwicklung des Embryosackes orientiert. Der Verlauf der Reduktionsteilung ist unbekannt . . ." Diese Lücke ist inzwischen für einige Arten mit Nuzellarembryonie ausgefüllt worden, bleibt aber gerade für einige der wichtigsten Beispiele, wie *Coelebogyne ilicifolia*, eine der wenigen Arten, für die mit einiger Sicherheit autonome Nuzellarembryonie angenommen werden darf, bestehen.

Die Arten, welche später auf diesen Aspekt hin mit moderneren Methoden untersucht worden sind, zeigen, daß die Embryosackentwicklung nicht überall nach dem gleichen Schema abläuft. *Nothoscordum fragrans* z. B. entwickelt den Embryosack nach dem *Allium*-Typus (HÅKANSSON 1953a und STENAR 1932). In der Metaphase I wurden neun Bivalente gezählt, die sich in der Anaphase I regelmäßig verteilen. Auch die RT_{II} ist regelmäßig. Der reife Embryosack scheint insofern Anomalien aufzuweisen, als z. T. eizellähnliche Antipoden ausgebildet werden. Ferner sind die Synergiden auffallend groß und haben vermutlich einen polyploiden Kern.

Die Embryosäcke von *Eugenia jambos* L. hingegen entwickeln sich nach dem *Lilium*-Typus (VAN DER PIJL 1934), d. h. die Makrosporogenese endet mit der Ausbildung einer Coenomakrospore. Die RT ist nicht genau untersucht worden.

Für *Euphorbia dulcis* schließlich hat CARANO (1925, 1926) *Fritillaria*-Typus der Embryosackentwicklung festgestellt: drei Kerne der Coenomakrospore verschmelzen (CARANO-BAMBACIONI-Effekt), so daß der chalazale Polkern triploid ist; Antipoden werden nicht ausgebildet.

Nach den Zeichnungen von OSAWA (1912) zu urteilen, verläuft die Embryosackentwicklung von *Citrus nobilis* L. und *C. trifoliata* L. nach dem *Polygonum*-Typus (Abb. 74*e*, *f*). Die entscheidenden Stadien der Makrosporogenese der meisten übrigen Arten mit Nuzellarembryonie sind unseres Wissens nicht bekannt. Das gilt z. B. für *Coelebogyne ilicifolia*, *Xanthophyllum bungii*, *Hosta coerulea* (*Funkia ovata*), *Opuntia vulgaris*.

Daß die Schließung dieser Lücke unserer Kenntnis für das Verständnis der Nuzellarembryonie notwendig ist, ergibt sich aus den neueren Analysen von HÅKANSSON (1951) und HÅKANSSON und LEVAN (1957) an den Arten *Allium nutans* und *A. odorum*. Für die letztere Art hat MODILEWSKI (1928, 1930, 1931), für *A. nutans* HÅKANSSON (1951) Nuzellarembryonie nachgewiesen. Die Entwicklung der Embryosäcke der beiden Arten ist oben (S. 44) eingehend beschrieben worden. Sie ist ausgezeichnet durch das Auftreten von EMZ mit verdoppelter Chromosomenzahl. Die Makrosporogenese läuft meist normal mit diesen erhöhten Chromosomenzahlen ab, die vermutlich auf prämeiotische Endomitosen zurückgehen. Obwohl die Embryosackentwicklung wie bei sexuellen *Allium*-Arten völlig regelmäßig nach dem *Allium*-Typus abläuft, sind daher die weiblichen Gametophyten beider Arten oft unreduziert. Nuzellarembryonie kann daher sowohl mit der Ausbildung reduzierter wie unreduzierter Embryosäcke gekoppelt sein. Ein weiteres Beispiel für den letztgenannten Typus bildet *Ochna serrulata* (CHIARUGI und FRANCINI 1930). Doch muß für alle Beispiele von Nuzellarembryonie mit gleichzeitiger Ausbildung unreduzierter Embryosäcke betont werden, daß stets auch „haploide" Embryosäcke entwickelt werden können. Dies gilt für *Ochna serrulata* ebenso wie für die beiden *Allium*-Arten. Die Arten mit Nuzellarembryonie leiden daher ebenso wenig an „Geschlechtsverlust" wie die pseudogamen oder die diploid parthenogenetischen Arten.

Soweit wir bis heute wissen, entwickeln alle Arten mit Nuzellarembryonie auch reduzierte oder unreduzierte weibliche Gametophyten. Bei den Orchideen wird die Entwicklung gelegentlich vor Erreichung eines befruchtungsreifen Embryosacks, z. B. vor der Gametogenese, abgestoppt, bei den anderen Angiospermenfamilien scheint dies nicht der Fall zu sein. Es erhebt sich daher die Frage, ob die Gegenwart eines reduzierten oder unreduzierten Embryosacks oder eventuell die mit seiner Entwicklung verbundenen morphogenetischen Vorgänge für die Ausbildung von Nuzellarembryonen unerläßlich seien oder ob sie nur eine Reminiszenz an die Fortpflanzungserscheinungen darstellen, welche bei ihren Aszendenten vorgekommen sind. Diese Frage kann nur im Zusammenhang mit Vorgängen der Anlage und Entwicklung von Nuzellarembryonen besprochen werden, weshalb den Zusammenhängen zwischen Gametophytenbildung und adventiver Embryoentwicklung eine Besprechung der Entwicklung von Nuzellarembryonen vorausgehen muß.

Wie schon im Abschnitt über die Orchideen besprochen, besteht die erste Anlage zu einem Adventivembryo oft in einer einzelnen Zelle des Nuzellusgewebes. Bei *Eugenia jambos* (VAN DER PIJL 1934) werden die Initialzellen schon im Stadium des zweikernigen Embryosacks ausgesondert. Sie sind völlig voneinander isoliert; sie sind besonders zahlreich in der Nähe des Eiapparates und fallen durch ihren Plasmareichtum auf. Im Stadium des reifen Embryosacks wird der Nuzellus größtenteils aufgelöst, mit Ausnahme der plasmareichen Initialen, die aber bis zur Befruchtung im Ruhezustand verbleiben. Dann erst teilen sie sich und wachsen in den Keimsack hinein, wobei sie das inzwischen ausgebildete Endosperm vor sich herdrängen. Sie sind kugelförmig und bilden keinen Suspensor aus. Später spalten die Embryonen auf und vergrößern so die Anzahl der Keimlinge. Die Eiembryonen, die sich inzwischen aus der vermutlich befruchteten Eizelle entwickelt haben, unterscheiden sich von den Nuzellarembryonen durch dickere Zellwände und geringeren Plsamareichtum. Sie sinken auch tiefer ins Endosperm ein. Versuche, sexuell entstandene Keimlinge durch Kreuzung zwischen *Eugenia jambos* und anderen Arten der Gattung zu erhalten, erbrachten nur sehr dürftige Resultate. Vermutlich degeneriert der Eiembryo aus solchen interspezifischen Kreuzungen in den meisten Fällen.

Unbestäubte Blüten weisen zunächst ebenfalls mehrzellige Nuzellarembryonen auf. Diese sterben aber später ab. Samen werden unter diesen Bedingungen nicht ausgebildet.

Ähnlich wie *Eugenia jambos* verhält sich auch *Nothoscordum fragrans* (HÅKANSSON 1953a). Embryoinitialen entstehen auch hier aus einzelnen Nuzelluszellen im Stadium des zweikernigen bis voll entwickelten Embryosackes. Kastrationsversuche zeigen, daß sowohl die Aussonderung von Embryoinitialen wie auch die ersten Entwicklungsvorgänge der Nuzellusembryonen autonom erfolgen. Die Nuzellusembryonen sind allerdings etwas kleiner in Samenanlagen kastrierter Blüten und haben oft eine unregelmäßige Form (HÅKANSSON 1953a, S. 136). Die autonomen Entwicklungsvorgänge können in einzelnen Samenanlagen bis zum 17. Tage nach der Kastration anhalten. Die meisten Samenanlagen degenerieren indessen früher, wobei die Nuzellusembryonen der Degeneration den meisten Widerstand entgegensetzen.

Ähnlich wie bei *Eugenia jambos* und *Nothoscordum fragrans* verhalten sich auch *Allium nutans* und *odorum* (MODILEWSKI 1928, 1930, 1931, HÅKANSSON 1953a, HÅKANSSON und LEVAN 1957) und *Mangifera indica* (FAGERLIND 1946), während andere Arten, wie FAGERLIND (1946) angibt, so unvollständig beschrieben sind, daß die Auslösung und der Ablauf der Nuzellarembryonie noch nicht überschaut werden können. Besser bekannt sind die Entwicklungsvorgänge in den Samen von *Hosta coerulea* (*Funkia ovata*) und einigen *Citrus*-Arten. Nach STRASBURGER (1878b) entstehen Nuzellarembryonen bei *Hosta coerulea* erst im Anschluß an eine Bestäubung und Befruchtung des Embryosackes. Die Entwicklung beginnt damit, daß sich einzelne Zellen der einschichtigen Nuzelluskappe, die über dem Eiapparat liegt, vergrößern und in den Embryosack vorwölben. Sie teilen sich darauf (Abb. 74*c*) und bilden Höcker aus, welche schließlich zu Nuzellarembryonen auswachsen.

Bestäubung ist auch für die Bildung der Nuzellusembryonen der *Citrus*-Arten (Abb. 74*e*—*h*) unerläßlich (STRASBURGER 1878b, OSAWA 1912 u. a., vgl. auch WEBBER 1940). Die Frage indessen, ob schon die Anlage der Initialen — es handelt sich wieder um plasmareiche, voneinander getrennte Zellen der Nuzelluskappe (Abb. 74*g*) — durch die Bestäubung bzw. Befruchtung des Embryosackes ausgelöst werden muß, scheint noch nicht mit genügender Sicherheit beantwortbar zu sein (FAGERLIND 1946). Nimmt man wenigstens die Angaben über die Auslösung der Nuzellarembryonie von *Hosta coerulea* als bewiesen an, dann ergibt sich eine Unterteilung der Arten mit Nuzellarembryonie von Pflanzenfamilien mit Endospermbildung in zwei Gruppen:

Die erste Gruppe ist charakterisiert durch autonome Umwandlung von Nuzelluszellen, gelegentlich, wie bei *Eugenia malaccensis* (VAN DER PIJL 1934), auch von Zellen des inneren Integumentes, zu Initialen adventiver Embryonen, wobei meist schon die ersten Entwicklungsstadien zur Bildung eines Adventivembryos zurückgelegt werden. Die Bestäubung bzw. die Befruchtung des Embryosackes ist dagegen Voraussetzung für die Ausbildung eines keimfähigen Samens, d. h., daß auch die Nuzellusembryonen erst dann zu einer Tochterpflanze auswachsen können, wenn der Stempel bestäubt worden ist. Kastrierte Blüten bleiben, wie VAN DER PIJL (1934) für *Eugenia jambos* gezeigt hat, ohne Samenansatz. Es liegt somit ein Verhalten vor, das eine auffällige Parallele zu den pseudogamen Potentillen darstellt: die Embryonen können zwar autonom angelegt werden, ihre Entwicklung zu Keimpflanzen unterbleibt aber, wenn keine Bestäubung stattgefunden hat.

Die zweite Gruppe, zu der *Hosta coerulea* und vermutlich auch einige *Citrus*-Biotypen gehören, zeigt insofern Analogien zu *Ranunculus auricomus*, als durch

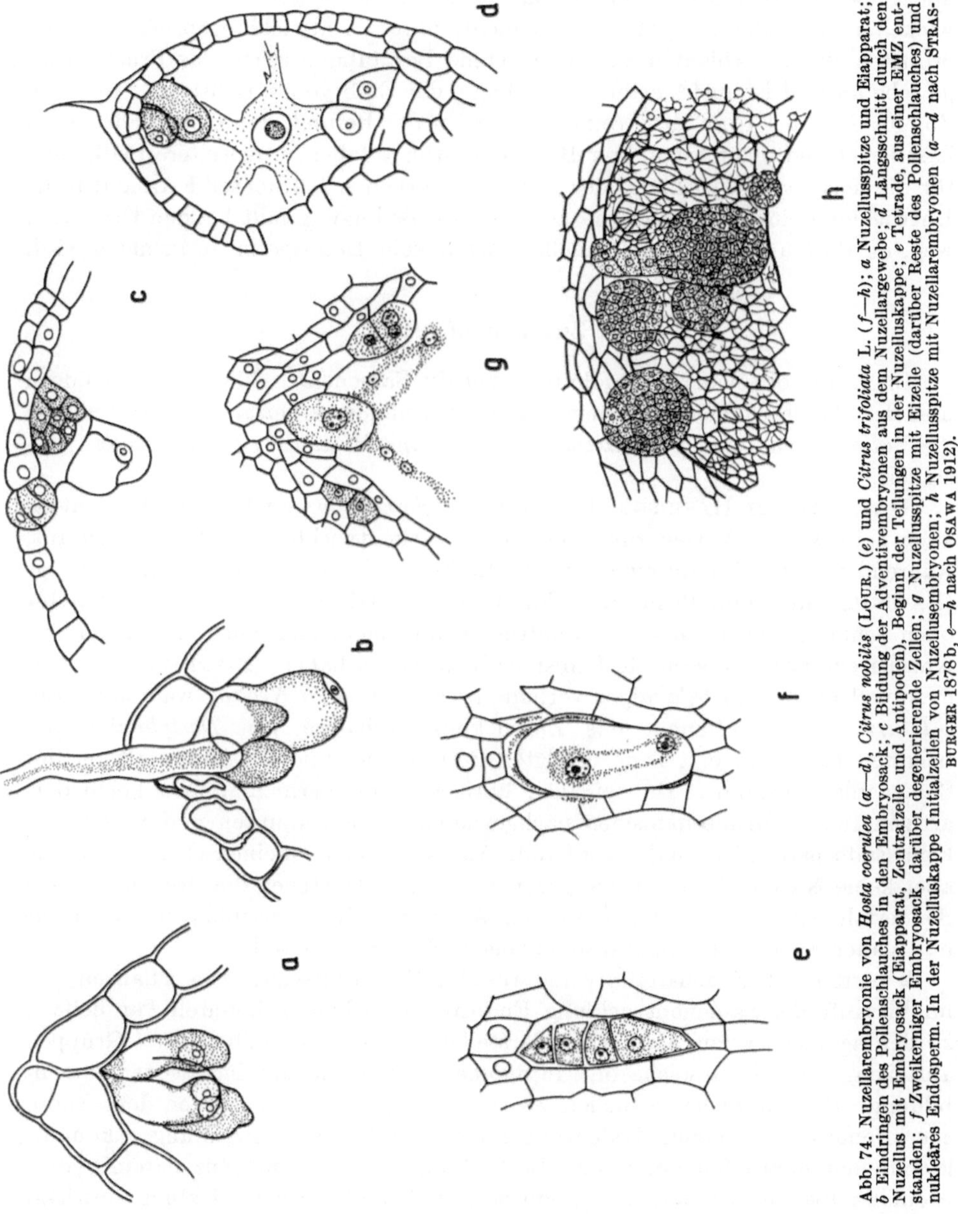

Abb. 74. Nuzellarembryonie von *Hosta coerulea* (*a—d*), *Citrus nobilis* (LOUR.) (*e*) und *Citrus trifoliata* L. (*f—h*); *a* Nuzellusspitze und Eiapparat; *b* Eindringen des Pollenschlauches in den Embryosack; *c* Bildung der Adventivembryonen aus dem Nuzellargewebe; *d* Längsschnitt durch den Nuzellus mit Embryosack (Eiapparat, Zentralzelle und Antipoden), Beginn der Teilungen in der Nuzelluskappe; *e* Tetrade, aus einer EMZ entstanden; *f* Zweikerniger Embryosack, darüber degenerierende Zellen; *g* Nuzellusspitze mit Eizelle (darüber Reste des Pollenschlauches) und nukleäres Endosperm. In der Nuzelluskappe Initialzellen von Nuzellusembryonen; *h* Nuzellusspitze mit Nuzellarembryonen (*a—d* nach STRASBURGER 1878b, *e—h* nach OSAWA 1912).

die Bestäubung nicht nur der geordnete Ablauf der Embryonalentwicklung gewährleistet, sondern die Embryoentwicklung überhaupt ausgelöst werden muß. Die Mehrzahl aller Arten mit Nuzellarembryonie gehört hieher. Einigermaßen sichere Angaben liegen indessen nur für *Hosta coerulea* vor.

Weder für die erste noch für die zweite Gruppe von Arten mit Nuzellarembryonie steht aber fest, worauf der Einfluß der Bestäubung auf die Embryonalentwicklung beruht. Nach Fagerlind (1946) führt Bestäubung zu einer Veränderung des vegetativen Fruchtblattgewebes, die es erst den autonom entwickelten Nuzellarembryonen ermöglicht, ihren Entwicklungsprozeß in geordneten Bahnen ablaufen zu lassen. Ohne Bestäubung stirbt das Fruchtblattgewebe ab und ist nicht mehr in der Lage, die Embryonen richtig zu ernähren. Zugunsten von Fagerlinds Annahme spricht der Befund, daß die Fruchtknoten kastrierter und nicht bestäubter Blüten oft früh abfallen. Als weitere Bedingung für die normale Entwicklung der Nuzellarembryonen betrachtet Fagerlind die Entwicklung eines Endosperms. Diese zweite Bedingung fällt bei den Orchideen weg, da dort auch bei rein sexuellen Arten kein Endosperm ausgebildet wird.

4. Zusammenfassung

Im Lichte der neueren Ergebnisse über die Samenentwicklung der Orchideen und der Phanerogamenfamilien mit Endospermbildung betrachtet, dürften sich die Beziehungen zwischen Nuzellarembryonie und Bestäubung etwas anders darstellen:

1. Wie Heslop-Harrison (1957) für *Dactylorchis* gezeigt hat, löst Pollination auch bei sexueller Vermehrung die Embryosackentwicklung der Orchideen aus, während z. B. bei *Neottia nidus avis* die Embryosackentwicklung autonom erfolgt (E. Meili-Frei, mündliche Mitteilung). Es ist daher — darauf wurde weiter oben schon hingewiesen — vernünftig anzunehmen, daß auch die Arten mit Nuzellarembryonie diesen Mechanismus beibehalten haben. *Zeuxine sulcata* und eventuell auch *Nigritella nigra* verhalten sich analog zu *Neottia*, während *Zygopetalum mackayi* offenbar das Entwicklungsverhalten von *Dactylorchis* beibehalten hat, d. h. erst nach erfolgter Bestäubung mit der Ausgestaltung der Samenanlage beginnt. Da bei allen übrigen Angiospermenfamilien keine derartigen Induktionsmechanismen nachgewiesen werden konnten und weil ferner kein Endosperm ausgebildet wird (mit Ausnahme einer kleinen Gruppe, für die aber keine Nuzellarembryonie angegeben worden ist), stellen die Orchideen einen Sonderfall dar, der von allen übrigen Arten mit Nuzellarembryonie abweicht und daher nicht mit ihnen zusammengeworfen werden sollte.

2. Arten mit Nuzellarembryonie aus der Verwandtschaft von Pflanzen, die im Verlaufe der Samenentwicklung Endosperm ausbilden, könnten Parallelfälle zu den agamospermen Apomikten darstellen und sich deshalb in zwei Gruppen aufteilen, nämlich in solche mit autonomer und solche mit induzierter Samenbildung. Da sowohl bei sexuellen wie auch bei pseudogamen Arten dem Endosperm eine entscheidende Bedeutung für die Embryonalentwicklung zukommt, könnte man daran denken, daß die Bestäubung der Arten mit Nuzellarembryonie ebenfalls über die Bildung von Endosperm auf die Samenentwicklung einwirkt. Endospermentwicklung unter dem Einfluß der Bestäubung, d. h. wohl im Anschluß an die Befruchtung der Zentralzelle, ist in der Tat für alle gut bekannten Fälle von induzierter Adventivembryonie nachgewiesen worden. Ihr Einfluß auf die Embryonalentwicklung erfolgt vermutlich, wie bei den Pseudogamen, zu verschiedenen Zeitpunkten: bei *Hosta coerulea* löst das Endosperm die Ent-

wicklung von Initialzellen aus, bei *Eugenia, Nothoscordum* und anderen Arten reguliert es die Entwicklung der Embryonen.

Es ist uns klar, daß diese Darstellung der Nuzellarembryonie und ihrer Auslösung durch die Bestäubung hypothetisch ist und erst noch durch cytologische Untersuchungen des Endosperms und vor allem durch Kreuzungsversuche, welche eventuell auch die Existenz von Samen-Inkompatibilität aufdecken könnten, erwiesen werden muß.

3. Ob unter den oben aufgeführten Fällen auch noch Beispiele von autonomer Nuzellarembryonie vorkommen, ist zwar für *Coelebogyne ilicifolia* wahrscheinlich gemacht worden — nach Braun (1856) wurde die Art in europäischen Gewächshäusern nur in weiblichen Exemplaren kultiviert, und freie Endospermbildung ist nachgewiesen. Dennoch sollte die Art und sollten auch andere Arten, wie *Xanthophyllum bungei* (Longo 1908, zit. aus A. Ernst 1918), für die ebenfalls autonome Nuzellarembryonie angegeben wurde, mit moderneren Methoden nochmals bearbeitet werden.

Einwandfreie Resultate liegen aber für *Euphorbia dulcis* L. vor (Carano 1926). Der Pollen dieser Art ist stets steril. Befruchtung des nach dem *Fritillaria*-Typus aufgebauten Embryosacks kann deshalb nie erfolgen. Dennoch werden Nuzellarembryonen ausgebildet. Das Endosperm ist ebenfalls autonom entwicklungsfähig, so daß die gesamte Samenentwicklung bei *Euphorbia dulcis* autonom abläuft.

Der Nuzellarembryonie kommt scheinbar am nächsten die Bulbillenbildung, wie sie bei den viviparen *Poa*-Arten und anderen Gräsern gefunden wird. Die Vermehrung durch Bulbillen unterscheidet sich aber in so vielen Eigenschaften von der Nuzellarembryonie, daß wir doch zögern, sie als Übergangserscheinung zwischen Apomixis und vegetativer Vermehrung zu betrachten: Die Bulbillen haben keine innere Verwandtschaft zu den Samen. Sie gehen zwar, z. B. bei den *Poa*-Arten, aus Vegetationspunkten hervor, die sonst, bei sexuellen Verwandten der viviparen Biotypen, in Ährchen umgewandelt werden. Die Umstimmung der Vegetationspunkte geschieht aber so früh, daß es in der Regel nicht mehr zur Ausbildung von Antheren oder Stempeln kommt. Infolgedessen sind auch keine Anzeichen für die Anlage oder gar die Ausbildung von Gametophyten zu finden. Die Bulbillen werden daher besser als Produkte von Vegetationspunkten mit rein vegetativen (somatischen) Tendenzen aufgefaßt und deshalb besser als Beispiele vegetativer Vermehrung betrachtet. Das gleiche gilt in noch erhöhtem Maße für die Bulbillen, die als akzessorische Bildungen der Blütenachse entstehen, obwohl sie gelegentlich, z. B. bei *Fourcroya cubensis* (Ernst 1918), die Samenfertilität der Blüten vollständig unterbinden. Dagegen hat Bulbillenbildung auf die Evolution der betreffenden Arten oder Artgruppen dieselben Konsequenzen wie echte Agamospermie: Sie wirkt, wie die echte Apomixis, als Stabilisierungsmechanismus, indem sie den Zerfall und Umbau auch extrem heterozygoter Gensysteme verhindert und trägt damit, wenn die Samensterilität einer viviparen Art nicht total ist, ebenso wie die Apomixis zur Erhöhung der Polymorphie bei. Da die Viviparie nicht durch den Pollen ausgelöst werden muß, können bulbillentragende Taxa in dieser Hinsicht am ehesten mit diploid parthenogenetischen Arten verglichen werden.

D. Die Befruchtungsfähigkeit reduzierter und unreduzierter Eizellen der Apomikten

1. Einleitung und Terminologie

Die Tendenz zu parthenogenetischer Entwicklung der unreduzierten Eizelle braucht nicht unbedingt völligen Geschlechtsverlust zu bedeuten, wie dies früher oft angenommen worden ist. Bei sehr vielen Apomikten beider Gruppen kann die unreduzierte Eizelle doch noch befruchtet werden und hybride Nachkommen erzeugen, die sich von Hybriden sexueller Arten bei gleicher Chromosomenzahl der Eltern nur dadurch unterscheiden, daß sie „triploid" sind. Da schon die apomiktischen Eltern meist polyploid sind, bezieht sich der Ausdruck „triploid" auf die als diploid angenommene Chromosomenzahl der Eltern. Da der Ausdruck „triploid" irreführend sein kann, habe ich (RUTISHAUSER 1948) für diese sog. „triploiden" Hybriden das Symbol B_{III}-Bastard gewählt, im Gegensatz zum B_{II}-Bastard sexueller Eltern. Ein B_{III}-Bastard ist also eine Hybride, die aus der Befruchtung einer unreduzierten Eizelle durch einen reduzierten Spermakern hervorgegangen ist, ein B_{II}-Bastard entsteht hingegen durch Befruchtung einer reduzierten Eizelle durch einen reduzierten Spermakern.

B_{III}-Bastarde setzen Apomeiose (Aposporie oder Diplosporie) voraus und gleichen darin den apomiktisch entstandenen maternellen Nachkommen von Apomikten. Sie weisen aber auch Eigenschaften sexueller Nachkommen auf und werden deshalb als Anzeichen für sexuelle Vermehrung oder wenigstens als Reminiszenz dazu aufgefaßt. Der prozentuale Anteil von maternellen Nachkommen und B_{III}-Bastarden ergibt den Apomeiosegrad, das Maß für den Umfang der Apomeiose (in früheren Arbeiten als Aposporiegrad bezeichnet). Der Pseudogamiegrad, d. h. die relative Anzahl von Nachkommen, die aus reduzierten oder unreduzierten, nicht befruchteten Eizellen hervorgehen, wird durch den Prozentsatz materneller und „haploider" Nachkommen angegeben. Mit Hilfe dieser Terminologie und Symbolik soll nun versucht werden, einen Überblick über das Verhalten reduzierter und unreduzierter Eizellen in Abhängigkeit vom Ausmaß der Apomeiose und der Umweltseinflüsse zu geben.

2. Die Befruchtungsfähigkeit der Eizellen bei Pseudogamen

a) *Potentilla*

Über das Verhalten pseudogamer Pflanzen geben zunächst Kreuzungsversuche an apomiktischen Potentillen Auskunft (vgl. RUTISHAUSER 1948 und HUNZIKER 1954). In Tabelle 31 sind die Ergebnisse der Kreuzungen von Arten und Rassen zusammengefaßt, die aus der freien Natur stammen und den fortpflanzungsbiologischen Status von Apomikten wiedergeben, welche der Auslese unterworfen waren.

Der einzige Vertreter der Untergruppe *Opacae* der *Aureae*, *P. heptaphylla* ($2n = 14$), erzeugte nur B_{II}-Bastarde. Er ist nicht apomeiotisch und total sexuell. *P. verna* 3, 10 und 15 ergaben nur maternelle Nachkommen. Sie sind zu 100% apomeiotisch und pseudogam. Alle übrigen Biotypen von *P. verna*, ferner *P. praecox*, *P. argentea* und *P. canescens* (alle $2n = 42 = 6x$) bilden zur Hauptsache maternelle Nachkommen aus, daneben aber entstehen auch Hy-

Tab. 31. *Fortpflanzung von Potentillapflanzen aus der Natur. Verhalten reduzierter und unreduzierter Eizellen* (nach RUTISHAUSER 1948).

B_{III}-Bastard: hervorgegangen aus der Befruchtung einer unreduzierten Eizelle durch einen reduzierten Spermakern.

B_{II}-Bastard: hervorgegangen aus der Befruchtung einer reduzierten Eizelle durch einen reduzierten Spermakern.

Maternelle Pflanze: hervorgegangen aus einer unreduzierten und nicht befruchteten Eizelle.

Samenpflanze	2n	Pollenpflanze	2n	Zusammensetzung der F_1-Generation mat. Pfl.	B_{II}	B_{III}	Apomeiosegrad %	Pseudogamiegrad %
P. canescens (oder maternelle Nachkommen)	42	*P. canescens*	42	25	—	—		
		P. verna 3	42	20	1	—		
		P. praecox	42	7	—	—		
		P. argentea	42	93	—	1		
			Total	145	1	1	99,32	98,64
P. argentea (oder maternelle Nachkommen)	42	*P. canescens*	42	48	—	1		
		P. praecox	42	22	—	—		
		P. verna 10	42	180	—	3		
		P. verna 15	42	88	—	2		
			Total	338	—	6	100	98,26
P. praecox	42	*P. praecox*	42	11	—	—		
		P. canescens	42	21	—	—		
		P. argentea	42	28	—	1		
		P. verna (3—18)	42	58	—	—		
			Total	118	—	1	100	99,16
P. verna 4	42	*P. verna* 4	42	7	—	—		
		P. praecox	42	4	—	—		
		P. verna 10	42	65	—	24		
		P. verna 15	42	51	—	(1)		
		P. verna 18	42	53	—	1		
		P. arenaria 25	35	18	—	—		
			Total	198	—	25 (26)	100	88,79
P. verna 3	42	*P. verna* 3	42	6	—	—		
		P. praecox	42	1	—	—		
			Total	7	—	—	100	100
P. verna 10	42	*P. verna* 10	42	10	—	—		
		P. verna 4	42	25	—	—		
		P. verna 15	42	20	—	—		
		P. heptaphylla	14	3	—	—		
			Total	58	—	—	100	100

Fortsetzung der Tab. 31.

Samenpflanze	2n	Pollenpflanze	2n	Zusammensetzung der F_1-Generation mat. Pfl.	B_{II}	B_{III}	Apomeiosegrad %	Pseudogamiegrad %
P. verna 15	42	*P. verna* 10	42	1	—	—		
		P. praecox	42	1	—	—		
			Total	2	—	—		
P. verna 18	42	*P. verna* 18	42	1	—	—		
		P. verna 4	42	2	—	—		
		P. verna 10	42	11	—	—		
		P. verna 13	42	9	—	—		
		P. verna 15	42	9	—	—		
		P. praecox	42	11	—	1		
		P. arenaria 29	42	15	—	—		
			Total	58	—	1	100	98,31
P. heptaphylla	14	*P. heptaphylla*	14	—	5	—		
		P. arenaria 33a	42	—	9	—		
		P. arenaria 25	35	—	8	—		
			Total	—	22	—	0	0
P. arenaria 25	35	*P. verna* 10	42	7	1	—	87,5	87,5
P. arenaria 29	42	*P. verna*	42	3	—	—		

briden, bei *P. verna* 4 und 18, *P. praecox* und *P. argentea* nur B_{III}-Bastarde, bei *P. canescens* je ein B_{II}- und ein B_{III}-Bastard. Das heißt also, daß die erstgenannten Pflanzen zwar total apomeiotisch, aber nur zu 99,2% bis hinunter zu 88,8% pseudogam sind. *P. canescens* ist zu 99,3% apomeiotisch, zu 98,6% pseudogam. Die meisten in der Schweiz gefundenen Potentillen sind somit noch in der Lage, Hybriden zu erzeugen und damit zur Variabilität der Art beizutragen. Dieser Befund, fünf partielle und drei totale Apomikten für pseudogame Potentillen schweizerischer Herkunft, ist erheblich verschieden von den Ergebnissen, die MÜNTZING (1945) für skandinavische diploide, tetra- und hexaploide Apomikten derselben Gattung publiziert hat. Alle untersuchten 53 Biotypen waren totale Apomikten. Die Gründe für diesen krassen Unterschied zwischen Potentillen schweizerischer und skandinavischer Herkunft lassen sich kaum mehr mit Sicherheit feststellen. Wir werden weiter unten sehen, daß totale Apomixis in der Natur sehr wahrscheinlich einen hohen Auslesewert besitzt. Es ist daher denkbar, daß die physiologischen Eigenschaften der unreduzierten Eizellen durch die besonderen ökologischen Verhältnisse der verschiedenen Areale beeinflußt werden. Die wechselnden Pseudogamiegrade in Mitteleuropa, Nord- und Osteuropa — auch POPOFF (1935) und CHRISTOFF und PAPASOVA (1943) fanden in ihrem Material nur wenige amphi-apomiktische Biotypen — könnten durch ökologische

Differenzen, z. B. größere Gleichartigkeit bzw. größere Variabilität der Standorte, bedingt sein.

Daß der Pseudogamiegrad nicht nur vom Genotypus der Samenpflanze abhängt, sondern auch von Außenfaktoren bzw. der Pollenpflanze beeinflußt wird, ergibt sich aus dem wechselnden relativen Verhältnis von B_{III}-Bastarden und maternellen Nachkommen verschiedener Bestäubungskombinationen bei *P. verna* 4. Der Biotyp *P. verna* 4 erzeugte mehr als zwanzigmal so viele B_{III}-Bastarde, wenn er mit Pollen von *P. verna* 10 bestäubt wurde, als in der Kreuzungskombination *P. verna* 4 × *P. verna* 18. Die Befruchtungsfähigkeit unreduzierter Eizellen hängt somit auch von der Qualität des Pollens ab. Man kann sich vorstellen, daß die einen Spermakerne leichter in die Eizelle eindringen oder leichter mit dem mehr oder weniger asexuell gewordenen Eikern verschmelzen als andere. Analoge Ergebnisse liegen auch vor für *Poa ampla* (Clausen et al. 1961/62). Wie Tabelle 32 zeigt, beträgt die Anzahl B_{III}-Hybriden (Nachkommen

Tab. 32. *Hybride Nachkommenschaften von Poa ampla* (nach Clausen, Hiesey, Grun und Nobs 1961/62).

Samenpflanze	2n	Pollenpflanze	2n	Chromosomenzahlen von F_1-Hybriden 63—66	68	70—73	88—100	104	117	Hybr. total	B_{II} %	B_{III} %
4183-1	64	*P. pratensis* 4253-4	68	3	—	2	14	2	1	22	22,7	77,3
4183-1	64	*P. pratensis* ssp. *alpigena* 4050-1	74	2	1	3	—	—	—	6	100	0

Tab. 33. *Nachkommenschaften apomiktischer Rassen von Poa pratensis* (nach Åkerberg 1942).

Samenpflanze	Anzahl	Mat. Pfl. 2n bestimmt	Haploide + Hybriden Chromos.-Zahl best.			Morphol. versch. 2n unbek.	Unsich. Individ. 2n unbek.	Hybriden mit *Poa alpina*		
			Hapl.	B_{II}	B_{III}			B_{II}	B_{III}	2n unbek.
Ä 737	3	1	—	—	—	—	—	—	—	—
701	113	7	—	1	1	6	—	1	2	2
702	145	15	—	7	5	1	2	1	—	1
703	46	6	—	3	1	—	—	—	—	—
704	99	5	2	3	11	4	—	—	—	—
S 303	66	2	—	1	1	1	1	1	—	—
746	44	1	—	—	—	—	—	—	2	—
G 258	6	2	—	—	—	—	4	—	—	—
Ä 768	35	4	—	2	—	—	—	—	—	—
G 125	5	1	—	—	—	—	2	—	—	—
Total	562	44	2	17	19	12	9	3	4	3

mit 88—117 Chromosomen werden von uns als B_{III}-Hybriden taxiert) 77,3%, wenn *Poa pratensis* (2n = 68) als Pollenpflanze benützt wurde, in der Kreuzung

Poa ampla × *P. pratensis* ssp. *alpigena* (2n = 74) hingegen wurden keine B_{III}-Bastarde ausgebildet. Die Abhängigkeit vom Pollenspender ist hier noch deutlicher als im *Potentilla*-Versuch.

Die Kreuzungsversuche an und mit pseudogamen Potentillen haben den für die Evolution dieser Gattung bedeutungsvollen Befund ergeben, daß der totale Verlust meiotischer Teilungsfähigkeit auf der weiblichen Seite nicht mit totalem Verlust der Sexualität gleichzusetzen ist. Definiert man Sexualität als einen Fortpflanzungsvorgang, der durch Meiose und Ausbildung haploider Gameten einerseits und Befruchtungsfähigkeit der Eizellen andererseits charakterisiert ist, dann sind auch solche Apomikten noch als partiell sexuell zu betrachten, die

Tab. 34. *Nachkommenschaften von Poa arida* (nach Clausen et al. 1961/62).

Samenpflanze	2n	Pollenpflanze	2n	F_1-Generation *Poa arida*		
				Apom. %	Aberr. %	Hybr. %
P. arida 4262-1	63	frei bestäubt	?	77,8	22,2	0
P. arida 4262-1	63	*Poa ampla* (Alb. 5156—23)	56	43,6	11,0	45,4
P. arida 4262-11	63	frei bestäubt	?	78,1	20,3	1,6
P. arida 4262-11	63	*Poa ampla* (Alb. 5156—23)	56	29,6	9,3	61,1
P. arida 4262-13	63	*Poa ampla* (Alb. 5156—23)	56	42,3	5,8	51,9

wenigstens B_{III}-Bastarde ausbilden können. Apomixis ist also erst total, wenn die Nachkommenschaft ausschließlich aus maternellen Pflanzen zusammengesetzt ist.

Als partiell sexuell kann aber auch eine Pflanze betrachtet werden, die noch vereinzelt haploide Embryosäcke auszubilden vermag (partielle Apomeiose). Tabelle 31 zeigt, daß solche pseudogame Arten existieren. *P. canescens* entwickelt neben maternellen Nachkommen auch B_{III}- und B_{II}-Bastarde. Die letzteren weisen darauf hin, daß befruchtungsfähige, reduzierte Eizellen vorkommen. Partiell apomeiotische und pseudogame Arten sind in manchen Gattungen häufig. Dies gilt z. B. für *Poa pratensis* (Åkerberg 1942). Tabelle 33 gibt darüber Aufschluß.

b) *Poa*

Obwohl die Analysen unvollständig sind, geht aus Tabelle 33 doch hervor, daß mindestens fünf der zehn untersuchten Rassen zugleich B_{II}- und B_{III}-Bastarde ausbilden. Das Verhältnis beider Bastardkategorien variiert von Rasse zu Rasse. Es scheint aber, daß oft partielle Apomeiose und partielle Befruchtungsfähigkeit unreduzierter Eizellen gekoppelt sind. Nur eine Rasse, Å 768, entwickelte nur B_{II}-Bastarde. Neben maternellen Nachkommen und Hybriden entstanden ferner bei einer Rasse, Ä 704, auch haploide Tochterpflanzen, was darauf hinweist, daß sich bei pseudogamen *Poa*-Arten gelegentlich auch reduzierte Eizellen ohne Befruchtung zu teilen vermögen. Der Vorgang geschieht relativ häufig, in zwei von 22 Fällen (ca. 9%). Die unreduzierten Eizellen sind dagegen bei den pseudogamen *Poa*-Arten offenbar weniger „sexuell". Von insgesamt 547 cytologisch untersuchten Nachkommen, die von unreduzierten Eizellen herrührten, waren nur 23 befruchtet (= 4,2%). 524 (= 95,8%) entwickelten sich ohne Eibefruchtung. Unreduzierte Eizellen scheinen somit eine erhöhte Tendenz zu autonomer Entwicklung zu haben. Dies könnte bedeuten, daß Apomeiose zwar nicht Voraussetzung für Pseudogamie ist, den Vorgang aber doch fördert. Wir werden weiter unten nochmals auf dieses Problem zurückkommen.

Ähnlich wie *Poa pratensis* verhält sich auch *Poa alpina* (Müntzing 1940). Von acht untersuchten Rassen waren vier völlig konstant, vier zählten in ihren Nachkommenschaften aberrante Individuen, allerdings meist solche mit erhöhten Chromosomenzahlen, triploid oder tetraploid im Verhältnis zur Mutterpflanze, also vermutlich meist B_{III}-Bastarde.

Eine Besprechung der Fortpflanzungsverhältnisse pseudogamer *Poa*-Arten darf nicht abgeschlossen werden, ohne daß die außerordentlich umfangreichen Kreuzungsexperimente erwähnt werden, die von Clausen und Mitarbeitern durchgeführt worden sind (vgl. Clausen, Keck, Hiesey, Grun, Nobs, Nygren, Carnegie Inst. of Washington 1947, 1948, 1949, 1950, 1951, Clausen 1954, 1961, Grun 1954). Untersucht wurden vor allem Biotypen der Arten *P. arida*, *P. ampla*, *P. scabrella* und *P. pratensis* (Tab. 34). Leider sind die experimentellen Ergebnisse nur z. T. begleitet von cytologischen Untersuchungen, so daß nur gelegentlich Einblicke in die Entstehungsweise der aberranten Nachkommen gewonnen werden konnten. Cytologische Analysen liegen unter anderem vor für *Poa arida* 4262-1, 4262-11 und 4262-13. Sie zeigen, daß neben maternellen Nachkommen meist B_{III}-Bastarde gebildet werden. Der Apomeiosegrad ist daher in der Kreuzung *P. arida* × *ampla* relativ hoch. *Poa ampla* verhält sich ähnlich, wobei allerdings zwischen den verschiedenen Kreuzungskombinationen große Unterschiede bestehen. *P. scabrella* × *pratensis* entwickelte nur in Kreuzungen inter se aberrante Nachkommen (viele B_{II}- und wenige B_{III}-Bastarde). Nach freier Bestäubung schien die Art total apomiktisch zu sein.

Auch diese Resultate lassen erkennen, daß die Befruchtungsfähigkeit der unreduzierten Eizellen von äußeren Faktoren abhängt, wobei der Pollenqualität offenbar ein entscheidender Einfluß zukommt. Die reduzierten Eizellen waren hingegen in diesen Versuchen stets befruchtet. Sie zeigen, obwohl sie von den gleichen Individuen herstammen, keine Tendenz zu Parthenogenese. Der Grund könnte darin liegen, daß sie, im Gegensatz zu den unreduzierten Eizellen, im Anschluß an eine Meiose entstehen, die das Gensystem, auf welchem die Apomixis beruht, durch Aufspaltung zerbricht, so daß die auch den Apomikten zugrunde liegende Tendenz zu sexueller Vermehrung wieder realisiert werden kann.

c) *Parthenium*

Partielle Apomeiose und Befruchtungsfähigkeit der unreduzierten Eizellen wurden auch für *Parthenium argentatum* (Guayule) von Gerstel und Mishanec

(1950) nachgewiesen, nachdem schon STEBBINS und KODANI (1944), BERGNER (1946), ESAU (1946), POWERS (1945), POWERS et al. (1945) und ROLLINS (1949) das gleiche festgestellt hatten.

d) *Rubus*

Analoge Beobachtungen sind für viele europäische *Rubus*-Arten (GUSTAFSSON 1942b, 1943, LIDFORSS 1914) gemacht worden. Die amerikanischen Arten, die von EINSET (1947, 1951) untersucht worden sind, haben folgende Resultate gezeitigt: Triploide Arten entwickeln in geringen Mengen B_{II}-Bastarde (nach

Tab. 35. *Chromosomenzahlen von Nachkommen triploider Rubus-Arten Nordamerikas* (nach EINSET 1951).

Samenpflanze (2n = 21)	Pollenpflanze	2n	Chromosomenzahlen der Tochterpflanzen								Typus der Tochterpflanzen		
			14	21	26	28	30	35	42	49	mat.	B_{II}	B_{III}
R. canadensis	selbstbestäubt	21	—	2	—	—	—	—	—	—	2	—	—
	R. bellobatus	28	—	7	—	—	—	—	—	—	7	—	—
	freie Bestäubung	?	—	41	—	1	—	14	—	—	41	?	?
R. Rosa	*R. bellobatus*	28	—	5	—	1	—	3	—	—	5	1	3
	freie Bestäubung	?	—	23	—	—	—	—	—	2	23	—	?
R. bellobatus	*R. bellobatus*	28	—	19	—	—	—	—	—	—	19	—	—
	R. Wiegandii	36	—	16	—	—	—	—	—	—	16	—	—
	freie Bestäubung	?	—	217	1	—	—	7	—	—	217	?	?
Kittatinny	*R. bellobatus*	28	—	27	—	1	—	—	—	—	27	1	—
(wahrsch.	*R. Cardianus*	35	—	10	—	—	—	—	—	—	10	—	—
R. bellobatus)	*R. plicatifolius*	63	—	40	—	—	—	—	1	—	40	—	1
	freie Bestäubung	?	1	29	—	—	3	1	—	—	29	?	?
R. localis	freie Bestäubung	?	—	55	—	—	—	4	—	—	55	—	?
R. abactus	freie Bestäubung	?	—	53	1	—	—	3	—	—	53	4	
	R. bellobatus	28	—	33	—	—	—	—	—	—	33	—	—
	freie Bestäubung	?	—	8	—	—	—	—	—	—	8	—	—
		Total	1	585	2	3	3	32	1	2			

unseren Schätzungen solche mit 26—30 Chromosomen), häufiger B_{III}-Bastarde (mit 35—49 Chromosomen, je nach Pollenpflanze). Tetraploide *Rubus*-Arten scheinen stabiler zu sein. Nur wenige erzeugen B_{II}- und B_{III}-Bastarde in größeren Mengen, so z. B. *R. bellobatus* (Tab. 36). Auffällig ist die hohe Frequenz Polyhaploider bei tetraploiden *Rubus*-Arten (Tabellen 35 und 36 geben EINSETS Ergebnisse wieder [EINSET 1951]).

e) Ungenügend bekannte Arten

Neben diesen relativ gut bekannten und auch embryologisch untersuchten Arten sind B_{III}-Bastarde oft zusammen mit polyhaploiden und maternellen Nachkommen in Gattungen aufgetreten, deren Fortpflanzungsweise noch ungenügend oder gar nicht erforscht ist. Sie müssen wohl in den meisten Fällen als Anzeichen für irgendeine Form der Apomixis gewertet werden. Dies ist z. B. bei *Coffea* (MENDES 1946, CARVALLO und KRUG 1946) der Fall. Die untersuchten

Tab. 36. *Chromosomenzahlen von Nachkommen tetraploider Rubus-Arten Nordamerikas* (nach EINSET 1951).

Samenpflanze (2n = 28)	Pollenpflanze	2n	Chromosomenzahlen der Tochterpflanzen												Typus der Tochterpflanzen		
			14	21	28	29	30	32	33	34	35	40	42	49	mat.	B_{II}	B_{III}
R. Huttonii	freie Bestäubung	?	—	—	40	—	—	—	—	—	—	—	3	—	40	?	?
R. allegheniensis	selbstbestäubt	28	2	—	—	—	—	—	—	—	—	—	—	—	—	—	—
(Lowden)	*R. flagellaris*	63	—	—	—	—	—	—	—	—	—	—	2	—	—	—	2
R. Rosa	selbstbestäubt	28	1	—	1	—	—	—	—	—	—	—	—	—	1	—	—
(Eldorado)	*R. bellobatus* (Erie)	28	2	—	70	3	—	—	—	—	—	—	—	—	70	3	—
R. Rosa																	
(Snyder)	selbstbestäubt	28	—	—	2	—	—	—	—	—	—	—	—	—	2	—	—
R. Honesii	freie Bestäubung	?	—	—	37	—	—	—	—	—	—	—	—	—	37	—	—
R. bellobatus	selbstbestäubt	28	4	—	61	—	—	—	—	—	—	—	5	—	61	—	5
	R. Wiegandii	36	1	—	5	—	—	—	—	—	—	—	—	—	5	—	—
	R. meracus	49	3	—	20	—	—	—	—	—	1	—	—	3	20	1	3
	freie Bestäubung	?	4	—	29	—	—	—	—	—	—	—	—	—	29	—	—
R. bellobatus	selbstbestäubt	28	1	—	46	—	—	—	—	—	—	1	5	—	46	—	6
(Erie)	Kittatinny	21	2	—	48	—	—	—	—	—	1	—	5	—	48	—	6
	R. Cardianus	35	1	—	31	—	1	3	1	1	1	—	—	1	31	7	1
R. bellobatus	selbstbestäubt	28	5	2	2	—	—	—	—	—	1	—	—	—	2	1	—
(Brewer)	freie Bestäubung	?	1	—	1	—	—	—	—	—	—	—	—	—	1	—	—
R. bellobatus	selbstbestäubt	28	2	—	1	—	—	—	—	—	—	—	—	—	1	—	—
(Mersereau)	freie Bestäubung	?	—	—	2	—	—	—	—	—	—	—	—	—	2	—	—
R. bellobatus	selbstbestäubt	28	—	1	32	—	1	—	—	—	—	—	2	—	32	1	2
(Kittatinny)	*R. Cardianus*	35	—	—	7	—	—	—	—	—	—	—	1	—	7	—	1
	freie Bestäubung	?	14	—	157	—	—	—	—	—	—	—	2	—	157	—	2
	Total		43	3	592	3	2	3	1	1	4	1	25	4			

Arten, *Coffea arabica* (2n = 44) und *C. canephora* (2n = 22), erzeugen in ihren Nachkommenschaften nicht selten Aberrante, *Coffea arabica* z. B.

a) dihaploide Pflanzen (2n = 22), vermutlich entstanden aus reduzierten, unbefruchteten Eizellen,
b) hexaploide Pflanzen (2n = 66), vermutlich B_{III}-Bastarde,
c) oktoploide Pflanzen (2n = 88), vermutlich entstanden durch Vereinigung unreduzierter, tetraploider Gameten oder aus tetraploiden durch Verdoppelung der Chromosomenzahl in der Zygote.

Die Kreuzung *Coffea arabica* var. *murta* (2n = 44) × *C. canephora* (2n = 22) ergab:

a) Eine triploide F_1-Pflanze (2n = 33), offenbar ein B_{II}-Bastard,
b) zwei hexaploide F_1-Pflanzen (unter sich und von der Mutterpflanze verschieden), vermutlich B_{III}-Bastarde,
c) eine tetraploide var. *murta*, aber von der Mutterpflanze verschieden, könnte ein durch Selbstbestäubung entstandener B_{II}-Bastard sein.

Auch *C. canephora* ergab aberrante Nachkommen. Die publizierten Resultate sprechen dafür, daß *Coffea arabica* und *canephora* apomiktisch, eventuell pseudogam sind. Die embryologischen Untersuchungen von FABER (1912) und MENDES (1941) stimmen nicht mit den Ergebnissen der cytogenetischen Versuche überein. Weitere embryologische Untersuchungen an *Coffea*-Arten wären daher sehr erwünscht.

Apomeiose, verbunden mit der Ausbildung von B_{III}-Bastarden, scheint auch bei F_1-Hybriden zwischen den mutmaßlichen Eltern der eßbaren Bananen, *Musa balbisiana* Colla und *M. acuminata* Colla, vorzukommen. Manche diploide F_1-Individuen entwickeln nach Rückkreuzung mit dem weiblichen Elternteil Triploide, vermutlich also B_{III}-Bastarde. Auch die kultivierten Bananen, die meist triploid sind, bilden nach Bestäubung mit haploidem Pollen B_{III}-Bastarde (also tetraploide Individuen) aus (Dodds und Simmonds 1949).

Hinweise für einen partiell apomiktischen Fortpflanzungsmodus existieren auch für die Gattung *Saccharum*, indem bei *Saccharum*-Arten, insbesondere bei *S. officinarum*, B_{III}-Bastarde gefunden wurden (Bremer 1922), ferner auch maternelle Nachkommen (Subramaniam 1946), obwohl Price (1959) einen solchen Nachweis anzweifelt, da Selbstbestäubung nicht sicher ausgeschlossen werden kann. Versuche, die Embryologie von *Saccharum* aufzuklären, haben zu sehr divergierenden Resultaten geführt (Narayanaswami 1940, Raghavan 1951 und Bremer 1946). Nach Bremer (1959) werden diploide Eizellen durch Endoreduplikation in Dyaden- oder Tetradenzellen erzeugt.

Im Zusammenhang mit den zuletzt besprochenen Beispielen ist es notwendig, darauf hinzuweisen, daß die Ausbildung von B_{III}-Bastarden nicht eindeutig für das Vorkommen von Apomixis spricht. Restitutionskerne und als Folge davon befruchtungsfähige, unreduzierte Eizellen entstehen, wie z. B. Karpechenko (1928) für *Raphanobrassica* gezeigt hat, auch bei sexuellen Gattungsbastarden. Sie sind dort aber kein Anzeichen für Apomixis, sondern können lediglich auf die mangelnde oder fehlende Homologie der Chromosomen von Art- und Gattungsbastarden zurückgeführt werden. Auf Tendenzen zu Apomixis kann daher aus Kreuzungsexperimenten allein nur dann geschlossen werden, wenn neben B_{III}-Bastarden auch maternelle Nachkommen auftreten. Dies scheint z. B. bei den Bananen nicht der Fall zu sein, weswegen sie nur mit Vorbehalt unter die Gruppe der unvollständig beschriebenen Apomikten eingereiht werden dürfen.

f) Zusammenfassung

Wie die oben zusammengestellten Befunde zeigen, ist die apomiktische Vermehrung der Pseudogamen meist nur partiell. Meiose und Befruchtungsvorgänge können sporadisch durchgeführt werden, die letzteren auch dann, wenn die Ausbildung des Gametophyten obligatorisch auf apomeiotischem Wege erfolgt. Fügt man zu diesen Befunden noch die Tatsache hinzu, daß selbst bei totaler Pseudogamie die Meiose in der PMZ oft fehlerlos abläuft und bei vielen, eventuell sogar allen Pseudogamen, Endospermbefruchtung stattfindet, dann kommt man wohl kaum um die Ansicht herum, daß Pseudogamie keinen Sexualitätsverlust bedeutet, sondern daß, wie schon weiter oben ausgeführt, die Sexualität durch die Tendenz zu Pseudogamie nur überdeckt wird.

3. Die Befruchtungsfähigkeit der Eizellen bei diploid parthenogenetischen Arten

Die autonomen Apomikten zeigen demgegenüber weniger sexuelle Entwicklungstendenzen. Abgesehen davon, daß die Meiose oft auch in den PMZ gestört ist, ist die Endospermentwicklung völlig autonom, die Samenbildung also nicht mehr mit einer Kernverschmelzung verbunden. Dennoch zeigen auch viele diploid parthenogenetische Pflanzen noch Bastardierungstendenzen, wenn sie auch weniger bekannt sind als bei den Pseudogamen, da wegen der autonomen Samenentwicklung Bestäubungsversuche mit und an autonomen Apomikten nur selten durchgeführt werden. Über Hybridisierungsvorgänge bei autonomen Apomikten, Arten der Gattung *Hieracium*, hat schon MENDEL (1869) berichtet, ohne daß er sich allerdings über die Bedeutung seiner Resultate klar war, da seiner Ansicht nach das Auftreten von maternellen Pflanzen bei seinen Kreuzungsversuchen von Bestäubungsfehlern abhing. MENDELS Versuchsergebnisse wurden später von OSTENFELD (1906, 1910, 1912, 1921), ROSENBERG (1907) u. a. bestätigt und von ROSENBERG (1917) erstmals richtig interpretiert. Eingehende Versuche über die Bastardierungsfähigkeit autonomer Apomikten liegen aber erst aus Arbeiten neueren Datums vor. Erwähnt seien die Experimente NYGRENS (1949a)

Tab. 37. *Nachkommenschaften isolierter pollenproduzierender Individuen von Calamagrostis purpurea* (nach NYGREN 1949a).

Mutterklon	2n	Nachkommen des Mutterklons I_a^1	2n	Chromosomenzahlen der Nachkommen isolierter Individuen von I_a^1	Nachkommen von I_a^1 nach ihrer Entstehung geordnet		
					mat.	B_{II}	B_{III}
J. 3−41	56	1−2	56	76, 80, 84	—	1 (2)	2 (1)
Dorotea 2−41	56	1−3	56	56	1	—	—
		1−4	56	56, 56, 56	3	—	—
		2−2	56	56, 56, 56	3	—	—
		2−3	56	56, 58, 70	1	2	—
		2−3	56	56, 56	2	—	—
		2−3	56	68, 69, 70, 70	—	4	—
		2−4	56	56, 56, 56	3	—	—
		3−2	56	63, 64, 68, 68	—	4	—
S. 2−38 A	56	1−1	56	63, 63, 66	—	3	—
Gittafjäll 1−41 A	56	1−4	56	65	—	1	—
Jormlien 2−41 B	56	1−1	56	69, 70, 70	—	3	—
		2−4	56	67, 70	—	2	—
		2−4	56	70, 71, 71	—	3	—
		3−1	56	56, 56, 56, 56	4	—	—
		3−4	56	56, 56, 56, 56, 56	5	—	—
Robertsfors 1−41 B	56	3−1	56	67	—	1	—
A	56	1−1	56	66, 66, 67	—	3	—
		4−1	56	66, 70	—	2	—

I_a^1 = nach Isolierung des Mutterklons entstandene Nachkommen. Nachkommenschaften verschiedener Rispen desselben Individuums getrennt aufgeführt.

an apomiktischen Arten der Gattung *Calamagrostis* (Tab. 37). Isolierte, pollenproduzierende Individuen von *C. purpurea* (2n = 56) erzeugten neben maternellen, oktoploiden Nachkommen auch B_{II}-Bastarde (wenn alle Nachkommen mit Chromosomenzahlen von 2n = 49—72 als B_{II}-Bastarde interpretiert werden), d. h. also, daß die Apomeiose nicht total ist. In Kreuzungsversuchen zwischen

C. purpurea (2n = 56) und amphimiktischen *Calamagrostis*-Arten, wie z. B. *C. arundinacea* (2n = 28) und *C. canescens* (2n = 28), werden dagegen B_{II}- und B_{III}-Bastarde ausgebildet (Tab. 38), aber keine Polyhaploiden, was darauf hinweist, daß bei *C. purpurea* nur die unreduzierten Eizellen ohne Befruchtung entwicklungsfähig sind. Die Befruchtungsfähigkeit der unreduzierten Eizellen scheint auch hier von der Pollenqualität abzuhängen. Die Kreuzung *C. purpurea* (2n = 56) × *C. epigeios* (2n = 56) ergab keine B_{III}-Bastarde; Bestäubung mit Pollen sexueller (diploider) Arten ergab 28 B_{III}-Bastarde von 70 Individuen, also ca. 40% (Tab. 38).

Tab. 38. *Resultate von Kreuzungen zwischen Calamagrostis purpurea und amphimiktischen Calamagrostis-Arten* (nach NYGREN 1949a).

Mutterklon	2n	Nachkommen des Mutterklons I_a^1	2n	Pollenpflanze	2n	Chromosomenzahlen der Nachkommen
J. 3—41	56	2—1	56	*C. epigeios*	56	± 58
J. 5—38	56	1—4	56	*C. canescens*	28	56 (7 Pfl.)
Dorotea 2—41	56	1—4	56	*C. arundinacea*	28	56 (12 Pfl.)
		1—4	56	*C. arundinacea*	28	56 (10 Pfl.), 70, 70
S. 2—38 A	56	1—1	56	*C. canescens*	28	54, 56, 57, 60, 62, 62, 63
Gittafjäll	56	2—1	56	*C. arundinacea*	28	66, 66
1—41 A		2—3	56	*C. canescens*	28	64
Jormlien	56	1—1	56	*C. canescens*	28	70, 72
2—41 B		1—1	56	*C. canescens*	28	77
Robertsfors	56	1—4	56	*C. epigeios*	56	56[1]
1—41 A		1—4	56	*C. canescens*	28	49, 70, 70, 70
		1—4	56	*C. canescens*	28	67, 70, 70, 70, 70, 70
		1—4	56	*C. canescens*	28	67, 67, 67, 70 (10 Pfl.), 72

I_a^1 = nach Isolierung des Mutterklons entstandene Nachkommen.

[1] Befruchtung einer reduzierten Eizelle von 1—4 durch reduziertes Pollenkorn von *C. canescens*.

4. Zusammenfassung

Somit gilt für die autonomen Apomikten das gleiche, was auch für pseudogame Arten gesagt wurde: Man kann sie nicht als Pflanzen betrachten, die einen totalen Geschlechtsverlust erlitten haben. Auch autonome Apomikten können gelegentlich, vermutlich unter bestimmten Außenbedingungen, Meiosen durchführen, befruchtungsfähige Eizellen ausbilden, und Hybriden erzeugen. In bezug auf diese sexuellen Potenzen gibt es allerdings alle möglichen Manifestationsformen, angefangen bei nahezu sexuellen Individuen mit gelegentlich apomeiotischer Tendenz bis zu solchen Pflanzen, bei denen auch in umfangreichen Experimenten keine aberranten Nachkommen nachgewiesen werden konnten. Solche totalen Apomikten existieren aber sowohl bei den Pseudogamen wie bei den autonomen Apomikten. Als Beispiel für die erste Gruppe können die tetraploiden *Auricomi* genannt werden, obwohl die Existenz partieller Apomikten nicht ausgeschlossen werden kann, ja aus cytologischen Gründen (ROUSI 1956) gefordert werden muß. Als Beispiel für die letztere Gruppe, die diploid parthenogenetischen Apomikten, seien Arten der triploiden *Taraxaca* genannt, wie *T. officinale* (2n = 24), die nach FÜRNKRANZ (1960) in mehreren Artkreuzungen nie Hybriden ausgebildet hat, während z. B. *T. palustre* (2n = 32), gekreuzt mit *T. officinale*, eine sexuell entstandene F_1, in anderen Kreuzungen maternelle Nachkommen erzeugt hat.

V. Die Ursachen der Apomixis

Der hybride Charakter vieler Apomikten, der sich besonders im Meioseverhalten der PMZ kundtut und der auch heute noch nicht übersehen werden kann, hat bekanntlich ERNST (1918) zu der Auffassung geführt, daß zwischen beiden Erscheinungen ein kausaler Zusammenhang bestehe und die Artbastardierung als Ursache der Apomixis (Apogamie nach ERNST) bezeichnet werden müsse. Die Arbeitshypothese ERNSTs hatte einen entscheidenden Einfluß auf die Apomixisforschung der neueren Zeit, obwohl sie schon kurz nach dem Erscheinen seines Buches „Bastardierung als Ursache der Apogamie" von WINKLER (1920) heftig kritisiert worden war. Die vergeblichen Versuche, Apomikten durch Bastardierung zu erzeugen, ferner die von BEADLE (1932), SATINA und BLAKESLEE (1935) u. a. publizierten Mutationsversuche, die zeigten, daß die Meiose auch auf mutativem, genetischem Wege beeinflußt, ja sogar ausgeschaltet werden kann, haben dann einen Umschwung im Meinungsstreit hervorgerufen, der dazu führte, daß die Apomikten auch mit genetischen Methoden analysiert wurden. Auf Grund dieser experimentellen Untersuchungen herrscht heute die Ansicht vor, daß Apomixis eine genetische Grundlage habe, was natürlich auch eine phänotypische Kontrolle der Apomixis nicht ausschließt. Die Ansicht ERNSTS, wonach Apomikten häufig, ja sogar fast regelmäßig, Bastardcharakter aufweisen, wird durch diese neuen Befunde und Hypothesen nicht widerlegt, im Gegenteil noch durch das Experiment in vielen Fällen erhärtet. Der Befund, daß Apomixis mit hybridem Charakter verbunden sei, erfährt nur eine andere Interpretation: er wird (wegen des konservierenden Effektes der Apomixis) eher als eine Folge der apomiktischen Fortpflanzung, denn als Ursache dafür aufgefaßt. Alleinige Ausnahme bildet NYGREN (1946, 1948a, b, 1962), der behauptet, daß es ihm gelungen sei, eine apomiktische Art, *Calamagrostis purpurea*, durch Kreuzung zwischen zwei sexuellen Arten, *C. epigeios* (2n = 42) und *C. canescens* (2n = 28), ja sogar durch Verdoppelung der Chromosomenzahl einer diploid sexuellen Art mit Colchicin, *C. canescens* (2n = 28), zu synthetisieren. Die Angaben NYGRENS müssen aber aus verschiedenen Gründen mit Vorsicht aufgenommen werden. Einmal konnte eine Haploide, die aus einer natürlichen *C. purpurea* entstanden war, nicht als *C. canescens* identifiziert werden, ja „derivates completely from what I have seen in the group *Homeotricha* of *Calamagrostis*" (NYGREN 1948a, S. 124). Dazu kommt, daß die Apomixis bei *Calamagrostis* so stark von Umweltfaktoren kontrolliert wird, daß hier Aussagen über genetische Bedingtheit der Apomixis besonders stark erschwert, wenn nicht verunmöglicht sind.

Gewichtigere Argumente zugunsten der Bastardierungshypothese sind von ERNST (1949, 1951a, b) selbst beigebracht worden. In späteren Arbeiten konnte ERNST (1949, 1951a, b) den Nachweis erbringen, daß bei manchen Primeln, z. B. der Sektionen *Candelabra* und *Farinosae*, „maternal hybrids" entstehen, die als „durch den Bestäubungsreiz induzierte Fälle exzeptioneller Diplo-Parthenogenesis" aufgefaßt werden dürfen. Wenn auch diese Beispiele durch interspezifische Bestäubung erzeugter „maternal hybrids" noch nicht als Beweis für ERNSTS Bastardierungshypothese gelten können (dazu wären noch embryologische Untersuchungen der Eltern und der maternellen Nachkommen notwendig), so zeigen sie doch, daß das Ursachenproblem der Apomixis mit größter Vorsicht behandelt werden muß, da viele Mechanismen existieren, die zur Ausbildung materneller Nachkommen führen. Ich bin daher mit ERNST (1951b) der Ansicht, daß die von ihm erhaltenen Resultate nachgeprüft und als Ausgangspunkt neuer Analysen des Ursachenproblems der Apomixis benützt werden sollten. Wegen des nur auf wenige Arten, eventuell nur auf wenige Individuen (?) beschränkten Vorkommens apomiktischer Nachkommen („maternal hybrids") vermute ich aber, daß auch sie schließlich Ergebnisse zeitigen werden, die auf eine genetische Grundlage der Apomixis hinweisen.

Der oben mitgeteilten Ansicht, daß Apomixis eine genetische Grundlage habe, schließt sich vermutlich auch FÜRNKRANZ (1964b) an, obwohl die Formulierung seiner Schlußfolgerungen so unglücklich abgefaßt ist, daß zunächst der Eindruck entsteht, als ob der Bastardierung als solcher bei der Entstehung der Apomixis auch eine ursächliche Bedeutung zukäme. FÜRNKRANZ (1964b, S. 141) schreibt, „daß das erstmalige Auftreten der Agamospermie innerhalb einer Nachkommenschaft offensichtlich einerseits an die auslösende Wirkung einer Kreuzung und andererseits an eine Erbanlage . . . gebunden ist". Erst der Nachsatz, „Hybridisierung (und Polyploidisierung) . . . allein sind nicht in der Lage, den Agamospermiemechanismus in Gang zu setzen", zeigt, daß auch er nicht an eine Entstehung der Agamospermie durch Bastardierung denkt, sondern darin ein Mittel sieht, die Tendenz zu Apomixis von Apomikten auf andere Pflanzen zu übertragen.

Für die Evolution der Apomikten spielt Bastardierung eine hervorragende Rolle, ebenso auch für die Ausweitung apomiktischer Artkomplexe. Sie behält daher ihre Bedeutung für die Entstehung apomiktischer Arten bei.

Aus den oben dargelegten Befunden und Interpretationen ergibt sich eine Unterteilung des Kapitels wie folgt:

A. Die genetischen Grundlagen der Apomixis.
B. Die phänotypische Kontrolle der Apomixis und die Mechanismen der Agamospermie.

A. Die genetischen Grundlagen der Apomixis

1. Mutationen im Bereich der Sexualsphäre

Es ist oben schon darauf hingewiesen worden, daß die mutative Veränderung des Fortpflanzungsgeschehens einen wesentlichen Impuls zur Neuinterpretation der Ursache, die zur Apomixis führt, geliefert hat. Erste Versuchsergebnisse in dieser Richtung stammen von BEADLE (1932) und sind an *Zea mays* in Bestrahlungsversuchen erzielt worden. Sie hatten Veränderungen der Meiose zur Folge, die zeigten, daß die Syndeseverhältnisse einer genetischen Kontrolle unterworfen sind und nicht nur vom Verwandtschaftsgrad der homologen Chromosomen abhängen (BEADLE 1932). In die gleiche Richtung wie BEADLES Befunde deuten auch die Resultate, die von RILEY und CHAPMAN (1958) und RILEY (1960) an polyploiden Arten der Gattung *Triticum* erzielt worden sind. Sie zeigen, daß auch bei den sexuellen Arten dieser Gattung wenigstens die intergenomische Paarung der homologen Chromosomen unter dem Einfluß bestimmter Chromosomensegmente unterdrückt wird.

Beadles sowie Riley und Chapmans Befunde haben lediglich gezeigt, daß die Meiose genetisch kontrolliert wird und daß Störungen im Meioseablauf nicht eindeutig auf vorausgegangene Hybridisierungsvorgänge hinzuweisen brauchen. Die andere Voraussetzung für Apomixis, die autonome Entwicklungsfähigkeit der unbefruchteten Eizelle, trat in ihren Experimenten nicht auf. Aus diesem Grunde stellen sie nicht etwa Beweise für die genetische Bedingtheit der Apomixis dar, sondern sind nur geeignet, die Bastardierungshypothese Ernsts zu erschüttern.

Beweise für die mutative Entstehung apomiktischer Fortpflanzungsvorgänge sind hingegen von Satina und Blakeslee (1935) erbracht worden. Durch Bestäubung von *Datura stramonium* mit bestrahltem Pollen wurden in der F_2-Generation Individuen (8 von 35) erhalten, die sowohl auf der männlichen wie auf der weiblichen Seite Dyaden statt Tetraden ausbildeten. Die RT_I der EMZ läuft bis zur Metaphase I normal ab; es werden zwölf Bivalente ausgebildet. Nach der RT_I werden Dyaden ausgebildet, die RT_{II} fällt aus, und die Embryosackentwicklung geht von der chalazalen Dyadenzelle aus. Die drei Teilungsschritte der Embryosackentwicklung laufen mit $2n = 24$ statt mit $n = 12$ Chromosomen ab, die Eizellen sind somit unreduziert. Entsprechend verlaufen auch die Meiosen in der PMZ. Normalerweise ist die Wandbildung der PMZ von *Datura* simultan, d. h. erfolgt nach der RT_{II}. Bei der Mutante wird aber schon nach der RT_I eine Wand ausgebildet, und die RT_{II} fällt aus. Der Vorgang ist allerdings nicht obligatorisch, in 1—5% aller PMZ und EMZ kommen normale Meiosen, gefolgt von Tetradenbildung, vor.

Solche Dyaden ausbildende Mutanten ergeben, als Samenpflanze verwendet, gekreuzt mit normalen Diploiden wieder normale Diploide, d. h., es funktionieren auf beiden Seiten nur haploide Gameten. Selten treten allerdings auch triploide Nachkommen auf: sie müssen durch Befruchtung unreduzierter Eizellen mit haploiden Pollen entstanden sein ($2n + n \rightarrow 3n$). Kreuzungen zwischen zwei Dyadenmutanten ergaben tetraploide Nachkommen (entstanden aus der Vereinigung unreduzierter Ei- und Spermakerne). Nach Satina und Blakeslee (1935) kommt es bei Kreuzungen von obigem Typus nur selten zur Entwicklung materneller Nachkommen, also zu echter Apomixis.

Die Abweichung im Verhalten der Dyadenmutante von normalen *Datura*-Individuen beruht somit nur darauf, daß die Verteilung der Chromatiden in der RT_{II} nicht durchgeführt wird, nach Satina und Blakeslee als Folge einer verfrühten Wandbildung. Sie setzt ferner voraus, daß, was durchaus wahrscheinlich ist, zwischen Sporogenese und Somatogenese eine Replikation der Chromosomen stattfindet. Nur dann ist verständlich, warum die drei Teilungsschritte der Embryosackentwicklung 24 statt nur 12 Chromosomen aufweisen. Im Gegensatz zum *Taraxacum*-Typus der Embryosackentwicklung werden also die homologen Chromosomen getrennt, d. h., es kann zu Aufspaltungen heterozygoter Gensysteme kommen. Die Chromosomenverteilung der Mutanten muß also nach folgendem Schema erfolgen (Annahme von monohybrider Vererbung):

Archesporzelle	Aa
Replikation	AA/aa
RT_I	$\frac{AA}{aa}$
Dyade..................	AA, aa und Aa
RT_{II}	fällt aus.

Der Befund, daß F_1-Pflanzen der Kreuzung Mutante × normal wieder normal sind, beweist die rezessive Natur der Dyadenmutante, sofern man annimmt, daß sowohl AA-, wie auch Aa- und aa-Dyadenzellen zu Embryosäcken auswachsen können, also keine Auslese zugunsten der Zellen mit dem „Wildgen" stattfindet, daß also neben AAA- auch aaA- und aAA-Embryonen entstehen.

2. Genetik der Aposporie

a) Pseudogame Apomikten

Die ersten genetischen Analysen an aposporen Pseudogamen stammen von MÜNTZING (1945, 1958c u. ff.). Die embryologischen Untersuchungen sind parallel dazu von HÅKANSSON (1946) ausgeführt worden. Als Elternpflanzen wurden diploide Biotypen von *Potentilla argentea* verwendet. Eine davon, *P. argentea* A—C (2n = 14), war hochgradig sexuell, zeigte aber in anderen Versuchen doch auch Spuren von Apomixis, indem sie z. B. in Kreuzungen mit hexaploiden Biotypen vom Harz maternelle Nachkommen und in großer Anzahl B_{III}-Bastarde ausbildete (Tab. 39). *P. argentea* A—C muß somit wenigstens in einigen Individuen partiell apomeiotisch gewesen sein, ein Befund, der die Schlußfolgerungen MÜNTZINGs etwas beeinträchtigt.

P. argentea Gottskär (2n = 14) war in den Versuchen MÜNTZINGs total pseudogam. Die Pflanze wurde von HÅKANSSON (1946) embryologisch untersucht und als apospor befunden, allerdings nicht ganz rein. HÅKANSSONs Interpretation der embryologischen Bilder weicht von der unsrigen etwas ab, indem er annimmt, daß sich das Archespor manchmal auch in die Chalaza fortsetzt, eine Interpretation, der wir schon wegen der Entstehungsweise der Archesporzellen nicht folgen können (vgl. HUNZIKER 1954).

MÜNTZING (1945) führte zwischen drei Individuen von *P. argentea* A—C (2n = 14) und *P. argentea* Gottskär (2n = 14) Kreuzungen durch und erhielt eine F_1-Generation von ca. 100 Pflanzen, von denen 30 cytologisch untersucht wurden (Tab. 39). Vier F_1-Hybriden wurden isoliert und daraus eine F_2-Nachkommenschaft von 154 Pflanzen aufgezogen, von denen 105 cytologisch untersucht wurden. Alle F_2-Pflanzen zeigten Aufspaltungserscheinungen, 104 waren diploid (2n = 14), eine triploid (2n = 21), was dafür spricht, daß die vier F_1-Pflanzen sexuell waren und nur eine geringe Tendenz zur Ausbildung unreduzierter Gameten (vermutlich Eizellen) aufwiesen.

Andere Individuen von *P. argentea* A—C (2n = 14) wurden mit hexaploiden *Potentilla*-Apomikten verschiedener Herkunft (Harz, Dalby) gekreuzt. Wie Tab. 39 zeigt, war die F_1-Nachkommenschaft cytologisch vielgestaltig: außer einer maternellen Pflanze (2n = 14) entstanden aus der Kreuzung *P. argentea* A—C × *P. argentea* Harz eine tetraploide und 24 mehr oder weniger pentaploide F_1-Pflanzen. Die tetraploide F_1-Pflanze muß als B_{II}-Bastard ($7 + 21 = 28$), die pentaploiden müssen als z. T. aneuploide B_{III}-Bastarde ($14 + \pm 21 = \pm 35$) betrachtet werden. Die in diesen Versuchen verwendete A—C-Pflanze scheint somit zwar nicht pseudogam, wohl aber hochgradig apomeiotisch gewesen zu sein. In den beiden Kreuzungen *P. argentea* A—C × *P. argentea* Dalby 1 und 2 [oder *P. argentea* Dalby und „A—B", wie sie später von MÜNTZING (1958c) genannt wurden] entstanden nur B_{III}-Bastarde, was wieder auf einen hohen Grad apomeiotischer Embryosackentwicklung der Samenpflanze hinweist. Wenn man Apomeiose als eine Teilerscheinung der Pseudogamie betrachtet, muß somit die

Tab. 39. *Die Nachkommenschaften von Potentilla argentea A—C (2n = 14)*[3] (nach MÜNTZING 1945, 1958a).

Samenpflanze	2n	Pollenpflanze	2n	Zusammensetzung der Nachkommenschaften				Apomeiosegrad %	Pseudogamiegrad %
				2n = 14 mat.	2n = 14 B_{II}	2n = 28 B_{II}	2n = 33—36 B_{III}		
P. arg. A—C[1]	14	*P. arg.* Harz	42	1[2]	—	1	24	96	4[2]
—	14	— Dalby 1	42	0	—	0	7	100	0
—	14	— Dalby 2	42	0	—	0	8	100	0
—	14	— Gottskär[3]	14	2	28	0	0	6,7	6,7

[1] Die für diese Versuche verwendeten A—C-Individuen, insgesamt drei Pflanzen, scheinen sich in bezug auf ihre Fortpflanzung unterschieden zu haben. Zwei davon ergaben nur Hybriden. Die Pflanze, welche für die Versuche mit hexaploiden Potentillen verwendet wurde, war in den 2n × 2n-Kreuzungen nicht eingeschlossen. Die letzteren waren im entscheidenden Versuch nur zu 6,7% apomeiotisch und pseudogam.

[2] Die eine diploide Pflanze könnte durch Versuchsfehler entstanden sein.

[3] Es wurden nur die cytologisch untersuchten Pflanzen in die Tabelle aufgenommen.

Samenpflanze *P. argentea* A—C als partiell apomiktisch gewertet werden (vgl. MÜNTZING 1958c).

Von diesen Hybriden wurden zunächst sechs (408—410 und 412—414) durch Aufzucht von F_2-Nachkommenschaften (MÜNTZING 1945), später noch vier weitere, nämlich 1945-660—663 (MÜNTZING 1958c), auf ihre Fortpflanzungsweise hin untersucht. Die Ergebnisse sind in Tab. 40 zusammengefaßt. Die F_1-Bastarde A—C × A—B, 408 und 409, beides B_{III}-Bastarde ($2n = 35$), ergaben B_{II}- und B_{III}-Bastarde, zusammen mit maternellen Pflanzen, was einem Apomeiosegrad von 42,1 bzw. 50,0% und einem Pseudogamiegrad von 42,1 bzw. 0% entspricht. Die Pollenpflanze dürfte daher nur wenig zur Veränderung ihres fortpflanzungsbiologischen Verhaltens beigetragen haben (die Samenpflanze war schon hochgradig apomeiotisch und zu 0% pseudogam), nur einer der beiden B_{III}-Bastarde weist einen deutlich erhöhten Pseudogamiegrad auf, der von der hexaploiden Pollenpflanze auf die Hybride (408) übertragen worden sein könnte.

Die F_1-Nachkommenschaft A—C × *P. argentea* Harz ist in acht Individuen, alle mit Ausnahme von 410 mit $2n = 35$ bzw. ± 34 Chromosomen, also vermutlich meist B_{III}-Bastarde, getestet worden. Die Ausprägung der Apomeiose variiert beträchtlich, zwischen 0 und 100%, mit leichtem Überwiegen der apomeiotischen Hybriden; auch der Pseudogamiegrad ist äußerst variabel, mit Werten zwischen 0 und 100%. Der eine B_{II}-Bastard der gleichen Kreuzung (410) mit 2n = 28 Chromosomen war zu 73,2% apomeiotisch und zu 0% pseudogam. Auch auf die Nachkommenschaft A—C × *arg.* Harz hat somit die hochgradig apomiktische Pollenpflanze nur selten einen positiven Einfluß ausgeübt, und dies

Tab. 40. *Übersicht des Fortpflanzungsmodus zwischen sexuellen und apomiktischen Rassen von Potentilla argentea* (nach MÜNTZING 1945, 1958c).

Kreuzungskombination	2n	Zusammensetzung der F_1-Generation					Apomeiose-grad %	Pseudogamie grad %
		tot.	mat.	poly-hapl.	B_{II}	B_{III}		
408 A—C × A—B	35	19	8	—	11	—	42,1	42,1
409 A—C × A—B	35	22	—	—	11	11	50,0	0
410 A—C × *arg.* Harz	28	41	—	—	11	30	73,2	0
412 A—C × *arg.* Harz	34	20	20	—	—	—	100	100
413 A—C × *arg.* Harz	35	89	1?	—	88	—	0(1,1?)	0(1,1?)
1945-660 A—C × *arg.* Harz	35	10	1?	—	9	—	0(10?)	0(10?)
1945-661 A—C × *arg.* Harz	± 34	13	—	1	12	—	0	7,7
1945-662 A—C × *arg.* Harz	± 35	17	16	—	1	—	94,1	94,1
1945-663 A—C × *arg.* Harz	± 34	20	—	—	2?	18	100(90?)	0
414 A—C × *arg.* Dalby	± 35	26	—	—	23	3	11,5	0
A—C × hexaploide Apomikten total		273 (277)	44 (46)	1	166 (168)	62	38,8	16,5
F_1 A, A—C × tetr. Apom.	21	29	17	—	1	11	96,5	58,6
F_1 B, A—C × tetr. Apom.	21	84	—	—	84		?	0
A—C × tetraploide Apomikten total		113	17	—	96		?	15,0

sogar nicht einmal bei dem B_{II}-Bastard (410), der von der Pollenpflanze drei ganze Genome mitbekommen hat.

Variabel ist die Fortpflanzungsweise auch bei den zwei B_{II}-Bastarden, die aus der Kreuzung A—C × tetraploide *P. argentea* herstammen. Die Apomeiose beträgt bei einem der beiden Bastarde 96,5%, beim anderen läßt sich die Eigenschaft nicht bestimmen (mangels cytologischer Untersuchungen); der Pseudogamiegrad des ersten Bastardes war gegenüber der Samenpflanze deutlich erhöht (58,6%), bei dem anderen gleich wie bei A—C (0%).

MÜNTZING (1958c) stellt fest, daß die analysierten Hybriden drei Kategorien angehören, die sich durch das variable Verhältnis der von A—C und apomiktischen *Argenteae* herstammenden Genome unterscheiden: Das Verhältnis beträgt bei den triploiden Hybriden der Kreuzung A—C × *P. argentea* Harz 1 : 3 und in den pentaploiden Hybriden der gleichen Kreuzung 2 : 3.

Das variable Genomverhältnis geht nur parallel zur Kategorie der B_{II}-Bastarde, indem mit steigendem Wert des Verhältnisses die Anzahl der B_{II}-Bastarde ansteigt. Sie beträgt beim 2 : 3-Verhältnis durchschnittlich 54,8%, beim 1 : 3-Verhältnis 26,8%. Der entsprechende Prozentsatz der triploiden Hybriden (1 : 2-Verhältnis) ist nicht genau bekannt, dürfte aber zwischen 26,8 und 54,8% liegen. Alle übrigen Eigenheiten der Nachkommenschaft zeigen keinerlei Beziehung zur relativen Anzahl „apomiktischer" Genome. MÜNTZING (1958c) vermutet daher, daß eher spezielle Gene als ganze Genome für die individuellen Differenzen maßgebend sind. Da aber die B_{II}-Hybriden zwischen A—C und apomiktischer diploider *P. argentea* Gottskär sexuell sind und mit höherer Anzahl von Genomen der apomiktischen Pollenpflanzen die Tendenz zu Apomixis durchschnittlich ansteigt, hat seiner Meinung nach das Genomverhältnis doch auch einige Bedeutung. Diese Genomwirkung ist aber der Wirkung individueller Gene überlagert, welche die Apomeiose oder die parthenogenetische Entwicklungsfähigkeit der Eizellen beeinflussen.

Die Versuchsergebnisse MÜNTZINGS sind, wie schon erwähnt, etwas verschleiert durch den Umstand, daß die Samenpflanze A—C nicht total sexuell ist, sondern selbst die Fähigkeit hat, unreduzierte Eizellen auszubilden, d. h., sie ist partiell apomeiotisch. Nach HÅKANSSON (1946) stammen befruchtungsfähige, unreduzierte Embryosäcke vorwiegend aus mehr sexuellen Partien der Samenanlagen. Dies könnte bedeuten, daß A—C eher diplospor als apospor ist, d. h., sich in bezug auf den Typus der Apomeiose von den hexaploiden Pollenpflanzen unterscheidet. Wir werden weiter unten auf die mögliche Bedeutung solcher embryologischer Differenzen zu sprechen kommen. Es ist möglich, daß darin der Schlüssel für die Erklärung der oft widersprechenden Ergebnisse der Kreuzungsversuche MÜNTZINGS liegt.

In Übereinstimmung mit MÜNTZING erklärt auch LILJEFORS (1955a) die Genetik der Apomixis bei *Sorbus*. Die Manifestation der Apomixis hängt seiner Meinung nach von der Anzahl der *Aria*-Genome A ab. Die *Aucuparia*-Genome B enthalten nur Sexualitätsfaktoren.

Entsprechend ist AAB apomiktisch,
ABB sexuell und
AABB amphi-apomiktisch, wobei die Tendenz zu Apomixis etwas größer ist.

Die einzigen Abweichungen von der obigen Hypothese bilden

Sorbus teodori mit ABB und apomiktischer Vermehrung und
Sorbus meinichii mit ABBB und apomiktischer Vermehrung.

Für beide Arten wird angenommen, daß vor ihrer Entstehung ein Austausch zwischen A- und B-Chromosomen stattgefunden hat, was auch den Austausch zwischen Apomixis- und Sexualitätsgenen möglich macht. Aus dem B-Genom wird so ein B_A-Genom mit Apomixisgenen. Die Genomkombinationen wurden daher wie folgt geschrieben:

S. teodori .... AB_AB,
S. meinichii .... AB_ABB.

Die Hypothese MÜNTZINGS wird durch die Angaben von CHRISTOFF und PAPASOVA (1943) z. T. bestätigt, z. T. in Frage gestellt. Leider lassen sich allerdings die Versuchsresultate von CHRISTOFF und PAPASOVA nur mit Mühe wiedergeben, da die Resultate von freien Bestäubungen und Rückkreuzungen zusammengeworfen worden sind. Aus diesem Grunde können nur einige wenige Kreuzungen besprochen werden. Mit MÜNTZINGS Befund stehen in Übereinstimmung die Ergebnisse der Kreuzungen zwischen *Potentilla pennsylvanica* var. *sanguisorba* ($2n = 28$), einer sexuellen Art, und *P. adscharica* ($2n = 42$), einer apomiktischen, aposporen und pseudogamen Art. Die F_1-Generation besteht aus zwei B_{II}-Hybriden mit der Chromosomenzahl $2n = 35$ ($14 + 21 = 35$). Beide F_1-Bastarde entwickelten nach freier Bestäubung oder Rückkreuzung mit *P. adscharica* nur maternelle Nachkommen (5 bzw. 58), waren also zu 100% apospor und pseudogam. Da die Genome der apomiktischen Art im Verhältnis 3 : 2 überwiegen, ist eine Erhöhung der Tendenz zu Apomixis bei den F_1-Hybriden zu erwarten, sie ist aber bedeutend höher als in den entsprechenden *Potentilla*-Hybriden MÜNTZINGS. Nicht mit MÜNTZINGS Ansicht von der Rezessivität der Apomixisgene in Übereinstimmung steht der Kreuzungsversuch zwischen der sexuellen Art *P. pennsylvanica* var. *sanguisorba* ($2n = 28$) und *P. recta* var. *pilosa* ($2n = 28$), einer Art, die als apomiktisch bezeichnet wird. Die einzige F_1-Hybride, ein B_{II}-Bastard ($2n = 28$), entwickelte 383 maternelle Nachkommen, zwei B_{II}- und neun B_{III}-Bastarde, ferner zwei Hybriden unbekannter Herkunft mit $2n = 56$ Chromosomen. Obwohl die meisten Nachkommen aus freier Bestäubung erhalten worden waren, steht doch fest, daß die F_1-Hybride hochgradig apomeiotisch und pseudogam war und dies, obwohl die Genome der beiden Arten im Verhältnis 1 : 1 vertreten waren. CHRISTOFF und PAPASOVA neigen daher zu der Annahme, daß die apomiktisch sich fortpflanzende Art, *P. recta* var. *pilosa*, über die geschlechtliche *P. pennsylvanica* dominiert. Die Annahme MÜNTZINGS könnte für diesen Fall nur aufrechterhalten werden, wenn man für *P. pennsylvanica* var. *sanguinea* Heterozygotie der Apomixisgene annehmen würde. Die wenigen Nachkommen, die von der Art als Mutterpflanze bekannt geworden sind, lassen eine solche Annahme nicht als völlig ausgeschlossen erscheinen. Zusammen mit den Ergebnissen der zuerst besprochenen Kreuzung mit *P. adscharica* als Pollenpflanze ist eher an einen mehr dominanten Charakter der Apomixisgene zu denken.

Obschon aber die Versuchsergebnisse MÜNTZINGS wegen des vermutlich heterozygoten Charakters der Samenpflanze *P. argentea* A—C schwer zu interpretieren sind — MÜNTZING (1958c) selbst hat seine ursprüngliche Interpretation etwas geändert —, so bot sie doch eine erste tragfähige Grundlage für weitere Versuche, der Genetik der Aposporie beizukommen, insbesondere jener Teil, der die quantitative Wirkung der Apomixisgene hervorhebt. Spätere Versuche an anderen Apomikten haben in der Tat zu Bestätigungen von MÜNTZINGS Ansicht geführt. Das gilt z. B. auch für die von uns untersuchten apospor-pseudogamen Kleinarten der Sammelart *Ranunculus auricomus* s. l. (RUTISHAUSER 1965). Nachdem die irrtümliche Angabe HÄFLIGERS (1943) über den Fortpflanzungsmodus dieser Kleinarten, besonders von *R. cassubicifolius*, korrigiert worden war (RUTISHAUSER 1954a), war der Weg für eine genetische Analyse der *Auricomi* freigelegt. Zwei Kleinarten dienten als Elternpflanzen, *R. cassubicifolius* und

R. megacarpus (*R. meg.*). *R. cassubicifolius* (*R. cfol*), in den Versuchen als Samenpflanze benützt, ist diploid (2n = 16) und sexuell. Ihr Fortpflanzungsmodus wurde mit drei voneinander unabhängigen Methoden getestet:

1. Kreuzungsexperimente der Kombination *R. cassubicifolius* × *R. megacarpus* (2n = 32) ergaben in einem ersten Versuch sechs Nachkommen, deren Chromosomenzahl ausnahmslos 2n = 24 betrug, ein Resultat, das für sexuelle Vermehrung der Samenpflanze und reguläre Meiosen in den PMZ der Pollenpflanze spricht. Ein zweites Experiment kleineren Umfangs aus dem Jahre 1961, an der gleichen Samenpflanze, *R. cassubicifolius* 12, ausgeführt, ergab nur eine blühende F_1-Pflanze von mehr oder weniger maternellem Charakter. Wegen der wenig sorgfältig ausgeführten Kastration der Blüten muß dieses Resultat als Versuchsfehler taxiert werden. Immerhin besteht darüber keine Gewißheit, so daß mit der Möglichkeit einer schwachen Tendenz zu Pseudogamie auch bei *R. cassubicifolius* gerechnet werden muß. Dagegen sprechen allerdings die Ergebnisse der beiden nachfolgenden Analysen.

2. Die von Nogler (unveröffentlicht) durchgeführten embryologischen Untersuchungen zeigen, daß die EMZ die Meiose durchführen, worauf Tetraden oder wegen des Teilungsstreikes der mikropylaren Dyade oft auch Triaden ausgebildet werden. Der Embryosack entsteht stets aus der chalazalen Makrospore und ist reduziert. Apospore Initialen konnten in dem ausgedehnten Material (es wurden 232 Samenanlagen analysiert) nicht wahrgenommen werden. Danach wäre also bei *R. cassubicifolius* Pseudogamie ausgeschlossen.

3. Über den Aposporiegrad einer Pflanze gibt auch der Polyploidiegrad des Endosperms Aufschluß. Sexuelle Pflanzen entwickeln beim *Polygonum*-Typus der Embryosackentwicklung nach intraspezifischer Bestäubung triploide Endosperme ($n + n + n \rightarrow 3n$). Der Polyploidiegrad pseudogamer Versuchspflanzen ist zwar nicht fixiert, liegt aber stets bedeutend höher (vgl. S. 121). Die Cytologie des Endosperms von *R. cassubicifolius* wurde an jungen Samen nach intraspezifischer Bestäubung und nach Bestäubung mit Pollen von tetraploiden *Auricomi* untersucht. Im ersten Falle lag stets Triploidie, im letzten Tetraploidie vor. Beide Versuchsreihen führen zum gleichen Schluß: *R. cassubicifolius* ist nicht apospor, die Embryosäcke sind stets reduziert. Maternelle Nachkommen können nicht ausgebildet werden.

Aus diesen Analysen folgt somit mit sehr großer Wahrscheinlichkeit, daß *R. cassubicifolius* total sexuell ist und auch keine Spuren von Aposporie aufweist. Die diploide Pflanze der Kreuzung 1961 ist also vermutlich durch ungewollte Selbstbestäubung entstanden.

Über den Fortpflanzungsmodus der Pollenpflanze, *R. megacarpus*, liegen etwas weniger umfangreiche Ergebnisse vor. In interspezifischen Kreuzungen, *R. megacarpus* (2n = 32) × *R. cassubicifolius* (2n = 16), entstanden nur maternelle Nachkommen mit 2n = 32 Chromosomen. Der Umfang der Nachkommenschaft ist allerdings mit acht Individuen etwas klein.

Die embryologische Untersuchung Noglers (unveröffentlicht) ergab, daß die EMZ, wie bei allen tetraploiden und pseudogamen *Auricomi*, die Meiose durchführt und Tetraden oder Triaden gebildet werden. Dicht unterhalb oder neben den chalazalen Makrosporen wachsen aber in rund drei Viertel aller untersuchten Samenanlagen der richtigen Altersstadien (von insgesamt 178 Samenanlagen) somatische Zellen zu aposporen Initialen aus, welche die Makrospore verdrängen und einen unreduzierten Embryosack ausbilden. Entwicklung reduzierter, chalazaler Makrosporen zu reduzierten Embryosäcken konnte nur in 10,7% aller Samenanlagen nachgewiesen werden.

Auch die Cytologie des Endosperms von *R. megacarpus* spricht für Aposporie der Versuchspflanzen. *R. megacarpus* darf daher, wie die eben besprochenen Versuchsresultate zeigen, als hochgradig apospor und pseudogam betrachtet werden. Die Kreuzung *R. cassubicifolius* × *R. megacarpus* stellt also eine Kreu-

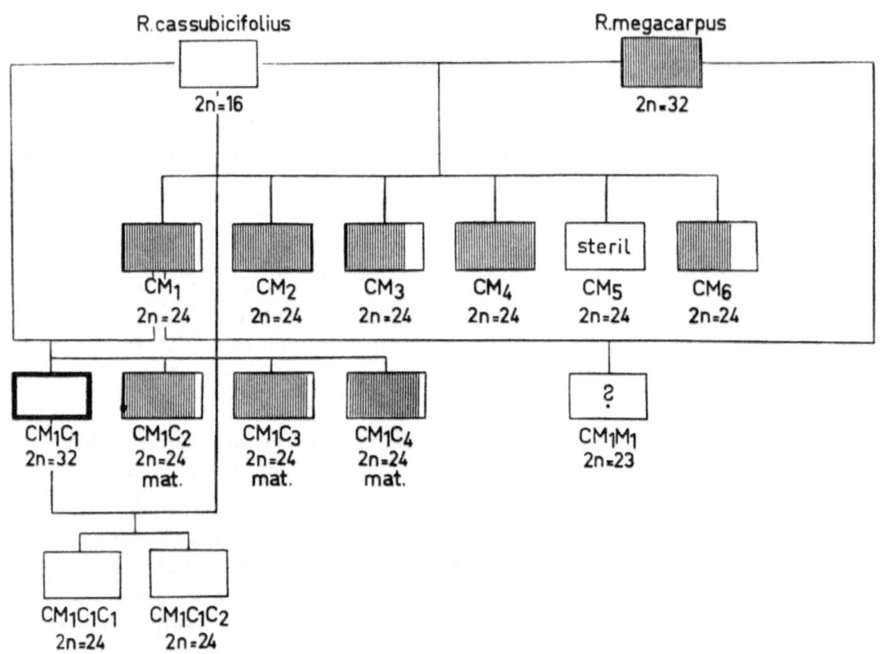

Abb. 75. Stammbaum der Kreuzung *Ranunculus cassubicifolius* (2n = 16, sexuell) × *R. megacarpus* (2n = 32, pseudogam); schraffiert: apomeiotisch, weiß: sexuell (nach Rutishauser 1965).

zung zwischen einer eindeutig sexuellen und einer aposporen und pseudogamen Kleinart dar. Apomiktische Tendenzen können nur von *R. megacarpus* herrühren. Damit ist eine klare Grundlage für die Interpretation der Versuchsergebnisse geschaffen.

Der Phänotypus (Fortpflanzungsmodus) der sechs Bastarde, *R. cassubicifolius* × *megacarpus*, in der Folge mit CM_1 bis CM_6 bezeichnet, wurde wieder mit Hilfe aller drei Methoden getestet. Die Kreuzungsversuche (vgl. Tab. 41 und Abb. 75), meist Rückkreuzungen mit beiden Eltern, selten freie Bestäubungen, waren leider sehr wenig ergiebig, die F_1-Bastarde waren schlecht fertil und ergaben nur sehr kleine Nachkommenschaften. Sowohl in bezug auf die Morphologie wie auch hinsichtlich ihrer Fortpflanzungsweise waren die sechs F_1-Hybriden überraschenderweise nicht uniform. Sie unterschieden sich untereinander wie auch gegenüber ihren Eltern in einer großen Zahl von Merkmalen, wie Zahl der Honigblätter, Form der grundständigen Blätter (einem bei den *Auricomi* systematisch bedeutsamen Merkmal), Zahl und Größe der Fruchtknoten, Fertilität usw. Im Gegensatz zu F_1-Pflanzen von intraspezifischen Kreuzungen der sexuellen Samenpflanze *R. cassubicifolius* sind die CM-Hybriden also deutlich polymorph.

Tab. 41. *Fortpflanzung der F_1-Bastarde der Kreuzung Ranunculus cassubicifolius* × *R. megacarpus, CM_1—CM_6, und des Rückkreuzungsbastardes CM_1C_1* (nach RUTISHAUSER 1965).

Samenpflanze	2n	Pollenpflanze	2n	Zusammensetzung der Rückkreuzungsgeneration			Grad der	
				mat.	Bastarde		Apomeiose	Pseudogamie
					B_{II}	B_{III}	%	%
CM_1	24	*R. cassubicifolius*	16	7	0	2		
		R. megacarpus	32	6[1]	1	0		
		Total		13	1	2	93,7	81,2
CM_2	24	*R. cassubicifolius*	16	9	0	0		
		R. megacarpus	32	1	0	1		
		Total		10	0	1	100	90,9
CM_3	24	*R. cassubicifolius*	16	1	1	1		
		freie Bestäubung	?	0	0	1		
		Total		1	1	2	75	25
CM_4	24	freie Bestäubung	?	0	0	1	+	
CM_5	24	steril						
CM_6	24	*R. cassubicifolius*	16	1	0	0		
		R. megacarpus	32	0	1[2]	0		
		freie Bestäubung	?	2	0	0		
		Total		3	1	0	75	75
CM_1C_1	32	*R. cassubicifolius*	16	0	2	0		
		freie Bestäubung	?	0	5	0		
		Total		0	7	0	0	0

[1] Eine Tochterpflanze hat nur 2n = 23 Chromosomen.

[2] Eventuell Polyhaploide, dann ist der Pseudogamiegrad 100%.

Vor allem überrascht die große Variabilität auch im Fortpflanzungsmodus und in embryologischen Merkmalen. Abgesehen von CM_5, einem völlig sterilen F_1-Bastard, konnten von allen F_1-Hybriden Rückkreuzungsgenerationen aufgezogen werden. Sie zeigen, daß große Differenzen in bezug auf das Ausmaß der Apomeiose wie auch den Pseudogamiegrad existieren. Das erstgenannte

Merkmal schwankt zwischen 75 und 100%, der Pseudogamiegrad zwischen 25 und 90,9%. Immerhin sind alle fertilen F_1-Hybriden wenigstens partiell apospor, wie auch partiell pseudogam. Das bedeutet, daß die Tendenz zu Pseudogamie und Aposporie durch den Pollen auf die Nachkommen einer sexuellen Pflanze übertragen worden ist, ein erster Hinweis auf die genetische Grundlage der Apomixis der *Auricomi.*

Der Apomixistypus der F_1-Hybriden ist nach embryologischen Untersuchungen NOGLERS (unveröffentlicht) prinzipiell derselbe wie bei *R. megacarpus*. Alle Hybriden bilden zwar Tetraden oder Triaden aus als Konsequenz der Meiose in den EMZ. In verschiedenen, von Pflanze zu Pflanze wechselnden Frequenzen entstehen aus den chalazalen Makrosporen reduzierte Embryosäcke. In ebenfalls variierenden Prozentsätzen werden aber auch Samenanlagen gefunden, in welchen apospore Initialen am gleichen Ort und in gleicher Weise wie bei *R. megacarpus* entstehen, die zu unreduzierten Embryosäcken auswachsen.

Die cytologischen Untersuchungen des Endosperms der F_1-Hybriden bestätigen und ergänzen die oben mitgeteilten Ergebnisse der experimentellen und embryologischen Untersuchungen. Der Polyploidiegrad der Endosperme der meisten Hybriden variiert beträchtlich und läßt erkennen, daß sexuelle Vermehrung neben echter Pseudogamie vorkommt. Auch in bezug auf den Pseudogamietypus kopieren die F_1-Hybriden die pseudogame Pollenpflanze.

Das Chromosomenkomplement aller fünf fertilen CM-Hybriden besteht aus zwei Chromosomensätzen der pseudogamen Pollenpflanze, *R. megacarpus* (im folgenden als M bezeichnet), und einem Chromosomensatz von *R. cassubicifolius* (C) und hat somit die Formel MMC. Die „apomiktischen" Genome überwiegen also im Verhältnis 2 : 1 über die „sexuellen". Es liegt im Hinblick auf MÜNTZINGS Ergebnisse nahe, die Manifestation der Apomixis in den F_1-Hybriden auf die Präponderanz der „apomiktischen" Genome zurückzuführen und anzunehmen, daß die speziellen Apomixisgene eine quantitative Wirkung haben. Die phänotypische Analyse der F_1-Hybriden liefert allerdings für eine solche Annahme keine Beweise. F_1-Bastarde mit einem M- und einem C-Genom traten nicht auf (sie müßten sexuell sein).

Dagegen war es möglich, durch die phänotypische Analyse einiger Rückkreuzungsbastarde der Kombination CM × *R. cassubicifolius* weitere Beweise für die oben geäußerte Hypothese zu erhalten. Unter den Rückkreuzungsbastarden CM_1 ($2n = 24$) × *R. cassubicifolius* ($2n = 16$) traten zweimal Hybriden auf, deren Chromosomenzahl $2n = 32$ betrug. Sie müssen aus befruchteten, unreduzierten Eizellen von CM_1 entstanden sein ($24 + 8 = 32$) und die Genomformel MMCC führen. „Apomiktische" und „sexuelle" Genome liegen also im gewünschten Verhältnis 1 : 1 vor. Einer der beiden Additionsbastarde, CM_1C_1, ist embryologisch und experimentell auf seine Fortpflanzung hin untersucht worden. Die Embryosäcke der Pflanze entstehen nach NOGLER (unveröffentlicht) aus der reduzierten, chalazalen Makrospore, apospore Initialzellen treten nicht auf. Daß die Pflanze sexuell ist, geht auch aus der Zusammensetzung ihrer Nachkommenschaft hervor: Die Kreuzung CM_1C_1 ($2n = 32$) × *R. cassubicifolius* ($2n = 16$) lieferte zwei triploide Nachkommen ($2n = 24$), die wieder sexuell waren. Fünf Nachkommen aus freier Bestäubung (vermutlich ebenfalls die gleiche Kreuzung, da CM_1C_1 in der Nähe einer großen Gruppe von *R. cassubicifolius* blühte) waren ebenfalls triploid.

Beide Methoden führten somit zum gleichen Ergebnis: CM_1C_1 ist sexuell, d. h., die Apomixisgene haben vermutlich eine quantitative Wirkung. Sie sind rezessiv in einfacher Quantität, in doppelter Quantität vermögen sie sich zu manifestieren. Die Differenzen in der Ausprägung der Aposporie und Pseudogamie der F_1-Bastarde ließen sich daher am besten durch die Annahme einer Heterozygotie der pseudogamen Vaterpflanze, *R. megacarpus*, erklären. Daß *R. megacarpus* tatsächlich ein Bastard ist, folgt auch aus der polymorphen Zusammensetzung der F_1-Generation. Eine weitere Auflösung des Gensystems von *R. megacarpus* ist vorläufig noch nicht möglich, neue Ergebnisse sind aber aus der Analyse weiterer Rückkreuzungsbastarde zu erwarten.

*

Die an pseudogamen Blütenpflanzen erzielten Ergebnisse stimmen, soweit ein Vergleich überhaupt möglich ist, mit den Angaben überein, die ANDERSSON-KOTTÖ (1932) und ANDERSSON-KOTTÖ und GAIRDNER (1936) über den aposporen Farn *Scolopendrium vulgare* var. *crispum muricatum* gemacht haben, obwohl die Pflanze nicht apomiktisch ist und daher nur Angaben über die Genetik der Aposporie möglich waren. Die aposporen Pflanzen unterscheiden sich in mehreren Merkmalen von den normalen Individuen: sie bilden z. B. keine Sporangien aus, mit Ausnahme der Gefäße findet keine Gewebedifferenzierung statt usw. Die Gametophyten entstehen an den Blatträndern. Alle diese Merkmale werden unter der Bezeichnung „peculiar" zusammengefaßt. Die Genetik des „peculiar"-Charakters wurde aus zwei Experimenten erschlossen:

1. Gametophyten eines normalen Individuums von *Sc. vulgare* var. *crispum muricatum* wurden inter se gekreuzt. Es entstanden normale und apospore F_1-Pflanzen im Verhältnis 56 : 63, was von einer 1 : 1-Erwartung nur wenig abweicht (59,5 : 59,5).

2. Gametophyten der oben genannten Pflanze wurden gekreuzt mit solchen von *Sc. vulgare* var. *sagittatum projectum* und ergaben eine F_1-Generation von normalen und „peculiar"-Individuen im Verhältnis 2033 : 651, einem Verhältnis also, das ziemlich genau einer 3 : 1-Aufspaltung (Erwartung 2035,5 : 678,5) entspricht. ANDERSSON-KOTTÖ und GAIRDNER schließen daraus auf rezessive, monohybride Vererbung des „peculiar"-Charakters. Wie schon gesagt, zieht in diesem Falle Aposporie nicht Apomixis in vollem Umfange nach sich; die Eizellen können sich ohne Befruchtung nicht entwickeln. Dagegen hat der „peculiar"-Charakter auch einen Einfluß auf die Gametenbildung, indem auch dort Störungen auftreten.

b) Diploid parthenogenetische Apomikten

Eine Ausnahme von der Auffassung der rezessiven Vererbung der Aposporie bilden eventuell die Ergebnisse von Kreuzungsversuchen von CHRISTOFF (1942) zwischen der sexuellen Art *Hieracium auricula* ($2n = 18$) und *H. aurantiacum* ($2n = 36$), einer total diploid parthenogenetischen und apomeiotischen Art. Die F_1-Generation war zusammengesetzt aus 27 Apomikten (deren Apomixis, diploide Parthenogenese, durch Kastrationsversuche bestimmt wurde) und 32 zum größten

Teil sterilen, z. T. aber auch fertilen, sexuellen Individuen. Von den 27 apomiktischen F_1-Bastarden, alle mit der Chromosomenzahl $2n = 27$, ergaben 17 rein maternelle F_2-Nachkommenschaften, sieben entwickelten bei freier Bestäubung ungleichartige F_2-Nachkommen. Die phänotypische Kontrolle der F_2 betraf vor allem die Blütenfarbe, die bei den totalen Apomikten stets jener der F_1-Pflanze entsprach, bei den anderen F_2-Pflanzen dagegen variierte. Cytologisch entsprachen die maternellen F_2- den F_1-Pflanzen ($2n = 27$), eine variable F_1-Pflanze ergab Nachkommen mit $2n = 42$ (1×), 43 (4×), 44 (1×) und 45 (1×), vermutlich also lauter B_{III}-Bastarde ($27 + \frac{27}{2} \sim 40$). Es ist somit denkbar, daß die Abweicher zwar total apospor, aber partiell parthenogenetisch waren. CHRISTOFF schließt aus seinen Versuchen auf dominante Vererbung der diploiden Parthenogenese (etwa nach dem Schema aa × Aa = 1 Aa : 1 aa) mit Heterozygotie der apomiktischen Pollenpflanze, *H. aurantiacum*. Der Schluß ist wegen der Polyploidie von *H. aurantiacum* nicht eindeutig, da nicht ohne weiteres feststeht, ob es sich um Mono-, Du- oder Triplexpflanzen handelt. Bei voller Dominanz des Apomixisgens wäre nur im ersten Fall eine 1:1-Aufspaltung zu erwarten (vorausgesetzt, daß die Meiose normal abläuft). Im zweiten Fall (Duplex) dagegen müßte eine 5 : 1-Aufspaltung erwartet werden. Der Versuch ließe sich ebensogut auf der Basis rezessiver Gene mit quantitativem Effekt erklären, etwa nach folgendem Schema: A > a, A < aa oder aaa.

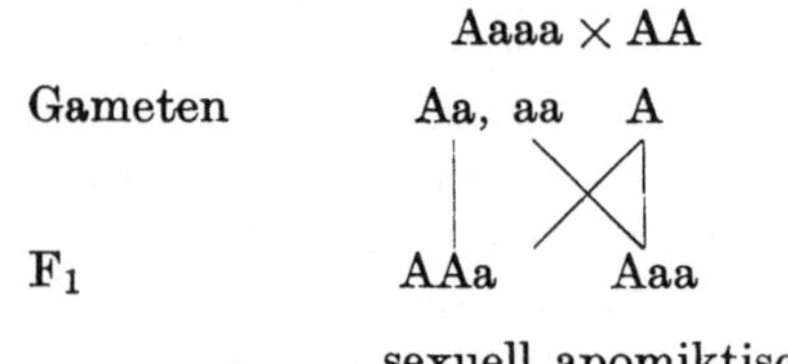

Solange keine weiteren Kreuzungsergebnisse beigebracht werden, die die eine oder andere Ansicht ausschließen, kann zwischen den beiden Möglichkeiten der Interpretation nicht entschieden werden.

3. Genetik der Diplosporie

Die Genetik diplosporer Apomikten ist besonders an den pseudogamen Arten der Gattungen *Poa* und *Parthenium* untersucht worden. Vereinzelte Angaben liegen ferner vor für *Rubus caesius* (CHRISTEN 1952). MÜNTZING (1940) hat als erster versucht, die Genetik der Diplosporie bei *Poa alpina* zu analysieren. Er benutzte für seine Experimente einen sexuellen Biotypus von *Poa alpina* mit $2n = 24$ Chromosomen und einen apomiktischen Biotypus, Karpilombo, mit $2n = 38$ Chromosomen. In der F_1-Generation hatten 196 Hybriden die Chromosomenzahlen $2n = 25$—35 und sechs Hybriden die Zahlen $2n = 40$—43. Die ersteren dürften B_{II}-Bastarde, die letzteren B_{III}-Bastarde gewesen sein. Dies bedeutet, daß die als sexuell betrachtete Samenpflanze in geringem Ausmaß apomeiotisch war (zu ungefähr 3%). Die Apomikte Karpilombo erzeugte nur maternelle Nachkommen. Die Fortpflanzungsweise der F_1-Hybriden wurde an vier B_{II}-Bastarden mit den Chromosomenzahlen $2n = 27$, 29, 31 und 33 und an einem B_{III}-Bastard mit $2n = 41$ Chromosomen bestimmt.

Die F_2-Nachkommenschaft der B_{II}-Bastarde war zusammengesetzt aus 150 Hybriden mit $2n = 19$—36 Chromosomen und vier B_{III}-Bastarden mit $2n = 40$—44 Chromosomen. Die F_2-Nachkommenschaft des B_{III}-Bastardes ($2n = 41$) ergab 58 Pflanzen mit $2n = 35$—44 Chromosomen, die als B_{II}-Bastarde taxiert wurden, ferner neun Pflanzen, deren Chromosomenzahl zwischen $2n = 19$ und $2n = 23$ lag. Sie wurden als Haploide (Polyhaploide) aufgefaßt.

Die Interpretation dieser Versuchsergebnisse hängt davon ab, was für spezielle Merkmale als charakteristisch für Apomixis, insbesondere die Pseudogamie, betrachtet werden. Zählt man zu diesen Merkmalen einerseits die Tendenz zu Apomeiose, andererseits die Fähigkeit zur Ausbildung von Embryonen aus unbefruchteten, haploiden oder diploiden Eizellen, dann war bei den Nachkommen der B_{II}-Bastarde eine geringe Tendenz zu Apomixis, nämlich Apomeiose, mit einer Frequenz von ca. 2,5% vorhanden. Die F_1-Hybriden sind somit im selben Ausmaß sexuell wie die Samenpflanze. Die Zufügung von zirka zwei Apomixisgenomen zu den 1—2 Sexualitätsgenomen hatte keine Erhöhung der Apomixis zur Folge. Wenn die Apomixis von *Poa* überhaupt genetisch bedingt ist, dann muß sie somit rezessiv sein. Merkwürdig ist dabei allerdings der Befund, daß der B_{III}-Bastard ($2n = 41$), der ein günstigeres Verhältnis von Apomixis- zu Sexualitätsgenomen aufweist, zwar, wie zu erwarten wäre, keine Spuren von Apomeiose zeigt, dagegen aber ca. 13% Polyhaploide erzeugte, was auf eine ausgeprägte Tendenz zu haploider Parthenogenese oder wohl besser haploider Pseudogamie hinweist. Diese Befunde können wohl am besten unter der Annahme verstanden werden, daß Apomeiose und Parthenogenese oder Pseudogamie von verschiedenen, nicht gekoppelten Genen kontrollicrt werden, die in beiden Eltern vorhanden und in den F_1- und F_2-Hybriden in verschiedenen Kombinationen zusammengeführt worden waren. Schlüssige Beweise für die genetische Bedingtheit der Diplosporie erbrachten aber die Versuche MÜNTZINGS nicht. Auch die Zusammensetzung einer F_3-Generation von 154 Individuen ergab keine Resultate, die auf ein Wiederauftreten der Pseudogamie in der F_2-Generation hingewiesen hätten.

Apomiktische Nachkommen aus Kreuzungen zwischen sexuellen und apomiktischen *Poa*-Arten traten erst in den umfangreichen Kreuzungsversuchen von CLAUSEN (1961) und CLAUSEN et al. (1961/62) auf. Sie wurden aber an Arten ausgeführt, deren Embryologie nicht bekannt war.

Aufschlußreicher als die Versuche MÜNTZINGS sind die Kreuzungsversuche von GERSTEL und Mitarbeitern (1950, 1953) mit *Parthenium argentatum*. Die Embryologie dieser sehr polymorphen Art wurde von ESAU (1946) vorbildlich beschrieben: Sexuelle Rassen der Art (meist mit $2n = 36$ Chromosomen) bilden Embryosäcke nach dem *Polygonum*-Typus aus. Apomiktische Rassen (verschiedener Polyploidiegrade) entwickelten unreduzierte Embryosäcke aus der einen EMZ nach dem *Antennaria*-Typus. Durch Induktion können allerdings gelegentlich auch apospore Initialzellen ausgebildet werden, die aber nicht zu funktionsfähigen Embryosäcken auswachsen. *P. argentatum* ist also rein diplospor. Die Samenbildung wird durch Bestäubung induziert, obwohl autonome Entwicklung der Embryonen bis zu einem gewissen Stadium möglich ist. *P. argentatum* ist also pseudogam (vermutlich vom Typus *Potentilla praecox*); Endospermentwicklung setzt Bestäubung und vermutlich auch Befruchtung voraus.

GERSTEL verwendete für seine Kreuzungsversuche (Tab. 42) eine diploide Rasse von *P. argentatum* ($2n = 36$), SP-14, die hochgradig sexuell war und vermutlich von einer partiell pseudogamen und tetraploiden Rasse durch parthenogenetische Entwicklung einer reduzierten Eizelle entstanden war. Als Pollenpflanze diente eine hyperdiploide, pseudogame Rasse ($2n = 37$), 42354-P, derselben Art. Die F_1-Generation war zusammengesetzt aus 21 B_{II}-Bastarden, d. h., die Samenpflanze ist weder diplospor noch pseudogam. Die reziproke Kombination, 42354-P × SP-14 bzw. SP-2, ergab eine stark polymorphe Nachkommenschaft, die aus B_{II}- und B_{III}-Bastarden, maternellen Nachkommen, ferner Pflanzen mit höheren Polyploidiegraden unbekannter Herkunft zusammen-

Tab. 42. *Zusammensetzung der F_1-Generation der Kreuzung Parthenium argentatum ($2n = 36$, sexuell) × P. argentatum ($2n = 37$, pseudogam)* (nach GERSTEL und MISHANEC 1950).

Samen-pflanze	2n	Pollen-pflanze	2n	Zusammensetzung der F_1-Generation				Apomeiose-grad %	Pseudogamie-grad %
				2n mat.	2n B_{II}	3n B_{III}	$4n + > 4n$ B_{III}		
SP-14	36	42354-P	37	0	21	0	0	0	0
42354-P	37	SP-14	36	30	3	21	5		
42354-P	37	SP-2	36	14	1	2	0		
42354-P	37	*P. stramonium*	36	1	0	1	0		
		Total		45	4	24	5	94,8	57,7

gesetzt war (Tab. 42). Weitere Kreuzungen mit 42354-P als Samenpflanze und einer anderen „Guayule", SP-2 oder *P. stramonium*, als Pollenpflanze, alle diploid mit $2n = 36$, führten zu ähnlichen Ergebnissen. Insgesamt entstanden aus den Kreuzungen apomiktisch × sexuell 45 maternelle Pflanzen, vier B_{II}-, 24 B_{III}-Bastarde und fünf Individuen unbekannter Herkunft mit erhöhtem Polyploidiegrad. Werden die letzteren mitberücksichtigt, so ergibt sich aus diesen Resultaten für 42354-P ein Apomeiosegrad von 94,8% und ein Pseudogamiegrad von 57,7%.

Der Fortpflanzungsmodus der F_1-Bastarde wurde durch Aufzucht von Nachkommenschaften aus Kreuzungen mit *P. stramonium* als Pollenpflanze bestimmt. Da die Nachkommenschaften sehr umfangreich waren, konnten sie nur z. T. cytologisch untersucht und so ihre Entstehung bestimmt werden; meist wurden dazu morphologische Merkmale von systematischem Wert benützt. Die Ergebnisse dieser Untersuchungen sind in Tabelle 43 zusammengefaßt.

Sie geben über den Phänotypus der F_1-Hybriden folgende Auskünfte:

1. Die B_{II}-Bastarde der Kreuzung sexuell × apomiktisch pflanzen sich auf sexuellem Wege fort. Einige wenige wiesen eine geringe Tendenz zu Apomeiose auf, da insgesamt zwei B_{III}-Bastarde ausgebildet worden sind.

2. Das gleiche gilt auch für B_{II}-Bastarde der Kreuzung apomiktisch × sexuell, nur daß in diesem Fall, wohl bedingt durch den geringeren Umfang der Nachkommenschaft, keine Spuren von Apomeiose gefunden wurden.

3. Die B_{III}-Bastarde der Kreuzung apomiktisch × sexuell sind hochgradig apomiktisch. In ihren Nachkommenschaften traten vorwiegend maternelle Pflanzen auf. Die sieben (= ca. 12%) Hybriden sind leider nicht cytologisch untersucht worden, so daß nicht bekannt ist, ob Apomeiose und Pseudogamie oder nur die erstere partiell ist.

Aus diesen Ergebnissen wird geschlossen, daß die Gene für Apomixis rezessiv sind für „Guayule", daß sich aber Dominanz einstellt, wenn zwei Apomixisgenome mit einem sexuellen Genom kombiniert werden. GERSTEL hält es ferner für möglich, daß die Zahl der Chromosomen einen modifizierenden quantitativen Effekt ausübt. Als Beweis für diese Auffassung wird angegeben, daß die diploid apomiktische Elternpflanze, 42354-P, eine beträchtlich niedrigere Zahl parthenogenetisch entstandener Nachkommen ausbildete als die B_{III}-Bastarde, welche die gleiche genetische Konstitution plus ein sexuelles Genom haben. Die Differenz ist allerdings, wenigstens was den Pseudogamiegrad angeht (das Ausmaß der Apomeiose läßt sich nicht bestimmen), nicht sehr hoch, 87,9% gegenüber 57,7%, und es ist fraglich, ob sie signifikant ist. Zudem hat eine künstlich herbeigeführte Verdoppelung der Chromosomenzahl einiger diploid sexueller Pflanzen keinen oder nur einen sehr geringen Einfluß auf den Fortpflanzungsmodus. Die Kreuzung artifizieller Tetraploider × *P. stramonium* ergab nur B_{II}-Bastarde (die wegen der Tetraploidie der Samenpflanze triploid sind) und eine Maternelle. Ob die letztere aus ungewollter Selbstbestäubung herrührt oder parthenogenetisch entstanden ist, läßt sich nach GERSTEL nicht bestimmen. Das erstere ist aber wegen der tetraploiden Chromosomenzahl der Pflanze wahrscheinlicher.

Tab. 43. *Zusammensetzung der Nachkommenschaften von Bastarden zwischen sexuellen und apomiktischen Parthenium argentatum-Rassen* (nach GERSTEL und MISHANEC 1950).

Entstehung der Bastarde	Bastard-typus	Achänen		Klassif. F_2-Pfl.	Morpholog. klassif. F_2		Cytolog. klassif. F_2		
		ausge-sät	ge-keimt		Hybr.	mat.	2n B_{II}	3n B_{III}	4n
a) Sex. × apom.	B_{II}	2147	738	527	527	0	525	2	0
b) Apom. × sex.	B_{II}	296	75	48	48	0	48	0	0
c) Apom. × sex.	B_{III}	462	91	58	7	51	0	0	0
d) Artif. Tetrapl.	4n	467	157	120	119	1	109	0	2[1]

[1] Eine davon war eine Hybride, eine maternell.

Zusammenfassend darf man feststellen, daß GERSTELS Versuchsresultate mit unseren Ergebnissen an *Ranunculus auricomus* weitgehend übereinstimmen. Die genetische Grundlage der Pseudogamie, diesmal verbunden mit Diplosporie, ist sichergestellt, ebenso der quantitative Effekt der Apomixisgene. Es ist bedauerlich, daß die genetische Analyse bei *Parthenium argentatum* nicht weitergeführt werden konnte. GERSTEL et al. (1953) haben zwar von einer Anzahl F_2-Pflanzen nach Bestäubung mit Pollen von *P. stramonium* Nachkommenschaften aufziehen können, nachdem Versuche, durch Selbstung oder Kreuzung inter se Samen zu erhalten, wegen der Selbst- und Kreuzungsinkompatibilität der *Argentea*-Hybriden gescheitert waren. Sämtliche 53 Pflanzenfamilien, die so erhalten worden sind, bestanden nur aus Hybriden. Es konnten keine Spuren von Apomixis gefunden werden. Die Autoren schließen aus diesem negativen Ergebnis, daß die Apomixis von „Guayule" durch wenigstens vier Gene bewirkt wird; zwei davon sollen die Meiose, zwei die parthenogenetische Entwicklung der Eizellen kontrollieren.

Zu einer etwas abweichenden Auffassung kommt CHRISTEN (1952) in bezug auf die genetische Grundlage der diplosporen Pseudogamie bei *Rubus caesius.* CHRISTEN hat allerdings keine Kreuzungsversuche durchgeführt, seine Schlüsse basieren allein auf embryologischer Analyse spontaner Artbastarde zwischen *Rubus idaeus* und *Rubus caesius.* Die untersuchten Hybriden sind alle triploid ($2n = 21$). In den Samenanlagen wurden sowohl Anzeichen für Diplosporie wie auch für normale Embryosackentwicklung (Tetraden) gefunden. Die Hybriden verhalten sich in dieser Hinsicht gleich wie *Rubus caesius,* die nach CHRISTEN (1950) ebenfalls partiell diplospor ist. CHRISTEN (1952) nimmt an, daß die spontanen Hybriden durch Befruchtung reduzierter Eizellen von *R. idaeus* mit reduzierten Spermakernen von *R. caesius* entstanden sind. Da *R. caesius* nach cytologischen Befunden (vgl. VAARAMA 1939) alloploid ist, glaubt CHRISTEN, auch für die Apomixisgene der Art Heterozygotie annehmen zu müssen, und schreibt *R. caesius* die Genformel DDdd zu (wo D Sexualität und d Apomixis bedeutet). Die Gameten von *R. caesius* wären dann Dd[1], die F_1-Bastarde DDd. Konsequenterweise muß dann auch gefolgert werden, daß im Falle von *R. caesius* die Apomixisgene dominant sind über die Sexualitätsgene, wobei die letzteren nicht einmal einen quantitativen Effekt hätten. Wegen des Vorkommens von Tetraden in den F_1-Bastarden schließt aber CHRISTEN auf intermediäre Vererbung der Apomixis.

CHRISTENS Angaben stehen z. T. in Übereinstimmung mit den Versuchsergebnissen ROZANOVAS (zit. aus GUSTAFSSON 1943). Experimentell hergestellte F_1-Hybriden zwischen *R. idaeus* × *caesius* sind triploid ($2n = 21$) und hoch steril. Rückkreuzungen der F_1-Hybriden mit *R. idaeus* ergaben Hybriden mit $2n = 28$, mit *R. caesius* Hybriden mit $2n = 35$, d. h. in den F_1-Hybriden haben vermutlich stets unreduzierte Eizellen funktioniert ($21 + 7 = 28$ und $21 + 14 = 35$). Die F_1-Hybriden sind somit vermutlich diplospor, jedenfalls apomeiotisch. In einem Falle entstand nach Kreuzung F_1 × *R. idaeus* auch eine hexaploide F_2-Pflanze mit $2n = 42$, was zeigt, daß *R. idaeus* selten unreduzierte männliche Gameten ausbildet. Dies ist auch auf der weiblichen Seite möglich, wie die Kreuzung *R. idaeus* × *R. caesius* (Permian race) zeigte: Die F_1-Nachkommenschaft bestand aus triploiden ($2n = 21$) und tetraploiden ($2n = 28$) Hybriden. Auch in der F_2 dieser F_1-Bastarde traten, sofern die triploide F_1 als Samenpflanze benützt wurde, B_{III}-Bastarde auf, d. h. die triploide F_1 bildete nur unreduzierte Eizellen aus.

Die Interpretation CHRISTENS der *Idaeus-Caesius*-Versuche scheint, abgesehen von der Nichtberücksichtigung tetraploider Vererbung, eindeutig zu sein. Zieht man hingegen die Ergebnisse anderer *Rubus*-Experimente zum Vergleich heran, ergeben sich doch einige Zweifel. In den Versuchen von LIDFORSS (1914, vgl.

[1] CHRISTEN berücksichtigt die Möglichkeit tetraploider Aufspaltungen nicht. Danach wären neben Dd- auch DD- und dd-Gameten zu erwarten.

auch GUSTAFSSON 1946—1947), in denen F_1-Pflanzen aus Kreuzungen zwischen sexuellen und tetraploiden oder pentaploiden Apomikten getestet wurden, konnten nirgends mehr Spuren von Apomixis nachgewiesen werden. Alle F_2-Generationen waren polymorph. Sexualität von F_1-Pflanzen aus Kreuzungen zwischen diploiden Sexuellen und tetraploiden Apomikten, nämlich zwischen *R. rusticanus inermis* ($2n = 14$, sexuell) und *R. thyrsiger* ($2n = 28$, apomiktisch), wurde ebenfalls festgestellt. Genetisch analysiert wurde allerdings eine tetraploide F_1-Pflanze, die zwei *Rusticanus*-Genome und zwei *Thyrsiger*-Genome besaß. Die F_2-Generation spaltete auf in einem Verhältnis 1471 mit und 19 ohne Stacheln, das einem auto-allosyndetischen Paarungstypus der homologen Chromosomen entsprach, mit einem leichten Überwiegen der Allosyndese. Daraus wird geschlossen, daß die F_2 auf rein sexuellem Wege entstanden ist. Cytologische Untersuchungen an F_2-Pflanzen fehlen allerdings, so daß eventuelle Spuren von Diplosporie nicht festgestellt werden konnten. CRANE und THOMAS (1939) wiesen in vier Artkreuzungen nach, daß *R. thyrsiger* partiell pseudogam ist.

Die Seltenheit, mit der bei den *Rubus*-Bastarden (vermutlich meist von einem gemischten apo-diplosporen Typus, um CHRISTENS Terminologie zu benützen) apomiktische F_1-Bastarde auftauchen, und dies sogar bei Hybriden zwischen partiellen Apomikten, spricht doch eher dafür, daß die Apomixis auch bei den *Rubus*-Arten durch rezessive Gene kontrolliert wird. Die Versuche mit *Idaeus-Caesius*-Hybriden ließen sich auch auf dieser Basis erklären, z. B. indem *Rubus caesius* die Genformel dddd und *R. idaeus* die Formel DD zugeschrieben wird. Dies ergäbe F_1-Hybriden vom Typus Ddd, bei Überwiegen von d also partielle oder totale Apomixis. Möglich wäre auch die Genformel Dddd für *R. caesius*, dann müßten aber in der F_1-Generation sexuelle (DDd) und apomiktische (Ddd) *Idaeus-Caesius*-Bastarde auftreten.

Die Interpretation CHRISTENS (1952) ist somit, abgesehen davon, daß nur spontane Hybriden untersucht wurden, deren Entstehungsweise nicht über alle Zweifel erhaben ist, nicht eindeutig. Sie wird aber durch ROZANOVAS Versuchsergebnisse gestützt und durch andere Experimente nicht direkt widerlegt. Es ist daher wohl angebracht, mit der Möglichkeit der Existenz von Apomixisfaktoren von intermediärem, eventuell sogar dominantem Typus zu rechnen. Kreuzungen zwischen *R. idaeus* oder anderen diploiden, sexuellen Arten und tetraploiden Apomikten der Gattung *Rubus* könnten darüber Aufschluß geben.

4. Ergebnisse von Kreuzungen zwischen diplosporen und aposporen Pseudogamen

Kreuzungen zwischen diplo- und aposporen Pseudogamen sind nur bei Arten der Gattungen *Poa* (ÅKERBERG 1943, ÅKERBERG und BINGEFORS 1953) und *Potentilla* (RUTISHAUSER 1943a, b, 1947, 1948, HUNZIKER 1954 und RUTISHAUSER und HUNZIKER 1954) durchgeführt worden. Obwohl der erste Versuch, die Ergebnisse solcher Kreuzungen durch die Annahme qualitativer Differenzen zwischen den Gensystemen diplo- und aposporer Arten zu erklären, in der *Poa*-Arbeit ÅKERBERGS (1942) publiziert wurde, wenden wir uns doch zuerst der Gattung *Potentilla* zu.

a) *Potentilla*

Der erste Anstoß, die Genetik der Diplo- und Aposporie innerhalb der Potentillen aufzuklären, ergab sich aus dem Befund, daß

1. in den Nachkommenschaften zwischen diplo- und aposporen Arten sexuelle F_1-Pflanzen auftraten und
2. die F_1-Hybriden zwischen Elternarten gleichen Apomeiosetyps in der Regel wieder apomiktisch sind.

In den Tabellen 44—46 sind die Ergebnisse dieser Versuche zusammengefaßt.

Als Elternpflanzen dienten apospore Individuen der Arten *P. canescens*, *P. argentea*, *P. praecox* und einige Rassen von *P. verna* sowie diplospore Rassen von *P. verna*, nämlich *P. verna* 3 und 10. Sie sind ausnahmslos hexaploid ($2n = 42$, $x = 7$). Sämtliche Elternpflanzen erzeugen vornehmlich maternelle Nachkommen und nur vereinzelt Bastarde, meist B_{III}-, seltener B_{II}- und B_{III}-Bastarde. Daraus ergeben sich für die fünf Elternpflanzen folgende Apomeiose- und Pseudogamiegrade:

Tab. 44 (vgl. auch Tab. 31). *Fortpflanzungsmodus und Apomeiosetypus einiger Arten der Gattung Potentilla* (nach Rutishauser 1948).

Versuchspflanze	Apomeiosegrad %	Pseudogamiegrad %	Apomeiosetypus
P. verna 3	100	100	diplospor
P. verna 10	100	100	diplospor
P. verna 15	100	100	apospor
P. canescens	99,3	98,6	apospor
P. argentea	100	98,3	apospor
P. praecox	100	99,2	apospor
P. arenaria 25	87,5	87,5	apospor

Wie man sieht, sind die Elternpflanzen alle hochgradig, z. T. sogar total apomeiotisch und pseudogam. Nur zwei Arten, *P. canescens* und *P. arenaria* 25, produzierten in geringen Frequenzen auch haploide Embryosäcke. Die wenigen Hybriden, die in diesen Versuchen entstanden waren, wurden embryologisch und experimentell auf ihren Fortpflanzungsmodus hin getestet.

Die embryologische Untersuchung ergab die aus Tab. 45 ersichtlichen Resultate.

Alle B_{III}-Bastarde stimmen im Apomeiosetypus mit derjenigen Elternart überein, die als Samenpflanze gedient und zum Chromosomensatz der Hybriden doppelt so viele Genome beigesteuert hat wie die Pollenpflanze. Die beiden B_{II}-Bastarde sind nur noch sehr schwach apomeiotisch (vermutlich diplospor), sie führen in der EMZ die Meiose durch und erzeugen Tetraden, deren chalazale Makrosporen zu Embryosäcken auswachsen.

Die cytologische Analyse ergab, daß alle B_{III}-Bastarde mit zwei Ausnahmen enneaploid sind mit Chromosomenzahlen von $2n = 63$. Nur zwei B_{III}-Bastarde, *P. praecox* × *argentea* und *P. argentea* × *verna*, hatten 64 Chromosomen und waren daher aneuploid. Für die B_{II}-Bastarde, *P. canescens* × *P. verna* 3 und

P. arenaria × *P. verna*, wurde 2n = 41 als somatische Chromosomenzahl bestimmt, sie sind also ebenfalls aneuploid, aber auf der hexaploiden Stufe.

Tab. 45 gibt Aufschluß über die Ergebnisse der Kreuzungsversuche an den F_I-Bastarden. Die meisten B_{III}-Bastarde haben maternelle Nachkommenschaften mit wenigen darin eingestreuten B_{II}- und B_{III}-Bastarden. Sie sind

Tab. 45. *Cytologie, Fortpflanzung und Embryologie von F_1-Bastarden zwischen pseudogamen Potentillen* (nach RUTISHAUSER 1948). (Pollenpflanze nicht angegeben.)

Nr. des F_I-Bast.	Kreuzungskombination des F_I-Bastardes	2n	Nachkommen				Apomeiose		Fortpflanzung
			tot.	mat.	B_{II}	B_{III}	Grad %	Typus	
1. B_{II}-Bastarde, apospor × diplospor									
38/26,9	*P.* (*canescens* × *verna* 3)	41	11	—	10	1?	9,1	?	sexuell
41/46,5	*P.* (*arenaria* × *verna* 10)	41	7	—	6	1?	14,3	?	sexuell
2. B_{III}-Bastarde, apospor × apospor									
44/94,21	*P.* (*canescens* × *argentea*)	63	33	31	2	—	93,9	apospor	part. pseud.
44/98,6	*P.* (*argentea* × *canescens*)	63	14	14	—	—	100	apospor	pseudogam
37/14,13	*P.* (*praecox* × *argentea*)	64	46	46	—	—	100	apospor	pseudogam
43/82,12	*P.* (*argentea* × *verna* 15)	63	3	3	—	—	100	apospor	pseudogam
43/80,30	*P.* (*argentea* × *verna* 15)	63	40	40	—	—	100	apospor	pseudogam
diplospor × diplospor									
38/5,9	*P.* (*verna* 4 × *verna* 10)	63	5	5	—	—	100	?	pseudogam
38/5,24	*P.* (*verna* 4 × *verna* 10)	63	25	25	—	—	100	diplospor	pseudogam
42/56,10	*P.* (*verna* 4 × *verna* 10)	63	2	2	—	—	100	?	pseudogam
42/43,12	*P.* (*verna* 4 × *verna* 18)	63	8	8	—	—	100	diplospor	pseudogam
apospor × diplospor									
42/68,52	*P.* (*argentea* × *verna* 10)	63	31	16	14 + 1 H	—	51,6	apospor	part. pseud.
43/79,13	*P.* (*argentea* × *verna* 10)	64	51	49	—	(2)	100	apospor	part. pseud.

H = Polyhaploide.

somit wieder hochgradig, meist zu 100%, apomeiotisch und pseudogam: Die Addition von drei Genomen der Pollenpflanze zu den sechs Genomen der Samenpflanze hatte keinen modifizierenden Einfluß auf die Fortpflanzung der B_{III}-Bastarde. Es handelt sich hier um ein Modellbeispiel für die Ausbildung neuer apomiktischer und damit konstanter Hybriden. Dies gilt auch für die aneuploide Hybride *P. praecox* × *verna* (2n = 64).

Eine Ausnahme unter den B_{III}-Bastarden bildet die *Argentea-Verna*-Hybride 42/68,52 (2n = 63). Diese Hybride war vorwiegend apospor. Aus einer Rückkreuzung mit *P. verna* ergibt sich für 42/68,52 ein Apomeiosegrad von nur 51,6% und ein Pseudogamiegrad von 54,9%. Es ist auffällig, daß der Abbau der Apomixis in einer Hybride stattfand, die von Eltern mit verschiedenem Apomeiosetypus herstammt (*P. argentea* ist apospor, *P. verna* 10 diplospor). Die B_{III}-

Bastarde zwischen Eltern mit gleichem Apomeiosetypus zeigen keine derartige Verschiebung ihres Fortpflanzungsmodus.

Bemerkenswert ist aber vor allem der fast völlige Zusammenbruch der Apomixis im B_{II}-Bastard *P.* (*canescens* × *verna* 3), 38/26,9 (vgl. Tab. 45 und Abb. 76). Aus der Rückkreuzung von 38/26,9 mit *P. verna* 3 und 10 wurden elf Nachkommen erhalten, zehn B_{II}-Bastarde mit Chromosomenzahlen 2n = 39 bis 2n = 43

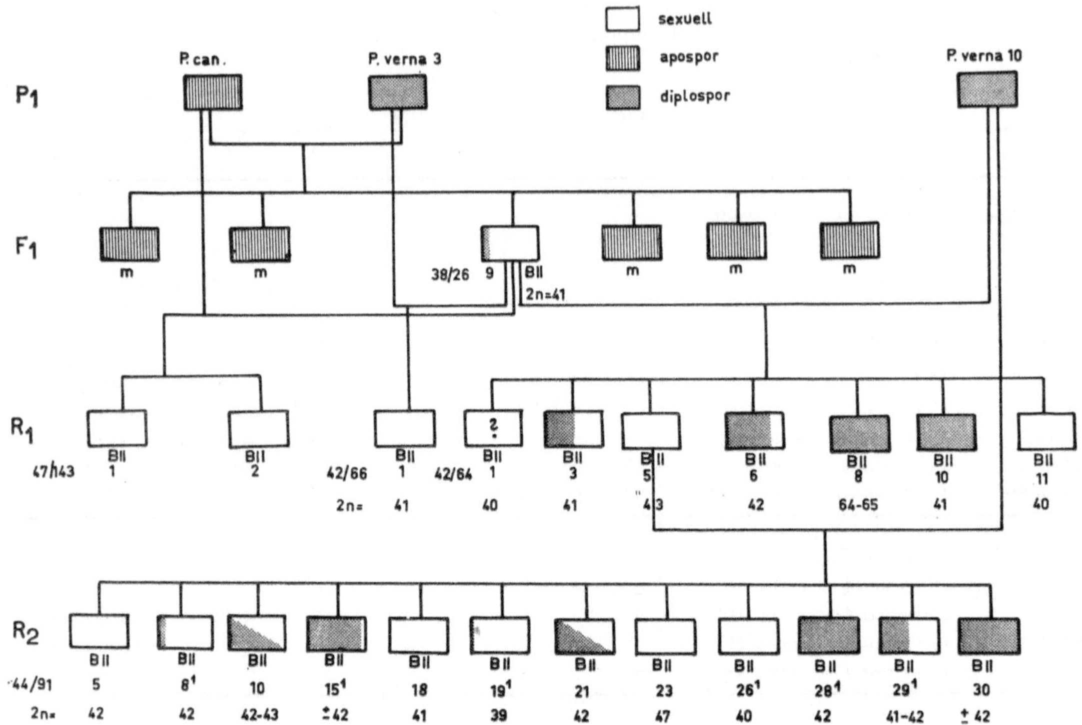

Abb. 76. Vererbung der Aposporie und Diplosporie bei pseudogamen Potentillen. Stammbaum der Kreuzung *Potentilla canescens* × *P. verna* 3 (beide pseudogam und hexaploid, 2n = 42). (In R_1 42/66 und 42/64 sind nur 8 der 11 Nachkommen eingezeichnet.) (Rutishauser 1948). 8^1, 15^1 usw.: Bestimmung des Apomeiosegrades auf Grund embryologischer Untersuchungen (Hunziker 1954). Alle übrigen Angaben auf Grund von Kreuzungsversuchen. Der Apomeiosegrad wird durch die Größe der bedeckten Fläche angegeben. Der Apomeiosegrad der Hybriden 44/91,10 und 44/91,21 ist nicht bestimmt worden. Beide Hybriden sind partiell diplospor. (Zusammengestellt nach Rutishauser 1948 und Hunziker 1954.)

und ein Bastard mit 2n = 64—65. In früheren Arbeiten wurde die letztgenannte Pflanze als B_{III}-Bastard taxiert. Die aneuploide Chromosomenzahl spricht aber eigentlich eher dafür, daß sie aus der Befruchtung einer Eizelle entstanden war, die von einer EMZ mit stark gestörter Meiose abstammte. Störungen im Ablauf der Meiose sind ja beim Artbastard vom Typus der *Canescens-Verna*-Bastarde zu erwarten. 38/26,9 kann daher als total sexuell, höchstens aber zu ca. 9,1% als apomeiotisch bezeichnet werden. Ein weiterer Befund ergab sich aus der embryologischen Analyse der B_{II}-Bastarde (Abb. 76). Ihre Apomeiose ist vorwiegend oder sogar ausschließlich vom diplosporen Typus, d. h. entspricht dem Apomeiosetypus der Pollenpflanze *P. verna* (Rutishauser 1948, Hunziker 1954). Aposporie kann nur noch in Spuren entdeckt werden.

Ähnlich wie 38/26,9 verhielt sich auch der B_{II}-Bastard *P. arenaria* 25 × *P. verna* 10, 41/46,5, der nur noch zu 14,3% apomeiotisch und nicht mehr pseudogam war (Tab. 45).

Tab. 46. *Fortpflanzung von Rückkreuzungsbastarden der Kombination P.* (*canescens* × *verna*) × *verna*
P. (*canescens* × *verna* 3) × *verna* 10 (42/64)
P. (*canescens* × *verna* 3) × *verna* 3 (42/66)
(nach RUTISHAUSER 1948).

Samen-pflanze	2n	Pollenpflanze	2n	Zusammensetzung der F_1-Generation					Apo-meiose-grad %	Pseudo-gamie-grad %
				tot.	mat.	poly-hapl.	B_{II}	B_{III}		
42/64,2	40	*P. verna* 18	42	3	–	–	3	–		
		frei bestäubt		5	–	–	5	–		
		Total		8	–	–	8	–	0	0
42/64,3	41	*P. verna* 10	42	2	?	–	1	1	50?	0
42/64,5	43	*P. verna* 10	42	27	–	–	27	–	0	0
42/64,6	42	*P. verna* 18	42	5	1	–	2	2		
		frei bestäubt		7	1	–	1	5		
		Total		12	2	–	3	7	75	16,7
42/64,8	± 64	*P. verna* 3	42	3	3	–	–	–		
42/64,10	41	*P. verna* 10	42	29	28	–	–	1		
		P. verna 18	42	1	1	–	–	–		
		frei bestäubt		13	13	–	–	–		
		Total		43	42	–	–	1	100	97,7
42/64,11	40	*P. verna* 10	42	6	–	–	6	–		
		P. verna 18	42	2	–	–	2	–		
		Total		8	–	–	8	–	0	0
42/66,1	41	*P. verna* 3	42	10	7	–	–	3	100	70

Der Fortpflanzungsmodus der Rückkreuzungsbastarde *P.* [(*canescens* × *verna* 3) × *verna* 10][1] wurde durch nochmalige Rückkreuzung mit *P. verna* 3 bzw. *P. verna* 10 und 18 (Tab. 46), ferner durch embryologische Untersuchungen bestimmt. Die genetischen Analysen zeigen, daß in der R_1-Generation Apomeiose- und Pseudogamiegrad stark variieren. Im Apomeiosetypus stimmen aber alle

[1] *P.* [(*canescens* × *verna* 3) × *verna* 10] wurde als Rückkreuzungsbastard bezeichnet, obwohl zwei verschiedene, embryologisch aber identische *Verna*-Pflanzen als Pollenspender benützt wurden.

apomiktischen R_1-Hybriden untereinander überein, sie sind ausnahmslos diplospor wie die Pollenpflanzen *P. verna* 3 bzw. *P. verna* 10. Die embryologische und experimentelle Analyse der Apo-Diplosporiekreuzung *P. canescens* × *P. verna* wurde ergänzt durch embryologische Untersuchungen einer R_2-Generation, hervorgegangen aus der Kreuzung eines B_{II}-Bastardes 42/64,5 mit *P. verna* 10 (Tab. 46, Abb. 76). Die R_2 bestand aus lauter (27) B_{II}-Hybriden mit Chromosomenzahlen zwischen $2n = 39$ und $2n = 43$. Ihre Embryologie wurde von HUNZIKER (1954) untersucht und führte zum gleichen Ergebnis wie die embryologischen Analysen der R_1-Generation: Sie sind sexuell oder partiell bzw. total diplospor mit geringen Spuren von Aposporie. Insgesamt ergaben die beiden Rückkreuzungsgenerationen folgende Verteilung der drei Kategorien von B_{II}-Bastarden:

meiotisch		partiell diplospor		total diplospor
9	:	5	:	4

Eine weitere Rückkreuzung, diesmal vom Typus *P.* [(*canescens* × *verna*) × *canescens*], ergab zwei meiotische Nachkommen (HUNZIKER 1954).

Die Interpretation dieser Versuchsresultate geschah auf Grund der folgenden beiden Annahmen (RUTISHAUSER 1947, 1948):

1. Aposporie und Diplosporie werden durch besondere Gene bewirkt.
2. Die Gene sind in einfacher Quantität rezessiv, vermögen sich aber mit steigender Anzahl immer mehr durchzusetzen, um schließlich volle Dominanz zu erreichen, d. h. sie haben einen quantitativen Effekt.

Die Wirkungsbereiche der beiden Gene werden wie folgt umschrieben:

g Das Gen (oder die Gene) für Diplosporie, unterdrückt die Meiose oder Tetradenbildung in der weiblichen Sphäre. Weil die Tendenz zur Ausbildung eines weiblichen Gametophyten noch erhalten bleibt, kommt es zur Ausbildung unreduzierter Embryosäcke. (Es wird somit postuliert, daß der *Antennaria*-Typus der Embryosackentwicklung genetisch bedingt ist.)

s Das Gen (oder die Gene) für Aposporie, wirkt in erster Linie auf die vegetativen Gewebe des Chalazagewebes, gelegentlich aber auch auf die somatisierten oder somatisch gebliebenen Archesporzellen ein und ermöglicht ihre Umwandlung in Embryosackinitialen. Gleichzeitig wirkt es hemmend auf die Meiose oder die Tetradenbildung der EMZ ein und verhindert so die Ausbildung reduzierter Embryosäcke. (Es wird also postuliert, daß auch der *Hieracium*-Typus der Embryosackentwicklung genetisch bedingt ist.)

Zum ersten Teil dieser Hypothese ist zunächst zu bemerken, daß die genetische Grundlage sowohl für den *Antennaria*- wie auch für den *Hieracium*-Typus der Embryosackentwicklung gesichert ist (GERSTEL et al. 1950, 1953 für den *Antennaria*-Typus bei *Parthenium argentatum*, RUTISHAUSER 1965 für den *Hieracium*-Typus bei *Ranunculus auricomus*). Geht man vom F_1-Bastard 38/26,9 (*Potentilla canescens* × *P. verna* 3) aus, so läßt sich die genetische Grundlage für Diplosporie bzw. *Antennaria*-Typus zahlenmäßig ebenfalls belegen: Vorläufig ohne Berücksichtigung der Polyploidie muß für diesen Bastard angenommen werden, daß er Diplosporiegene (von *P. verna* 3) besitzt, wegen seiner sexuellen Vermehrungsweise aber höchstens in einem Verhältnis von 1 : 1 in bezug auf die Sexualitätsgene, die von *P. canescens* herrühren müssen. Es könnte ihm daher, wenn nur die Diplosporie berücksichtigt wird, die Genformel gG (G für Sexualität) zugeschrieben werden. Die erste Rückkreuzung würde dann nach folgendem Schema vor sich gehen:

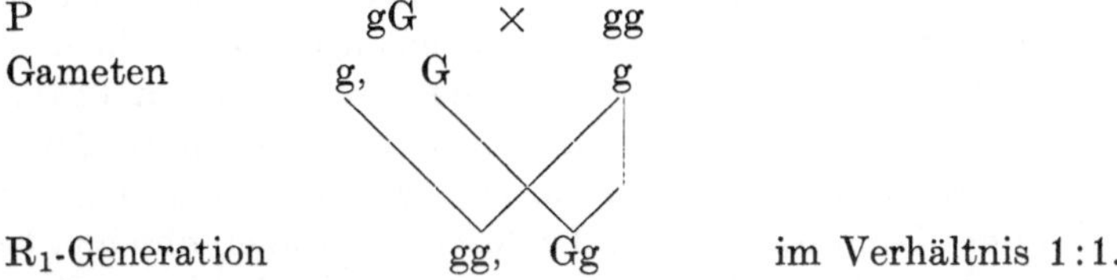

Für die zweite Rückkreuzung müßte das gleiche Schema gelten.

Das erwartete Verhältnis von 1 : 1 für sexuelle und partiell oder total diplospore Pflanzen ist in der Tat gefunden worden: neun sexuelle B_{II}-Bastarde stehen neun partiell und total diplosporen gegenüber. Nicht mit der Erwartung in Übereinstimmung steht dabei allerdings der Befund, daß in bezug auf die Diplosporie verschiedene Ausprägungsformen vorkommen. Auf Grund der experimentellen Ergebnisse (Rückkreuzungen mit den Elternpflanzen) variiert der Diplosporiegrad zwischen 50 und 100%. Nach den statistischen Untersuchungen HUNZIKERS sind die R_2-Rückkreuzungsbastarde zu 3 bis 100% diplospor, wozu noch zusätzlich einige wenige apospore Initialen kommen.

Das oben benützte Schema ist also offensichtlich zu einfach, wenn man nicht annehmen will, daß das Apomeiosemerkmal sehr stark von Umweltsfaktoren geprägt wird. Der hohe Polyploidiegrad der Elternpflanzen (Hexaploidie) läßt zudem vermuten, daß die Vererbung der Apomixis einem Polyploidieschema folgt. Nach welchem läßt sich aber einmal wegen der geringen Anzahl von Nachkommen und auch deshalb nicht mit Sicherheit bestimmen, weil die Syndeseverhältnisse der homologen Chromosomen nicht genau bekannt sind. Schließlich wirken sich wohl auch die vielen Meiosestörungen in den Hybriden und die daraus resultierende Aneuploidie störend auf die Aufspaltungszahlen aus. HUNZIKER (1954) hat versucht, die Aufspaltungen in den R_1- und R_2-Generationen mit Hilfe eines Autohexaploidschemas zu erklären. Als Genotypus für die diplospore Pollenpflanze *P. verna* 10 wird die Genformel G_2g_4 gewählt, für die Hybride *P. canescens* × *verna* 3 die Genformel G_3g_3. HUNZIKER gelangt so zu einer genotypischen Aufspaltung von 1 G_5g : 12 G_4g_2 : 37 G_3g_3 : 37 G_2g_4 : 12 Gg_5 : 1 g_6. Die Genotypen mit gleich viel rezessiven wie dominanten Faktoren sowie diejenigen mit mehr dominanten Faktoren müssen meiotisch sein, also G_5g, G_4g_2 und G_3g_3, wobei der letztgenannte Genotyp eventuell eine schwache Manifestation der Diplosporie zuläßt. Die Genotypen, in denen g nur wenig überwiegt, z. B. G_2g_4, müßten partiell diplospor sein, jene mit stärkerem Überwiegen von g, also Gg_5 und g_6, hochgradig bis total diplospor. Es ergäbe sich somit eine phänotypische Aufspaltung von

9 meiotisch : 6,6 partiell : 2,4 total diplospor.

Gefunden wurden

9 meiotisch : 5 partiell : 4 total diplospor.

Die Übereinstimmung zwischen Befund und Erwartung ist nicht besonders gut, das Schema zeigt aber doch, daß die Variation der Hybriden auf Grund von polyploiden Erbschemata erklärt werden könnte.

Die bisher besprochenen Analysen haben nur Gültigkeit für die eine Teilerscheinung der Pseudogamie, die Apomeiose (Diplosporie). Die Vererbung der anderen Teilerscheinung, der parthenogenetischen Entwicklung eines Embryos (unter dem Einfluß des Endosperms), ist erst wenig und ungenügend analysiert worden, da hiezu cytogenetische Untersuchungen unerläßlich sind, und derartige Untersuchungen nur für die R_1-Generation vorliegen (Tab. 46). Sie zeigen, daß auch hinsichtlich der Embryoentwicklung mehrere Ausprägungstypen existieren. Der Pseudogamiegrad variiert zwischen 0 und 97,7% und geht nicht genau mit der Manifestierung der Diplosporie parallel, obschon totale Abwesenheit von Diplosporie gewöhnlich mit totalem Verlust von Pseudogamie gekoppelt ist. Dagegen geht totale Apomeiose zwar stets zusammen mit Pseudogamie, der Pseudogamiegrad kann aber zwischen 70,0 und 97,7% variieren.

Apomeiose zieht somit nicht notwendigerweise Parthenogenese nach sich. Es ist daher wahrscheinlich, daß die beiden Teilerscheinungen der Apomixis von speziellen, nicht gekoppelten Genen kontrolliert werden. Daß Apomeiose in der Natur meist mit hochgradiger Pseudogamie oder Parthenogenese gekoppelt ist, beruht daher wohl auf einem Ausleseeffekt. Apomeiose ohne Parthenogenese würde ja zu einer steten Erhöhung der Chromosomenzahl führen und sich deshalb schließlich selbst erledigen.

Auffällig ist allerdings der Umstand, daß haploide Parthenogenese nur sehr selten auftritt. Es sieht daher so aus, als ob nicht reduzierte Eizellen leichter auf Faktoren ansprechen, die zur Parthenogenese führen. Man muß aber, bevor ein solcher Schluß gezogen wird, daran denken, daß der Ausbildung der haploiden Eizellen eine Meiose vorausgeht, wodurch das Gensystem der Apomixis leicht zerstört werden kann. Eine geringere Tendenz zu Parthenogenese ist schon aus diesem Grunde zu erwarten.

Der zweite Teil unserer Hypothese ist noch nicht so gut begründet wie der erste. Die Ansichten darüber sind geteilt. Die *Potentilla*-Versuche sprechen aus folgenden Gründen zugunsten der Hypothese:

1. Es wäre anders schwer verständlich, warum in den Nachkommenschaften zweier hochgradig bis total apomiktischer Pflanzen Sexualität auftreten soll, wenn man die wohlfundierte Hypothese von der Rezessivität der Apomixisgene berücksichtigt. Man müßte dann schon annehmen, daß zufällig zwei Gameten zusammengetroffen sind, die zur seltensten Genkombination gehören, die von einer apomiktischen, heterozygoten Elternpflanze gebildet werden. Geht man vom Hexaploidschema HUNZIKERS aus, dann wäre die Wahrscheinlichkeit dafür $13/87 \times 13/87 =$ ca. 1/45, wenn nur das Gen für Diplosporie berücksichtigt wird, und ca. 1/2025, wenn auch noch die Aposporie mitspielt.

2. Als besonders beweiskräftig für die Hypothese ist der Befund zu werten, daß die Rückkreuzungsbastarde überwiegend diplospor sind und nicht Mischtypen darstellen, was zu erwarten wäre, wenn dasselbe Gen Apo- und Diplosporie bewirken würde.

Dieser Befund wird noch weiter gestützt durch die Ergebnisse der schon oben erwähnten Kreuzungen zwischen *P. argentea* und *P. verna* 10. Von drei B_{III}-Bastarden sind zwei hochgradig apomeiotisch und apospor wie die Samenpflanze (die doppelt so viele Genome zur Chromosomengarnitur beigesteuert hat wie die Pollenpflanze). Ein B_{III}-Bastard, 42/68,52, erwies sich als partiell apomeiotisch

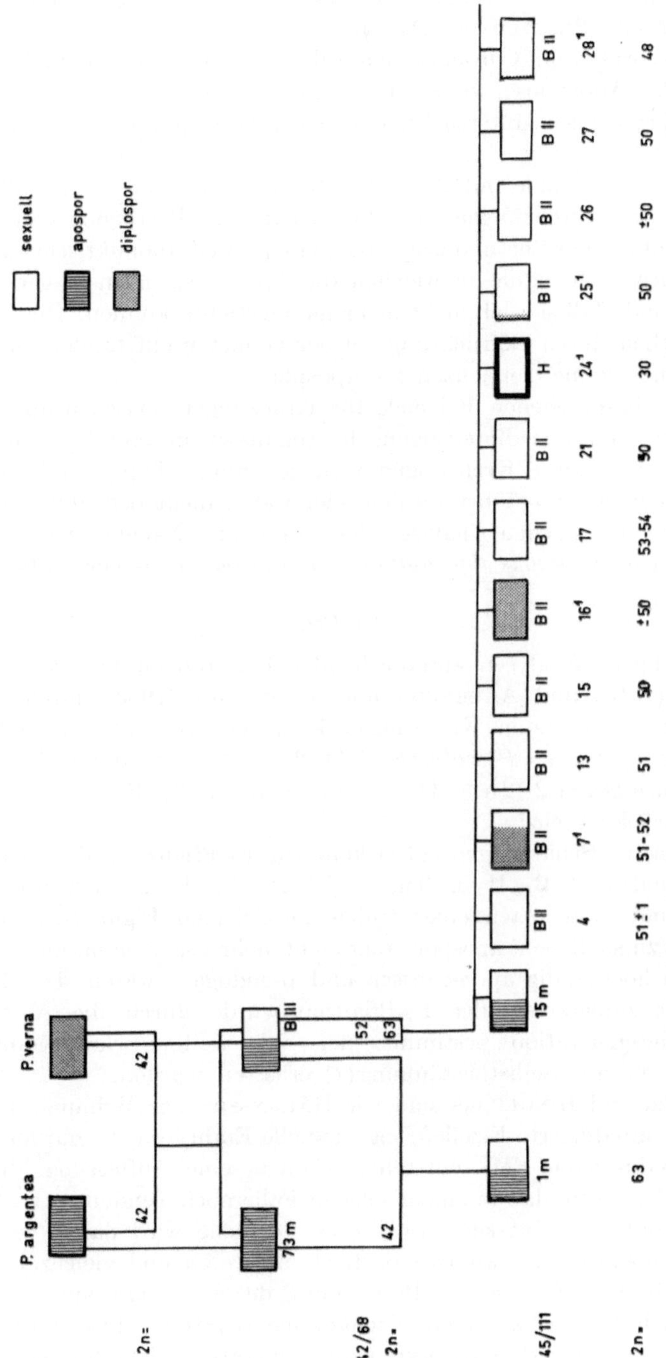

Abb. 77. Stammbaum der Bastarde *Potentilla argentea* × *P. verna* (zusammengestellt nach HUNZIKER 1954).

(hauptsächlich apospor mit schwachen Anzeichen von Diplosporie). Die Rückkreuzung mit *P. verna* 10 ergab drei Kategorien von Nachkommen (Abb. 77):

1. Maternelle Pflanzen mit Aposporie.
2. B_{II}-Hybriden mit Chromosomenzahlen zwischen $2n = 48$ und $2n = 53$—54 und partieller Apomeiose, vorwiegend vom diplosporen Typus. (Vier Pflanzen wurden embryologisch untersucht, nur eine zeigte Spuren von Aposporie neben Diplosporie.)
3. Eine Polyhaploide mit $2n = 30$ Chromosomen, die einzige Pflanze in all unseren Potentillakreuzungen, die durch haploide Parthenogenese entstanden ist. Sie ist total meiotisch und zeigt, daß ein partiell apomiktischer B_{III}-Bastard Gameten entwickeln kann, in welchen die Apomixisgene in so geringer Anzahl vorhanden sind, daß sie sich nicht mehr manifestieren können. Die B_{II}-Bastarde sind vermutlich durch Befruchtung solcher Gameten entstanden und zeigen aus diesem Grunde keine Tendenzen zu Aposporie.

Die oben besprochenen Beispiele für Kreuzungen zwischen apo- und diplosporen Apomikten sind die einzigen, die zugunsten unserer Hypothese (2. Teil) sprechen. Viele andere Kreuzungen vom genannten Typus sind entweder nur bis zur F_1-Generation geführt worden oder waren nicht begleitet von embryologischen und cytologischen Analysen der Eltern und Nachkommen. Eine solche Kreuzung ist z. B. *Rubus thyrsanthus* × *R. caesius* (LIDFORSS 1914).

b) *Poa*

Vollständigere Analysen entsprechender Kreuzungen bei *Poa* wurden von ÅKERBERG (1943) und ÅKERBERG und BINGEFORS (1953) durchgeführt. Die Elternpflanzen der ersten Kreuzungsserie, je ein Individuum (702) von *Poa pratensis* ($2n = 50$) und *Poa alpina* (G 44, $2n = 31$), waren apo- bzw. diplospor. Die F_1-Pflanze G 251/2 ($2n = 41$) war offenbar ein B_{II}-Bastard; sie wurde mit den Eltern rückgekreuzt.

Nach unseren Schätzungen entwickelte die F_1-Pflanze in diesen Kreuzungen eine B_{III}- und acht B_{II}-Hybriden, sie ist also noch schwach (ca. 11%) apomeiotisch, und zwar, nach einer früher publizierten Figur (ÅKERBERG 1942, Abb. 57/58) zu schließen, apospor, aber nicht mehr pseudogam, und dies, obwohl beide Eltern hochgradig apomeiotisch und pseudogam waren. Der Phänotypus (die Fortpflanzungsweise) der F_1-Pflanzen wurde durch die Aufzucht einer Rückkreuzungsgeneration bestimmt, der sich weitere Nachkommenschaften anschlossen, die aus Selbstbestäubung(?) erhalten wurden.

ÅKERBERG und BINGEFORS sind wie HÅKANSSON der Meinung, daß befruchtungsfähige, unreduzierte Eizellen, sog. sexuelle Embryosäcke, nur aus mehr oder weniger unreduzierten EMZ entstehen können, eine Auffassung, die so interpretiert werden kann, daß in einem solchen Falle noch Tendenzen zu Diplosporie vorhanden sind. Die Interpretation ihrer Versuche wird damit wesentlich erschwert, da überall dort, wo B_{III}-Bastarde auftreten und gleichzeitig apospore Initialen beobachtet werden, eine Bestimmung des Apomeiosetypus unsicher wird. Dies gilt auch für die späteren Nachkommenschaften. Leider ist ferner der Apomeiosetypus der ersten Rückkreuzungsgeneration nicht festgestellt worden. Auskünfte über die Embryologie werden erst von Pflanzen der F_3- und F_4-Generation gegeben. Als F_3-Generation werden Nachkommenschaften bezeichnet, die aus der Selbstbestäubung(?) zweier R_1-Hybriden mit $2n = 35$ bzw. $2n = 36$ Chromosomen entstanden waren. Die erstgenannte R_1-Pflanze ($2n = 35$) ergab eine mehr oder weniger uniforme F_3, und aus einer F_3-Pflanze wurde eine F_4 aufgebaut, die wieder uniform war. F_4-Pflanzen hatten die Chromosomenzahl $2n = 35$. Es ist also wahrscheinlich, daß schon die R_1-Pflanze ($2n = 35$) apomiktisch war. Apospore Initialen werden für Pflanzen der F_3-Generation angegeben, könnten also schon bei der R_1-Pflanze vorgekommen sein. Dies würde bedeuten, daß im Gegensatz zu unserer Hypothese die nochmalige Einkreuzung von Genomen der diplosporen Pflanze keinerlei Einfluß auf den Apomeiosetypus der R_1-Pflanze gehabt hat. Die zweite R_1-Pflanze ($2n = 36$), die F_3- und F_4-Generationen geliefert hat, verhielt sich wesentlich anders: Die F_3-Generation war variabel, was bedeutet, daß die R_1-Pflanze sexuell gewesen ist (was mit unserer Hypothese in Übereinstimmung stünde). Rückschlüsse aus der Zusammensetzung der F_4-Generation zeigen aber, daß auch B_{III}-Bastarde ausgebildet wurden (die nach ÅKERBERG auf diplospore Tendenz hinweisen). Die F_4-Generation war ausschließlich aus B_{III}-Bastarden mit Chromosomenzahlen von $2n = 87$ und $2n = 88$ zusammengesetzt. Diese Bastarde wurden embryologisch untersucht und dabei zeigten sich Anzeichen für Aposporie. Da B_{III}-Bastarde aber aus unreduzierten EMZ hervorgehen sollen, stehen wir wieder vor dem gleichen Dilemma wie oben: es ist nicht sicher, ob Aposporie oder Diplosporie vorliegt oder ein Gemisch beider Typen.

Die beiden anderen Kreuzungen vom Typus apospor × diplospor führten zum gleichen Ergebnis. Nach Rückkreuzung mit der diplosporen Pollenpflanze oder auch nach Kreuzungen inter se traten z. T. Nachkommen auf, die partiell apospor waren. Typische, embryologisch nachweisbare Diplosporie wurde weder bei F_3- noch bei F_4-Nachkommen gefunden. ÅKERBERG und BINGEFORS (1953, S. 134) schreiben: „Diplospory is a more complicated reproduction product" und meinen damit wohl, daß das Gensystem, welches Diplosporie bedingt, leicht zerstört und nur selten wieder aufgebaut werden kann.

Abgesehen von den oben genannten Unsicherheiten in bezug auf die Bestimmung des Apomeiosetypus, die vermutlich nur auf einer irrigen Annahme beruhen, leiden die Kreuzungsversuche von ÅKERBERG und BINGEFORS unter den anomalen Syndeseverhältnissen der homologen Chromosomen, die GRAZI et al. (1961) zu der Feststellung veranlaßt haben, daß dadurch eine Analyse der Genetik der Apomixis in der Gattung *Poa* sehr erschwert, wenn nicht verunmöglicht wird.

Die Auffassung von ÅKERBERG und BINGEFORS wird aber gestützt durch die Ergebnisse embryologischer Untersuchungen, die NYGREN (1950a) an *Poa herjedalica* ($2n = 47$—80) ausgeführt hat. *P. herjedalica* ist eine hybridogene Art, die vermutlich aus der Kreuzung *P. alpina vivipara* × *P. pratensis alpigena* hervorgegangen ist. Sie zeigte keine sicheren Zeichen für Diplosporie, ist aber stark apospor. NYGREN glaubt, daß *P. herjedalica* einer F_2-Generation angehört, und erwartete deshalb, daß auch Diplosporie vorkomme. Obwohl solchen Untersuchungen wegen der Unsicherheiten in bezug auf die Genese der Versuchspflanzen kein großer Beweiswert zukommt, darf nicht ausgeschlossen werden, daß bei *Poa* andere genetische Gesetzmäßigkeiten vorliegen als bei *Potentilla*. Klarheit darüber werden aber erst systematische Kreuzungsversuche schaffen, die von embryologischen und cytologischen Untersuchungen begleitet sind.

Überhaupt muß, rückblickend auf die in diesem Kapitel besprochenen genetischen Analysen, die Forderung erhoben werden, daß eine wirklich ernst zu nehmende genetische Arbeit stets von folgenden Voraussetzungen ausgehen sollte:

1. Sofern Kreuzungen zwischen Sexuellen und Apomikten als Ausgangspunkt dienen, muß einwandfrei festgestellt werden, daß die sexuelle Samenpflanze frei von Tendenzen zu Apomixis ist.

2. Apomeiosetypus und Frequenz der Apomeiose sind für jede Versuchspflanze festzustellen. Dazu gehört die Bestimmung der Chromosomenzahl jeder Tochterpflanze, vor allem aller Hybriden.

3. Die Aufspaltungszahlen sind für Apomeiose und Pseudogamie bzw. Parthenogenese getrennt anzugeben. Es geht nicht an, eine Pflanze als rein sexuell zu bezeichnen, wenn sie die Fähigkeit hat, unreduzierte Embryosäcke auszubilden. Eine solche summarische Darstellung der Versuchsergebnisse kann zu völlig falschen Schlüssen führen.

5. Die Analyse des Gensystems der Apomixis

Die vorausgegangenen Darlegungen haben sich lediglich mit der Frage befaßt, ob die Apomixis in ihren verschiedenen Erscheinungsformen eine genetische Grundlage besitze. Man darf wohl feststellen, daß diese Frage für eine Reihe von Apomikten, wie *Parthenium argentatum* (GERSTEL et al. 1950, 1953), *Ranunculus auricomus* (RUTISHAUSER 1965), verschiedene *Potentilla*-Arten (MÜNTZING 1945, 1958a, RUTISHAUSER 1947, 1948, HUNZIKER 1954 usw.) bejaht werden kann, während sie für andere Apomikten, wie z. B. *Poa* und z. T. auch für *Rubus* (abgesehen vielleicht von *R. caesius*), noch offen bleiben muß.

Nur selten ist es indessen gelungen, auch Hinweise auf die Anzahl der Apomixisgene und ihren Wirkungsbereich zu finden. Auf einige solche Hinweise ist in den vorausgegangenen Kapiteln schon aufmerksam gemacht worden. So haben GERSTEL und MISHANEC (1950) aus den negativen Ergebnissen ihres Versuchs, die Apomixis in F_2-Pflanzen der Kreuzung sexuell × apomiktisch wieder aufzufinden, geschlossen, daß die Apomixis von *Parthenium argentatum* von mindestens vier Genen bewirkt wird, nämlich von zwei Genen, die die Apomeiose, und von zwei Genen, welche die Entwicklung des Embryos kontrollieren. Weitere Hinweise auf die Zusammensetzung des Gensystems dieser Pflanze ergaben sich aus den Kreuzungsversuchen von POWERS (1945) und POWERS et al. (1945). POWERS (1945) ging von einer Pflanze intermediären Typs von *Parthenium argentatum* mit $2n = 73$ Chromosomen aus. Sie entwickelte 9,8% „normale", vermutlich maternelle Nachkommen, und 90,2% aberrante Tochterpflanzen mit der Chromosomenzahl $2n = \pm 108$. Die normalen F_1 verhielten sich fortpflanzungsbiologisch ungefähr gleich wie die Mutterpflanze, nur daß die Zahl der Aberranten etwas variierte. Die aberranten F_1 ergaben Normale, Aberrante und Hyperaberrante (z. B. in den Prozentsätzen 1,1 : 21,9 : 77,0), die Hyperaberranten hatten die Chromosomenzahl $2n = \pm 144$. Aberrante der F_1-Generation und Hyperaberrante der F_2 sind offenbar B_{III}-Bastarde und beweisen die Befruchtungsfähigkeit der unreduzierten Eizellen. POWERS benützt diese Ergebnisse als Grundlage für eine Hypothese über die Genetik und Evolution der Apomikten. Er nimmt drei qualitativ verschiedene, rezessive Gene an:

a = Gen für Diplosporie,
b = Gen für die Befruchtungsunfähigkeit der Eizelle und
c = Gen für die parthenogenetische Entwicklungsfähigkeit der Eizelle.

Die Evolution polyploider Apomikten würde sich wie folgt abspielen: Zunächst entstehen Mutanten vom Typus A → a, B → b usw. Eine Pflanze vom Typus AaBbCc wäre dann diploid und sexuell. Eingekreuzt in eine Pflanze vom Genotypus AaBbCC würde sie unter anderem Nachkommen vom Typus aaBbCc ausbilden. Sie sind diploid sexuell, aber apomeiotisch und könnten Nachkommen vom Typus aaaBbbCcc erzeugen, also triploide, apomeiotische und wegen der größeren Quantität von b und c partiell apomiktische Pflanzen.

Tab. 47. *Die aberranten Taraxacum-Formen und ihr Chromosomenkomplement* (vgl. Abb. 78) (nach SØRENSEN 1958).

Aberrante	Chromosomenkomplement
Aberr. *olivacea*	$2n = 8 + 8 + (8-A)$
Aberr. *truncata*	$2n = 8 + 8 + (8-B)$
Aberr. *lamosa*	$2n = 8 + 8 + (8-C)$
Aberr. *elegans*	$2n = 8 + 8 + (8-D)$
Aberr. *crassifolia*	$2n = 8 + 8 + (8-E)$
Aberr. *pygmaea*	$2n = 8 + 8 + (8-F)$
Aberr. *plumosa*	$2n = 8 + 8 + (8-G)$
Aberr. *tenuis*	$2n = 8 + 8 + (8-H)$

Daß die parthenogenetische Entwicklung der Eizelle und die Apomeiose von verschiedenen Genen bewirkt werden, ist auch für andere Apomikten wahrscheinlich. Wie oben schon für *Potentilla* ausgeführt, ist die Differenz in bezug auf die Frequenz von Apomeiose und Pseudogamie ein Hinweis dafür.

Ein sehr eleganter Beweis für die Richtigkeit dieser Ansicht ist von SØRENSEN (SØRENSEN und GUÐJÓNSSON 1946 und SØRENSEN 1958) erbracht worden. Die genetischen Untersuchungen von SØRENSEN et al. sind an apomiktischen *Taraxacum*-Arten durchgeführt worden. Sie konnten zunächst zeigen, daß triploide parthenogenetische *Taraxacum* in geringen Prozentsätzen aberrante Nachkommen erzeugen, denen ein Chromosom fehlt, die also hypotriploid ($2n = 23$) sind. Entsprechend der Grundzahl 8 wurden acht verschiedene derartige Aberranten aufgefunden:

Die acht Aberranten können morphologisch erkannt werden und zeigen bei den verschiedenen Arten ähnliche Abweichungen. Die genetische Kontrolle der Aberranten ergab die interessante Feststellung, daß zwei von ihnen nicht mehr total apomiktisch sind wie die triploiden Eltern. Es sind dies Aberr. *elegans* und Aberr. *tenuis*. Alle übrigen Aberranten sind Apomikten. Aus Kreuzungen mit diploiden, sexuellen oder triploiden, apomiktischen *Taraxaca* und Kreuzungen mit anderen Aberranten ließ sich der Fortpflanzungsmodus von Aberr. *elegans* und *tenuis* eruieren: Sie erzeugen B_{II}-, B_{III}-Bastarde, maternelle Nachkommen oder Polyhaploide, was zeigt, daß folgende Mechanismen vorkommen:

a) Entwicklung maternellerPflanzen aus unreduzierten, nicht befruchteten Eizellen (vorzugsweise bei Aberr. *elegans*),

b) Entwicklung von B_{III}-Bastarden aus unreduzierten, befruchteten Eizellen (vorzugsweise bei Aberr. *elegans*),
c) Entwicklung von B_{II}-Bastarden aus reduzierten, befruchteten Eizellen (vorzugsweise bei Aberr. *tenuis*),
d) Entwicklung von Polyhaploiden aus reduzierten, unbefruchteten Eizellen (nur bei Aberr. *tenuis*).

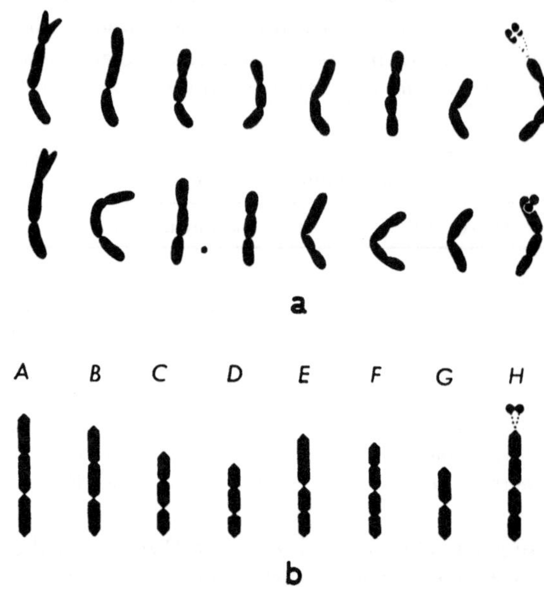

Abb. 78. Chromosomenkomplement der sexuellen *Taraxacum*-Art; *a* die 16 Chromosomen einer Metaphaseplatte in 2 Reihen angeordnet; *b* Idiogramm, jedes Chromosom mit großem Buchstaben bezeichnet (nach SØRENSEN und GUÐJÓNSSON 1946).

Aus dieser Übersicht geht hervor, daß Aberr. *elegans* vorwiegend apospor ist (obwohl gelegentlich auch haploide Embryosäcke ausgebildet werden, wie das Vorkommen einzelner B_{II}-Bastarde zeigt). Die Tendenz zu Sexualität beruht auf der Befruchtungsfähigkeit der unreduzierten Eizellen. Aberr. *tenuis* hingegen ist nur wenig apomeiotisch, wie die B_{II}-Hybriden und Polyhaploiden seiner Nachkommenschaften zeigen. Ob das häufige Vorkommen von B_{II}-Bastarden auf einer erhöhten Tendenz zu Sexualität der reduzierten Eizellen beruht oder eher der Aufspaltung des Gensystems durch die Meiose zuzuschreiben ist, läßt sich nicht mit Sicherheit feststellen. Da Polyhaploide nur von Aberr. *tenuis* ausgebildet werden, ist die zuletzt genannte Alternative wahrscheinlicher. Wenn das wahr ist, dann dürfte angenommen werden, daß das H-Chromosom vorzugsweise Gene für Apomeiose trägt. Möglicherweise liegen dann die Gene für die Parthenogenese vorwiegend auf dem D-Chromosom. Die Differenzen zwischen den *Tenuis*-Aberranten der verschiedenen *Taraxacum*-Arten führen schließlich SØRENSEN (1958), im Gegensatz zu einer früher geäußerten Vermutung (SØRENSEN und GUÐJÓNSSON 1946), zu der Auffassung, daß die H-Chromosomen, die in den verschiedenen *Tenuis*-Aberranten verlorengingen, nicht homolog sind.

Entsprechend müßten die triploiden *Taraxaca* nicht als auto-, sondern als allotriploid betrachtet werden (vgl. dazu auch Gustafsson 1946—1947, S. 130). Diese Auffassung ergibt sich auch aus dem Befund, daß Hybriden zwischen *Tenuis*-Aberranten und triploiden Apomikten im Verhältnis 2 : 1 apomiktisch sind.

Die Befunde Sørensens zeigen jedenfalls erneut, daß die Apomixis vom agamospermen Typus nicht auf einem einzelnen Gen beruht, sondern polygen bedingt ist, und daß daher die Präponderanz totaler oder hochgradiger Apomikten in der Natur einem Ausleseeffekt zuzuschreiben ist, indem Pflanzen mit günstigen Genkombinationen, gleichgültig ob homo- oder heterozygot, bei totaler Apomixis eher erhalten bleiben und sich weiter ausbreiten können.

B. Die phänotypische Kontrolle der Apomixis und die Mechanismen der Agamospermie

Die Kreuzungsexperimente, welche an Apomikten ausgeführt worden sind, haben ergeben, daß die Apomixis genetisch bedingt ist. Gleichzeitig geben sie aber auch Hinweise auf modifizierende Einflüsse der Umwelt. Solche Untersuchungen sind zunächst nur sporadisch durchgeführt worden. Erst in den letzten Jahren hat man begonnen, systematisch nach Faktoren zu suchen, welche die Apomixis zu beeinflussen vermögen (Knox und Heslop-Harrison 1963).

Erste Hinweise auf die phänotypische Kontrolle der Apomixis ergaben sich im Zusammenhang mit der rein beschreibenden Betrachtung der apomiktischen Fortpflanzungsweise. So stellte z. B. Nygren (1946) fest, daß der Teilungstypus der PMZ und EMZ von *Calamagrostis purpurea* vom Alter der Rispen abhängt. Die ersten Rispen des sog. Gällivaraklons (Nygren 1946, S. 182, Tab. 48) wiesen noch relativ normale Meiosen auf; je älter die Rispen waren, d. h. je später sie auftraten, um so mehr nähert sich das Aussehen der RT gewöhnlichen Mitosen, und zwar sowohl in der PMZ wie in der EMZ. Da die Zahl der Rispen vom Wetter abhängt und weil junge Pflanzen nur wenige Rispen ausbilden, kann das Verhältnis von Meiose : Mitose von Jahr zu Jahr variieren. Junge Pflanzen sind mehr meiotisch. Mit diesen Resultaten stehen die Ergebnisse von Kreuzungsversuchen in Übereinstimmung: Von 40 älteren Klonen (mit $2n = 56$) wurden nach Isolierung 673 Nachkommen (Ia^1) ausgebildet, die alle tetraploid waren wie die Eltern, somit vermutlich asexuell entstanden waren. Die ersten Rispen dieser Nachkommen waren z. T. meiotisch und täuschten sexuelle Vermehrung vor. 31 der 673 Nachkommen entwickelten Pollen. Sie wurden isoliert, z. T. auch mit Rispen anderer Pflanzen zusammengebracht und eine neue Generation, Ia^2, aufgebaut. Diese Generation enthielt neben Maternellen auch Aberrante, meist solche mit höheren Chromosomenzahlen. Die Anzahl der Aberranten variierte von Pflanze zu Pflanze, aber z. T. auch von Rispe zu Rispe (Tab. 48). Sie waren aneuploide oder euploide B_{II}- oder auch B_{III}-Bastarde. Nachkommen total apomiktischer *C. purpurea* können aus diesem Grunde partiell sexuell sein. Die Ansicht Nygrens, daß Apomixis eher als Modifikation, denn als dominante oder rezessive, genetische Qualität aufzufassen sei, scheint aber doch etwas überspitzt. Auch bei *C. purpurea* dürfte eine genetische Grundlage vorhanden sein, nur ist ihre Expressivität in relativ hohem Maße äußeren Bedingungen unterworfen.

Nygren führt den Wechsel von apomeiotischer zu meiotischer Teilung zurück auf meioseauslösende Hormone, die bei *C. purpurea* in ungenügender Menge vorhanden sind und daher nur für die ersten Rispen genügen, weshalb die Tendenz zu Mitosen mit zunehmender Anzahl von Rispen immer mehr zunimmt.

Tab. 48. *Meiotische und mitotische Teilungstypen von PMZ und EMZ von Calamagrostis purpurea während verschiedener Zeiten der Vegetationsperiode* (nach Nygren 1946).

Datum Fixierung	Fix. Nr.	PMZ		EMZ		Zahl der Blüten mit Pollen		Zahl der	
		Meiose %	Mitose %	Meiose %	Mitose %	Total	%	EMZ	PMZ
8, 9/6	135, 163	100	0	100	0	506	100	27	6666
22/6	269, 270	30,8	69,2	45,5	54,5	344	46,0	66	2672
22/6	244	8,2	91,8	71,4	28,6	134	1,5	7	122
22/6	271, 272	7,1	92,9	33,3	66,7	67	18,0	12	1191
22/6	273, 274	0	100	29,4	70,6	109	1,8	17	359
22/6	279	0	100	27,5	72,5	402	0,5	80	5042

Modifikationen bei demselben Individuum, diesmal sogar innerhalb derselben Infloreszenz, sind von Böcher (1951) auch für *Arabis holoboellii* gefunden worden. Es ist schon früher (S. 103) darauf hingewiesen worden, daß apomiktische Rassen dieser Art in bezug auf die Pollenentwicklung sehr labil sind, indem Pollenkörner aus Tetraden-, Dyaden- oder Monadenzellen hervorgehen können, wozu dann noch eine Variabilität hinsichtlich der Größe der PMZ kommt. Zwischen Pollengröße und Syndeseverhältnissen der homologen Chromosomen bestehen dabei klare Beziehungen: Normale Syndese führt zur Ausbildung von Tetraden, Asyndese zu Dyaden oder Monaden.

Eine entsprechende Variation herrscht auf der weiblichen Seite und macht sich dort vor allem durch Differenzen im Samengehalt der Schoten bemerkbar. So konnten z. B. Infloreszenzen (Trauben) gefunden werden, deren Spitzenblüten steril waren, oder die Sterilität betraf die Basis, die ganze Infloreszenz oder auch die ganze Pflanze. Böcher führt diese Variationen wie Nygren zurück auf hormonale Einflüsse. Zur Erzeugung pseudogamer Samen ist eine bestimmte Menge von Hormonen erforderlich. Zu hohe, aber auch zu kleine Dosen Hormon führen zu Entwicklungsstörungen. Daß hormonale Faktoren im Spiele sind, geht nach Böcher aus dem Befund hervor, daß syndetische und asyndetische Entwicklung nebeneinander vorkommen. Andererseits sind auch genetische Faktoren anzunehmen: Triploide könnten ohne diese Basis nicht existieren. Vermutlich bewirken die Gene eine bestimmte hormonale Konzentration, welche für das Vorkommen von Apomixis Vorbedingung ist.

Besonders eingehend sind vivipare Gräser in bezug auf die phänotypische Kontrolle der Fortpflanzung untersucht worden. Obwohl wir die Viviparie nicht zur Apomixis rechnen, sollen in diesem Zusammenhang doch auch Angaben über die phänotypische Kontrolle dieses Fortpflanzungsmodus kurz besprochen werden. Sie können als Modellversuch zu den Bemühungen aufgefaßt werden, die phänotypische Kontrolle der agamospermen Arten abzuklären. Zuerst wurde lediglich durch Verpflanzung viviparer Gräser aus nördlichen Gebieten in südlichere Breitengrade versucht, Aufschlüsse über die wichtigsten Faktoren zu erhalten. LAWRENCE (1945) verpflanzte nichtvivipare Individuen von *Deschampsia caespitosa* aus Skandinavien nach Kalifornien. Sie wurden unter den neuen Kulturbedingungen, die unter anderem in einer Verkürzung der Tagesdauer bestanden, vivipar. Zu gleichen Resultaten führte die Transplantation einiger Individuen von *Deschampsia caespitosa* von Abisko (68° N) nach Uppsala (60° N) mit acht Stunden Tageslänge (NYGREN 1949b). Es schien aus diesen Experimenten hervorzugehen, daß der entscheidende modifizierende Faktor im Lichtregime liegt. Daß die Verhältnisse aber doch etwas komplizierter sein müssen, hat dann SCHWARZENBACH (1956) für eine grönländische Rasse von *Poa alpina* L. gezeigt. Transplantation von Individuen von Scoresbysund an der Ostküste Grönlands (70° 25′ N) nach Zürich (47° N) hatte verschiedene Wirkungen. Manche Pflanzen verharrten im vegetativen Zustand, sieben Versuchspflanzen blieben vivipar, bei vier Pflanzen wurden Rispen mit vereinzelten Ährchen ausgebildet, die nur teilweise verlaubt waren, und eine Pflanze entwickelte nur Blüten. Versuchsreihen an Pflanzen, die aus Bulbillen aufgezogen worden waren, zeigten, daß im Frühling und Herbst blütentragende Schosse ausgebildet wurden, während im Sommer Bulbillen entstanden. Diese Resultate deuten darauf hin, daß dem Lichtregime große Bedeutung zukommt. Nach SCHWARZENBACH ist aber die Belichtungsdauer nicht der einzige Faktor, der die Bulbillenbildung kontrolliert. Bulbillenbildung trat in seinen Versuchen nur dann auf, wenn die Pflanzen vor dem Schossen niederer Temperatur ausgesetzt worden waren. Es wirken also zwei Faktoren zusammen: niedere Temperatur und Langtagsbedingung sind notwendig, um die Bulbillenbildung auszulösen.

Deutliche Hinweise auf die Abhängigkeit der Agamospermie vom Milieu (Aposporie verbunden mit Pseudogamie) wurden von GRAZI, UMAERUS und ÅKERBERG (1961) beim sog. Tylkingklon von *Poa pratensis* gefunden. Bei diesem Klon existiert ein offenbar ziemlich labiles Gleichgewicht zwischen aposporen und sexuellen Zellen (EMZ in verschiedenen Stadien der Entwicklung). Rispen, die sich im Warmhaus entwickelt hatten, zeigten eine höhere Tendenz zu sexuellem Verhalten als Freilandpflanzen. Die Autoren sind der Meinung, daß zwischen aposporen und sexuellen Zellen im Verlaufe der Embryosackentwicklung ein Wettbewerb besteht, der durch Milieufaktoren leicht beeinflußt werden kann.

NYGREN und ALMGÅRD (1962) andererseits fanden in Experimenten, welche bei bekannter Temperatur und Luftfeuchtigkeit im Phytotron ausgeführt worden waren, daß Langtagsbedingungen (16 Stunden Tageslicht) bei *Poa bulbosa* Blütenbildung auslöst in Schossen, die erst nach der Behandlung entstanden. Die Resultate können aber durch Veränderungen der Temperatur und des Feuchtigkeitsgehaltes noch modifiziert werden: höhere Temperatur, gekoppelt mit höherem Feuchtigkeitsgehalt, fördern die Bulbillenbildung.

Für agamosperme Apomikten existieren physiologische Experimente, die unter kontrollierten Bedingungen durchgeführt wurden, nur in geringer Anzahl. Bemerkenswert ist in diesem Zusammenhang vor allem die Arbeit von

Knox und Heslop-Harrison (1963). Als Versuchspflanze wurde *Dichanthium aristatum* verwendet. *D. aristatum* gehört zu der weiter oben beschriebenen Gruppe von Gramineen mit *Panicum*-Typus der Embryosackentwicklung, der

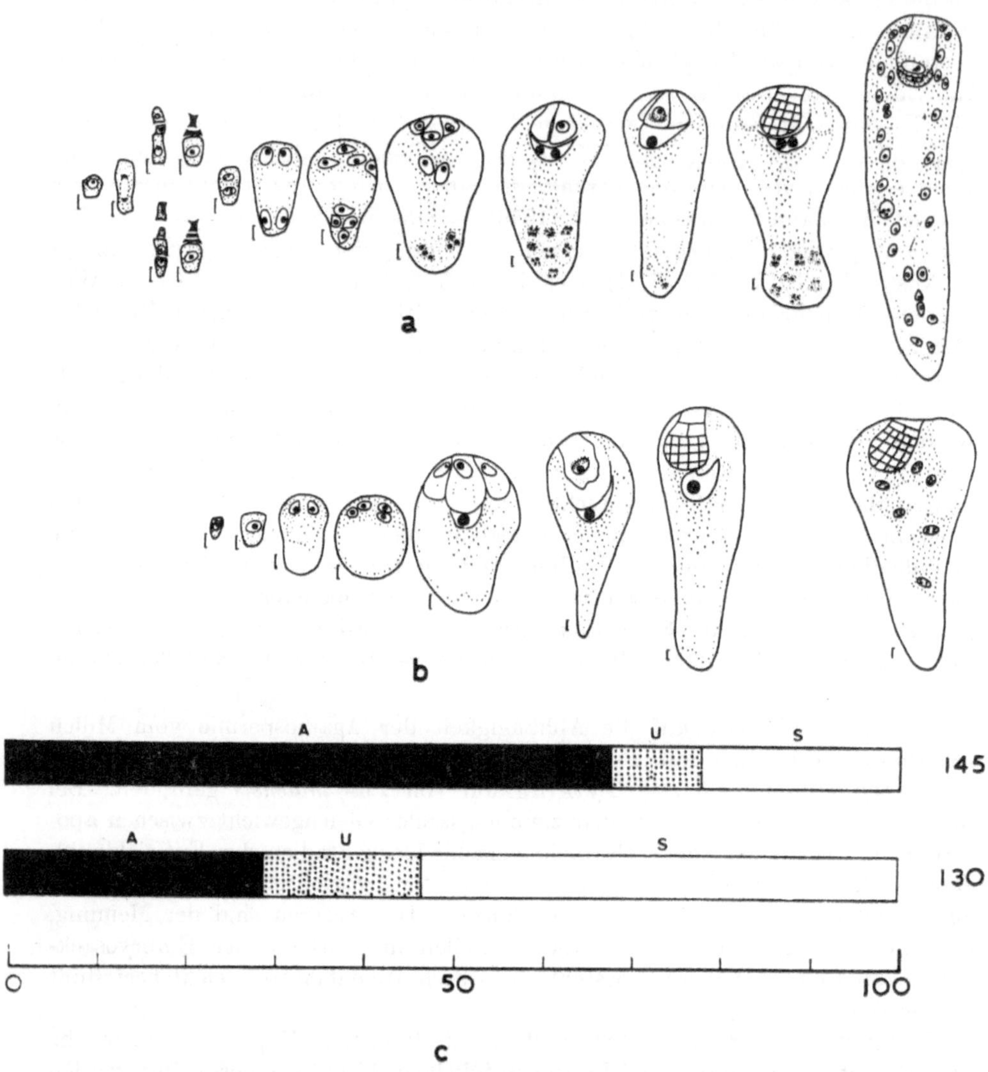

Abb. 79. Die phänotypische Kontrolle der Agamospermie; *a* Entwicklung eines sexuellen Embryosackes; *b* Entwicklung eines aposporen Embryosackes (*Panicum*-Typus); *c* Einfluß des Lichtregimes auf die relative Anzahl aposporer (*A*), sexueller (*S*) und nicht bestimmbarer (*U*) Embryosäcke, oben: kontinuierlicher Kurztag, unten: minimale Induktion (nach Knox und Heslop-Harrison 1963).

dadurch charakterisiert ist, daß an Stelle eines normalen achtkernigen Embryosackes, der aus einer EMZ im Anschluß an eine RT hervorgeht, ein aposporer Embryosack ausgebildet wird, der sich in folgenden Eigenschaften vom normalen Embryosack unterscheidet (vgl. dazu Abb. 79*a*, *b*):

	Sexuelle Embryosäcke	Apospore Embryosäcke
Anzahl Vierergruppen	2	1
Polarisation	bipolar	monopolar
Anzahl Polkerne	2	1
Anzahl Antipoden	3—∞	0
Anzahl Kerne	8—∞	4

Ferner sind auch Größenunterschiede vorhanden.

D. aristatum ist partiell apomiktisch, d. h. produziert Embryosäcke vom sexuellen und aposporen Typus. Die relative Anzahl der beiden Embryosacktypen gibt ein gutes Maß für die Tendenz zu Apomixis bzw. Sexualität.

Individuen von *D. aristatum* wurden folgenden Behandlungen unterworfen: Die Versuchspflanzen wurden unter Langtagsbedingungen (LD) aus Samen aufgezogen, bis sie nach 135 Tagen acht bis neun Blätter ausgebildet hatten. Dann wurden sie in Gruppen von vier Individuen aufgeteilt und 5, 10, 20, 40 bzw. 60 Tage Kurztagsbedingungen (SD) ausgesetzt. Eine weitere Gruppe wurde vom 135. Tage an dauernd unter SD-Einfluß aufgezogen. Blüten wurden nur von Pflanzen ausgebildet, die mehr als 40 Tage den SD-Bedingungen ausgesetzt waren. Embryologische Untersuchungen wurden durchgeführt an Pflanzen der 40 SD- und der kontinuierlichen SD-Gruppe. Drei Klassen von Blüten wurden unterschieden:

A mit aposporer Embryosackentwicklung,
S mit sexueller Embryosackentwicklung,
U deren Embryosack nicht klassifiziert werden konnte.

Wie Abb. 79*c* zeigt, beträgt die Tendenz zu Aposporie (A-Klasse), d. h. die mittlere Anzahl aposporer Embryosäcke, im 40-SD-Versuch 1,17 ± 0,09, im kontinuierlichen Versuch 1,54 ± 0,24. Die Differenz ist auch dann signifikant, wenn die U-Klasse zur A- oder S-Klasse zugezählt wird. Die Tendenz zu Aposporie hängt also eindeutig vom Lichtregime ab, wobei aber noch nicht gesagt werden kann, ob der totale Lichtkonsum (der in den beiden Versuchsreihen verschieden ist) oder Photoperiodizität im engeren Sinne ausschlaggebend ist. Ob auch andere Faktoren modifizierend auf die Tendenz zu Aposporie einwirken und eventuell das Ergebnis der photoperiodischen Versuche verändern, ist noch nicht bekannt.

Während in den oben besprochenen Versuchen die Alternative sexuelle — apospore Embryosäcke analysiert wurde, wobei vermutlich die Außenfaktoren lediglich in den Wettbewerb zwischen Zellen verschiedener Entwicklungstendenz eingreifen, haben Gustafsson und Nygren (1946) versucht, auch das labile Gleichgewichtssystem zwischen meiotischer und mitotischer Entwicklungstendenz derselben Zelle durch Außenfaktoren zu beeinflussen. Nachdem Gentcheff und Gustafsson (1940a) ein apomiktisches Individuum von *Hieracium robustum* gefunden hatten, das zur Zeit der Fixierung im Freien keinen Pollen produziert hatte, eine Beobachtung, die 1942 bestätigt werden konnte (Abb. 80), ergab sich, daß im Treibhaus aufgezogene Exemplare in einer Fixierung in jedem alten Pollensack Pollen enthielten; jüngere Antheren zeigten Dyaden, Tetraden und Polyaden. Eine zweite Fixierung wies in manchen Antheren Überreste degenerierter PMZ auf. Damit lag die Vermutung nahe, daß bei diesen Apomikten

Pollenbildung temperaturbedingt sei. Cytologische Untersuchungen ergaben, daß bei den im Garten gehaltenen Pflanzen und bei Individuen, die einer Temperatur von 5 bis 6° C ausgesetzt waren, die Meiose in eine Mitose umgewandelt ist. Schon die Prophase hat ein typisch mitotisches Aussehen mit langen, dünnen Chromosomen. Sie stellen sich in der Metaphase in die Äquatorialebene ein und werden halbiert und die Chromatiden auf die beiden Pole verteilt. Eine zweite Teilung findet nicht statt. Gewöhnlich degenerieren die PMZ im Telophasestadium oder auch später, und es wird deshalb kein Pollen ausgebildet. Pflanzen, die bei hohen Temperaturen (24—26° C) gehalten wurden, zeigen dagegen meiotisch verkürzte Chromosomen und z. T. auch Bivalente, die in der Anaphase I verteilt werden oder seltener Restitutionskerne ausbilden. In diesem Fall kann die Pollenentwicklung durchgeführt werden. Zwischen mitotischen und meiotischen Teilungen sind alle Übergänge vorhanden. Der Wechsel von meiotischer zu mitotischer Teilung ist dabei stets begleitet von einem verfrühten Beginn der Prophase (gemessen am Wachstum der PMZ, der Tapetumentwicklung, dem Alter und der Größe der Blüten).

Untersuchungen dieser Art führen natürlich von selbst zur Frage nach den Mechanismen, welche durch die Apomixisgene ermöglicht und die durch Außenfaktoren, wie Lichtregime und Temperatur, modifiziert werden können. Dieses Problem ist vor allem von Gustafsson und seinen Mitarbeitern (Gustafsson 1935, 1942a, Gentcheff und Gustafsson 1940a, Gustafsson und Nygren 1946) sehr eingehend diskutiert worden, und zwar in Kontroverse zu Darlingtons Precocity-Theorie (Darlington 1931a, b, 1937). Darlington führte die Degeneration der Meiose apomiktischer Pflanzen in einem ersten Stadium auf Bastardierungssymptome zurück: Die Paarung homologer Chromosomen findet im Pachytän statt, geht dann aber in der Metaphase I wegen der Nichtausbildung von Chiasmata zurück. In mehr fortgeschrittenen Stadien, z. B. beim *Pseudo-illyricum*-Typus, wo selbst die Pachytänpaarung unterdrückt ist, ein Phänomen, das für Hybriden nicht charakteristisch ist, leitet er die Degeneration davon ab, daß die Bedingungen, welche erfüllt sein müssen, damit eine Meiose ablaufen kann (precocity), nicht mehr eingehalten werden. Dies kann nach Darlington auf zwei Arten geschehen:

1. Die Teilung der Chromosomen ist relativ beschleunigt oder
2. der Beginn der Prophase ist relativ verspätet.

In beiden Fällen erscheinen die Chromosomen im Leptotän als Doppelstrukturen und ziehen sich deshalb nicht mehr an (Darlington 1937, S. 473).

Diese Hypothese wurde von Gustafsson, vor allem mit dem Hinweis auf die sehr stark verspätete erste Teilung der EMZ von *Antennaria*, angegriffen und durch eine andere Annahme ersetzt. Nach Gustafsson (1939a, b) können meiotisch disponierte Kerne die sexuelle Entwicklung nur überwinden durch Verschiebung der Wachstums- und Hydratationsperiode von der Prophase zum Ruhestadium. Für die Einleitung einer Mitose ist ein Minimum an Hydratation nötig. In der Tat kann man beobachten, daß bei Pflanzen mit *Antennaria*-Typus der ersten Teilung des Kerns ein beträchtliches Zell- und Kernwachstum vorausgeht, das von Vakuolenbildung im Plasma begleitet ist. Es ist indessen schon in einem früheren Kapitel (S. 38) darauf hingewiesen worden, daß diese Interpretation der Embryosackentwicklung nicht stichhaltig zu sein braucht. Die Beobachtung eines ephemeren und abnormen Prophasestadiums in der nicht ausgewachsenen EMZ kann als Versuch zu einer Meiose aufgefaßt werden, die

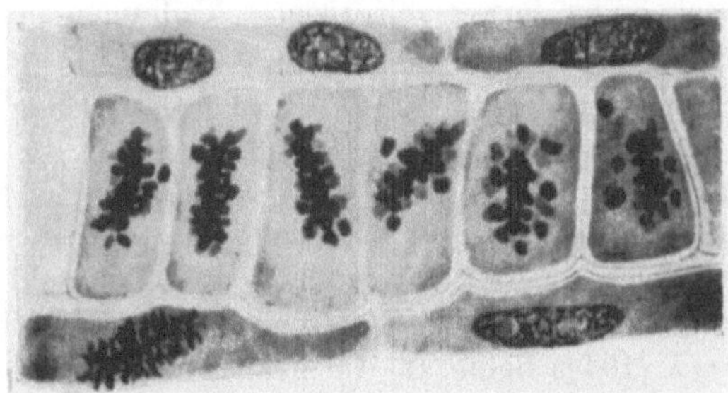

a

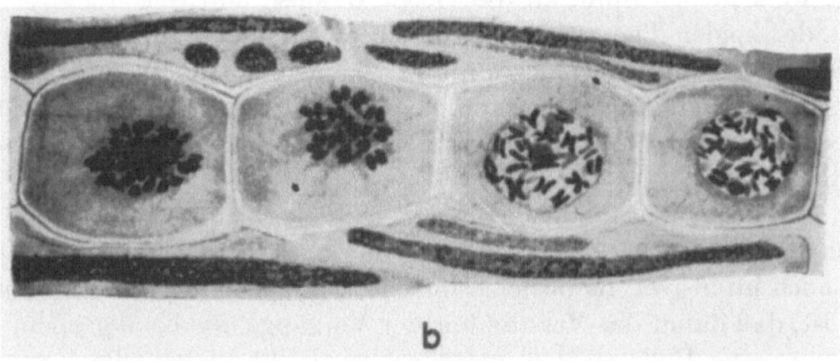

b

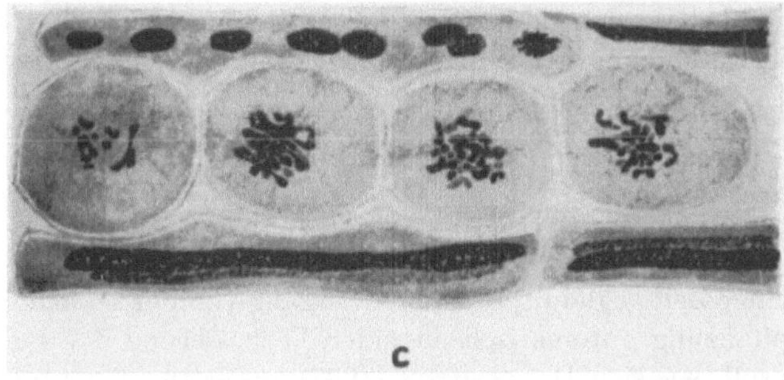

c

Abb. 80. Meiose in den PMZ der diplo-parthenogenetischen *Hieracium*-Art *H. robustum*; *a* Teilungstypus 1: semiheterotype Metaphasen, Tapetumzellen einkernig; *b* Teilungstypus 2: semiheterotype Metaphasen und Interkinesestadien, Tapetumzellen mehrkernig, Kerne z. T. lang ausgezogen; *c* Teilungstypus 3: PMZ abgerundet, Teilungen zeigen Bivalente, Tapetumzellen sind mehrkernig (stark ausgewachsen) (nach GENTCHEFF und GUSTAFSSON 1940a).

schon im Prophasestadium völlig unterdrückt wird. Die erste Teilung der ausgewachsenen EMZ kann dann als erster Teilungsschritt der Embryosackentwicklung betrachtet werden, die als echte Mitose abläuft. Auch GUSTAFSSON hat in späteren Arbeiten (GUSTAFSSON und NYGREN 1946) die Entwicklung des weiblichen Gametophyten von *Antennaria* nicht mehr als Paradestück für die Richtigkeit seiner Ansicht betrachtet. Er schreibt (l. c. S. 10): ,,Surveying all the facts, we must admit that the ‚vacuolization-mitosis' alone cannot at present decide for or against the precocity-theory."

Dagegen sind seiner Meinung nach die bei *Hieracium robustum* und anderen Hieracien gemachten Erfahrungen sehr wohl geeignet, die Hydratationstheorie zu beweisen. Mitotische oder besser mitotisierte Teilungen der PMZ beginnen immer mit verfrühten Prophasen und nicht, wie nach der Precocity-Theorie DARLINGTONS zu erwarten wäre, mit verspäteten Prophasen. Dies ist auch für *Hieracium lapponicum* (GUSTAFSSON 1935) und *H. umbellatum* (f. *apomicta*) von GENTCHEFF (1941) nachgewiesen worden. Die Bestimmung des Zeitpunktes des Prophaseeintritts wird nach verschiedenen Kriterien beurteilt, die meist nicht die Zelle betreffen, deren Teilungstypus untersucht wird: Entwicklungsstadium des Tapetums (Abb. 80*a*—*c*), Größe der PMZ, Alter und Größe der Blüte. Es erhebt sich daher, wie OKSALA (1944) bemerkt, die Frage, ob damit das Zeitverhältnis der chromosomalen und extrachromosomalen Entwicklungszyklen der gleichen Zelle erfaßt wird.

Es hat wohl keinen Sinn, all die vielen Beweise und Gegenbeweise für und gegen eine der beiden Theorien aufzuzählen, da uns heute Mittel zur Verfügung stehen, die eher geeignet erscheinen, die Frage nach den Bedingungen der Mitose und Meiose, besonders auch ihres zeitlichen Ablaufs zu bestimmen, und welche die Auffassungen über die Replikation der Chromosomen seither wesentlich geändert haben.

Damit soll die Bedeutung des Problems nicht verkleinert werden. Im Gegenteil ist uns daran gelegen zu betonen, daß die physiologische Seite des Apomixisproblems noch intensiver als bisher erforscht werden sollte. Dies nicht nur, weil zu hoffen ist, daß damit das Verständnis der Vorgänge, die bei der apomiktischen Fortpflanzung eine Rolle spielen, gefördert wird. Physiologische Versuche, wie sie z. B. von KNOX und HESLOP-HARRISON (1963) oder GUSTAFSSON und NYGREN (1946) durchgeführt worden sind, tragen wesentlich auch dazu bei, die Evolution und damit die Entstehung der riesigen Formenfülle der Apomikten aufzuhellen.

VI. Fertilität und Apomixis

1. Einleitung

Man hat lange Zeit geglaubt, daß der Übergang von der sexuellen zur apomiktischen Fortpflanzung automatisch zu einer Verbesserung der Fertilität führe; die Apomixis soll, wie sich DARLINGTON (1937) ausgedrückt hat, ein Ausweg aus der Sterilität sein (die z. B. durch Autoploidie verursacht wird). Die Bestimmung der Pollenfertilität apomiktischer Blütenpflanzen schien dieser Auffassung recht zu geben: die meisten Apomikten entwickeln weniger morphologisch normale Pollenkörner als verwandte sexuelle Formen. Die diploid sexuelle Kleinart *Ranunculus cassubicifolius* z. B. hat bis 100% normalen Pollen, die nahe verwandten apomiktischen, tetraploiden *Auricomi* nur noch 30—65% (HÄFLIGER 1943), nach RUTISHAUSER (1965) 28—51% (für *R. megacarpus*). Viele Apomikten bilden überhaupt keine funktionsfähigen Pollenkörner mehr aus (vgl. Kapitel über die männliche Meiose). Nun ist allerdings die Pollenfertilität für den Samenansatz vieler Apomikten, nämlich der diploid parthenogenetischen Arten, ohne jede Bedeutung und kann daher als Maß für die Fertilität nicht verwendet werden (dagegen ist sie oft wichtig als Maß für die Degeneration der männlichen Meiose).

Merkwürdigerweise ist die Samenfertilität der Apomikten, auf die es ja in erster Linie ankommt, nur selten untersucht worden. Die wenigen Angaben, die darüber existieren, lassen aber keine Zweifel darüber aufkommen, daß die Apomikten dem gleichen System von Sterilitätsfaktoren unterworfen sein könnten wie die Sexuellen. Samen-Inkompatibilität[1] konnte nachgewiesen werden, und es ist nicht ausgeschlossen, daß auch Pollen-Inkompatibilität eine Rolle spielt. Nach GERSTEL und MISHANEC (1950) ist *Parthenium argentatum* selbst-inkompatibel. Es ist klar, daß in dieser Beziehung zwischen den pseudogamen und den diploid parthenogenetischen Arten Differenzen bestehen müssen. Die Besprechung der Samenfertilität der Apomikten wird sich daher in zwei Abschnitte gliedern.

2. Die Samenfertilität der pseudogamen Apomikten

Daß Samen-Inkompatibilität auch bei Pseudogamen vorkommen kann, ist besonders eingehend für pseudogame Kleinarten von *Ranunculus auricomus* nachgewiesen worden (RUTISHAUSER 1954a, b, 1965). Kreuzungen vom 4x × 4x-Typus ergaben stets gute Fruchtansätze. Es können zwei Fruchttypen nachgewiesen werden, taube, die sehr kleine, keimungsunfähige Samen enthalten, und fertile mit wohlausgebildeten Samen (Tab. 49). Der Ansatz fertiler Früchte variiert bei Selbstungen der fünf analysierten pseudogamen Kleinarten zwischen 12,6 und 42,5%, hängt aber in 4x × 4x-Kreuzungen nur wenig von der Pollenpflanze ab. Wird aber Pollen der diploiden Kleinart, *R. cassubicifolius* (2n = 16), verwendet (4x × 2x-Kreuzung), dann ändert sich das Bild wesentlich. Der Prozentsatz fertiler Früchte sinkt auf 0%, mit Ausnahme von *R. megacarpus* mit 9,8%, während die Prozentsätze der tauben Früchte sehr stark ansteigen. Die Summe beider Fruchttypen bleibt ungefähr erhalten. Embryologische und cytologische Untersuchungen von Früchten beider Bestäubungskombinationen zeigen, daß die Endosperme der 4x × 2x-Kreuzungen hinter den 4x × 4x-Endospermen zurückbleiben, früher zellulär werden und schließlich degenerieren. Diese Ergebnisse stimmen sehr gut mit den Angaben überein, die von HÅKANSSON und ELLERSTRÖM (1950) für Kreuzungen zwischen tetra- und diploiden *Secale*-Rassen angegeben worden sind. Es ist daher sehr wahrscheinlich, daß auch bei den *Ranunculus*-Arten Samen-Inkompatibilität vorkommt (VALENTINE 1960). Die Cytologie der Endosperme von 4x × 4x- und 4x × 2x-Kreuzungen zeigt allerdings nicht die extremen Unterschiede, wie sie bei sexuellen Arten mit Samen-Inkompatibilität gefunden wurden. In 4x × 2x-Kreuzungen findet doppelte Befruchtung der beiden unreduzierten Polkerne statt, so daß dekaploide Chromosomenzahlen (2n = 80) entstehen; in 4x × 4x-Kreuzungen wird die Zentralzelle einfach oder doppelt befruchtet, was zu Chromosomenzahlen von 2n = 80 bis 2n = 96 (deka- und dodekaploid) führt. Es wird daher angenommen, daß nicht allein quantitative, sondern quantitative verbunden mit qualitativen Unterschieden des Endosperms der beiden Kreuzungskombinationen

[1] Der Ausdruck „Samen-Inkompatibilität“ (VALENTINE 1960) wird hier für alle jene Sterilitätserscheinungen gebraucht, die sich erst nach der Befruchtung durch Entwicklungsstörungen der am Aufbau des Samens beteiligten Gewebe einstellen.

für die Differenzen maßgebend sind. Dafür spricht auch der Befund, daß die Kreuzung zwischen *R. megacarpus* (einer nahen Verwandten von *R. cassubicifolius*) und *R. cassubicifolius* einen besseren Samenansatz ergeben hat.

Die Resultate von Kreuzungsversuchen an *Auricomi*, die aus der freien Natur stammen, wurden ergänzt durch Fertilitätsuntersuchungen, die an experimentell

Tab. 49. *Frucht- und Samenansatz von Ranunculus auricomus L.* (nach Rutishauser 1954).

Samenpflanze	Pollenpflanze	Zahl der		Zahl der Früchte		Ansatz in %	
		Blüten	Fruchtknoten	gute	taube	gute	taube
Puberulus	*Puberulus*	17	654	139	212	21,2	32,4
	Argoviensis	7	284	55	48	19,4	16,9
	Grossidens	2	74	18	13	24,3	17,6
	Megacarpus	13	484	79	98	16,3	20,3
	Cassubicifolius dipl.	20	593	0	325	0	54,8
	Ran. acer	8	kein Ansatz				
	Ran. bulbosus	4	kein Ansatz				
	Caltha palustris	7	kein Ansatz				
	Trollius europaeus	6	kein Ansatz				
Argoviensis	*Argoviensis*	4	88	22	9	25,0	10,2
	Puberulus	6	160	40	30	25,0	18,8
	Cassubicifolius dipl.	5	115	0	41	0	35,7
Fragifer	*Fragifer*	13	949	120	263	12,6	27,7
	Puberulus	5	406	57	75	14,0	18,5
	Argoviensis	7	588	105	115	17,9	19,6
	Cassubicifolius dipl.	3	266	0	163	0	61,3
Laeteviridis	*Laeteviridis*	9	393	167	40	42,5	10,2
	Puberulus	5	238	45	35	18,9	14,7
	Argoviensis	3	96	28	15	29,2	15,6
Megacarpus	*Megacarpus*	6	192	75	58	39,1	30,2
	Puberulus	1	30	7	6	23,3	20,0
	Cassubicifolius dipl.	5	193	19	100	9,8	51,8
Cassubicifolius dipl.	*Cassubicifolius* dipl.	18	716	126	57	17,8	8,0
	Puberulus	7	281	51	96	18,1	34,2
	Argoviensis	6	189	22	66	11,6	34,9

hergestellten triploiden Bastarden der Kombination $2x \times 4x$ ausgeführt worden sind (Rutishauser 1965). Sie zeigen, daß der Samenansatz sowohl in Selbstungen wie auch in Rückkreuzungen mit den Elternarten sehr stark absinkt, und das, obwohl die triploiden F_1-Pflanzen hochgradig pseudogam sind. Triploide Apomikten mit pseudogamer Vermehrung verhalten sich in dieser Hinsicht nicht wesentlich anders als sexuelle Triploide. Bei den *Auricomi* kann daher Apomixis kein Ausweg aus der Sterilität sein. Bei pseudogamen Apomikten bleiben vielmehr, wie oben schon angetönt, die Sterilitätsmechanismen der sexuellen Verwandten erhalten.

Ähnliche Ergebnisse, allerdings nicht begleitet von cytologischen Untersuchungen, sind auch an pseudogamen Arten der Gattung *Potentilla* erzielt worden (Rutishauser 1948). Auch bei den Potentillen waren die Artbastarde weniger samenfertil als die Elternpflanzen, wobei ferner Differenzen zwischen den beiden Rückkreuzungskombinationen festgestellt werden konnten (Tab. 50).

Tab. 50. *Der Einfluß der Bestäubungskombination auf den Samenansatz von Potentilla canescens und der Canescens-Bastarde* (nach Rutishauser 1948).

Samenpflanze	2n	Pollenpflanze	2n	Anzahl Fruchtknoten	Anzahl Achänen		
					total	in %	Diff.
P. canescens	42	*P. canescens*	42	836	283	33,8	
							0,3
	42	*P. argentea*	42	633	212	33,5	13,0
	42	*P. verna* 3	42	804	167	20,8	
P. canescens × *argentea* 44/94,21	63	*P. canescens*	42	175	17	9,7	
							10,9
		P. argentea	42	262	54	20,6	
P. canescens × *verna* 3/10 42/26,9	41	*P. canescens*	42	747	7	0,9	
							6,2
		P. verna 3	42	197	14	7,1	17,5
		P. verna 10	42	343	63	18,4	

3. Die Samenfertilität der diploid parthenogenetischen Apomikten

Diploid parthenogenetische Arten sind unabhängig von der Bestäubungskombination, zeigen aber, wie Gustafsson (1935) für *Hieracium* nachwies, z. T. ein beträchtliches Ausmaß an Samensterilität. Es werden viele leere Früchte ausgebildet (Parthenokarpie). Gustafsson führte diese Erscheinung auf ein gestörtes Gleichgewicht zwischen Embryo- und Perikarpentwicklung zurück. Die Embryonen haben, wenn das Perikarp ausgewachsen ist, das Reifestadium noch nicht erreicht, ein Vorgang, der auf die Unregelmäßigkeiten in bezug auf den Zeitpunkt der somatischen Teilungen der EMZ zurückgeht.

Überhaupt scheinen die Entwicklungsgeschwindigkeiten des Embryos, des Endosperms und der Testa bei autonomen Apomikten nicht so sorgfältig aufeinander abgestimmt zu sein, wie das bei sexuellen Arten der Fall ist. So haben Cooper und Brink (1949) gezeigt, daß die Embryoentwicklung beim sexuellen diploiden *Taraxacum kok-saghyz* von der Entwicklung des Endosperms abhängig ist, indem einem bestimmten Entwicklungszustand des Embryos immer ein bestimmter Teilungszyklus des Endosperms zugeordnet ist (S. 143). Zu einzelligem Endosperm gehört zudem immer eine ungeteilte Eizelle. Bei *Taraxacum officinale* hingegen beginnt die Embryoentwicklung stets vor derjenigen des Endosperms. Einem bestimmten Teilungszyklus des Endosperms können Embryonen verschiedener Zellzahlen zugeordnet sein, zweizelligem Endosperm z. B. Embryonen mit 1 bis 128 Zellen! Es ist klar, daß ein solcher Mangel an Koordination zu Störungen der Samenentwicklung führen kann (obwohl gerade bei *T. officinale* taube Samen selbst in kastrierten Blütenkörbchen relativ selten sind).

VII. Die Evolution der Apomikten

Schon in der Einleitung zu dieser Arbeit ist darauf hingewiesen worden, daß die Apomikten paradoxerweise oft durch eine überwältigende Formenfülle ausgezeichnet sind, wo doch wegen des Fehlens der Meiose und der Befruchtung das Gegenteil erwartet werden müßte. Nicht von vornherein verständlich ist ferner jene andere Eigenschaft der Apomikten, die zu so vielen Diskussionen und Irrtümern Anlaß gegeben hat: ihr Bastardcharakter, der sich vor allem im Verhalten der Meiosen, soweit sie nicht genetisch verändert worden sind, ausdrückt. Beide Befunde deuten darauf hin, daß die Apomikten entweder vor oder nach der Etablierung der Apomixis intensiv variiert haben. Die Analysen der letzten Jahrzehnte haben zu der nun wohl allgemein anerkannten Auffassung geführt, daß die Apomikten ihr Variabilitätsvermögen mindestens teilweise beibehalten haben, daß sie noch heute, nachdem sich die Apomixis durchgesetzt hat, in der Lage sind, neue genetische Varianten auszubilden, in mancher Hinsicht, z. B. was die Fähigkeit zur Ausbildung polyploider Formen anbetrifft, sogar die sexuellen Arten übertreffen. In diesem Kapitel sollen lediglich die Mechanismen zusammengestellt werden, derer sich die Apomikten bedienen, um neue Varianten auszubilden.

A. Autosegregation

Unter der Bezeichnung „Autosegregation" versteht GUSTAFSSON (1943) Änderungen oder Rekombinationen des Genotypus von Eizellen, die sich ohne Befruchtung entwickeln. Sie können verschiedenen Ursprung haben, echte Punktmutationen, Gewinn oder Verlust einzelner Chromosomen, oder herrühren von Austauschvorgängen in der Prophase von Restitutionskernen. Ihre Entstehung läßt sich nur durch kombinierte cytogenetische Untersuchungen feststellen.

Als „apogame Mutanten" sind die aberranten Nachkommen bezeichnet worden, die OSTENFELD (1921) in Nachkommenschaften von *Archieracien*, *Hieracium rigidum*, aus Samen kastrierter Blütenkörbchen erhalten hat. Sie sind relativ selten ($< 1\%$, nämlich fünf von insgesamt 1258 Tochterpflanzen) und erwiesen sich als völlig konstant. Die beiden genetisch genauer untersuchten Aberranten wurden als β- bzw. γ-Form bezeichnet. OSTENFELD (1921, S. 120) schließt aus seinen Ergebnissen: „My experiments show that it is possible to produce new forms apogamically from constant apogamic forms of *Archieracium*, these new forms being themselves apogamic and at once constant." Er glaubt, daß die Kleinarten der Archieracien auf diese Weise entstehen und führt zum Beweis ihren Verbreitungstypus an, der für ein junges Alter dieser Mikrospezies spricht. Die genetischen Untersuchungen OSTENFELDs waren leider nicht von cytologischen Analysen begleitet, so daß die Entstehungsgeschichte seiner „apogamen Mutanten" nicht bekannt ist.

Schon vor OSTENFELD sind aberrante Formen auch bei total pseudogamen *Rubus*-Arten gefunden (LIDFORSS 1914) und von GUSTAFSSON (1943) genauer untersucht worden. Weitere Fälle von Autosegregation wurden auch für andere pseudogame Arten der Gattung *Rubus* nachgewiesen, z. B. für *Rubus laciniatus* (DARROW und WALDO 1933) und *R. vitifolius* (CRANE und THOMAS 1939, CRANE 1940a). Die Entstehung der seltenen Aberranten ist auch für die *Rubus*-Fälle nicht klar. THOMAS (1940a) hält es für möglich, daß ein von DARLINGTON (1937) beschriebener Mechanismus wirksam sein könnte. Vorausgesetzt, daß Restitutionskernbildung vorkommt, ist Crossing-over möglich, wenn vereinzelt Bivalente gebildet werden. In der bei Restitutionskernbildung meist normal ablaufenden homöotypen Teilung (RT_{II}) werden die Chromatiden getrennt, so daß es zu einer Aufspaltung kommt, ohne daß eine Reduktion der Chromosomenzahl stattfindet (Abb. 81). Voraussetzung für Aufspaltung ohne Reduktion der Chromosomenzahl ist Restitutionskern- und vorausgehend Bivalentbildung. Aposporie

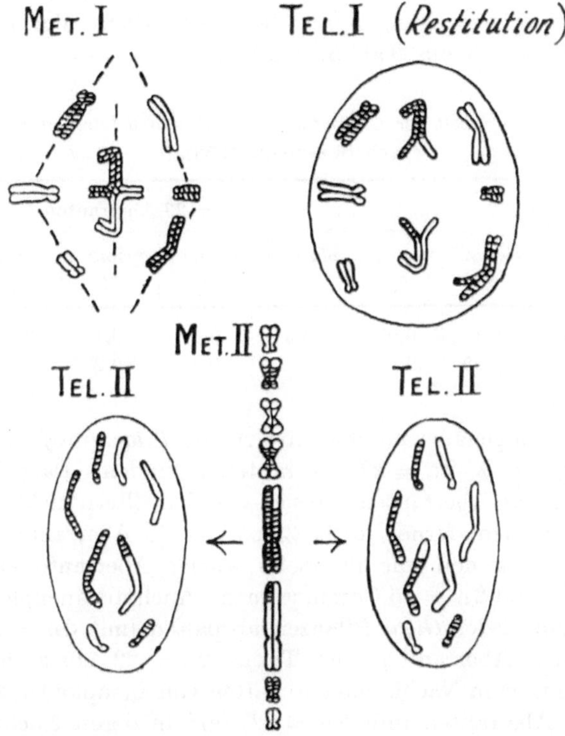

Abb. 81. Schema der Aufspaltungsvorgänge bei Restitutionskernbildung (nach DARLINGTON 1937).

oder Diplosporie, verbunden mit *Antennaria*-Typus der Embryosackentwicklung, wie sie bei den pseudogamen *Rubus*-Arten vorkommen, dürften dagegen kaum günstige Voraussetzungen für Rekombinationsvorgänge darstellen. THOMAS (1940a) stellt fest, daß Restitutionskernbildung bei *Rubus* selten ist und nur in PMZ beobachtet wurde. Auch ein zweiter Mechanismus für die Erklärung von Autosegregation bei *Rubus*, Automixis, d. h. eine Verschmelzung von zwei haploiden Kernen in der Region des Eiapparates, ist nicht geeignet, die Entstehung von Aberrationen zu erklären. Sie müßte zu einer homozygoten Nachkommenschaft führen. Zudem ist Automixis später (CHRISTEN 1950, 1952 und BERGER 1953) nicht mehr gefunden worden. So bleibt wohl nichts anderes übrig, als zuzugeben, daß die Entstehungsgeschichte der bei *Hieracium* und *Rubus* beobachteten Fälle von Autosegregation nicht mehr rekonstruiert werden kann.

Dagegen ist es möglich, über die Entstehung von Aberranten einige Angaben zu machen, die bei diploid parthenogenetischen Arten der Gattung *Taraxacum*, bei *Ranunculus auricomus* und *Erigeron annuus* gefunden wurden. In all diesen Fällen weichen die Aberranten durch Verlust oder Gewinn einzelner Chromosomen von der Mutterpflanze ab. Die Häufigkeit dieses Typus von Autosegregation ist von Sørensen und Gudjónsson (1946) und Sørensen (1958) sehr eingehend für verschiedene apomiktische *Taraxacum*-Arten untersucht worden. Entsprechend der Basiszahl b = 8 wurden bei 13 triploiden *Taraxaca* je acht verschiedene Aberranten gefunden. Sie zeigen bei allen 13 Arten ungefähr die gleichen morphologischen Abweichungen, die somit nur vom Chromosom abhängen, das bei ihrer Bildung verlorengegangen ist (Sørensen 1958). Vgl. Tab. 47 (S. 197). Ihre Häufigkeit läßt sich aus Tab. 51 ersehen:

Tab. 51. *Prozentuale Häufigkeit der Chromosomenaberranten bei triploiden Taraxaca* (nach Sørensen 1958).

Art	Anzahl Pfl.	2n = 23-Aberranten							
		elegans %	*truncata* %	*plumosa* %	*hamosa* %	*pygmaea* %	*tenuis* %	*olivacea* %	*crassifolia* %
T. laciniosifrons	6000	0,1	0,05	0,3	0,1	0,1	0,05	–	+
T. polyodon	1650	0,05	0,05	0,1	0,2	0,2	+	0,1	+

Es wurden bei den genauer untersuchten Arten, *T. laciniosifrons* und *polyodon*, somit insgesamt je 0,7% 2n = 23-Aberranten gefunden. Dazu kommen noch 1,4% bzw. 0,6% andere Aberranten, die sich von den Eltern nicht in der Chromosomenzahl unterscheiden, ferner je 0,8% polyploide Aberranten (Aberr. *gigas*) mit 2n = 48 Chromosomen, die ihrerseits wieder Aberrante ausbilden, z. B. solche mit 2n = 46 und 2n = 45 Chromosomen. Auch die aneuploiden 2n = 23-Aberranten können wieder *Gigas*-Pflanzen abspalten (mit 2n = 46 oder, wenn sie von aneuploiden Aberranten vom Typus 2n = 22 abstammen, 2n = 44) und schließlich konnten in Nachkommenschaften von aneuploiden 2n = 23-Aberranten sekundäre Aberranten (mit 2n = 22) und in deren Nachkommenschaft sogar tertiäre (2n = 21) entdeckt werden.

Diese chromosomale Variabilität ändert sich von Art zu Art mit Frequenzen von 0,1 bis 8,0%. F_1-Generationen apomiktischer *Taraxaca* sind also keineswegs völlig konstant, wie früher angenommen wurde, sondern weisen eine Fähigkeit zu genetischer Variation auf, die, wie oben (S. 197) besprochen, sogar wieder zu Sexualität führen kann. Die Tatsache, daß nur acht verschiedene 2n = 23-Aberranten gefunden wurden, deutet nach Sørensen und Gudjónsson (1946) darauf hin, daß die triploiden *Taraxaca* autoploid sind. Später hat aber Sørensen (1958) auf Grund anderer Ergebnisse diesen Schluß widerrufen.

Die aneuploiden Aberranten dürften wohl dadurch zustande gekommen sein, daß bei der Restitutionskernbildung nicht alle 24 Chromosomen in die Kernmembran eingeschlossen werden. Tatsächlich haben mehrere Forscher (Battaglia 1948, Fagerlind 1947c) gefunden, daß vereinzelt auch Mikrokerne ausgebildet werden. Sørensen und Gudjónssen (1946) sind allerdings eher der Ansicht, daß die Aberranten durch abnormale Mitosen (vermutlich durch somatische Nondisjunction?) entstehen. Dafür spricht das Vorkommen einiger Fälle von chimärischen polyploiden Aberranten, so daß somatische Verdoppelung der Chromosomenzahl in Zellen der Keimbahn als wahrscheinlichste Entstehungsweise betrachtet werden kann. Bei hypoploiden Aberranten treten hingegen nur selten Chimären auf; die wenigen Fälle, die gefunden wurden, hatten erhöhte Chromosomenzahlen ($2n = 24$, 25 und 26).

Bei anderen Apomikten sind Aberranten mit Chromosomenverlust nur vereinzelt gefunden worden. Ein Fall wird von Ikeno (zit. aus Gustafsson 1946 bis 1947) für *Erigeron annuus* angegeben. Die Pflanze hatte $2n - 1 = 26$ statt $2n = 27$ Chromosomen. Einen weiteren Fall, diesmal bei einer pseudogamen Pflanze, haben wir bei *Ranunculus auricomus* gefunden (Rutishauser 1965). Die Pflanze trat in der Nachkommenschaft eines partiell aposporen, triploiden Artbastardes (CM_1) *R. cassubicifolius* × *R. megacarpus* auf. Die meisten Nachkommen der durch Rückkreuzung mit den Eltern entstandenen Rückkreuzungsgeneration waren triploid wie die Mutterpflanze CM_1, eine morphologisch kaum abweichende Pflanze hatte $2n = 23$ Chromosomen. Es fehlte ihr eines der drei SAT-Chromosomen. Embryologisch ist die Pflanze nach Nogler (unveröffentlicht) nicht aberrant.

B. Bastardierung und Introgression („introgressive hybridization")

1. Die hybride Natur der Apomikten

Ursprünglich wurde die heterozygote Konstitution der Apomikten indirekt aus der Chromosomenzahl und dem Verhalten der Chromosomen in der Meiose abgeleitet (Ernst 1918). Die Ergebnisse dieser Untersuchungen sind im Kapitel über die Meiose der PMZ besprochen worden. Wie dort ausgeführt wurde, kann man ihnen im Hinblick auf die genetische Bedingtheit des Paarungsverhaltens der homologen Chromosomen in alloploiden Organismen (Riley und Chapman 1958, Riley 1960) und die mutative Veränderlichkeit der Meiose (Beadle 1932) usw. nicht mehr denselben Beweiswert zusprechen. Man denke z. B. nur an die eigenartigen Meiosen der apomiktischen *Poa*-Arten (Grun 1955a). Die Ergebnisse cytologischer Analysen müssen daher durch Untersuchungsresultate ergänzt werden, die mit anderen morphologischen oder besser noch genetischen Methoden gewonnen worden sind.

Der direkte Nachweis für die hybride Natur einer apomiktischen Art kann am besten auf genetischem Wege durch Einkreuzung ihres Pollens in eine sexuelle verwandte Art geführt werden. Er gelingt aber nur, wenn die Meiose in den PMZ mehr oder weniger normal abläuft, was vor allem bei pseudogamen Arten der Fall ist. Solche Untersuchungen sind schon von Mendel (1869) mit *Hieracium aurantiacum* ausgeführt worden und haben das für Mendel so enttäuschende Resultat gezeitigt, daß die F_1-Generation der Kreuzung *Hieracium auricula* (sexuell) × *H. aurantiacum* (parthenogenetisch) nicht uniform war wie in seinen Erbsenversuchen; die F_1-Hybriden waren unter sich wie auch gegenüber den Eltern verschieden. Die gleichen Ergebnisse sind von Ostenfeld (1910) in der gleichen Kreuzung erzielt worden (vgl. die farbige Darstellung der Blütenkörbchen der F_1-Generation auf Tafel 4 seiner Arbeit). Christoff (1942) berichtet über entsprechende Ergebnisse im gleichen Versuch und zeigt, daß die Hybriden alle triploid sind ($2n = 27$), die Variabilität der F_1-Generation also nicht auf

Unterschiede in der Chromosomenzahl zurückgehen, sondern anderer, genetischer Art sind. Für *H. aurantiacum*, eine tetraploide, parthenogenetische Art, ist also Heterozygotie mehrmals nachgewiesen worden und kann daher nicht nur eine

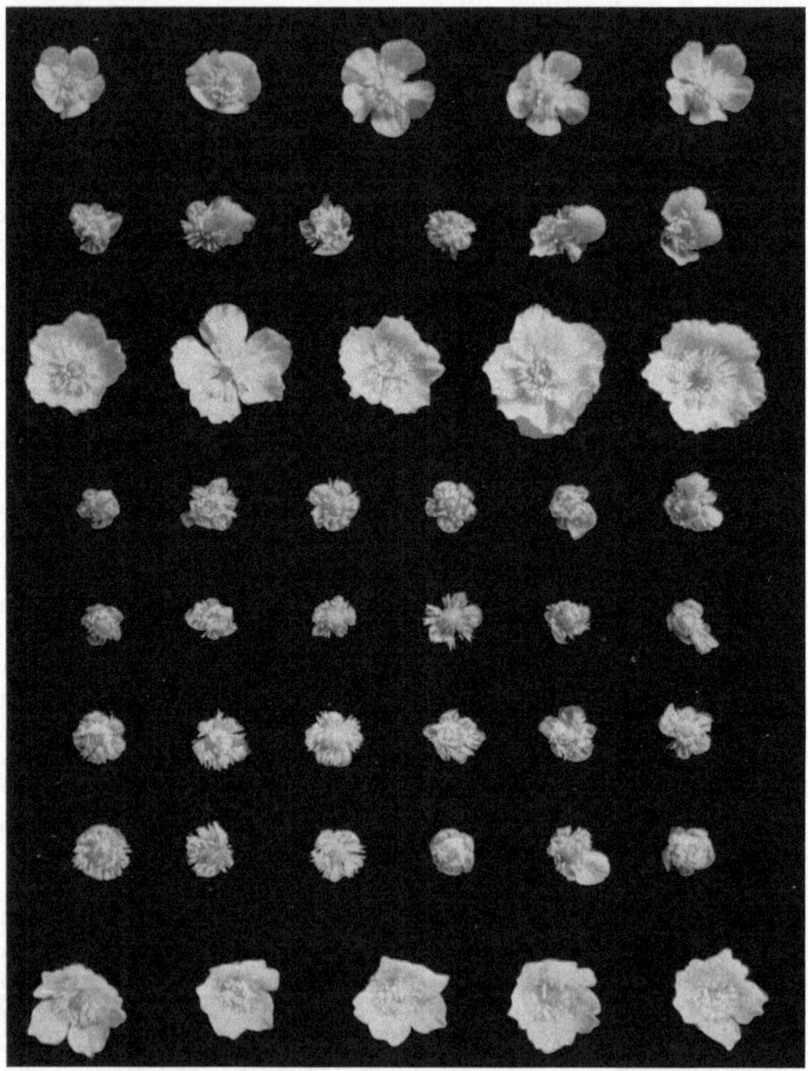

Abb. 82. Blüten von *Ranunculus cassubicifolius* (oberste Reihe), *R. megacarpus* (2. Reihe) und der 6 Hybriden CM_1 bis CM_6 (3.—8. Reihe) (nach Rutishauser 1960).

Besonderheit eines einzigen Individuums sein. Über entsprechende Kreuzungsresultate ist auch für pseudogame Arten berichtet worden. Polymorphe F_1-Generationen werden sogar für B_{III}-Bastarde angegeben, die in Kreuzungen zwischen zwei hexaploiden, pseudogamen Rassen von *Potentilla verna, P. verna* 4 und 10, auftraten, eine Variation, die nur vom Pollen herrühren kann (die unreduzierten Eizellen aposporer Pflanzen führen die unveränderte Chromosomengarnitur der Samenpflanze, vgl. RUTISHAUSER 1948).

Klare Hinweise über die Heterozygotie einer pseudogamen Kleinart von *Ranunculus auricomus*, *R. megacarpus*, erbrachte die Kreuzung *R. cassubicifolius* (sexuell) × *R. megacarpus* (pseudogam). Die beigegebenen Abb. 82 und 83 geben einen Eindruck von der Variabilität der Blüten und der Form der grundständigen Blätter (einem Merkmal, das bei *Ranunculus auricomus* von be-

Abb. 83. Grundständige Blätter von *Ranunculus cassubicifolius* (2 Blätter oben links), *R. megacarpus* (2 Blätter oben rechts) und der 6 Hybriden CM_1 bis CM_6 (jede Hybride ist durch ein charakteristisches Blatt vertreten) (nach RUTISHAUSER 1960).

sonders hohem diagnostischen Wert ist). Aus den Kreuzungsergebnissen folgt, daß *R. megacarpus* hochgradig heterozygot ist und Gene enthält, die von *R. cassubicifolius* oder einer nahe damit verwandten Art herstammen müssen (RUTISHAUSER 1960).

Für andere Apomikten ist nicht durch Kreuzung, sondern auf biometrischem Wege nachgewiesen worden, daß Artkreuzungen vorgekommen sein müssen, die zu einem Austausch von Genen geführt haben. Introgressive Hybridisierung ist z. B. von ROLLINS (1944, 1945a, 1949) und BERGNER (1946) für *Parthenium argentatum* angegeben worden. Durch Introgression sind Gene von *P. incanum* auf *P. argentatum* übertragen worden. Vergleichend-morphologische Studien weisen in die gleiche Richtung. Die Ableitung der *Rubi corylifolii* aus *Rubus caesius* einerseits und anderen *Moriferi veri* ist auf diese Weise versucht worden

(GUSTAFSSON 1943). Als konstante Artbastarde werden aus morphologischen Gründen auch die *Collinae* unter den Potentillen betrachtet (WOLF 1908).

Eine der bestuntersuchten Gruppen von Apomikten, die parthenogenetischen, amerikanischen Vertreter der Gattung *Crepis*, lassen sich aus cytogenetischen und taxonomischen Gründen von sieben Primärarten herleiten, wie die umfassen-

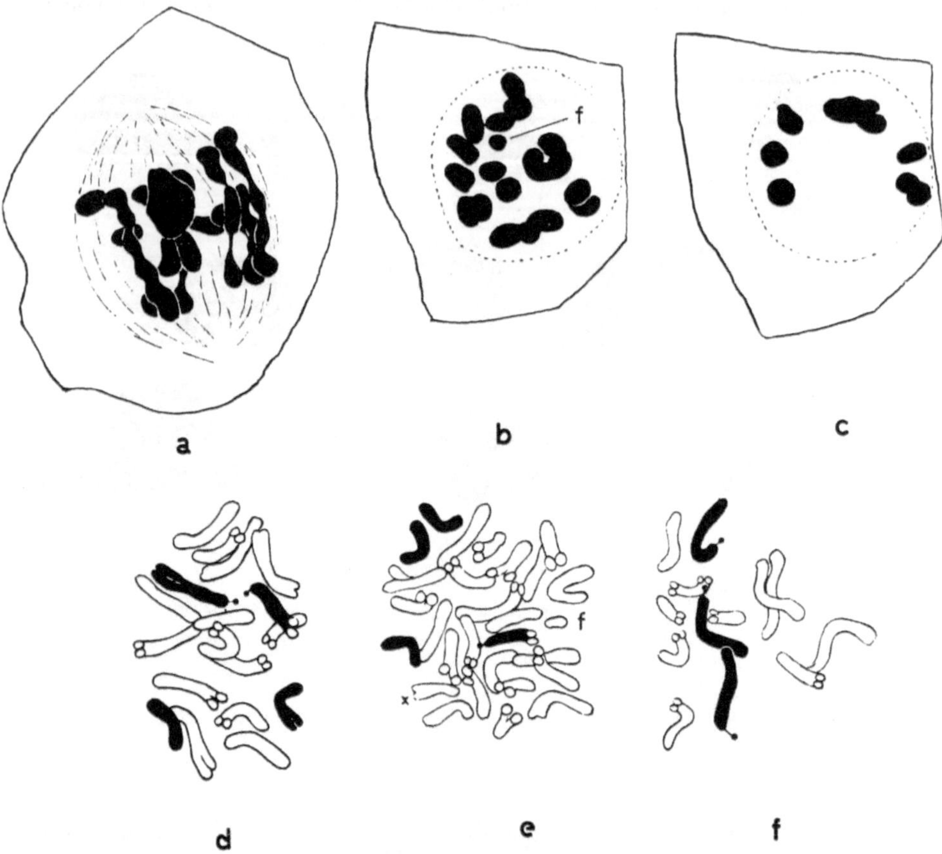

Abb. 84. Meiose und Mitose der „autotriploiden" *Hieracium umbellatum* (f. *apomicta*); *a* Metaphase I mit 4—5_{III}; *b*, *c* Diakinese mit $4_{III} + 2_{II} + 10_{I}$; *d*—*f* somatische Metaphasen; *d* der sexuellen Form (2 SAT-Chromosomen); *e*, *f* der apomiktischen Form (3 SAT-Chromosomen); *f* = Fragment; *x* = fragmentiertes Chromosom (nach BERGMAN 1935 b).

den Studien von BABCOCK und STEBBINS (1938) zeigen. Die Beispiele für die heterozygote Konstitution der Apomikten ließen sich leicht noch weiter vermehren. Sie können in den zusammenfassenden Darstellungen von GUSTAFSSON (1946—1947) und STEBBINS (1950) nachgelesen werden. Wie schon oben auseinandergesetzt, bleibt die Auffassung ERNSTS von der hybriden Natur der apomiktischen Arten, wenn nicht für alle, so doch für die meisten Apomikten in vollem Umfange bestehen. Allerdings liegen einige Angaben vor, welche uns daran hindern, die Existenz autoploider Apomikten völlig auszuschließen. In diesem Zusammenhang ist besonders eine Arbeit BERGMANS (1935b) zu erwähnen, in der versucht wird, *Hieracium umbellatum* (f. *apomicta*) als autotriploid herauszustellen (Abb. 84*a*—*d*). Für diese Auffassung spricht die Chromosomenmorphologie: sexuelle Individuen haben zwei, die f. *apomicta* drei Satellitenchromosomen (Abb. 84*d* bzw. *e*, *f*), ferner können dort, wo Meiosen durchgeführt werden, Trivalente beobachtet werden (Abb. 84*a*, *b*). Die Beweiskraft dieser Angaben dürfte aber nicht sehr groß sein. Abgesehen davon, daß die cytologischen Methoden der damaligen Zeit noch nicht weit fortgeschritten waren, so daß besonders morphologische Untersuchungen der Chromosomen noch nicht mit der heute möglichen Genauigkeit ausgeführt werden konnten, haben sich andere Apomikten, z. B. *Rubus thyrsanthus* ($2n = 21 = 3x$), die ebenfalls in der Meiose Trivalente ausbilden, doch als Alloploide erwiesen (GUSTAFSSON 1943).

2. Introgression („introgressive hybridization")

ANDERSON (1949) hatte gezeigt, daß Bastardierung und Rückkreuzung bei der Erhöhung der Formenmannigfaltigkeit sexueller Arten eine große Rolle spielen. Durch Bastardierung und fortgesetzte Rückkreuzung können Gene einer Art auf eine andere Art übertragen werden, wenn die interspezifische Barriere nur unvollständig entwickelt ist. Diese als Introgression (oder „introgressive hybridization") bezeichnete Erscheinung ist, wie zahlreiche Analysen agamer Artkomplexe gezeigt haben, auch bei Apomikten möglich.

Introgression hängt natürlich davon ab, ob innerhalb eines apomiktischen Artkomplexes noch Spuren von Sexualität erhalten geblieben sind. Dies ist, wie schon STEBBINS (1950) ausgeführt hat, in zweierlei Weise möglich:

1. Apomiktische Artkomplexe bestehen aus totalen Apomikten und sexuellen Arten, zwischen denen keine unüberwindlichen Isolationsbarrieren existieren.
2. Die Apomixis der Sippen eines solchen Komplexes ist nur partiell, so daß Kreuzungen zwischen ihnen gelegentlich zu Hybriden führen.

a) Ausweitung agamer Artkomplexe

Wenn wir uns zuerst den pseudogamen Apomikten zuwenden, kann für die erste Gruppe *Ranunculus auricomus* als Beispiel genannt werden (Abb. 85). Die tetraploiden Arten dieser riesigen Sammelart sind, soweit wir bis heute wissen, durchwegs total pseudogam. Es muß allerdings einschränkend bemerkt werden, daß MARKLUND und ROUSI (1961) die Existenz von partiellen Apomikten auf Grund theoretischer Überlegungen postulieren.

Neben diesen tetraploiden Apomikten sind einige wenige diploide sexuelle Kleinarten, *Ranunculus cassubicifolius* aus der Schweiz, *R. Lyngei* (ob sexuell?) aus Skandinavien, nachgewiesen worden. RUTISHAUSER (1960, 1965) konnte zeigen, daß die Kreuzung zwischen *R. cassubicifolius* und wenigstens einer tetraploiden Apomikte, *R. megacarpus*, möglich ist, während andere Kombinationen wegen Samen-Inkompatibilität erfolglos blieben. Zwischen *R. cassubicifolius* und tetraploiden Apomikten bestehen also Isolationsbarrieren, die aber gelegentlich durchbrochen werden. Die triploiden F_1-Hybriden der Kreuzung *R. cassubicifolius* × *megacarpus* sind zum größten Teil wieder pseudogam, weisen aber doch noch Spuren von Sexualität auf. Diese drückt sich auf zwei verschiedene Arten aus:

1. Die EMZ führen die RT durch und bilden sexuelle Embryosäcke mit haploiden Eizellen aus. Sie geben Anlaß zur Bildung von B_{II}-Bastarden, die neue Merkmalskombinationen aufweisen.

2. Manche Eizellen unreduzierter, aposporer Embryosäcke sind befruchtungsfähig. Befruchtet mit Pollen der sexuellen P_1-Pflanze, *R. cassubicifolius*, sind sie Ausgangspunkt für die Bildung von tetraploiden B_{III}-Bastarden, die als Additionsbastarde betrachtet werden können. Die Erhöhung des Anteils sexueller Genome bewirkt eine weitere Erhöhung der Tendenz zu Sexualität. Tatsächlich können tetraploide „Additionsbastarde" total sexuell sein. Bestäubung mit Pollen tetraploider Apomikten ergibt, vermutlich wegen des Fehlens von Samen-Inkompatibilität (beide Elternpflanzen sind tetraploid), vollen Samenansatz. Auf dem Umweg über eine triploide, partiell sexuelle und partiell fertile F_1-Pflanze können so Gene einer sexuellen Primärart in den agamen Komplex eingeführt werden, d. h. der agame Komplex kann sich ausweiten, indem immer wieder Gene aus anderen sexuellen Arten in den Komplex einbezogen werden. Das Auftreten unreduzierter, befruchtungsfähiger Eizellen hat ferner zur Folge, daß auch höhere Polyploidiegrade erreicht werden (bei den *Auricomi* z. B. wurde die penta- und hexaploide Stufe erreicht). Die Bedeutung höherer Polyploidiegrade, besonders Anorthoploidie, ist allerdings bei Pseudogamen, wie weiter unten gezeigt wird, von eher untergeordneter Bedeutung.

Gegenüber sexuellen Arten besteht in bezug auf die Introgression ein wesentlicher Unterschied. Durch Bastardierung und Rückkreuzung werden nicht nur Gene ausgetauscht, die einen morphologischen oder physiologischen Effekt haben, es wandern auch die Gene, welche den Fortpflanzungstypus (das, was die englischen Genetiker als „breeding system" bezeichnen) grundlegend verändern. Dies hat in unserem Falle zur Folge, daß die Vorteile der sexuellen Fortpflanzung — Variation durch Rekombination — mit jenen der Apomixis — Stabilisierung auch hochgradig heterozygoter Gensysteme — verbunden werden. Zusammen führen sie zu Artkomplexen, die wegen der Fixierung von Zwischenformen systematisch kaum bewältigt werden können.

Introgression des besprochenen Typus — Ausweitung agamer Komplexe durch Einbeziehung sexueller Primärarten — dürfte bei der Herausbildung vieler apomiktischer Artkomplexe eine wesentliche Rolle gespielt haben und heute noch spielen. In ähnlicher Weise ist nach HARLAN, CELARIER und RICHARDSON (1958) der „Old World bluestem complex" entstanden, der die Gattungen *Bothriochloa*, *Dichanthium* und *Capillipedium* umfaßt. Diploide, sexuelle Primärarten wurden für alle drei Gattungen nachgewiesen (RAMANATHAN 1950 für *Bothriochloa* und DE WET 1954 für *Dichanthium*) oder postuliert (*Capillipedium*)[1]. In diesem Komplex wären also, im Gegensatz zum *Auricomus*-Komplex, nicht nur Artgruppen zusammengeschlossen, sondern sogar mehrere Gattungen durch Introgression von Apomikten zusammengeschweißt worden.

Daß Introgression, diesmal verbunden mit extremer Polyploidisierung, auch bei parthenogenetischen Arten vorkommen kann, haben schon früh BABCOCK und STEBBINS (1938), STEBBINS und BABCOCK (1939) für die amerikanischen

---

[1] Daß Kreuzung zwischen diesen Gattungen möglich ist, zeigte kürzlich SINGH (1965) für *Bothriochloa ischaemum* und *Dichanthium annulatum*.

Arten der Gattung *Crepis* gezeigt. Hier ist der agame Komplex aus sieben sexuellen, diploiden Primärarten, *C. pleurocarpa, C. monticola, C. bakeri, C. occidentalis,*

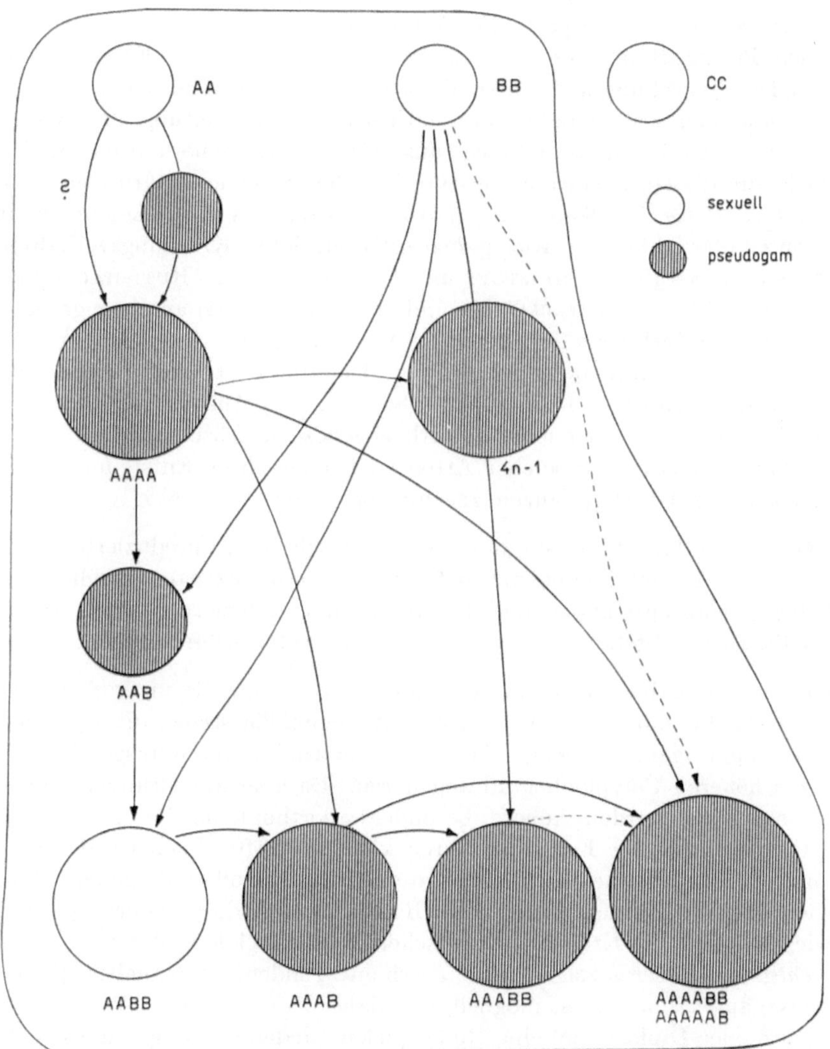

Abb. 85. Evolution des *Ranunculus-auricomus*-Komplexes (nach RUTISHAUSER 1965).

C. modocensis, C. atribarba und *C. acuminata* (alle $2n = 22$), aufgebaut worden und hat z. T. hohe Polyploidiegrade (3x bis 8x) erreicht. Neuerdings sind die Voraussetzungen für Introgression zwischen totalen Apomikten und sexuellen, diploiden Arten für die *Taraxacum*-Arten des Raumes Wien durch die Entdeckung diploid sexueller Arten durch TSCHERMAK-WOESS (1949) und die cytogenetischen Untersuchungen von FÜRNKRANZ (1960, 1964a, b) gefunden worden[1].

b) Umkombination des Genbestandes agamer Artkomplexe

Von dem vorher besprochenen Mechanismus der Ausweitung agamer Komplexe durch Kreuzung zwischen Apomikten und Sexuellen ist nicht scharf getrennt der zweite Mechanismus, die Erweiterung der Formenmannigfaltigkeit durch Kreuzung zwischen partiellen Apomikten, nur daß auf diesem Wege keine sexuellen Primärarten in den Komplex einbezogen werden. Er führt lediglich zu einer Durchmischung und Umkombination des Genbestandes, der im Komplex schon vorhanden ist, schließt aber natürlich die Ausweitung des Komplexes durch den ersten Mechanismus nicht aus. Charakteristische und gut analysierte Beispiele für diesen Bastardierungstypus stellen manche Artgruppen der Gattungen *Poa*, *Potentilla*, *Sorbus* und *Parthenium* dar. Wir wenden uns zunächst der leichter übersehbaren Gattung *Potentilla* zu, deren Kreuzungsverhalten von MÜNTZING (1928—1958), CHRISTOFF und PAPASOVA (1943), RUTISHAUSER (1948), HUNZIKER (1954) und RUTISHAUSER und HUNZIKER (1954) an einer großen Zahl von Apomikten erforscht worden ist. Viele asexuelle Arten dieser Gattung haben sich als partiell pseudogam erwiesen. Über die Fortpflanzung einiger dieser Arten geben die Tabellen 44 bis 46 (S. 186, 187, 189) Auskunft. Sie zeigen, daß sowohl die Apomeiose wie auch die Parthenogenese der Eizelle partiell sein kann. Die Nachkommenschaften solcher Arten sind daher ihrer Entstehung nach aus vier Typen von Tochterpflanzen zusammengesetzt:

1. Maternelle Pflanzen, entstanden aus unbefruchteten, unreduzierten Eizellen;
2. B_{III}-Bastarde, entstanden aus befruchteten, unreduzierten Eizellen;
3. Polyhaploide, entstanden aus unbefruchteten, reduzierten Eizellen;
4. B_{II}-Bastarde, entstanden aus befruchteten, reduzierten Eizellen.

Für die Neubildung von Formen sind natürlich nur die unter 2. bis 4. aufgeführten Nachkommen von Bedeutung. Zahlenmäßig stellen die B_{III}-Bastarde das Hauptkontingent der neuen Varianten. Sie sind dadurch ausgezeichnet, daß sie einem höheren Polyploidiegrad angehören. Da aber aus Gründen, die weiter unten besprochen werden, höhere, besonders anorthoploide, Polyploidiegrade zu einer Herabsetzung der Fertilität führen können, dürfte ihnen bei der Formenbildung der Pseudogamen eher eine untergeordnete Rolle zukommen. Weitaus die wichtigsten Varianten sind die B_{II}-Bastarde, besonders die orthoploiden, da sie, wie besonders die Kreuzungen zwischen den hexaploiden Arten *P. canescens*, *P. argentea* und *P. verna* zeigen, oft eine erhöhte Tendenz zu Sexualität (besonders zu Meiose) aufweisen. Es ist möglich, daß dabei Differenzen im Apomeiosetypus (Aposporie oder Diplosporie) eine Rolle spielen. Jedenfalls zeigen die Ergebnisse der Kreuzungsversuche, daß die Kombination apospor × diplospor zu einer wesentlich höheren Meiosetendenz führt (auch bei B_{III}-Bastarden) als die Kombinationen apospor × apospor oder diplospor × diplospor. Es ist daher vielleicht kein Zufall, daß die formenreichste Gruppe der Potentillen, die *Collinae*,

[1] Nach unveröffentlichten Resultaten meiner Schülerin U. RUSTERHOLZ ist dasselbe auch in der Umgebung von Zürich der Fall.

eine Merkmalskombination aufweist, die ihre Ableitung aus Kreuzungen zwischen den aposporen *Argenteae* und den z. T. diplosporen *Aureae-Vernae* als sehr wahrscheinlich erscheinen läßt. Vermutlich handelt es sich bei ihnen um hybridogene Arten, die als Aufspaltungsprodukte eines oder mehrerer *Argenteae-Aureae*-Bastarde zu betrachten sind (Wolf 1908, Rutishauser 1948). Es scheint, daß auch die zahlreichen *Arenaria-Verna*-Bastarde im Kontaktgebiet der beiden Elternarten gleichen Ursprungs sind (Rutishauser 1943a).

Andere Variationsmechanismen, die in Verbindung mit den oben besprochenen Hybridisierungsvorgängen zu einer weiteren Vermehrung der Formenfülle der Potentillen führen könnten, hat Müntzing (1958a) bei einem Vertreter der *Collinae*, *P. collina* C—A, gefunden. *P. collina* C—A war dodekaploid ($2n = 84 = 12x$), obwohl aus einer hexaploiden Pflanze entstanden, und ergab neben 78 maternellen Individuen 15 (= 16,1%) sog. Reversionspflanzen, die wieder hexaploid ($2n = \pm 42$) waren, d. h. es entstanden also Tochterpflanzen, deren Chromosomenzahl auf die Hälfte reduziert war. Weitere Reversionspflanzen wurden in Kreuzungen mit *P. collina* C—A als Samenpflanze erhalten (z. B. in der Kreuzung C—A × *P. tabernaemontani* [$2n = 84$]). Die Pollenpflanze hatte auf ihre Bildung offenbar keinen Einfluß. Es ist daher wahrscheinlich, daß die Reversionspflanzen Polyhaploiden entsprechen und durch haploide Parthenogenese entstanden waren.

Interessant, aber der Erwartung entsprechend (*P. collina* ist ja vermutlich eine hybridogene Art), ist der Befund, daß die Reversionspflanzen unter sich morphologisch verschieden sind. Wegen der unregelmäßigen Meiose von C—A ($2n = 84$) zeigen die Reversionspflanzen auch cytologische Unterschiede. Dagegen hat die meiosebedingte Aufspaltung keine Differenzen im Apomixisgrad zur Folge gehabt. Alle Reversionspflanzen waren vorwiegend apomiktisch. Zwölf Reversionspflanzen C—A ($2n = 42$) erbrachten nach Bestäubung eine Nachkommenschaft von 526 maternellen Pflanzen, ferner 58 „Tetraploide" ($2n = 84$) und eine, eventuell zwei Triploide. Erstaunlich ist das Auftreten von einer so großen Anzahl von „Tetraploiden" (eigentlich Dodekaploide, $2n = 84 = 12x$). Nach Müntzing dürften sie durch Selbstbestäubung der Reversionspflanzen mit unreduziertem Pollen oder durch Parthenogenese und nachfolgende Verdoppelung der Chromosomenzahl entstanden sein. Diese neu entstandenen „Tetraploiden" erzeugen wieder Reversionspflanzen, bilden also neben unreduzierten auch reduzierte Embryosäcke aus. Da von 133 Nachkommen 26 (= 19,5%) Reversionspflanzen sind, sind die neuen „Tetraploiden" mehr meiotisch als die ursprünglichen. Die Differenz ist allerdings nur sehr klein (19,5% gegen 16,1%) und wohl kaum signifikant. Die einzige untersuchte Triploide (eigentlich Enneaploide) erzeugte neben maternellen Nachkommen nur B_{III}-Bastarde. Reversionspflanzen entstanden nicht, vermutlich weil keine reduzierten Eizellen ausgebildet wurden oder weil sie nicht funktionierten. Nach Müntzing können sowohl die Reversionspflanzen wie die „Tetraploiden" Ausgangspunkte für neue Biotypen sein. Beide Vorgänge können daher als weitere Mechanismen betrachtet werden, die den Polymorphismus mancher Apomikten erhöhen. In der gleichen Arbeit wird nachgewiesen, daß in der Natur nicht selten auch aneuploide *Collina*-Formen erscheinen (zwei von elf Pflanzen). Aneuploidie als Quelle für den Polymorphismus wurde ferner bei *P. crantzii* und *P. tabernaemontani* nachgewiesen.

Zusammenfassend kann also festgestellt werden, daß die apomiktischen Potentillen eine ganze Reihe von Variationsmechanismen besitzen, die sie in die Lage versetzen, neue Varianten der verschiedensten Kategorien (genetische Neukombinationen, Polyploide, Aneuploide) zu erzeugen. Besonders hervorgehoben sei dabei der Befund, daß nicht nur Erhöhungen, sondern auch Reduktionen der Chromosomenzahl möglich sind. Von diesem Gesichtspunkt aus betrachtet, kann die Reversion als Gegenspieler der Polyploidisierung aufgefaßt werden.

In der Regel wird angenommen, daß die Apomixis ein stabilisierendes Element darstellt, das, wie oben ausgeführt, heterozygote Gensysteme fixiert und vor dem Zerfall durch Rekombination bewahrt. Paradoxerweise kann aber das Gegenteil der Fall sein, nämlich dann, wenn die Apomixis nicht total ist. So hat Powers (1945) gezeigt, daß bei *Parthenium argentatum* die Tendenz zu Parthenogenese der Eizelle völlig fehlen kann und nur noch die Apomeiose funktioniert. In einem solchen Falle führt natürlich jede Bestäubung zu einer Erhöhung der Polyploidie und damit zu einer Zerstörung oder besser Veränderung der genetischen Konstitution der Ausgangspflanze. Der Genbestand einer solchen Apomikte wird dauernd verändert und hat nicht einmal die Chance, durch Zufall wieder aufgebaut zu werden. Derartige Abweichungen vom apomiktischen Fortpflanzungsmechanismus sind wohl kaum von Bedeutung für die Evolution der Apomikten. Im Gegenteil müssen sie wegen der dauernden Erhöhung des Polyploidiegrades in eine Sackgasse führen, aus der kein Ausweg mehr existiert (es sei denn durch Reversion).

Einen etwas anders gelagerten Fall von variationsförderndem Effekt der Apomixis hat kürzlich Schwendener (unveröffentlicht) entdeckt. Die Analyse eines Artbastardes, *Potentilla reptans* × *erecta*, ergab, daß die Fixierung des heterozygoten Gensystems nicht durch Apomixis, sondern allein durch Ausläuferbildung geschieht, welche *P. reptans* × *erecta* von *P. reptans* übernommen hat. Der Artbastard, der, nach den Angaben Gremlis (1870) zu schließen, sich an dem betreffenden Standort über 100 Jahre gehalten hat, ist sehr schwach samenfertil, und die Nachkommen, die daraus aufgezogen worden sind, haben sich meist als B_{II}- oder B_{III}-Hybriden erwiesen. Die partielle Apomixis führte hier zu neuen fixierten Sippen, die sich z. T. durch höheren Polyploidiegrad auszeichnen.

Introgression spielt auch bei den pseudogamen *Poa*-Arten eine große Rolle. Kiellander (1942), Åkerberg (1942), Müntzing (1940) und vor allem Clausen und Mitarbeiter (1954—1959, 1961/62) haben in dieser Gattung experimentelle Arbeit großen Umfangs geleistet. Genetische Analysen sind allerdings bei den *Poa*-Arten erschwert durch die besonderen Paarungsverhältnisse (Grun 1955a) und die außerordentliche Variabilität der Chromosomenzahlen, die z. B. bei den Nachkommenschaften von *Poa ampla* ($2n = 63$), mit Ausnahme der maternellen Individuen, zwischen $2n = 56$ bis $2n = 147$ variieren können. Die Toleranz in bezug auf die Chromosomenzahl ist auch bei den sexuellen Arten ungewöhnlich groß. Es besteht daher keine Beziehung zwischen Chromosomenzahl und Fortpflanzungsmodus.

Die Fähigkeit der *Poa*-Arten, fremde Gene oder ganze Genome aufzunehmen, ohne daß die Grenzen der Art gesprengt werden oder ungünstige Phänomene auftreten, ist bemerkenswert. So kann *Poa pratensis* genetisches Material von *Poa ampla*, *Poa scabrella* und *Poa alpina* aufnehmen, ohne seine charakteristischen Merkmale zu verlieren (Clausen et al. 1961/62), und die typischen *Pratensis*-Merkmale mit jenen von *Poa ampla* und *Poa scabrella* usw. kombinieren. So muß nach Clausen (1961) der Quadrupel-Bastard *Poa scabrella-pratensis-ampla-alpigena* als *Poa pratensis* klassifiziert werden. Es ist daher nach Clausen (1961) verständlich, daß *Poa pratensis* in sexuellen und apomiktischen Rassen über ein so großes Gebiet verbreitet ist — *P. pratensis* kommt zwischen 30° N und 83° N und von Meereshöhe bis auf 4000 m über Meer (Sierra Nevada, Californien) vor — und in vielen Chromosomenrassen (2n = 38 bis 147) existieren kann. Fördernd auf den Genaustausch wirkt sich dabei vermutlich der Umstand aus, daß das Gensystem, welches die Apomixis verursacht, durch Kreuzung viel leichter aufgebrochen werden kann (vgl. Müntzing 1933, 1940 und Åkerberg 1942) als z. B. bei *Potentilla*.

Ergänzend sei erwähnt, daß auch die Apomikten der Gattung *Parthenium*, *P. incana* und *P. argentatum* (Powers 1945, Powers et al. 1945), *Rubus* (Gustafsson 1943 u. a.) und *Sorbus* (Liljefors 1955a) durch Introgression ihre Formenfülle dauernd vermehren. Hybridogene Kleinarten sind ferner bei vielen parthenogenetischen Artkomplexen, z. B. bei *Hieracium* (Zahn 1931), gefunden worden.

C. Begrenzende Faktoren der Evolution agamer Komplexe

Agame Komplexe wachsen nicht ins Unermeßliche. Sehr häufig wachsen sie nicht über die Grenzen der Gattung, ja meist nicht einmal des Tribus oder Subtribus hinaus. Das ist z. B. bei den Potentillen der Fall. Innerhalb der Sektion *Gymnocarpae* sind Apomikten nur bei den Subsektionen *Gomphostylae* und *Conostylae* gefunden worden, die *Closterostylae* sind vermutlich frei davon. Auch die *Gomphostylae* sind nicht nur aus Apomikten zusammengesetzt: die *Aureae-Opacae*, mit *P. heptaphylla* als wichtigster Art, sind sexuell, dagegen kommen Apomikten bei den *Aureae-Vernae* zahlreicher vor. Ob die letztere Gruppe auch sexuelle Arten zählt, ist nicht sicher; *P. arenaria* könnte dazu gehören.

Die Faktoren, welche die Ausdehnung der agamen Komplexe begrenzen, sind nur zum kleinsten Teil bekannt. Wie aus dem Kapitel über Samenfertilität (S. 207) hervorgeht, könnte bei den Pseudogamen Pollen-Inkompatibilität (*Parthenium*), sicher aber Samen-Inkompatibilität (*Ranunculus auricomus*) eine Rolle spielen. Daß die letztgenannte Isolationsbarriere tatsächlich vorkommt und das Ergebnis von Kreuzungen zwischen den Kleinarten von *Ranunculus auricomus* wesentlich beeinflußt, ließ sich durch kombinierte cytologisch-embryologische Analysen klar nachweisen. Mindestens für die pseudogamen Apomikten gilt daher die Annahme, daß die gleichen Isolationsbarrieren, die sich auch der Introgression der Sexuellen entgegenstellen, die Ausweitung der agamen Komplexe behindern. Zusätzlich kann noch festgestellt werden, daß auch die Richtung der Genwanderung durch diese Mechanismen bestimmt wird. Sowohl bei den *Potentilla*- wie auch bei den *Ranunculus*-Bastarden konnte nachgewiesen werden, daß die F_1-Bastarde, rückgekreuzt mit der einen Elternpflanze, bei den *Auricomus*-Bastarden mit der sexuellen Elternart *R. cassubicifolius*, bei den *Potentilla*-Bastarden mit der ursprünglichen Pollenpflanze, deutlich mehr Samen ansetzen. Im letztgenannten Falle beträgt die Differenz oft mehr als das Doppelte bis Zehnfache der weniger fertilen Kombination. Im *Auricomus*-Beispiel heißt dies, daß in der Nachkommenschaft der F_1-Bastarde die Tendenz zu Sexualität zunimmt, im *Potentilla*-Beispiel, daß sich die Pollenpflanze in der Deszendenz immer mehr durchsetzt.

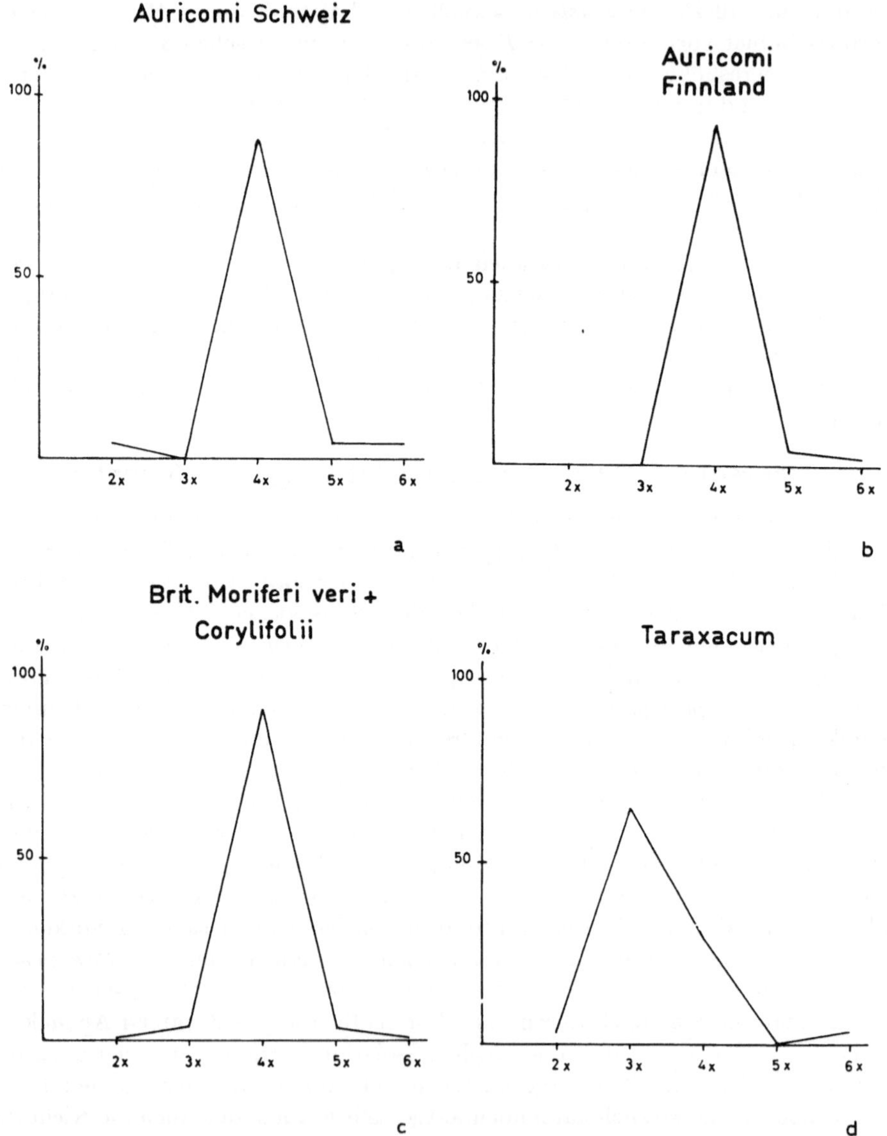

Abb. 86. Frequenzkurven der Chromosomenzahlen; *a* des *Ranunculus-auricomus*-Komplexes der Schweiz, *b* von Finnland und *c* der *Moriferi veri* und *Corylifolii* Englands; *d* von *Taraxacum* (*a* nach RUTISHAUSER 1954a und HÄFLIGER 1943, *b* nach ROUSI 1956, *c* nach HESLOP-HARRISON 1952, *d* nach Tab. 1 aus GUSTAFSSON 1935 zusammengestellt).

Die Existenz von Samen-Inkompatibilität bei den Pseudogamen hat wohl noch eine weitere Konsequenz: Da die Chromosomenkonfiguration des Endosperms über die Samenfertilität entscheidet, spielt nicht nur die Samenpflanze, sondern auch die Pollenpflanze, und hier insbesondere der normale Ablauf der Meiose, eine wichtige Rolle, ja ist unter Umständen überhaupt Voraussetzung für die Samenbildung. Die Chromosomenzahl, insbesondere der Polyploidiegrad, ist daher für die Samenfertilität nicht ohne Einfluß. Aneuploidie, vor allem aber Anorthoploidie, ist keine gute Voraussetzung für die Erhaltung einer pseudogamen Art. Es ist daher nicht verwunderlich, wenn pseudogame Artkomplexe in der Regel keine oder dann nur vereinzelte und dazu noch selten vorkommende Triploide enthalten und wenn im Gegenteil orthoploide Chromosomenzahlen bevorzugt werden (RUTISHAUSER 1960, 1965). Frequenzkurven pseudogamer Artkomplexe zeigen in der Regel Maxima in der Region orthoploider Zahlen, der *R. auricomus*-Komplex (RUTISHAUSER 1954a, ROUSI 1956) und die *Rubus*-Arten der *Moriferi veri* (HESLOP-HARRISON 1952) bei der tetraploiden Zahl; $2n = 32 = 4x$ bei den *Auricomi*, $2n = 28 = 4x$ bei den europäischen *Rubi* (Abb. 86*a*—*c*). Die Potentillen dürften mehrere Maxima, bei 2x, 4x und 6x, aufweisen (MÜNTZING 1954, 1958b, RUTISHAUSER 1943a, 1948 und POPOFF 1935). Im Gegensatz dazu liegt das Maximum der autonom apomiktischen *Taraxaca* bei $2n = 24 = 3x$ (Abb. 86*d*), jenes der Hieracien vermutlich bei $2n = 27 = 3x$ und $2n = 45 = 5x$ (GUSTAFSSON 1935). Die Frequenzkurven stellen Abbilder der tolerierten Chromosomenzahlen dar und sind damit äußerlich sichtbare Zeichen für die begrenzenden Faktoren der agamen Komplexe.

Literatur

AFZELIUS, K., 1928: Die Embryobildung bei *Nigritella nigra.* Svensk Bot. Tidskr. **22**, 82—91.

— 1932: Zur Kenntnis der Fortpflanzungsverhältnisse und Chromosomenzahlen bei *Nigritella nigra.* Svensk Bot. Tidskr. **26**, 365—369.

ÅKERBERG, E., 1939: Apomictic and sexual seed formation in *Poa pratensis.* Hereditas **25**, 359—370.

— 1942: Cytogenetic studies in *Poa pratensis* and its hybrid with *Poa alpina.* Hereditas **28**, 1—126.

— 1943: Further studies of the embryo and endosperm development in *Poa pratensis.* Hereditas **29**, 199—201.

— and S. BINGEFORS, 1953: Progeny studies in the hybrid *Poa pratensis* × *Poa alpina.* Hereditas **39**, 125—136.

ANDERSON, A. M., 1927: Development of the female gametophyte and caryopsis of *Poa pratensis* and *Poa compressa.* J. Agric. Res. **34**, 1001—1018.

ANDERSON, E., 1949: Introgressive hybridization, New York, Wiley & Sons, 109 S.

ANDERSSON-KOTTÖ, I., 1932: Observations on the inheritance of apospory and alternation of generations. Svensk Bot. Tidskr. **26**, 99—106.

— and A. E. GAIRDNER, 1936: The inheritance of apospory in *Scolopendrium vulgare.* J. Genetics **32**, 189—228.

ARCHIBALD, E. E. A., 1939: The development of the ovule and seed of jointed cactus (*Opuntia aurantiaca* LINDLEY). South Afr. J. Sci. **36**, 195—211.

BABCOCK, E. B., 1947: The genus *Crepis.* Part 1 and 2, University of California Press, 1030 S.

— and G. L. STEBBINS, Jr., 1938: The American species of *Crepis*: their relationships and distribution as affected by polyploidy and apomixis. Carnegie Inst. Wash. Publ. **504**, 200 S.

BACCHI, O., 1943: Cytological observations in *Citrus.* III. Megasporogenesis, fertilization, and polyembryony. Bot. Gaz. **105**, 221—225.

BATTAGLIA, E., 1945a: Fenomeni citologici nuovi nella embriogenesi (semigamia) e nella micorsporogenesi (doppio nucleo di restituzione) di *Rudbeckia laciniata* L. Nuovo Giorn. bot. Ital. N. S. **52**, 34—38.

BATTAGLIA, E., 1945b: Sulla terminologia dei processi meiotici. Nuovo Giorn. bot. Ital. N. S. **52**, 42—57.

— 1946a: Ricerche cariologiche e embriologiche sul genere *Rudbeckia* (*Asteraceae*) — I—V: Il gametofito maschile e femminile di *R. bicolor* NUTT., *R. hirta* L., *R. var.* Meine Freude HORT., *R. amplexicaulis* VAHL. e *R. purpurea* L. (= *Echinacea purpurea* MOENCH.). Nuovo Giorn. bot. Ital. N. S. **53**, 1—26.

— 1946b: Ricerche cariologiche e embriologiche sul genere *Rudbeckia* (*Asteraceae*) — VI: Apomissia in *Rudbeckia speciosa* WENDER. Nuovo Giorn. bot. Ital. N. S. **53**, 27—69.

— 1946c: Ricerche cariologiche e embriologiche sul genere *Rudbeckia* (*Asteraceae*) — VII: Apomissia in *Rudbeckia laciniata* L. e anfimissia nella sua varietà a fiori doppi. Nuovo Giorn. bot. Ital. N. S. **53**, 437—482.

— 1946d: Ricerche cariologiche e embriologiche sul genere *Rudbeckia* (*Astereceae*) — VIII: Semigamia in *Rudbeckia laciniata* L. Nuovo Giorn. bot. Ital. N. S. **53**, 483—511.

— 1947a: Ricerche cariologiche e embriologiche sul genere *Rudbeckia* (*Asteraceae*) — IX: Le anomalie del gametofito femminile cellularizzato di *Rudbeckia laciniata* L. Nuovo Giorn. bot. Ital. N. S. **54**, 377—405.

— 1947b: Ricerche cariologiche e embriologiche sul genere *Rudbeckia* (*Asteraceae*) — X: Le anomalie della meiosi durante la microsporogenesi di *Rudbeckia laciniata* L., con particolare riguardo alla formazione del nucleo di restituzione. Nuovo Giorn. bot. Ital. N. S. **54**, 406—431.

— 1947c: Ricerche cariologiche e embriologiche sul genere *Rudbeckia* (*Asteraceae*) — XI: Semigamia in *Rudbeckia speciosa* WENDER. Nuovo Giorn. bot. Ital. N. S. **54**, 531—559.

— 1947d: Ricerche cariologiche e embriologiche sul genere *Rudbeckia* (*Asteraceae*) — XII: Il gametofito femminile e maschile di *Rudbeckia flava* GREENE, con particolare riguardo al suo comportamento di ibrido strutturale. Nuovo Giorn. bot. Ital. N. S. **54**, 560—567.

— 1947e: La „semigamia", singolare comportamento del nucleo spermatico nelle uova diploidi delle specie apomittiche del genere *Rudbeckia* (*Asteraceae*) e conseguente embriogenesi di tipo chimerico. Rend. dell'Accad. Naz. Lincei **8**, 63—67.

— 1947f: Apomissia in *Hieracium ramosum* WALDST. et KIT. Atti Soc. Tosc. Sci. Nat. (Pisa) B **54**, 50—69.

— 1947g: Sulla terminologia dei processi apomittici. Nuovo Giorn. bot. Ital. N. S. **54**, 674—696.

— 1948: Ricerche sulla parameiosi restituzionale nel genere *Taraxacum*. Caryologia **1**, 1—47.

— 1949: L'alterazione della meiosi nella riproduzione apomittica di *Chondrilla juncea* L. Caryologia **2**, 23—30.

— 1950: L'alterazione della meiosi nella riproduzione apomittica di *Erigeron karwinskianus* D. C. var. *mucronatus* D. C. (*Asteraceae*). Caryologia **2**, 165—204.

— 1951a: The male and female gametophytes of angiosperms — An interpretation. Phytomorphology **1**, 87—116.

— 1951b: Development of angiosperm embryosacs with non-haploid eggs. Amer. J. Bot. **38**, 718—724.

— 1952a: Nuovi reperti di apomissia e di anfimissia nel genere *Rudbeckia* (*Compositae*). Atti Soc. Tosc. Sci. Nat. (Pisa) B **59**, 205—209.

— 1952b: Ricerche embriologiche nel genere *Arnica* (*Compositae*). Atti. Soc. Tosc. Sci. Nat. (Pisa) B **59**, 210—216.

— 1955a: The concepts of spore, sporogenesis and apospory. Phytomorphology **5**, 173—177.

— 1955b: Unusual cytological features in the apomictic *Rudbeckia sullivantii* BOYNTON et BEADLE. Caryologia **8**, 1—32.

— 1956: Do new types of embryo sac development occur in *Antennaria carpatica*? Phytomorphology **6**, 119—123.

— 1963: Apomixis. Recent Advances in the Embryology of Angiosperms **8**, 221—264.

BEADLE, G. W., 1930: Genetical and cytological studies of mendelian asynapsis in *Zea mays*. Cornel. Univ. Exp. Sta. Mem. 129.

— 1932: A gene in *Zea mays* for failure of cytokinesis during meiosis. Cytologia **3**, 142—155.

BERGER, A., 1915: Die Agaven. Jena, Gustav Fischer, 288 S.

BERGER, X., 1953: Untersuchungen über die Embryologie partiell apomiktischer *Rubus*-Bastarde. Ber. Schweiz. bot. Ges. **63**, 224—266.

Bergman, B., 1935a: Zytologische Studien über die Fortpflanzung bei den Gattungen *Leontodon* und *Picris*. Svensk Bot. Tidskr. **29**, 155—301.

— 1935b: Zytologische Studien über sexuelles und asexuelles *Hieracium umbellatum*. Hereditas **20**, 47—64.

— 1935c: Zur Kenntnis der Zytologie der skandinavischen *Antennaria*-Arten. Hereditas **20**, 214—226.

— 1937: Eine neue apomiktische *Antennaria*. Svensk Bot. Tidskr. **31**, 391—394.

— 1941: Studies on the embryo sac mother cell and its development in *Hieracium* subg. *Archieracium*. Svensk Bot. Tidskr. **35**, 1—42.

— 1942: Zur Embryologie der Gattung *Erigeron*. Svensk Bot. Tidskr. **36**, 429—443.

— 1944: A contribution to the knowledge of the embryo sac mother cell and its development in two apomicts. Svensk Bot. Tidskr. **38**, 249—259.

— 1950: Meiosis in two different clones of the apomictic *Chondrilla juncea*. Hereditas **36**, 297—320.

— 1951: On the formation of reduced and unreduced gametophytes in the females of *Antennaria carpatica*. Hereditas **37**, 501—518.

— 1952a: Asyndesis in macrosporogenesis of diploid, triploid and tetraploid *Chrysanthemum carinatum*. Hereditas **38**, 83—90.

— 1952b: *Chondrilla chondrilloides*, a new sexual *Chondrilla* species. Hereditas **38**, 367—369.

— 1952c: Chromosome morphological studies in *Chondrilla juncea* and some remarks on the microsporogenesis. Hereditas **38**, 128—130.

Bergner, A. D., 1944: Guayule with low chromosome numbers. Science **99**, 224—225.

— 1946: Polyploidy and aneuploidy in Guayule. U. S. Dept. Agr., Tech. Bull. **918**, 1—36.

Böcher, T. W., 1938: Zur Zytologie einiger arktischen und borealen Blütenpflanzen. Svensk Bot. Tidskr. **32**, 346—361.

— 1947: Cytological studies of *Arabis Holboellii* Hornem. Hereditas **33**, 573.

— 1951: Cytological and embryological studies in the amphiapomictic *Arabis Holboellii* complex. Det Kongl. Danske Vid. Selsk. Biol. Skr. **6** (7), 1—59.

Böös, G., 1917: Über Parthenogenesis in der Gruppe *Aphanes* der Gattung *Alchemilla*. Acta Univ. Lund **2/13**, 1—37.

— 1924: Neue embryologische Studien über *Alchemilla arvensis* (L.) Scop. Bot. Not. (Lund), 209—250.

Bower, F. O., 1886: On apospory in ferns. J. Linn. Soc. (Bot.) **21**, 360—368.

Braun, A., 1856: Über Parthenogenesis bei Pflanzen. Abh. d. k. Akad. Wiss. Berlin, 311—376.

Bremer, G., 1922: Een cytologisch onderzoek van eenige soorten en soortsbastaarden van het geslacht *Saccharum*. Arch. Suikerind. Nederl. Indië. Med. Proefst. Java Suikerindust., 1922, No. 1, 112 S.

— 1946: De cytologie van soortsbastaarden bij *Saccharum*. Vakblad voor Biologen **26** (1), 3—10.

— 1959: Increase of chromosome number in species-hybrids of *Saccharum* in relation to the embryo-sac development. Bibliogr. Genet. **18**, 1—99.

Brink, R. A., and D. C. Cooper, 1947: The endosperm in seed development. Bot. Rev. **13**, No. 8/9.

Brown, W. V., 1951: Apomixis in *Zephyranthes texana* Herb. Amer. J. Bot. **38**, 697—702.

— and Emery, W. H. P., 1957: Apomixis in the *Gramineae*, tribe *Andropogoneae*: *Themeda triandra* and *Bothriochloa ischaemum*. Bot. Gaz. **118**, 246—253.

— 1958: Apomixis in the *Gramineae*: *Panicoideae*. Amer. J. Bot. **45**, 253—263.

Bryant, G. D., 1952: The apomictic mechanism in *Bouteloua curtipendula*. Unpublished Thesis, Univ. Oklahoma (cit. Freter & Brown, 1955).

Burton, G. W., 1948: The method of reproduction in common Bahia grass, *Paspalum notatum*. J. Amer. Soc. Agron. **40**, 443—452.

Carano, E., 1925: Sul particolare sviluppo del gametofito femminile di *Euphorbia dulcis* L. Rend. R. Acc. Lincei Ser. **6**a, 1, 633.

— 1926: Ulteriori osservazioni su *Euphorbia dulcis* L. in rapporto col suo comportamento apomittico. Ann. Bot. Roma **17**, 50—79.

Carvallo, A., et C. A. Krug, 1946: Observaçoes preliminares sôbre qui meras genéticas em *Coffea arabica* L. Bragantia **6**, 239—247.

Catcheside, D. G., 1947: The B-chromosomes of *Parthenium argentatum*. Heredity **1**, 393—394.

CELARIER, R. P., 1957: The cyto-geography of the *Bothriochloa ischaemum* complex. II. Chromosome behavior. Amer. J. Bot. **44,** 729—738.

— and HARLAN, J. R., 1957: Apomixis in *Bothriochloa, Dichanthium* and *Capillipedium*. Phytomorphology **7,** 93—102.

— 1958: The cytogeography of the *Bothriochloa ischaemum* complex. I. Taxonomy and geographic distribution. J. Linn. Soc. London **55,** 755—760.

— and K. L. MEHRA, 1959: Desynapsis in the *Andropogoneae*. Phyton **12,** 131—138.

— K. L. MEHRA and M. L. WULF, 1958: Cytogeography of the *Dichanthium annulatum* complex. Brittonia **10,** 59—72.

CHIARUGI, A., 1926: Aposporia e apogamia in „*Artemisia nitida*“ BERTOL. Nuovo Giorn. bot. Ital. N. S. **33,** 501—626.

— 1927: Il gametofito femmineo delle Angiosperme nei suoi vari tipi di costruzione e di sviluppo. Nuovo Giorn. bot. Ital. N. S. **34,** 5—133.

— e FRANCINI, E., 1930: Apomissia in *Ochna serrulata* WALP. Nuovo Giorn. bot. Ital. N. S. **37,** 1—250.

CHRISTEN, H. R., 1950: Untersuchungen über die Embryologie pseudogamer und sexueller *Rubus*-Arten. Ber. Schweiz. bot. Ges. **60,** 153—198.

— 1952: Die Embryologie von *Rubus idaeus* und von Bastarden zwischen *Rubus caesius* und *Rubus idaeus*. Z. indukt. Abstamm.- u. Vererb.-L. **84,** 454—461.

CHRISTOFF, M., 1940: Über die Fortpflanzungsverhältnisse bei einigen Arten der Gattung *Hieracium* nach einer experimentell induzierten Chromosomenvermehrung. Planta **31,** 73—90.

— 1942: Die genetische Grundlage der apomiktischen Fortpflanzung bei *Hieracium aurantiacum*. Z. indukt. Abstamm.- u. Vererb.-L. **80,** 103—125.

— and M. A. CHRISTOFF, 1948: Meiosis in the somatic tissue responsible for the reduction of chromosome number in the progeny of *Hieracium hoppeanum* SCHULT. Genetics **33,** 36—42.

— und G. PAPASOVA, 1943: Die genetischen Grundlagen der apomiktischen Fortpflanzung in der Gattung *Potentilla*. Z. indukt. Abstamm.- u. Vererb.-L. **81,** 1—27.

CLAUSEN, J., 1954: Partial apomixis as an equilibrium system in evolution. Caryologia, Vol. suppl. 1954, 469—479.

— 1961: Introgression facilitated by apomixis in polyploid *Poas*. Euphytica **10,** 87—94.

— D. KECK and W. M. HIESEY, 1940: Experimental studies on the nature of species. I. Effect of varied environments on Western North American plants. Carnegie Inst. Wash., Publ. **520,** 1—452.

— — — 1945: Experimental studies on the nature of species. II. Plant evolution through amphiploidy and autoploidy, with examples from the *Madiinae*. Carnegie Inst. Wash., Publ. **564,** 1—174.

— — — 1947: Experimental taxonomy. Carnegie Inst. Wash., Year Book **46,** 95—104.

— — — 1948: Experimental taxonomy. Carnegie Inst. Wash., Year Book **47,** 105—110.

— — — and P. GRUN, 1949: Experimental taxonomy. *Poa* investigations. Carnegie Inst. Wash., Year Book **48,** 97—103.

— — — — 1950: Experimental taxonomy. *Poa* investigations. Carnegie Inst. Wash., Year Book **49,** 104—107.

— P. GRUN, A. NYGREN and M. NOBS, 1951: Genetics and evolution of *Poa*. Carnegie Inst. Wash., Year Book **50,** 109—111.

— — W. M. HIESEY and M. NOBS, 1952: New *Poa* hybrids. Carnegie Inst. Wash., Year Book **51,** 111—117.

— — and M. NOBS, 1952: Survey of the range-grass program. Carnegie Inst. Wash., Year Book **51,** 107—111.

— — — 1961/62: Studies in *Poa* hybridization. Amer. Report 1961/62 Carnegie Inst. Wash., 325—334.

COE, G. E., 1953: Cytology of reproduction in *Cooperia pedunculata*. Amer. J. Bot. **40,** 335—343.

— 1954: Chromosome numbers and morphology in *Habranthus* and *Zephyranthes*. Bull. Torr. Bot. Club **81,** 141—148.

COOPER, D. C., and R. A. BRINK, 1949: The endosperm-embryo relationship in an autonomous apomict, *Taraxacum officinale*. Bot. Gaz. **111,** 139—153.

CRANE, M. B., 1940a: Reproductive versatility in *Rubus* — I. Morphology and inheritance. J. Genet. **40,** 109—118.

CRANE M. B., 1940b: The origin of new forms in *Rubus* — II. The loganberry *R. loganobaccus* BAILEY. J. Genet. **40,** 129—140.
— and C. D. DARLINGTON, 1927: The origin of new forms in *Rubus*. Genetica **9,** 241—278.
— and P. T. THOMAS, 1939: Segregation in asexual (apomictic) offspring in *Rubus*. Nature **143,** 684.

D'AMATO, F., 1940: Apomissia in *Statice oleaefolia* SCOP. var. *confusa* GOODR. (*Plumbaginaceae*). Nuovo Giorn. bot. Ital. N. S. **47,** 504.
— 1949a: Risultati di una carioembriologia in una popolazione di *Nothoscordum fragans* KUNTH. Caryologia **1,** 194—200.
— 1949b: Triploidia e apomissia in *Statice oleaefolia* SCOP. var. *confusa* GOODR. Caryologia **2,** 71—84.
DARLINGTON, C. D., 1928: Studies in *Prunus*, I and II. J. Genet. **19,** 213—256.
— 1931a: Cytological theory in relation to heredity. Nature **127,** 709—712.
— 1931b: Meiosis. Biol. Rev. **6,** 221—264.
— 1937: Recent advances in cytology. Sec. Ed. Churchill London, 671 S.
— and L. LA COUR, 1941: The genetics of embryo-sac development. Annals of Botany N. S. **V/20,** 547—562.
— and A. P. WYLIE, 1955: Chromosome atlas of flowering plants, London, 519 S.
DARROW, G. M., and G. F. WALDO, 1933: Pseudogamy in blackberry crosses. J. Hered. **24,** 313—315.
DE WET, J. M., 1954: Chromosome numbers of a few South African grasses. Cytologia **19,** 97—103.
DODDS, K. S., and C. S. PITTENDRIGH, 1946: Genetical and cytological studies of *Musa* — VII. Certain aspects of polyploidy. J. Genet. **47,** 162—177.
— and N. W. SIMMONDS, 1949: The cytogenetics of bananas. Proc. VIII Int. Congr. Genet. Hereditas, Suppl. Vol., 562.
DUTT, N. L., and K. S. SUBBA-RAO, 1933: Observations on the cytology of the sugar cane. Indian J. Agr. Sci. **3,** 37—56.

EDMAN, G., 1931: Apomeiosis und Apomixis bei *Atraphaxis frutescens* C. KOCH. Acta Horti Berg. **11,** 13—66.
EINSET, J., 1947: Chromosome studies in *Rubus*. Gentes Herb. **7,** 181—192.
— 1951: Apomixis in American polyploid blackberries. Amer. J. Bot. **38,** 768—772.
EKAMBARAM, T., and R. R. PANJE, 1935: Contributions to our knowledge of *Balanophora*. II. Life-history of *B. dioica*. Proc. Ind. Acad. Sci. **1,** 522—543.
EMERY, W. H. P., 1957a: A study of reproduction in *Setaria macrostachya* and its relatives in the Southwestern United States and Northern Mexico. Bull. Torrey Bot. Club. **84,** 106—121.
— 1957b: A cyto-taxonomic study of *Setaria macrostachya* (*Gramineae*) and its relations in the Southwestern United States and Mexico. Bull. Torr. Bot. Club **84,** 94—105.
— and W. V. BROWN, 1957: Extra-ovular development of embryos in two grass species. Bull. Torr. Bot. Club **84,** 361—365.
— — 1958: Apomixis in the *Gramineae*, tribe *Andropogoneae*: *Heteropogon contortus*. Madroño **14.**
ENGELBERT, V., 1940: Reproduction in some *Poa* species. Canad. J. Res. C. **18,** 518—521.
— 1941: The development of twin embryo sacs, embryos and endosperm in *Poa arctica* R. BR. Canad. J. Res. C. **19,** 135—144.
ERNST, A., 1909: Apogamie bei *Burmannia coelestis* DON. Ber. dtsch. bot. Ges. **27,** 157—168.
— 1913: Embryobildung bei *Balanophora*. Flora **106,** 129—159.
— 1918: Bastardierung als Ursache der Apogamie im Pflanzenreich. G. Fischer, Jena 1918, 666 S.
— 1949: Addenda, Corrigenda und Desiderata zur Genetik des amphidiploiden Artbastardes *Primula Kewensis*. Arch. Jul. Klaus-Stiftg. f. Vererb.forschg. **24,** 17—104.
— 1951a: „Maternal hybrids" nach interspezifischen Bestäubungen in der Gattung *Primula*, 1. Sektion *Candelabra*. Arch. Jul. Klaus-Stiftg. f. Vererb.forschg. **26,** 1—96.
— 1951b: „Maternal hybrids" nach interspezifischen Bestäubungen in der Gattung *Primula*, 2. Sektion *Farinosae*. Arch. Jul. Klaus-Stiftg. f. Vererb.forschg. **26,** 187—322.
— und CH. BERNARD, 1912: Entwicklungsgeschichte des Embryosackes, des Embryos und des Endosperms von *Burmannia coelestis* DON. Ann. Jard. bot. Buitenzorg **11,** 234—257.

ESAU, K., 1944: Apomixis in Guayule. Proc. Nat. Acad. Sci. Wash. **30**, 352—355.
— 1946: Morphology of reproduction in Guayule and certain other species of *Parthenium*. Hilgardia **17**, 61—101.

FABER, F. C. VON, 1912: Morphologisch-physiologische Untersuchungen an Blüten von *Coffea*-Arten. Ann. Jard. Bot. Buitenzorg. 2. Ser. **10**, (= **25**), 59—160.
FAGERLIND, F., 1937: Embryologische, zytologische und bestäubungsexperimentelle Studien in der Familie *Rubiaceae* nebst Bemerkungen über einige Polyploiditätsprobleme. Acta Horti Berg. **11**, 195—470.
— 1940a: Zytologie und Gametophytenbildung in der Gattung *Wikstroemia*. Hereditas **26**, 23—50.
— 1940b: Die Terminologie der Apomixis-Prozesse. Hereditas **26**, 1—22.
— 1944a: Die Samenbildung und die Zytologie bei agamospermischen und sexuellen Arten von *Elatostema* und einigen nahestehenden Gattungen nebst Beleuchtung einiger damit zusammenhängender Probleme. Kung. Svensk Vet. Akad. Handl. **21** (4), 1—130.
— 1944b: Der Zusammenhang zwischen Perennität, Apomixis und Polyploidie. Hereditas **30**, 179—200.
— 1945: Bildung und Entwicklung des Embryosacks bei sexuellen und agamospermischen *Balanophora*-Arten. Svensk Bot. Tidskr. **39**, 65—82.
— 1946: Sporogenesis, Embryosackentwicklung und pseudogame Samenbildung bei *Rudbeckia laciniata* L. Acta Horti Berg. **14**, 39—90.
— 1947a: Makrosporogenese und Embryosackbildung bei agamospermischen *Taraxacum*-Biotypen. Svensk Bot. Tidskr. **41**, 365—390.
— 1947b: Macrogametophyte formation in two agamospermous *Erigeron* species. Acta Horti Berg. **14**, 221—247.
— 1947c: Die Restitutions- und Kontraktionskerne der *Hieracium*-Mikrosporogenese. Svensk Bot. Tidskr. **41**, 247—263.
FARQUHARSON, L. J., 1955: Apomixis and polyembryony in *Tripsacum dactyloides*. Amer. J. Bot. **42**, 737—748.
FISCHER, W. D., E. C. BASHAW and E. C. HOLT, 1954: Evidence for apomixis in *Pennisetum ciliare* and *Cenchrus setigerus*. Agron. J. **46**, 401—404.
FOCKE, W. O., 1881: Die Pflanzen-Mischlinge. Ein Beitrag zur Biologie der Gewächse. Berlin 1881, 569 S.
— 1890: Versuche und Beobachtungen über Kreuzung und Fruchtansatz bei Blütenpflanzen. Abh. naturw. Verein Bremen **11**, 413—422.
FOGWILL, M., 1958: Differencies in crossing-over and chromosome size in the sex cells of *Lilium* and *Fritillaria*. Chromosoma **9**, 493—504.
FORENBACHER, A., 1914: Die Fortpflanzungsverhältnisse bei der Gattung *Potentilla*. Bull. Akad. Zagreb, 86—97.
FRETER, L. E., and V. W. BROWN, 1955: A cytotaxonomic study of *Bouteloua curtipendula* and *B. uniflora*. Bull. Torrey Bot. Club **82**, 118—130.
FULTZ, J. L., 1942: Somatic chromosome complements in *Bouteloua*. Amer. J. Bot. **29**, 45—55.
FÜRNKRANZ, D., 1960: Cytogenetische Untersuchungen an *Taraxacum* im Raume von Wien. Österr. bot. Z. **107**, 310—350.
— 1961: Cytogenetische Untersuchungen an *Taraxacum* im Raume von Wien. II. Hybriden zwischen *T. officinale* und *T. palustre*. Österr. bot. Z. **108**, 408—415.
— 1964a: *Taraxacum apenninum* — ein altes Element mediterraner Gebirge. Österr. bot. Z. **111**, 231—239.
— 1964b: Beiträge zur Cytogenetik experimenteller und natürlicher Hybriden bei *Taraxacum*. Ber. dtsch. bot. Ges. **78**, 139—142.

GARDNER, E. J., 1946: Sexual plants with high chromosome number from an individual plant selection in a natural population of Guayule and Mariola. Genetics **31**, 117—124.
GELIN, O., 1934: Embryologische und cytologische Studien in *Heliantheae-Coreopsidinae*. Acta Horti Berg. **11**, 99—128.
GENTCHEFF, G., 1937: Zytologische und embryologische Studien über einige *Hieracium*-Arten. Planta **27**, 165—195.
— 1938: Über die pseudogame Fortpflanzung bei *Potentilla*. Genetica **20**, 398—408.
— 1941: Degenerative phenomena in the male gametophyte of *Hieracium* in relation to mitotic behaviour of the cell. Univ. St. Kliment, Ochridsky Sofia, Fac. Agr., Year Book **19**, 107—150.

GENTCHEFF, G., and Å. GUSTAFSSON, 1940a: The balance system of meiosis in *Hieracium*. Hereditas **26**, 209—249.

— — 1940b: Parthenogenesis and pseudogamy in *Potentilla*. Bot. Not. (Lund), 109—132.

GERSTEL, D. U., 1950: Self-incompatibility studies in Guayule. II. Inheritance. Genetics **35**, 482—506.

— B. L. HAMMOND, and C. KIDD, 1953: An additional note on the inheritance of apomixis in Guayule. Bot. Gaz. **115**, 89—93.

— and WM. MISHANEC, 1950: On the inheritance of apomixis in *Parthenium argentatum*. Bot. Gaz. **112**, 96—106.

— and M. E. RINER, 1950: Self-incompatibility studies in Guayule. J. Hered. **41**, 49—55.

GILDENHUYS, P. J., and K. BRIX, 1959: Apomixis in *Pennisetum dubium*. South Afr. J. Agr. Sci. **2**, 231—245.

GRAZI, F., M. UMAERUS, and E. ÅKERBERG, 1961: Observations on the mode of reproduction and the embryology of *Poa pratensis*. Hereditas **47**, 489—541.

GREMLI, A., 1870: Exkursionsflora für die Schweiz (Aarau 1870).

GRUN, P., 1951: *Poa nervosa*, an extreme in asexual reproduction. Carnegie Inst. Wash., Year Book **50**, 112—113.

— 1952: Apomixis and variation in *Poa nervosa*. Carnegie Inst. Wash., Year Book **51**, 117—119.

— 1954: Cytogenetic studies of *Poa* — I. Chromosome numbers and morphology of interspecific hybrids. Amer. J. Bot. **41**, 671—678.

— 1955a: Cytogenetic studies of *Poa* — II. The pairing of chromosomes in species and interspecific hybrids. Amer. J. Bot. **42**, 11—18.

— 1955b: Cytogenetic studies of *Poa* — III. Variation within *Poa nervosa*, an obligate apomict. Amer. J. Bot. **42**, 778—784.

— and E. L. TRIPLETT, 1952: *Poa* cytology. Carnegie Inst. Wash., Year Book **51**, 119—122.

GUSTAFSSON, ALTON., 1933: Cytological studies in the genus *Hieracium*. Bot. Gaz. **94**, 512—533.

GUSTAFSSON, Å., 1932: Zytologische und experimentelle Studien in der Gattung *Taraxacum*. Hereditas **16**, 41—62.

— 1933: Über die Teilung der Embryosackmutterzelle bei *Taraxacum* (Vorl. Mitt.). Bot. Not. 1933, 531—534.

— 1934a: Die Formenbildung der Totalapomikten. Hereditas **19**, 259—283.

— 1934b: Primary and secondary association in *Taraxacum*. Hereditas **20**, 1—31.

— 1935: Studies on the mechanism of parthenogenesis. Hereditas **21**, 1—112.

— 1938: The cytological differentiation of male and female organs in parthenogenetic species. Biol. Zbl. **58**, 608—616.

— 1939a: The interrelation of meiosis and mitosis. I. The mechanism of agamospermy. Hereditas **25**, 289—322.

— 1939b: A general theory for the interrelation of meiosis and mitosis. Hereditas **25**, 31—32.

— 1942a: Meiosis und Mitosis. Eine Erklärung der meiotischen Erscheinungen bei *Hieracium*. Chromosoma **2**, 367—387.

— 1942b: The origin and properties of the European blackberry flora. Hereditas **28**, 249—277.

— 1943: The genesis of the European blackberry flora. Lunds Univers. Årsskr. **39**, No. 6, 3—199.

— 1944: The terminology of the apomictic phenomena. Hereditas **30**, 145—151.

— 1946—1947: Apomixis in higher plants — I—III. Acta Univ. Lund **42** (3), **43** (2, 12), 370 S.

— and A. NYGREN, 1946: The temperature effect on pollen formation and meiosis in *Hieracium robustum*. Hereditas **32**, 1—14.

HÄFLIGER, E., 1943: Zytologisch-embryologische Untersuchungen pseudogamer Ranunkeln der *Auricomus*-Gruppe. Ber. Schweiz. bot. Ges. **53**, 317—382.

HAIR, J. B., 1956: Subsexual reproduction in *Agropyron*. Heredity **10**, 129—160.

HÅKANSSON, A., 1943: Die Entwicklung des Embryosacks und die Befruchtung bei *Poa alpina*. Hereditas **29**, 25—61.

— 1944: Ergänzende Beiträge zur Embryologie von *Poa alpina*. Bot. Not. (Lund), 299—311.

— 1946: Untersuchungen über die Embryologie einiger *Potentilla*-Formen. Acta Univ. Lund **42**, 1—70.

HÅKANSSON, A., 1951: Parthenogenesis in *Allium*. Bot. Not. (Lund), 143—179.
— 1953a: Die Samenbildung bei *Nothoscordum fragrans*. Bot. Not. (Lund), 129—139.
— 1953b: Endosperm formation after 2x, 4x crosses in certain cereals, especially in *Hordeum vulgare*. Hereditas **39**, 57—64.
— and S. ELLERSTRÖM, 1950: Seed development after reciprocal crosses between diploid and tetraploid rye. Hereditas **36**, 256—296.
— and A. LEVAN, 1957: Endo-duplicational meiosis in *Allium odorum*. Hereditas **43**, 179—200.
HALL, I. V., and L. E. AALDERS, 1961: Cytotaxonomy of lowbush blueberries in Eastern Canada. Amer. J. Bot. **48**, 199—201.
HARLAN, J. R., 1948: Tucson side-oats grama: an improved strain. Research reported at the 2nd annual Oklahoma crops and soils conference. Okl. Agr. Exp. Sta., Bull. B-**319**, 123—125.
— 1949: Apomixis in side-oats grama. Amer. J. Bot. **36**, 495—499.
— R. P. CELARIER, and W. L. RICHARDSON, 1958: Studies on Old World bluestems II. Oklahoma State Univ., Tech. Bull. **T-72**, 3—23.
HARLING, G., 1951: Embryological studies in the *Compositae*. III. Astereae. Acta Horti Berg. **16**, 73—120.
HAYMAN, D. L., 1956: Apomixis in Australian *Paspalum dilatatum*. Austral. Inst. Agr. Sci. J. **22**, 292—293.
HEITZ, E., 1951: Embryologischer Nachweis von Agamospermie mittels Simultanmethode. Experientia **7**, 456.
HERNANDEZ, A., 1953: Observation on the chromosome number of *Pennisetum ciliare*. J. Agr. Univ. Puerto Rico, **37**, 161—170.
HESLOP-HARRISON, J., 1952: Cytological studies in the genus *Rubus* L. I. Chromosome numbers in the British *Rubus* flora. The New Phytologist **52**, 22—39.
— 1957: The physiology of reproduction in *Dactylorchis*. I. Auxin and the control of meiosis, ovule formation and ovary growth. Bot. Not. **110**, 28—48.
HOFMEYR, J. D. J., and P. C. J. OBERHOLZER, 1948: Genetic aspects associated with the propagation of *Citrus*. Farming South-Afr. **23**, 201—208.
HOLLINGSHEAD, L., 1930: Cytological investigations of hybrids and hybrid derivatives of *Crepis capillaris* and *Crepis tectorum*. Univ. Calif. Publ. agric. Sci. **6**, 55—94.
HOLMGREN, I., 1919: Zytologische Studien über die Fortpflanzung bei den Gattungen *Erigeron* und *Eupatorium*. Kung. Svensk Vet. Akad. Handl. **59** (7), 1—118.
HULTÉN, E., 1950: Atlas över växternas utbredning i Norden Stockholm (zit. nach Liljefors 1953).
HUNZIKER, H. R., 1954: Beitrag zur Aposporie und ihrer Genetik bei *Potentilla*. Arch. Jul. Klaus-Stiftg. f. Vererb.forschg. **29**, 136—222.

JENSEN, H. W., 1951: The normal and parthenogenetic forms of *Orobanche uniflora* L. in the Eastern United States. Cellule **54**, 135—142.
JOHNSON, A. M., 1936: Polyembryony in *Eugenia Hookeri*. Amer. J. Bot. **23**, 83—85.
JUEL, O., 1900: Vergleichende Untersuchungen über typische und parthenogenetische Fortpflanzung bei der Gattung *Antennaria*. Kong. Svensk Vetensk. Akad. Handl. **33**, 1—59.
— 1904: Die Tetradenteilungen in der Samenanlage von *Taraxacum*. Ark. f. Bot. **2**, 1—9.

KARPECHENKO, G. D., 1928: Polyploid hybrids of *Raphanus sativus* L. × *Brassica oleracea* L. Z. indukt. Abstamm.- u. Vererb.-L. **48**, 1—85.
KIELLANDER, C. L., 1935: Apomixis bei *Poa serotina*. Bot. Not. (Lund), 87—95.
— 1937: On the embryological basis of apomixis in *Poa palustris*. Svensk Bot. Tidskr. **31**, 425—429.
— 1941: Studies on apospory in *Poa pratensis* L. Svensk Bot. Tidskr. **35**, 321—332.
— 1942: A subhaploid *Poa pratensis* L. with 18 chromosomes and its progeny. Svensk Bot. Tidskr. **36**, 200—220.
KLINGSTEDT, H., 1937: On some tetraploid spermatocytes in *Chrysochraon dispar*. Mem. Soc. Fauna Flora Fenn. **12**, 194—209.
KNOX, R. B., and J. HESLOP-HARRISON, 1963: Experimental control of aposporous apomixis in a grass of the *Andropogoneae*. Bot. Not. **116**, 127—141.
KOCH, W., 1933: Schweizerische Arten aus der Verwandtschaft des *Ranunculus auricomus* L. Ber. Schweiz. bot. Ges. **42**, 740—753.
— 1939: Zweiter Beitrag zur Kenntnis des Formenkreises von *Ranunculus auricomus* L. Ber. Schweiz. bot. Ges. **49**, 541—554.

KRUG, C. A., 1943: Chromosome numbers in the subfamily *Aurantioideae*, with special reference to the genus *Citrus*. Bot. Gaz. **104**, 602—611.

KUWADA, Y., 1928: An occurrence of restitution-nuclei in the formation of the embryo-sacs in *Balanophora japonica* MAK. Bot. Mag., Tokyo **42**, 117—129.

LAWRENCE, W. E., 1945: Some ecotypic relations of *Deschampsia caespitosa*. Amer. J. Bot. **32**, 298—314.

LIDFORSS, B., 1914: Resumé seiner Arbeiten über *Rubus*. Z. indukt. Abstamm.- u. Vererb.-L. **12**, 1—13.

LILJEFORS, A., 1934: Über normale und apospore Embryoentwicklung in der Gattung *Sorbus*, nebst einigen Bemerkungen über die Chromosomenzahlen. Svensk Bot. Tidskr. **28**, 290—299.

— 1953: Studies on propagation, embryology, and pollination in *Sorbus*. Acta Horti Berg. **16**, 277—329.

— 1955a: Studies on species formation in the genus *Sorbus* in Scandinavia. Thesis, Stockholm 1955, 10 S.

— 1955b: Cytological studies in *Sorbus*. Acta Horti Berg. **17** (4), 47—113.

LONGLEY, A. E., 1924a: Cytological studies in the genus *Rubus*. Amer. J. Bot. **11**, 249—282.

— 1924b: Cytological studies in the genus *Crataegus*. Amer. J. Bot. **11**, 295—317.

MAHESHWARI, P., 1950: An Introduction to the Embryology of Angiosperms. New York & London, 453 S.

— and S. NARAYANASWAMI, 1952: Embryological studies on *Spiranthes australis* LINDLEY. J. Linn. Soc. (Bot.) **53**, 474—486.

MALECKA, J., 1961: Studies in the mode of reproduction of the diploid endemic species *Taraxacum pieninicum* PAWL. Acta Biol. Cracov. **4**, 25—42.

MANTON, I., 1950: Problems of cytology and evolution in the *Pteridophyta*. 316 S.

MARKLUND, G., and A. ROUSI, 1961: Outlines of evolution in the pseudogamous *Ranunculus auricomus* group in Finnland. Evolution **15**, 510—522.

MATTHEY, R., 1945: Cytologie de la parthénogénèse chez *Pycnoscelus surinamensis* L. Rev. Suisse Zool. **52**, Suppl., 109ff.

MCMILLAN, C., and J. WEILER, 1959: Cytogeography of *Panicum virgatum* in Central North America. Amer. J. Bot. **46**, 590—593.

MELANDER, Y., 1949: Cytological studies on Scandinavian flatworms belonging to *Tricladida, Paludicola*. Hereditas Suppl. Vol., 625/26.

MENDEL, G., 1869: Über einige aus künstlicher Befruchtung gewonnene *Hieracium*-Bastarde. OSTWALDS Klassiker der ex. Wiss. **121**.

MENDES, A. J. T., 1941: Cytological observation in *Coffea*. VI. Embryo and endosperm development in *Coffea arabica*. Amer. J. Bot. **28**, 784—789.

— 1946: Parthenogenesis, parthenocarpy and instances of abnormal fertilization in *Coffea*. Bragantia (São Paulo) **6**, 265—273.

— 1949: Coffee cytology. Proc. VIII Int. Congr. Gen. Hereditas Suppl. Vol., 628.

MODILEWSKI, J., 1928: Weitere Beiträge zur Embryologie und Cytologie von *Allium*-Arten. Bull. Jard. bot. Kiew **7—8**.

— 1930: Neue Beiträge zur Polyembryonie von *Allium odorum*. Ber. dtsch. bot. Ges. **48**, 285—295.

— 1931: Die Embryobildung bei *Allium odorum* L. Bull. Jard. bot. Kiew **12—13**, 27—48.

MÜNTZING, A., 1928: Pseudogamie in der Gattung *Potentilla*. Hereditas **11**, 267—283.

— 1931: Note on the cytology of some apomictic *Potentilla*-species. Hereditas **15**, 166—178.

— 1933: Apomictic and sexual seed formation in *Poa*. Hereditas **17**, 131—154.

— 1940: Further studies on apomixis and sexuality in *Poa*. Hereditas **26**, 115—190.

— 1946: Different chromosome numbers in root tips and pollen mother cells in a sexual strain of *Poa alpina*. Hereditas **34**, 127—129.

— 1954: The cytological basis of polymorphism in *Poa alpina*. Hereditas **40**, 459—516.

— 1958a: The balance between sexual and apomictic reproduction in some hybrids of *Potentilla*. Hereditas **44**, 145—160.

— 1958b: Further studies on intraspecific polyploidy in *Potentilla argentea* (coll.). Bot. Not. **111**, 209—227.

— 1958c: Heteroploidy and polymorphism in some apomictic species of *Potentilla*. Hereditas **44**, 280—329.

— and G. MÜNTZING, 1941: Some new results concerning apomixis, sexuality and polymorphism in *Potentilla*. Bot. Not. (Lund), 237—278.

Müntzing A., and G. Müntzing, 1942: Recent results in *Potentilla.* Hereditas **28,** 232—235.
— — 1943: Spontaneous changes in chromosome number in apomictic *Potentilla collina.* Hereditas **29,** 451—460.
— — 1944: A pentaploid F_1 hybrid between two diploid *Potentilla* species. Hereditas **30,** 631—638.
— — 1945: The mode of reproduction of hybrids between sexual and apomictic *Potentilla argentea.* Bot. Not. (Lund), 49—71.
— and R. Prakken, 1940: The mode of chromosome pairing in *Phleum* twins with 63 chromosomes and its cytogenetic consequences. Hereditas **26,** 463—501.
Murbeck, Sv., 1901: Parthenogenetische Embryobildung in der Gattung *Alchemilla.* Lunds Univ. Årsskr. **36,** Afd. 2, Nr. 7, 1—45.
Myers, W. M., 1943: Second generation progeny tests of the method of reproduction in Kentucky bluegrass, *Poa pratensis.* J. Amer. Soc. Agron. **35,** 413—419.

Nannfeldt, J. A., 1937: On *Poa jemtlandica* (Almqu.) Richt., its distribution and possible origin. Bot. Not. (Lund), 1—27.
Narayan, K. N., 1951: Apomixis in *Pennisetum.* Unpubl. thesis, Univ. of California.
Narayanaswami, S., 1940: Megasporogenesis and the origin of triploids in *Saccharum.* Indian J. Agr. Sci. **10,** 534—551.
— 1954: The structure and development of the caryopsis in some Indian millets. III. *Paspalum scrobiculatum* L. Bull. Torr. Bot. Club **81,** 288—299.
— 1955: The structure and development of the caryopsis in some Indian millets. IV. *Echinochloa frumentacea* Link. Phytomorphology **5,** 161—171.
Nielsen, E. L., 1945: Cytology and breeding behavior of selected plants of *Poa pratensis.* Bot. Gaz. **106,** 357—382.
— 1946a: Breeding behavior and chromosome numbers in progenies from twin and triplet plants in *Poa pratensis.* Bot. Gaz. **108,** 26—40.
— 1946b: The origin of multiple macrogametophytes in *Poa pratensis.* Bot. Gaz. **108,** 41—50.
— 1947: Developmental sequence of embryo and endosperm in apomictic and sexual forms of *Poa pratensis.* Bot. Gaz. **108,** 531—534.
Noack, K. L., 1939: Über *Hypericum*-Kreuzungen. VI. Fortpflanzungsverhältnisse und Bastarde von *Hypericum perforatum* L. Z. indukt. Abstamm.- u. Vererb.-L. **76,** 569—601.
Nygren, A., 1946: The genesis of some Scandinavian species of *Calamagrostis.* Hereditas **32,** 131—262.
— 1948a: Further studies in spontaneous and synthetic *Calamagrostis purpurea.* Hereditas **34,** 113—134.
— 1948b: Some interspecific crosses in *Calamagrostis* and their evolutionary consequences. Hereditas **34,** 387—413.
— 1949a: Apomictic and sexual reproduction in *Calamagrostis purpurea.* Hereditas **35,** 285—300.
— 1949b: Studies on vivipary in the genus *Deschampsia.* Hereditas **35,** 27—32.
— 1950a: Cytological and embryological studies in arctic *Poae.* Symbolae Bot. Upsal. **10** (4), 1—64.
— 1950b: A cytological and embryological study of *Antennaria porsildii.* Hereditas **36,** 483—486.
— 1951a: Embryology of *Poa.* Carnegie Inst. Wash., Year Book **50,** 113—115.
— 1951b: Form and biotype formation in *Calamagrostis purpurea.* Hereditas **37,** 519—532.
— 1953: How to breed Kentucky blue grass, *Poa pratensis* L. Hereditas **39,** 51—56.
— 1954a: Apomixis in the angiosperms. II. Bot. Rev. **20** (10), 577—649.
— 1954b: Investigations on North American *Calamagrostis.* Hereditas **40,** 377—397.
— 1962: Artifical and natural hybridization in European *Calamagrostis.* Sy. Bot. Uppsal. **17,** 5—100.
— and G. Almgård, 1962: On the experimental control of vivipary in *Poa.* Kungl. Lantbruks. Annaler **28,** 27—36.

Oehler, E., 1927: Entwicklungsgeschichtlich-zytologische Untersuchungen an einigen saprophytischen Gentianaceen. Planta **3,** 641—733.
Okabe, S., 1932: Parthenogenesis bei *Ixeris dentata.* Bot. Mag. Tokyo **46,** 518—523.
Oksala, T., 1944: Zytologische Studien an Odonaten. II. Die Entstehung der meiotischen Präkozität. Acad. Sci. Fenn. Ser. A 4.

OSAWA, I., 1912: Cytological and experimental studies in *Citrus*. J. Coll. Agric. Imp. Univ. Tokyo **4**, 83—116.

OSTENFELD, C. H., 1906/07: Experimental and cytological studies in the *Hieracia*. Svensk Bot. Tidskr. **27**, 225—248.

— 1910: Further studies on the apogamy and hybridization of the *Hieracia*. Z. indukt. Abstamm.- u. Vererb-L. **3**, 241—285.

— 1912: Experiments on the origin of species in the genus *Hieracium*. New Phytol. **11**, 347—354.

— 1921: Some experiments on the origin of new forms in the genus *Hieracium*, subgenus *Archieracium*. J. Genet. **11**, 117—122.

— and O. ROSENBERG, 1907: Experimental and cytological studies in the *Hieracia*. II. Cytological studies on the apogamy in *Hieracium*. Svensk Bot. Tidskr. **28**, 143—170.

PACE, L., 1913: Apogamy in *Atamasco*. Bot. Gaz. **56**, 376—394.

PIJL, L. VAN DER, 1934: Über die Polyembryonie bei *Eugenia*. Rec. Trav. Bot. Néerl. **31**, 113—187.

PODDUBNAJA-ARNOLDI, W. A., 1933: Geschlechtliche und ungeschlechtliche Fortpflanzung bei einigen *Chondrilla*-Arten. Planta **19**, 46—86.

— 1939: Development of pollen and embryosac in interspecific hybrids of *Taraxacum*. C. r. Acad. Sci. (URSS) **24**, 374—377.

PODDUBNAJA-ARNOLDI, V., und V. DIANOWA, 1934: Eine zyto-embryologische Untersuchung einiger Arten der Gattung *Taraxacum*. Planta **23**, 19—46.

POPOFF, A., 1935: Über die Fortpflanzungsverhältnisse der Gattung *Potentilla*. Planta **24**, 510—522.

PORSILD, M. P., 1915: On the genus *Antennaria* in Greenland. Medd. om Grønland **51**, 265—281.

POWERS, L., 1945: Fertilization without reduction in Guayule (*Parthenium argentatum* GRAY) and a hypothesis as to the evolution of apomixis and polyploidy. Genetics **30**, 323—346.

— and E. J. GARDNER, 1945: Frequency of aborted pollen grains and microcytes in Guayule, *Parthenium argentatum* GRAY. J. Amer. Soc. Agron. **37**, 184—193.

— and R. C. ROLLINS, 1945: Reproduction and pollination studies on Guayule, *Parthenium argentatum* GRAY and *P. incanum* H. B. K. J. Amer. Soc. Agron. **37**, 96—112.

PRATT, C., and I. EINSET, 1955: Development of the embryosac in some American blackberries. Amer. J. Bot. **42**, 637—645.

PRICE, S., 1959: Critique on apomixis in sugarcane. Econ. Bot. **13**, 67—74.

RAGHAVAN, T. S., 1951: The sugarcanes of India. J. Hered. **42**, 199—206.

— 1956: The bearing of certain recent cytogenetical findings on sugarcane breeding. Indian Acad. Sci. B, Proc. **43**, 100—109.

RAMANATHAN, K., 1950: Addendum to list of chromosome numbers in economic plants. Curr. Sci. **19**, 155.

RENNER, O., 1916: Zur Terminologie des pflanzlichen Generationswechsels. Biol. Zbl. **36**, 337—374.

RICHARDSON, M. M., 1936: Meiosis in *Crepis*. I. Pachytene association and chiasma behaviour in *Crepis capillaris* (L.) WALLR. and *C. tectorum*. J. Genet. **31**, 101—117.

— 1936: Meiosis in *Crepis*. II. Failure of pairing in *Crepis capillaris* (L.) WALLR. J. Genet. **31**, 119—143.

RILEY, R., 1960: The diploidisation of polyploid wheat. Heredity **15**, 407—429.

— and V. CHAPMAN, 1958: Genetic control of the cytological diploid behaviour of hexaploid wheat. Nature **182**, 713—715.

ROLLINS, R. C., 1944: Evidence for natural hybridity between Guayule (*Parthenium argentatum*) and Mariola (*P. incanum*). Amer. J. Bot. **31**, 93—99.

— 1945a: Interspecific hybridization in *Parthenium*. I. Crosses between Guayule (*P. argentatum*) and Mariola (*P. incanum*). Amer. J. Bot. **32**, 395—404.

— 1945b: Evidence for genetic variation among apomictically produced plants of several F_1 progenies of Guayule (*Parthenium argentatum*) and Mariola (*P. incanum*). Amer. J. Bot. **32**, 554—560.

— 1946: Interspecific hybridization in *Parthenium*. II. Crosses involving *P. argentatum*, *P. incanum*, *P. stramonium*, *P. tomentosum* and *P. hysterophorus*. Amer. J. Bot. **33**, 21—30.

— 1949: Sources of genetic variation in *Parthenium argentatum* GRAY (*Compositae*). Evolution **3**, 358—368.

ROSENBERG, O., 1907: Cytological studies on the apogamy in *Hieracium*. Bot. Tidsskr. **28**, 143—170.

— 1912: Über die Apogamie bei *Chondrilla juncea*. Svensk Bot. Tidskr. **6**, 915—919.

— 1917: Die Reduktionsteilung und ihre Degeneration in *Hieracium*. Svensk Bot. Tidskr. **11**, 145—206.

— 1926/1927: Die semiheterotypische Teilung und ihre Bedeutung für die Entstehung verdoppelter Chromosomenzahlen. Hereditas **8** (1926—1927), 305—338.

— 1930: Apogamie und Parthenogenesis bei Pflanzen. Handb. Vererb.wiss., Lief. **12**, (II, L), 1—66.

ROUSI, A., 1955: Cytological observations on the *Ranunculus auricomus* group. Hereditas **41**, 516—518.

— 1956: Cytotaxonomy and reproduction in the apomictic *Ranunculus auricomus* group. Ann. Bot. Soc. Zool. Bot. Fennica, Vanamo **29**, 1—64.

ROZANOVA, M. A., 1932: Versuch einer analytischen Monographie der conspecies *Ranunculus auricomus* KORSH. Trav. Inst. Sci. Nat. Peterhof **8**, 19—148.

RUTISHAUSER, A., 1939: Zur Embryologie pseudogamer Potentillen. Mitt. Naturf. Ges. Schaffhausen **15**, 203—215.

— 1943a: Konstante Art- und Rassenbastarde in der Gattung *Potentilla*. Mitt. Naturf. Ges. Schaffhausen **18**, 111—134.

— 1943b: Über die Entwicklungsgeschichte pseudogamer Potentillen. Arch. Jul. Klaus-Stiftg. f. Vererb.forschg. **18**, 687—691.

— 1943c: Untersuchungen über die Fortpflanzung und Bastardbildung apomiktischer Potentillen. Ber. Schweiz. bot. Ges. **53**, 1—83.

— 1945a: Über die Fortpflanzung einiger Bastarde von pseudogamen Potentillen. Arch. Jul. Klaus-Stiftg. f. Vererb.forschg., Ergänzungsband zu Bd. **20**, 300—314.

— 1945b: Zur Embryologie amphimiktischer Potentillen. Ber. Schweiz. bot. Ges. **55**, 19—32.

— 1946: Über Kreuzungsversuche mit pseudogamen Potentillen. 6. Jahresber. Schweiz. Ges. Vererb. SSG, Arch. Jul. Klaus-Stiftg. f. Vererb.forschg. **21**, 469—472.

— 1947: Untersuchungen über die Genetik der Aposporie bei pseudogamen Potentillen. Experientia **3**, 204.

— 1948: Pseudogamie und Polymorphie in der Gattung *Potentilla*. Arch. Jul. Klaus-Stiftg. f. Vererb.forschg. **23**, 267—424.

— 1949: Untersuchungen über Pseudogamie und Sexualität einiger Potentillen. Ber. Schweiz. bot. Ges. **59**, 409—419.

— 1954a: Die Entwicklungserregung des Endosperms bei pseudogamen *Ranunculus*-Arten. Mitt. Naturf. Ges. Schaffhausen **25**, 1—45.

— 1954b: Entwicklungserregung der Eizelle bei pseudogamen Arten der Gattung *Ranunculus*. Bull. Schweiz. Akad. Med. Wiss. **10**, 491—512.

— 1960: Untersuchungen über die Evolution pseudogamer Arten. Ber. Schweiz. bot. Ges. **70**, 113—125.

— 1961: Apomixis and Polyembryony in Angiosperms — Pseudogamous Reproduction and Evolution. Rec. Advances in Botany, Univ. Toronto Press, 699—702.

— 1965: Genetik der Pseudogamie bei *Ranuculus auricomus* s. l. W. KOCH. Ber. Schweiz. bot. Ges. **75**, 157—182.

— und H. R. HUNZIKER, 1950: Untersuchungen über die Zytologie des Endosperms. Arch. Jul. Klaus-Stiftg. f. Vererb.forschg. **25**, 477—483.

— — 1954: Weitere Beiträge zur Genetik der Aposporie pseudogamer Potentillen. Arch. Jul. Klaus-Stiftg. f. Vererb.forschg. **29**, 223—233.

RYCHLEWSKY, J., 1961: Cyto-embryological studies in the apomictic species *Nardus stricta* L. Acta Biol. Cracov. **4**, 1—23.

SATINA, S., and A. F. BLAKESLEE, 1935: Cytological effects of a gene in *Datura* which causes dyad formation in sporogenesis. Bot. Gaz. **96**, 521—532.

SAX, K., 1935: The cytological analysis of species-hybrids. Bot. Rev. **1**, 100—117.

SCHMIDT, H., 1964: Beiträge zur Züchtung apomiktischer Apfelunterlagen, I. Zeitschr. für Pflanzenzüchtung **52**, 27—102.

SCHNARF, K., 1929: Embryologie der Angiospermen. Handb. Pflanzenanatomie, II. Abt., 2. Teil. Berlin, Gebr. Borntraeger, 689 S.

SCHWARZENBACH, F. H., 1956: Die Beeinflussung der Viviparie bei einer grönländischen Rasse von *Poa alpina* L. durch den jahreszeitlichen Licht- und Temperaturwechsel. Ber. Schweiz. bot. Ges. **66**, 204—223.

SESHAGIRIAH, K. N., 1932: Development of the female gametophyte and embryo in *Spiranthes australis* LINDLEY. Curr. Sci. **1**, 102 (zit. SWAMY 1946).

— 1934: Pollen sterility in *Zeuxine sulcata* LINDLEY. Curr. Sci. **3**, 205—206.

SESHAGIRIAH, K. N., 1942: Female gametophyte and embryogeny in *Cymbidium bicotar* LINDLEY. Proc. Ind. Acad. Sci. **15**, 194—201.

SHIBATA, K., und K. MIYAKE, 1908: Über Parthenogenesis bei *Houttuynia cordata.* Bot. Mag. Tokyo **22**, 141—144.

SHIMOTOMAI, N., 1930: Chromosomenzahlen und Phylogenie bei der Gattung *Potentilla.* Hiroshima Univ., J. Sci. B 2, **1**, 1—11.

SINGH, A. P., 1965: Intergeneric cross of *Dichanthium annulatum* with *Bothriochloa ischaemum.* Cytologia **30**, 54—57.

SKALINSKA, M., 1952: Cyto-ecological studies in *Poa alpina* L. var. *vivipara* L. Bull. Acad. Ponon. Sci. et Lett., Sci. Math. et Nat. B. Sci. Nat. (1), 253—283.

— 1959: Embryological studies in *Poa granitica* BR. BL., an apomictic species of the Carpathian range. Acta Biol. Cracov. Ser. Bot. **2**, 91—112.

SMITH, B. W., 1948: Hybridity and apomixis in the perennial grass, *Paspalum dilatatum.* Genetics **33**, 628—629.

SNYDER, L. A., 1957: Apomixis in *Paspalum secans.* Amer. J. Bot. **44**, 318—324.

— and J. R. HARLAN, 1953: A cytological study of *Bouteloua gracilis* from Western Texas and Eastern New Mexico. Amer. J. Bot. **40**, 702—707.

— A. HERNANDEZ and H. E. WARMKE, 1955: The mechanism of apomixis in *Pennisetum ciliare.* Bot. Gaz. **116**, 209—221.

SOKOLOWSKA-KULCZYCKA, A., 1959: Apomixis in *Leontopodium alpinum* CASS. Acta Biol. Cracov. Ser. Bot. **2**, 51—63.

SØRENSEN, TH., 1958: Sexual chromosome-aberrants in triploid apomictic *Taraxaca.* Bot. Tidsskr. **54**, 1—22.

— and G. GUÐJÓNSSON, 1946: Spontaneous chromosome-aberrants in apomictic *Taraxaca.* Kong. Danske Vid. Selsk. Biol. **4** (2), 3—48.

SPARROW, A. H., M. L. RUTTLE and B. R. NEBEL, 1942: Comparative cytology of sterile intra- und fertile intervarietal hybrids of *Antirrhinum majus* L. Amer. J. Bot. **29**, 711—715.

STEBBINS, G. L., Jr., 1932a: Cytology of *Antennaria.* I. Normal species. Bot. Gaz. **94**, 134—151.

— 1932b: Cytology of *Antennaria.* II. Parthenogenetic species. Bot. Gaz. **94**, 322—344.

— 1935: New species of *Antennaria* from the Appalachian region. Rhodora **37**, 229 237.

— 1941: Apomixis in the angiosperms. Bot. Rev. **7**, 507—542.

— 1947: Types of polyploids: their classification and significance. Advances in Genet. Vol. I, New York, 403—429.

— 1950: Variation and evolution in plants. Columbia Univ. Press, New York. 643 S

— and E. B. BABCOCK, 1939: The effect of polyploidy and apomixis on the evolution of species in *Crepis.* J. Hered. **30**, 519—530.

— and J. A. JENKINS, 1939: Aposporic development in the North American species of *Crepis.* Genetica **21**, 191—224.

— and M. KODANI, 1944: Chromosomal variation in Guayule and Mariola. J. Hered. **35**, 162—172.

STEIL, W. N., 1951: Apogamy, apospory and parthenogenesis in the pteridophytes. II. Bot. Rev. **17**, 90—104.

STENAR, H., 1932: Studien über die Entwicklungsgeschichte von *Nothoscordum fragrans* KUNTH und *N. striatum* KUNTH. Svensk Bot. Tidskr. **26**, 25—44.

STOWER, E. L., 1937: The embryosac of *Eragrostis cilianensis* (ALL.) LINK. Ohio J. Sci. **37**, 172—184.

STRASBURGER, E., 1878a: Über Polyembryonie. Jenaer Zeitschr. f. Naturwiss. **12**, 647—670.

— 1878b: Über Befruchtung und Zelltheilung. Jena, Gustav Fischer, 108 S.

SUBRAMANIAM, C. L., 1946: Cytological behaviour of certain parthenogenetic sugarcanes. M. Sci. thesis, Madras Univ.

SUESSENGUTH, K., 1923: Über die Pseudogamie bei *Zygopetalum mackayi* HOOK. Ber. dtsch. bot. Ges. **41**, 16—23.

SWAMY, B, G. L., 1946: The embryology of *Zeuxine sulcata* LINDLEY. New Phytol. **45**, 132—136.

— 1948: Agamospermy in *Spiranthes cernua.* Lloydia **11**, 149—162.

SWINGLE, W. T., 1927: Seed production in sterile *Citrus* hybrids. — Its scientific explanation and practical significance. Mem. Hort. Sci. N.Y. **3**, 19—21.

TÄCKHOLM, G., 1922: Zytologische Studien über die Gattung *Rosa.* Acta Hort. Berg. **7**, 97—381.

THOMAS, P. T., 1940a: Reproductive versality in *Rubus.* II. The chromosomes and development. J. Genet. **40**, 119—128.

Thomas, P. T., 1940b: The origin of new forms in *Rubus*. III. The chromosome constitution of *R. loganobaccus* Bailey, its parents and derivatives. J. Genet. **40**, 141—156.

Tinney, F. W., 1940: Cytology of parthenogenesis in *Poa pratensis*. J. Agr. Res. **60**, 351—360.

Trela, Z., 1963: Embryological studies in *Anemone nemorosa* L. Acta Biol. Cracov. Ser. Bot. **VI**, 1—14.

Treub, M., 1898: L'organe femelle et l'apogamie du *Balanophora elongata* Bl. Ann. Jard. bot. Buitenzorg **5**, 141—152.

— 1906: L'apogamie de l'*Elatostema acuminatum* Br. Ann. Jard. bot. Buitenzorg, Sér. **2**, 5, 141—152.

Tschermak-Woess, E., 1949: Diploides *Taraxacum vulgare* in Wien und Niederösterreich. Österr. bot. Z. **96**, 56—63.

Turesson, G., 1929: Zur Natur und Begrenzung der Arteinheiten. Hereditas **12**, 323—334.

— and B. Turesson, 1960: Experimental studies in *Hieracium pilosella* L. I. Rerpoduction, chromosome number and distribution. Hereditas **46**, 717—736.

Urbanska, K., 1961: Embryological investigations in *Antennaria* Gaertn. I. Development of the ovules of *A. carpatica* (Wahlb.) Bl. et Furg. Acta Biol. Cracov. Ser. Bot. **4**, 49—64.

Vaarama, A., 1939: Cytological studies on some Finnish species and hybrids of the genus *Rubus* L. J. Sci. Agr. Soc. Finnland **11**, 72—85.

Valentine, D. H., 1960: Seed-incompatibility in *Primula*. Nature **185**, 778—779.

Waldo, G. F., and G. M. Darrow, 1948: Origin of the logan and the mammoth blackberries. J. Hered. **39**, 99—107.

Warmke, H. E., 1951: Cytotaxonomic investigations of some varieties of *Panicum maximum* and *P. purpurascens* in Puerto Rico. Agron. J. **43**, 143—191.

— 1954: Apomixis in *Panicum maximum*. Amer. J. Bot. **41**, 5—11.

Webber, J. M., 1940: Polyembryony. Bot. Rev. **6**, 575—598.

Wiger, J., 1930: Ein neuer Fall von autonomer Nuzellarpolyembryonie. Bot. Not. (Lund), 368—370.

Winkler, H., 1908: Über Parthenogenesis und Apogamie im Pflanzenreich. Progr. rei bot. **2**, Jena, 293—454.

— 1920: Verbreitung und Ursache der Parthenogenesis im Pflanzen- und Tierreiche. G. Fischer Jena, 166 S.

Withner, C. L., 1959: The Orchids, a scientific survey. The Ronald Press Company, New York, 648 S.

Wolf, Th., 1908: Monographie der Gattung *Potentilla*. Bibliotheca Bot. H. **71**, 714 S.

Zahn, H., 1931: *Hieracium* in G. Hegi, Illustr. Flora von Mitteleuropa, Bd. VI, 2. Hälfte, 1182—1351.

Zweifel, R., 1939: Cytologisch-embryologische Untersuchungen an *Balanophora abbreviata* Blume und *B. indica* Wall. Viertelj.schr. Naturf. Ges. Zürich **84**, 245 bis 306.

Verzeichnis der Pflanzennamen

Sachverzeichnis

Morphologische und rein deskriptive Begriffe sind nur ausnahmsweise aufgenommen

Fortsetzung der 4. Umschlagseite

Chemistry of Viruses. By **C. A. Knight,** Berkeley (California). With 27 figures. IV, 177 pages. 8vo. 1963. **Band IV. Virus. 2.** S 303.—, DM 48.—, $ 12.—

Strukturtypen der Ruhekerne von Pflanzen und Tieren. Von **Elisabeth Tschermak-Woess,** Wien. Mit 91 Textabbildungen (427 Einzelbildern). IV, 158 Seiten. Gr.-8°. 1963. **Band V. Karyoplasma** (Nucleus). 1. S 353.—, DM 56.—, $ 14.—

The Nuclear Membrane and Nucleocytoplasmic Interchange. By **C. M. Feldherr,** Edmonton, **J. G. Gall,** Minneapolis, **L. Goldstein,** Philadelphia, **C. V. Harding,** New York, **W. R. Loewenstein,** New York, **A. E. Mirsky,** New York. With 32 figures. IV, 72 pages. 8vo. 1964. **Band V. Karyoplasma** (Nucleus). 2. S 138.60, DM 22.—, $ 5.50

Chemistry and Cytochemistry of Nucleic Acids and Nuclear Proteins. By **C. Scholtissek,** Tübingen, **B. M. Richards,** London, **R. Vendrely** and **C. Vendrely,** Villejuif, **D. P. Bloch,** Austin. With 67 figures. IV, 236 pages. 8vo. 1966. **Band V. Karyoplasma** (Nucleus). 3 a-d. S 510.—, DM 81.—, $ 20.25

Riesenchromosomen. Von **Wolfgang Beermann,** Tübingen. Mit 113 Textabbildungen. IV, 161 Seiten. Gr.-8°. 1962. **Band VI. Kern- und Zellteilung.** D. S 312.—, DM 49.50, $ 12.40

Die Amitose der tierischen und menschlichen Zelle. Von **Otto Bucher,** Lausanne (Schweiz). Mit 56 Textabbildungen. IV, 159 Seiten. Gr.-8°. 1959. **Band VI. Kern- und Zellteilung.** E. Amitose. 1. S 426.—, DM 67.50, $ 16.90

The Meiotic System. By **B. John,** Birmingham, and **K. R. Lewis,** Oxford. With 195 figures. IV, 335 pages. 8vo. 1965. **Band VI. Kern- und Zellteilung.** F. Die Chromosomen in der Meiose. 1. S 860.— DM 136.50, $ 34.15

Les altérations de la méïose chez les animaux parthénogénétiques. Par **Marguerite Narbel-Hofstetter,** Lausanne (Schweiz). Avec 112 figures (686 dessins ou photographies). IV, 163 pages. in-8°. 1964. **Band VI. Kern- und Zellteilung.** F. Die Chromosomen in der Meiose. 2. S 397.—, DM 63.—, $ 15.75

The Behavior of Centrioles and the Structure and Formation of the Achromatic Figure. By **H. A. Went,** Pullman, Wash./USA. With 30 figures. IV, 109 pages. 8 vo. 1966. **Band VI. Kern- und Zellteilung.** G. Der Kernteilungsmechanismus. 1. S 280.—, DM 44.—, $ 11.—

Différenciation des cellules sexuelles et Fécondation chez les Cryptogames. Par **Bernard Vazart,** Bondy (Seine). Avec 122 figures. IV, 363 pages. in-8° 1963. **Band VII. Befruchtung und Kernverschmelzung.** 3b. S 706.—, DM 112.—, $ 28.—

Protoplasmic Streaming. By **Noburô Kamiya,** Osaka, Japan. With 82 figures. IV, 199 pages. 8vo. 1959. **Band VIII. Physiologie des Protoplasmas.** 3. Motilität. a. S 472.—, DM 75.—, $ 18.75

Frost, Drought, and Heat Resistance. By **J. Levitt,** Columbia, Missouri. With 29 figures. IV, 87 pages. 8vo. 1958. **Band VIII. Physiologie des Protoplasmas. 6.** S 220.—, DM 35.— $ 8.75

Morphology and Physiology of Plant Tumors. By **Armin C. Braun** and **Tom Stonier,** New York. With 7 figures. IV, 93 pages. 8vo. 1958. **Band X. Pathologie des Protoplasmas. 5a.** S 206.—, DM 32.50, $ 8.15

Protoplasmatische Ökologie der Pflanzen. Wasser und Temperatur. Von **Richard Biebl,** Wien. Mit 92 Textabbildungen. IV, 344 Seiten. Gr.-8° 1962. **Band XII. Protoplasmatische Ökologie der Pflanzen. 1.** S 618.— DM 98.—, $ 24.50

Zu beziehen durch Ihre Buchhandlung